"十四五"时期国家重点出版物出版专项规划项目

食品科学前沿研究丛书

枯草芽孢杆菌细胞工厂
创制及应用

刘　龙　陈　坚　主编

科学出版社

北　京

内 容 简 介

本书从代谢元件、代谢途径和代谢网络三个层次系统阐述了枯草芽孢杆菌细胞工厂的创制,在此基础上,举例介绍了枯草芽孢杆菌细胞工厂在 N-乙酰氨基葡萄糖等重要功能食品原料生产中的应用:第 1 章简述了枯草芽孢杆菌的特点及其在系统生物学和代谢工程方面已有的进展;然后从代谢元件的挖掘与创新、代谢途径的设计与重构、代谢网络的组装与适配等方面论述了如何构建高版本枯草芽孢杆菌细胞工厂;第 5~9 章详细介绍了枯草芽孢杆菌细胞工厂在 N-乙酰氨基葡萄糖、人乳寡糖、维生素 K2、N-乙酰神经氨酸、磷脂酶 D 和几丁二糖脱乙酰酶合成中的应用。

本书是迄今为止国内外第一部全面介绍枯草芽孢杆菌细胞工厂的专著,可供发酵工程和合成生物学领域的研究人员参考,也可作为研究生教学参考用书。

图书在版编目(CIP)数据

枯草芽孢杆菌细胞工厂创制及应用 / 刘龙,陈坚主编. —北京:科学出版社,2023.2

(食品科学前沿研究丛书)

"十四五"时期国家重点出版物出版专项规划项目

ISBN 978-7-03-059765-6

Ⅰ. ①枯… Ⅱ. ①刘… ②陈… Ⅲ. ①芽孢杆菌属—研究 Ⅳ. ①Q939.124

中国版本图书馆 CIP 数据核字(2022)第 067279 号

责任编辑:贾 超 闫小敏 / 责任校对:郝甜甜
责任印制:吴兆东 / 封面设计:东方人华

科学出版社 出版

北京东黄城根北街 16 号
邮政编码:100717
http://www.sciencep.com

北京虎彩文化传播有限公司 印刷

科学出版社发行 各地新华书店经销

*

2023 年 2 月第 一 版 开本:720 × 1000 1/16
2023 年 2 月第一次印刷 印张:25
字数:500 000

定价:160.00 元

(如有印装质量问题,我社负责调换)

丛书编委会

总主编： 陈　卫

副主编： 路福平

编　委（以姓名汉语拼音为序）：

陈建设　　江　凌　　江连洲　　姜毓君

焦中高　　励建荣　　林　智　　林亲录

刘　龙　　刘慧琳　　刘元法　　卢立新

卢向阳　　木泰华　　聂少平　　牛兴和

汪少芸　　王　静　　王　强　　王书军

文晓巍　　乌日娜　　武爱波　　许文涛

曾新安　　张和平　　郑福平

前　言

枯草芽孢杆菌（*Bacillus subtilis*）属于革兰氏阳性好氧细菌，是一种重要的模式工业微生物。枯草芽孢杆菌具有遗传背景清晰、基因操作工具成熟、无明显的密码子偏好性、胞外蛋白分泌能力强等优点，且不分泌内毒素，已被美国食品药品监督管理局（FDA）认证是一般认为安全微生物（GRAS），可作为食品安全级别菌种。目前，枯草芽孢杆菌在基础研究和工业生产上均得到了广泛应用，其产品更是涉及食品、医药和饲料等多个领域。尤其是近年来，随着研究者对枯草芽孢杆菌遗传调控机制的不断揭示，多种研究策略和技术，包括基因组编辑系统、基因回路、空间支架等被用于设计和构建枯草芽孢杆菌细胞工厂，以高效合成各种生物化学品。

本书前半部分内容主要介绍了枯草芽孢杆菌代谢元件的挖掘与创新、代谢途径的设计与重构、代谢网络的组装与适配。其中，代谢元件的挖掘和创新主要从枯草芽孢杆菌 CRISPR 工具箱、基于凝血酶-核酸适配体的代谢调控元件方面进行阐述；代谢途径的设计与重构则包括基于稳态反应动力学模型的代谢途径瓶颈诊断、基于氧化还原力平衡的代谢途径设计优化、基于非天然氨基酸的细胞生长与代谢途径调控，以及基于功能膜微域的代谢途径区室组装内容；而代谢网络的组装与适配主要包括基于基因回路的代谢网络自动全局调控、基于细胞群体感应的代谢网络系统、基于多模型驱动的代谢网络智能化调控内容。在此基础上，作者详细介绍了枯草芽孢杆菌细胞工厂在 *N*-乙酰氨基葡萄糖、人乳寡糖、维生素 K2、*N*-乙酰神经氨酸、磷脂酶 D 和几丁二糖脱乙酰酶等产品生产中的应用。

本书编写分工如下：第 1 章由刘延峰、陈坚编写；第 2 章由刘龙、徐显皓编写；第 3 章由刘龙、吕雪芹编写；第 4 章由刘龙、武耀康编写；第 5 章由刘延峰、陈坚编写；第 6 章由刘龙、董晓敏编写；第 7 章由刘龙、崔世修编写；第 8 章由陈坚、张晓龙编写；第 9 章由刘龙、陈坚编写。另外，书中采用的多个研究案例，来自作者团队研究生的研究工作，虽未能一一注明各位研究生的姓名，但在此表示衷心感谢。

因作者的学术功底、研究经验和写作能力有限，书中难免存在不足之处，如能赐教、指正，不胜感激！

刘龙

2023 年 2 月

目　　录

第1章 枯草芽孢杆菌概述

1.1 枯草芽孢杆菌系统生物学研究

枯草芽孢杆菌（*Bacillus subtilis*）是芽孢杆菌属中的模式菌，属于革兰氏阳性好氧细菌[1]。相较于自然界中的许多其他微生物，*B. subtilis* 的遗传背景清晰、基因操作工具成熟、无明显的密码子偏好性、胞外蛋白分泌能力强。与大肠杆菌相比，*B. subtilis* 不分泌内毒素，已被美国食品药品监督管理局（FDA）认证是一般认为安全（generally recognized as safe，GRAS）微生物，可作为食品安全级别菌种。同时，*B. subtilis* 不易受噬菌体污染，适合大规模发酵。基于以上诸多优异特性[2]，*B. subtilis* 在基础研究和工业上得到广泛使用，其产品更是涉及食品、医药和饲料等多个领域。

微生物细胞工厂潜力的挖掘依赖于对调控网络的全局分析，这也是代谢通量调控的基础。枯草芽孢杆菌系统生物学包括转录组、蛋白质组和代谢组等方面的进展，使统计和计算模型分析多层组学成为可能。因此总结当前枯草芽孢杆菌系统生物学和代谢工程方面的进展，并探究如何获取组学数据或利用现有的组学数据加深对代谢的理解和实施代谢工程具有重要意义。

1.1.1 多组学分析不同层次调控细胞内代谢流的作用

自然条件中，*B. subtilis* 主要分布在土壤中，为了在变化的环境中生存，*B. subtilis* 必须适应多变的条件。研究环境变化过程中微生物体内的多层调控及其相互作用，如基因表达、变构调控和翻译后调控，才能全面地阐明调控机制。

2012 年，Buescher 等利用统计和计算模型对多水平组学数据进行整合分析，其中包括转录组、蛋白质组、代谢组和启动子活性，以推断代谢调节的相互作用。该研究为 *B. subtilis* 的多层组学数据整合分析提供了范例，有助于我们理解环境变化过程中基因表达调控与代谢状态之间的相互作用。动态数据对于模拟 *B. subtilis* 在环境变化期间的代谢是非常重要的。该分析结果发现了数百种新的潜在相互作用，包括转录因子结合靶点、转录后调控及其他过程，有助于借助遗传和生化方法进一步探究相关调控机制[3]。

采用更先进的组学数据采集方法或优化组学数据检测方法，可以提高数据采集的覆盖率和准确性，这有助于进一步研究系统机制。为此，利用 RNA 测序、基于液相色谱/质谱的蛋白质组学和靶向代谢组学技术研究了 *B. subtilis* 的高质量、高覆盖率转录组、蛋白质组及内外代谢组[4-7]。例如，对 *B. subtilis* 的转录组分析表明，全局转录因子 CodY 参与了分层基因的表达调控[4]。此外，具有更高覆盖率和准确性的 *B. subtilis* 蛋白质组学研究表明，在一定胁迫条件下，大量细胞资源（可达总生物量的 30%）被分配给伴侣蛋白和蛋白酶[5]。代谢组学数据有助于相关条件下的热力学和途径动力学建模[6]。对实验数据进行更深入的研究和整合，再通过统计分析和动力学建模可解析新的相互作用。

代谢流是多层调控事件综合作用的结果，直接反映代谢状态，为推测调控机制提供信息依据。研究不同调节层次的协调性及其对代谢流的贡献有助于阐明 *B. subtilis* 在波动环境中的反应[8, 9]。将 ^{13}C 代谢通量分析和中心碳代谢转录水平分析相结合，研究 *B. subtilis* 在以葡萄糖为唯一碳源的培养基中对有机酸添加的动态响应，结果表明转录水平与代谢通量的变化无关，因此翻译后调节是一个关键过程[9]。有研究表明，酶丰度和代谢浓度的变化都不能充分解释不同生长条件下代谢通量的变化，因此可以推测调控途径酶活性的机制，如转录后调控、翻译后调控和变构相互作用是影响途径酶活性的关键因素[8, 9]。以上结论揭示了代谢工程并不总是仅仅通过改变转录水平的基因表达来改变靶向途径的代谢通量。因此，代谢工程不仅应关注转录调控，还应关注转录调控之外的机制，如转录后和翻译后调控及变构相互作用等。

1.1.2　基因表达调控中的 sRNA 和反义 RNA

小核糖核酸（sRNA）和反义 RNA 的调控发生在细菌转录后[10-12]。sRNA 和反义 RNA 的系统鉴定已经通过差异 RNA 测序与 DNA 微阵列实现。通过转录组的全局定位，共鉴定出 100 个调控 sRNA 和 424 个反义 RNA，这为阐明 *B. subtilis* 代谢的转录后调控机制奠定了基础[13, 14]。

调控 sRNA 和反义 RNA 的研究揭示了其在代谢调节中的关键作用：①sRNA 中 SR1 抑制精氨酸分解代谢相关基因操纵子 *rocABC* 和 *rocDEF* 的转录激活因子 AhrC 表达[15]；②铁保护反应 sRNA 中 FsrA 抑制中心代谢酶基因的表达，如乌头酸酶、琥珀酸脱氢酶、二羧酸渗透酶和谷氨酸合酶[16, 17]；③sRNA 中 RnaC/S1022 与转录调节因子 AbrB 相互作用抑制细胞呈指数增长，从而产生生长异质性[18]；④SigB 依赖型 sRNA 中 S1136-S1134 抑制 *rpsD* 表达，这导致乙醇胁迫下小核糖体（30S）亚基形成减少，可能是为了避免翻译错误[19]。

然而，与识别调控 sRNA 的大量研究相比，关注 sRNA 和反义 RNA 功能的研究很少。已鉴定出的 sRNA 和反义 RNA 还需进行系统功能注释，确定调节作用，才能应用在代谢工程的通量控制中。尽管可以通过一系列遗传和生化方法阐明特定 sRNA 的调节作用，但仍缺乏大规模的系统方法来进行调控 sRNA 和反义RNA 的功能分析[16-19]。

1.1.3　翻译后调控和变构相互作用

1. 翻译后调控

在 *B. subtilis* 中，最主要的翻译后修饰是磷酸化修饰，除此之外还有乙酰化和琥珀酰化翻译后修饰[20-26]。蛋白激酶和蛋白磷酸酶的协同作用使 *B. subtilis* 中的磷酸化与去磷酸化成为可逆及动态的代谢调节手段。定量磷酸化蛋白质组学是识别体内磷酸化靶点的主要方法[27-29]，该技术已被用于 *B. subtilis* 中，并鉴定了 200 多个涉及不同过程，如生物膜形成、脂肪酸代谢、中心碳代谢和转录调节等的磷酸化蛋白[21]。主要蛋白激酶的功能已经确定，包括蛋白精氨酸激酶 McsB 在热休克和氧化应激反应中的作用，蛋白酪氨酸激酶 EpsB 在细胞外基质调节中的作用，以及蛋白酪氨酸激酶 PtkA 在 DNA 合成和中心碳代谢中的调控作用[30, 31]。

虽然这些研究为磷酸化研究奠定了基础，但 *B. subtilis* 中磷酸化的机制研究仍落后于酿酒酵母。在 *B. subtilis* 中，特定位点磷酸化的体内功能未知且未得到验证[32-34]。类似于最近酿酒酵母中磷酸化机制的研究，这些研究揭示了磷酸化在代谢通量控制中的关键作用[33-35]。首先开发 *B. subtilis* 磷酸化靶标数据库，然后构建蛋白激酶和磷酸酶缺失突变体文库，为高通量鉴定磷酸化事件及其相互关系的研究奠定基础，最后基于代谢通量分析、代谢组学、统计学和计算模拟数据的解释，系统地预测其在生物体内的功能和验证磷酸化位点的特异性，可能有助于鉴定磷酸化在 *B. subtilis* 中的调控作用。

如上所述，深入理解磷酸化机制具有较大的挑战性。不过，最近的技术发展可能会为该机制的研究提供很大帮助。例如，基于成簇的有规律间隔的短回文重复（CRISPR）-Cas9 的基因组编辑系统能够高效地实现基因敲除和定点突变，这会是一种构建菌株突变体以验证磷酸化、sRNA 和预测变构功能的有效方法[35-42]。例如，突变文库可用于研究磷酸化，高通量磷酸化蛋白质组学适用于研究个体基因扰动对磷酸化调节的体内影响[43]。

2. 变构相互作用

与翻译后调控类似，变构相互作用直接介导各种酶的催化活性。在多重胁迫条件下，已在 *B. subtilis* 中证实了其直接调控酶活性的重要作用[44]。目前的研究进展是：在体内，尚未发现 *B. subtilis* 的变构相互作用；在体外，蛋白-代谢物相互作用研究仍集中在蛋白和代谢物的单个组合方面[45-49]。Shulman 等利用动态代谢组学和快速代谢扰动期间的动力学建模，将大肠杆菌糖酵解中的变构相互作用系统化，成功实现多种变构相互作用的预测[49]。

鉴定 *B. subtilis* 的变构相互作用仍存在以下挑战：①用于鉴定大肠杆菌或酿酒酵母变构相互作用的底物转移实验或基于蛋白质组的方法，必须针对 *B. subtilis* 进行重新设计和优化；②预测变构相互作用目前是通过体外酶分析来实现的，但体内变构相互作用验证技术的发展将提高验证的精度和速度；③由于缺乏识别变构激活剂和变构抑制剂结合位点的方法，铝丢失机制的揭示受到限制。

1.1.4　中心代谢中的酶-酶相互作用

B. subtilis 中蛋白-蛋白相互作用（PPI）也有相关研究，其中涉及中心碳代谢和其他细胞过程，如细胞分裂、孢子形成、细胞壁合成和 DNA 复制等，研究结果表明 PPI 无处不在，以及其在细胞分子机器组装中具有关键作用[50]。此外，糖酵解酶与 RNA 降解酶（如 Rny、RNase J1 和 RNase J2）的相互作用在 RNA 加工中起着重要作用。蛋白支架共定位代谢酶已被证明是通过产生近似酶模拟底物通道效应来提高靶生物分子产量的有效途径[51, 52]。然而，以往酶-酶相互作用研究主要集中在结构相互作用上，针对功能相互作用的分析方法研究较少。因此，开发酶-酶相互作用的功能分析方法将有助于系统地理解这些相互作用的调节作用。

1.2　枯草芽孢杆菌代谢调控元件与基因组改造工具开发

上述代谢研究为指导代谢工程提供了很多有用信息。代谢途径的构建和优化是通过静态或动态调控天然或异源酶的表达丰度来实现的，策略通常是改变调控元件，如基因拷贝数、启动子、核糖体结合序列（RBS）和终止密码子[53-55]。过去 *B. subtilis* 基因工程系统的综述主要集中在同源重组和基于各种选择性标记的基因组编辑系统[56]方面，在新表达系统的构建、合成 sRNA 装置的开发及用于代谢工程的 CRISPR-Cas9 基因组编辑系统方面缺乏相关进展描述。因此，本节我们主要关注新建立的表达系统、合成生物学装置及 *B. subtilis* 的基因组编辑系统。

1.2.1　基因表达调控元件的开发

通过改变基因的表达调控元件，如启动子、RBS 序列结构及其序列、起始密码子、终止密码子和质粒的拷贝数来改变途径酶的丰度，是平衡目标产物的合成与代谢途径和将代谢流从一个分支引入另一分支的常用方法[57-61]。

新开发的表达调控系统和基因组编辑系统为进一步微调代谢途径提供了工具

（表 1-1）。5′非翻译区、RBS 序列、RBS 序列和起始密码子之间的间隔区序列及 3′端序列对转录本稳定性的影响已被系统研究，结果显示这些序列改变都会影响酶的表达水平[62, 63]。此外，还构建获得了一系列启动子文库，其强度达到三个数量级，可用于微调各种途径酶的表达。

表 1-1　枯草芽孢杆菌基因表达调控的新开发工具和策略

名称	属性	应用领域	局限性	参考文献
CRISPRi 基因敲除抑制系统	基于 dCas9 和向导 RNA（sgRNA）表达的基因敲除	用于全基因组代谢通量再分配的静态或动态基因敲除	sgRNA 表达需要同源重组	[38]
CRISPR-Cas9 基因组编辑系统	基于 Cas9 和 gRNA 表达的位点特异性突变与基因插入	提高细胞性状的全基因组工程	gRNA 表达需要同源重组	[41]
间隔序列工程	RBS 序列和起始密码子之间的核苷酸组成影响基因表达	微调多基因表达	间隔序列特定作用于单个基因，并不普遍适用	[63]
mRNA 稳定元件工程	改变 mRNA 稳定性以控制基因表达水平	微调多基因表达	高水平表达需要高浓度的异丙基-β-D-硫代半乳糖苷（IPTG），这限制了其工业应用	[64]
启动子 P_{srfA}	自调节细胞密度耦合系统	基于细胞密度的途径酶自调节表达	诱导表达调控不太紧密	[65]
隐性启动子	突变激活表达系统	实验室适应性进化	表达寄主依赖，一般不适用所有表达宿主	[66]
基于工程启动子 P_{des} 的表达系统	低温表达系统	无诱导途径酶表达	低温限制了产量	[67]
芽孢杆菌遗传工具箱	一系列具有不同启动子的兼容整合载体	微调多基因表达	缺乏多拷贝表达质粒	[68]
基于工程化内源性 II 型毒素和抗毒素的表达系统	无须抗生素	食品级表达系统	表达寄主依赖，一般不适用所有表达宿主	[69]

1.2.2　无诱导表达系统和芽孢杆菌遗传工具箱

开发一种无须诱导的化学表达系统对于简化发酵过程和降低生产成本具有重要的工业意义。最近 Dormeyer 等已建立了几种通过群体感应或低温诱导启动的表达系统[65]。为了在 *B. subtilis* 中构建食品级表达系统，Welsch 等开发了一种基于工程化内源性 II 型毒素和抗毒素的表达系统，无须添加抗生素即可稳定表达基因[67]。

然而，以上系统仅能用于构建单基因表达系统，多基因通路的构建和优化需要多基因表达系统。为此，研究人员开发了芽孢杆菌遗传工具箱（BioBrick）。该工具箱是一系列不同启动子（强度为三个数量级）的兼容整合载体，用于调节多达三个表达盒，该表达系统为 *B. subtilis* 基因组装的标准化奠定了基础[68, 69]。除了 *B. subtilis* 特异性表达系统外，跨物种表达系统的开发使优化的代谢途径或合成模块能够直接引入 *B. subtilis*[70]。

1.2.3 合成 RNA 工具的开发

合成 RNA 工具的开发，包括 sRNA 和 CRISPR-Cas9 系统，将代谢调控范围从局部路径扩展到基因组规模[71-73]。将 RNA 合成工具应用于芽孢杆菌属，提高了 *B. subtilis* 中 *N*-乙酰氨基葡萄糖（GlcNAc）的产量，提高了解淀粉芽孢杆菌中聚-γ-谷氨酸的产量，并增加了巨大芽孢杆菌中维生素 B12 的产量[74-76]。然而，直接使用大肠杆菌的合成 sRNA 设计原则，降低了 sRNA 的抑制效率[75, 76]。因此，专用于 *B. subtilis* 的全基因组工程工具将有助于实现代谢途径全局精细调控。在 *B. subtilis* 中已开发了 CRISPRi 和 CRISPR-Cas9 基因组编辑方法，为代谢调控研究提供了有力工具。

1.3　枯草芽孢杆菌代谢工程策略

上述工程工具的开发将有助于建立新的 *B. subtilis* 代谢路径优化策略。*B. subtilis* 工程改造的目标是获得一种遗传稳定的高产菌株，用于高效生产目的产品。为此，研究人员对全局细胞特性优化策略进行了研究，其中包括模块化途径工程、限制代谢溢流、降低细胞裂解、高通量筛选和转运工程策略等[77-81]。

1.3.1 模块化途径工程

与使用设计-构建-测试-学习循环的传统代谢工程相比[82, 83]，模块化途径工程能够通过组装具有不同表达水平的代谢途径人工分割合成模块，生成工程菌株文库。因此，模块化途径工程是通过协调多基因通路来提高化合物产量（如酪氨酸、脂肪酸和类异戊二烯）的有效方法[84, 85]。

在合成 *N*-乙酰氨基葡萄糖的 *B. subtilis* 工程菌株中，糖酵解途径、*N*-乙酰氨基葡萄糖和肽聚糖合成途径已被模块化优化，用于提高产物的产量。借助合成的 sRNA 和各种基因表达调控元件，模块化途径工程被应用到解淀粉芽孢杆菌中，以提高聚-γ-谷氨酸的产量[75]。进一步将模块化途径工程与最近开发的用于多基因表达的模块化质粒相结合，有望拓宽模块化途径工程在代谢网络优化中的应用。

1.3.2　限制代谢溢流、降低细胞裂解

　　B. subtilis 的生理特性会影响其生产的稳定性。在工业生产条件下，乙酸盐溢出是一个常见问题，会导致碳损失，并对细胞生长和产品合成产生影响。为提高 *B. subtilis* 的稳定性和可控性，研究人员致力于降低乙酸盐溢出和细胞裂解的有害影响。避免和限制溢流代谢的策略通常基于工业过程来设计与控制，如保持极低的葡萄糖浓度（～5 g/L）。

　　然而，代谢物溢出产生副作用的根本原因是缺乏有效的 C_2 化合物利用途径。通过表达地衣芽孢杆菌 *aceA* 和 *aceB* 基因，将乙醛酸分流引入 *B. subtilis*，能增强培养基中细胞生长的稳健性[80]。这种分流使细胞在过量葡萄糖的情况下生长旺盛，从而提高了工程化枯草芽孢杆菌的稳定性，简化了相关工业条件下的过程控制。

　　另一种优化 *B. subtilis* 生理特性的方法是通过避免细胞裂解来延长生产周期。删除多个裂解基因，包括 *skfA*、*sdpC*、*lytC* 和 *xpf*，裂解率从92%显著降低到15%，从而使异源纳豆激酶产量增加 2.6 倍[81]。因此，敲除裂解基因是提高生化产量的一种潜在策略。

1.3.3　高通量筛选

　　利用随机突变或适应性进化技术对菌株文库进行高通量筛选，是获得具有所需性状变异株的一种方法。该方法已被用于提高酿酒酵母中乙醇的产量及大肠杆菌中酪氨酸和类异戊二烯的产量[86-88]。高通量单细胞特性的开发和应用促进了突变筛选的有效性，如筛选到木糖利用能力增强的酿酒酵母、乳酸产量提高的大肠杆菌和维生素 B2 产量增加的 *B. subtilis*[89, 90]。基于荧光分析的微流控筛选是目前较为高效和便宜的筛选策略，能达到每天 10^5 个菌落，这有助于提高突变文库筛选的效率。具体来说，来自突变文库的工程单细胞被封装在纳米反应器或带有底物的液滴中，孵育后进行基于荧光分析的微流控分析，用于筛选具有所需特性的工程细胞。

1.3.4　基因组缩减

　　在以往的研究中，*B. subtilis* 基因组已通过敲除非必需的基因组区域实现了大规模基因组缩减，以构建最小细胞工厂[91]。基因组缩减的 *B. subtilis* 非常适合构建高效生产菌株[92]。

工程工具和策略的进步有助于我们在 *B. subtilis* 工程菌株中生产高附加值产品。然而，目前的代谢工程方法主要涉及静态酶的丰度控制或通过化学诱导剂诱导调节，缺乏专注于全局酶动力学扰动和优化的工程策略。因此，必须建立动态调节工具来精确控制酶的表达和代谢。同时，需要开发全局酶动力学工程方法。综上，代谢优化工程仍有很大改进空间。

1.3.5 辅因子工程引导的代谢优化

辅因子如 NADP（H）和 NAD（H）参与细胞内许多生化反应，因此会影响细胞代谢过程[83]。辅因子参与生化反应发挥的生理功能包括平衡细胞内氧化还原状态、调节能量代谢和影响碳代谢等[91]。例如，代谢溢流后的乙酸盐、乙偶姻和乳酸形成，就是枯草芽孢杆菌在营养丰富的培养基中培养时会出现的常见问题，会导致细胞生长毒性和产品合成损失[93]。为了避免和减轻上述问题，研究人员已经开发了多种策略，其中最有效的是辅因子工程引导的代谢优化，其可以调节或增强代谢通量，用于提高产物的合成。

辅因子工程引导的代谢优化通常包括两部分：①引入异源辅因子调节系统；②改造天然辅因子系统。辅因子工程可以促进生物催化反应正向发展，提高生产效率，缩短发酵时间。例如，Zhang 等成功从枯草芽孢杆菌中鉴定出一种有效的 NADH 氧化酶（YodC），并通过启动子 P_{bdhA} 适度表达 *yodC*，进一步削弱 NADH 依赖的副产物 2,3-丁二醇、乳酸和乙醇的合成[94]。结果显示，目的产品乙偶姻的效价最终达到 56.7 g/L，提高 35.3%，发酵时间缩短 1.7 倍，乙偶姻产率提高到 0.639 g/L。

1.3.6 转运工程策略

转运蛋白在细菌生长和生存中起着至关重要的作用，它们负责营养物质的吸收和抵御内外源环境的压力。转运工程包括产物转出和底物转入，是代谢工程中最常见的改进产物生产的策略之一[95]。

对于底物转入，研究人员已做过许多相关研究，用于提高碳源底物的利用率和避免代谢溢流。在枯草芽孢杆菌中，细胞外葡萄糖的摄取和磷酸化有两条途径，即磷酸转移酶系统（PTS）和非 PTS（NPTS）[65]。

PTS 是细胞外葡萄糖摄取和磷酸化的主要途径。在可溶性和非糖特异性蛋白组分酶 I、组氨酸磷酸化蛋白及糖特异性酶的帮助下，葡萄糖通过 PTS 磷酸化为葡萄糖-6-磷酸（G-6-P），接受磷酸烯醇丙酮酸（DEP）的磷酸基团 $IIABC^{Glc}$。1 mol 葡萄糖磷酸化最终将产生 1 mol 丙酮酸盐，而丙酮酸盐的积累容易导致过度代谢，从而导致副产物的产生，如乙酸盐、乳酸、乙偶姻和 2,3-丁二醇等[2]。为了平衡中枢代谢途径并避免过度代谢，需要使 PTS 失活或减弱。Gu 等通过敲除枯草芽孢杆菌中三个关键基因 *yyzE*、*ypqE* 和 *ptsG* 破坏了 PTS，并对 NPTS 进行了优化，成功促进了目的产物 *N*-乙酰氨基葡萄糖的合成，使其滴度增加了 2.03 倍，验证了转运工程策略的有效性[2]。

产物转出这一步通常被视为工程菌株产品生产中的瓶颈[96]。Humphrey 等评估了源自达窝链霉菌的核黄素转运蛋白 RibM 表达对枯草芽孢杆菌核黄素产生的影响。在这项研究中，核黄素转运蛋白 RibM 的成功表达有效促进了核黄素分泌到培养基中[44]。总的来说，基于对各种代谢物运输机制的深入研究，转运工程策略可以有效地提高产品生产率。

1.4　枯草芽孢杆菌底盘细胞改造与构建

B. subtilis 具有较强的分泌功能和生产能力，且对发酵培养基要求较低，因此长期以来被用作生产微生物酶、维生素和功能糖的细胞工厂[93, 97, 98]。此外，*B. subtilis* 是合成生物学研究中最早使用的物种之一，特别是在基因组缩减研究中，用于了解必要的细胞过程。然而，与大肠杆菌和酿酒酵母（代谢工程和合成生物学中应用最广泛的原核与真核生产宿主）相比，由于缺乏基因表达调控元件和高效的全基因组工程方法，基于 *B. subtilis* 的生物技术受到限制[99, 100]。随着 *B. subtilis* 合成生物学工具箱的最新进展，其基因操作和底盘细胞构建效率得到有效提高[101-104]。

1.4.1　枯草芽孢杆菌底盘细胞的研究进展

构建底盘细胞是理解细胞基本功能及其相互作用的基础，同时，底盘细胞为改进异源蛋白和生化生产提供了生长代谢性能提升的宿主。目前枯草杆菌底盘细胞构建的发展主要集中在以下三个方面：大规模缩减基因组；消除碳分解代谢阻遏，实现多碳源联合利用；用于特定产品合成的细胞改造（图 1-1）。本节中，我们总结了枯草杆菌底盘细胞在上述三个方面的进展。

为了识别细胞的基本过程和基本功能，并将更多细胞资源和能量从非必要的细胞过程转移到目标产品合成途径上，研究人员对基因组缩减进行了研究。其研究思路包括基于设计-构建-测试周期的基因组从头合成和基于模型微生物的基因组大规模还原。通过从头合成实现基因组最小化的一个代表性例子是丝状支原体 JCVI-syn3.0 的合成基因组，它是目前最小的合成基因组（531 kb），可实现细菌独立复制。目前，*B. subtilis* 的基因组已减少到 2.68 Mb，有 1605 个基因缺失，缺失量为原始基因组的 36%[105]。缩减后的基因组包含 18% 的功能未知基因，这离

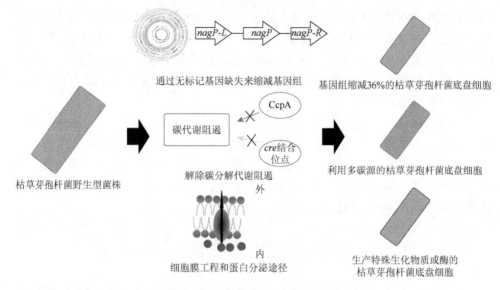

图 1-1　枯草芽孢杆菌底盘细胞的构建

理解所有基本细胞过程并仅用基本细胞过程构建底盘细胞的最终目标还很远。此外，在目前最小基因组的情况下，*B. subtilis* 的细胞生长速度降低，这导致了另一个问题，即目标菌生产力降低。因此，功能未知基因对基本细胞过程的贡献还需要进一步研究，仍需要消除基因组缩减后 *B. subtilis* 的生长缺陷。

设计底盘细胞以高效共用多种碳源对于工业生产非常重要[106-110]。联合利用多种碳源的一个潜在应用是，开发木质纤维素水解物作为生化生产基质，以降低生化生产成本。另一个应用是使用多种碳源作为基质，以模块化方式平衡产品生物合成的多种供应前体。为了使 *B. subtilis* 能够广泛利用碳源，可以删除编码 CcpA（抑制碳分解代谢抑制途径的主要全局转录因子）的基因，并选择一个恢复生长速率的突变体。通过在启动子 P*gnt* 和基因 *gntR* 序列的 *cre* 结合位点引入点突变，敲除葡萄糖酸盐分解代谢途径中的碳分解代谢抑制途径，实现葡萄糖和葡萄糖酸盐的共同利用，同时组成型表达 *gntR*[106]。值得注意的是，底盘细胞能够利用多种碳源时，中心碳代谢可能受到多种碳底物输入的干扰。因此，需要进一步阐明多碳源共同利用对代谢通量和代谢物浓度的影响。此外，为了提高来自多个碳源的碳产量，可以引入非氧化糖酵解或磷酸乙酮醇酶途径，可由磷酸糖生成乙酰辅酶 A 而无碳损失[111, 112]。

除上述通用枯草芽孢杆菌底盘细胞外，还开发了用于特定产品合成的枯草芽孢杆菌底盘细胞。例如，为了提高透明质酸的产量，采用 *pgsA* 和 *clsA* 抑制 *ftsZ* 表达的同时其自身过度表达，以增强心磷脂合成途径，该方法可调节质膜中的心磷脂含量并沿侧膜重新分布心磷脂。这种方法通过改善来自马链球菌的透明质酸合酶的功能型表达来增加透明质酸的产生[113]。蛋白分泌途径也可用于异源蛋白表达。然而，由于对蛋白分泌机制了解不完全，这种工程只能在个案基础上实现。因此，异源蛋白合成和分泌能力提高的高效底盘细胞的构建可能需要基于模型的工程目标预测等技术，其中高通量微流控筛选可能是一个有前景的方向[41, 114]。

1.4.2 枯草芽孢杆菌底盘细胞的应用

1. 用于生产 N-乙酰氨基葡萄糖

N-乙酰氨基葡萄糖是葡萄糖的衍生物，在修复维持软骨和关节组织功能中起着重要作用[95]。为了采用 B. subtilis 生产 N-乙酰氨基葡萄糖，Liu 等通过在 B. subtilis 中引入源自酿酒酵母的异源氨基葡萄糖-6-磷酸乙酰化酶（GNA1），设计并构建了 N-乙酰氨基葡萄糖合成途径，成功实现了 N-乙酰氨基葡萄糖的积累。

为了进一步提高 N-乙酰氨基葡萄糖的产量，Liu 等使用模块化途径工程、DNA 引导的蛋白骨架及呼吸链优化等方法[115]，改善了工程重组 B. subtilis 的细胞特性，以促进 N-乙酰氨基葡萄糖的合成。最后，在 3 L 罐通过补料分批发酵，N-乙酰氨基葡萄糖含量达到了 31.65 g/L。此外，Liu 等将动力学建模和动态代谢组学技术相结合，发现并避开了 N-乙酰氨基葡萄糖合成途径的限制步骤，使 N-乙酰氨基葡萄糖的产量增加了 2.32 倍。

针对 N-乙酰氨基葡萄糖生产中代谢溢流调节、葡萄糖转运优化和增加前体供应也有相关研究。结果发现，对溢流代谢化学物质（包括乙偶姻、乙酸盐和 2,3-丁二醇）合成途径进行阻碍，能显著提高 N-乙酰氨基葡萄糖的效价和产量，在 3 L 分批补料生物反应器中，N-乙酰氨基葡萄糖的产量和效价分别达到 48.9 g/L 和 0.32 g/g（N-乙酰氨基葡萄糖/葡萄糖）[116]。

2. 用于生产透明质酸

透明质酸是一种高分子质量（MW）糖胺聚糖，被广泛应用于生物医学、制药、化妆品和食品行业。2005 年，诺维信公司发现了能在 B. subtilis 中有效表达的源自马链球菌的透明质酸合酶。

最近，Jin 等通过代谢工程技术重建 B. subtilis 中透明质酸代谢途径，成功生产出透明质酸[117]。在诱导型启动子 P_{xylA} 控制的 lacA 基因座上引入编码透明质酸合酶的外源 hasA 基因，使透明质酸产量达到 1.01 g/L。接着，通过共表达关键基因（tuaD、gtaB、glmU、glmM 和 glmS）及减弱 pfkA 基因表达来削弱竞争性糖酵解途径，透明质酸的产量从 1.01 g/L 显著增加至 3.16 g/L[117]。

透明质酸的生理功能高度依赖于其分子质量，高分子质量透明质酸具有保持水分和消除炎症的能力，低分子质量透明质酸则被认为在胶原蛋白合成和癌症治疗中起到重要作用[118]。为了生产低分子质量透明质酸，Jin 等在 *B. subtilis* 中表达了一种采用 N 端工程改造过的水蛭透明质酸合酶，通过核糖体结合位点工程来微调透明质酸合酶的翻译水平，最终可以将透明质酸分子质量控制在 $2.20 \times 10^3 \sim 1.42 \times 10^6$ Da[117]。

3. 用于生产乙偶姻

乙偶姻又称 3-羟基-2-丁酮，是食品工业中广泛使用的一种典型香料，也是参与其他高价值化合物合成的前体。由于乙偶姻的价值高和用途广泛，研究其微生物生产方法具有重要意义[119]。

乙偶姻是 *B. subtilis* 天然产生的一种胞外分泌物。Zhou 等以木糖和葡萄糖作为底物，通过过表达木糖转运蛋白、木糖异构酶和木糖醇激酶，在 *B. subtilis* 中实现了乙偶姻的生产[120]。为了提高乙偶姻滴度并切断乙偶姻副产物的碳代谢，Zhang 等敲除了编码乙偶姻还原酶的 *bdhA* 基因，并通过调节 NADH 水平将乙偶姻合成途径中的碳通量重新分配。最终，乙偶姻滴度达到 56.7 g/L，比原菌株高 35.3%，副产物乳酸、2,3-丁二醇和乙醇的效价分别下降 70.1%、92.3%和 75%。

其他能产乙偶姻的 *B. subtilis* 菌株有 *B. subtilis* TH-49[86]、*B. subtilis* HB-32、*B. subtilis* N-12[86]、*B. subtilis* JNA 3-10d[94]和 *B. subtilis* CICC10025。迄今为止，*B. subtilis* TH-49 在 100 L 发酵罐中的乙偶姻产量达到 56.9 g/L，为目前最高报道产量[86]。

4. 用于生产核黄素

核黄素又称维生素 B2，是黄素单核苷酸和黄素腺嘌呤二核苷酸的前体，被广泛应用于化妆品、食品和制药领域[121]。

在核黄素的生物合成中，葡萄糖首先通过磷酸转移酶系统（PTS）或非磷酸转移酶系统（NPTS）转化为葡萄糖-6-磷酸，然后葡萄糖-6-磷酸通过葡萄糖-6-磷酸脱氢酶（戊糖磷酸途径中的关键酶）进一步转化为葡萄糖酸-6-磷酸，最后葡萄糖酸-6-磷酸被氧化为核酮糖-5-磷酸，也就是核黄素生物合成的前体物质[122]。

为了增加核酮糖-5-磷酸供应前体并促进核黄素的合成，研究人员过表达了葡萄糖脱氢酶、核糖-5-磷酸异构酶、葡萄糖-6-磷酸脱氢酶和磷酸核糖焦磷酸（PRPP）合成酶[122]。鸟苷三磷酸是 *B. subtilis* 中核黄素生物合成的另一个前体，因此，嘌呤生物合成中的 5 个关键基因 *purF*、*purM*、*purH*、*purN* 和 *purD* 被同时过表达能增加鸟苷三磷酸的供应[123]。迄今为止，能过量生产核黄素的 *B. subtilis* 工程菌株有 *B. subtilis* RB9[38]、*B. subtilis* RB50[29]、*B. subtilis* RH33[124]、*B. subtilis* RH13[123]、*B. subtilis* PY[122]、*B. subtilis* 168[123]和 *B. subtilis* RH33[91]。

5. 用于生产聚-γ-谷氨酸

聚-γ-谷氨酸是谷氨酸生物聚合物，由谷氨酸通过羧基和氨基之间的酰胺键聚合连接而成。由于性质特殊，聚-γ-谷氨酸已被广泛应用于化妆品、食品、制药和其他领域，如保湿剂、增稠剂、冷冻保护剂、药物载体和缓释材料。

已报道的能用于生产聚-γ-谷氨酸的 *B. subtilis* 菌株有 *B. subtilis* NX-2[86]、*B. subtilis* ZJU-7[92]、*B. subtilis* CGMCC 0833[109]、*B. subtilis* R23[125]、*B. subtilis* BL53[87]、*B. subtilis* D7[110]、*B. subtilis* MJ80[80]和 *B. subtilis* RKY3[37]。

以上聚-γ-谷氨酸生产菌可分为两类，L-谷氨酸依赖型生产菌和 L-谷氨酸非依赖型生产菌。与 L-谷氨酸非依赖型生产菌相比，L-谷氨酸依赖型生产菌因效价高和生产率高备受关注[125]。

为了阻断合成的聚-γ-谷氨酸被降解，*B. subtilis* 中两个主要的聚-γ-谷氨酸降解酶基因 *pgds* 和 *ggt* 被同时敲除，从而有效地提高了聚-γ-谷氨酸的效价。同时，为了缓解发酵过程中氧气的限制，将来源于 *Vitreoscilla* 的血红蛋白基因 *vgb* 插入 *B. subtilis* 染色体，成功使聚-γ-谷氨酸产量增加 2.07 倍。通过优化发酵工艺，在补料分批培养中，聚-γ-谷氨酸最高滴度能达到 101.1 g/L[126]。

参 考 文 献

[1]　Van Dijl J M, Hecker M. *Bacillus subtilis*: from soil bacterium to super-secreting cell factory[J]. Microb Cell Fact, 2013, 12: 3.

[2]　Gu Y, Xu X, Wu Y, et al. Advances and prospects of *Bacillus subtilis* cellular factories: from rational design to industrial applications[J]. Metab Eng, 2018, 50: 109-121.

[3]　Buescher J M, Liebermeister W, Jules M, et al. Global network reorganization during dynamic adaptations of *Bacillus subtilis* metabolism[J]. Science, 2012, 335 (6072): 1099-1103.

[4]　Brinsmade S R, Alexander E L, Livny J, et al. Hierarchical expression of genes controlled by the *Bacillus subtilis* global regulatory protein CodY[J]. Proc Natl Acad Sci USA, 2014, 111 (22): 8227-8232.

[5]　Maaβ S, Wachlin G, Bernhardt J, et al. Highly precise quantification of protein molecules per cell during stress and starvation responses in *Bacillus subtilis*[J]. Mol Cell Proteomics, 2014, 13 (9): 2260-2276.

[6]　Meyer H, Weidmann H, Mäder U, et al. A time resolved metabolomics study: the influence of different carbon sources during growth and starvation of *Bacillus subtilis*[J]. Mol Biosyst, 2014, 10 (7): 1812-1823.

[7]　Muntel J, Fromion V, Goelzer A, et al. Comprehensive absolute quantification of the cytosolic proteome of *Bacillus subtilis* by data independent, parallel fragmentation in liquid chromatography/mass spectrometry (LC/MS (E))[J]. Mol Cell Proteomics, 2014, 13 (4): 1008-1019.

[8]　Chubukov V, Gerosa L, Kochanowski K, et al. Coordination of microbial metabolism[J]. Nat Rev Microbiol, 2014, 12 (5): 327-340.

[9]　Schilling O, Frick O, Herzberg C, et al. Transcriptional and metabolic responses of *Bacillus subtilis* to the availability of organic acids: transcription regulation is important but not sufficient to account for metabolic adaptation[J]. Appl Environ Microbiol, 2007, 73 (2): 499-507.

[10] Georg J, Hess W R. Cis-antisense RNA, another level of gene regulation in bacteria[J]. Microbiol Mol Biol Rev, 2011, 75 (2): 286-300.

[11] Storz G, Vogel J, Wassarman K M. Regulation by small RNAs in bacteria: expanding frontiers[J]. Mol Cell, 2011, 43 (6): 880-891.

[12] Wiedenheft B, Sternberg S H, Doudna J A. RNA-guided genetic silencing systems in bacteria and archaea[J]. Nature, 2012, 482 (7385): 331-338.

[13] Irnov I, Sharma C M, Vogel J, et al. Identification of regulatory RNAs in *Bacillus subtilis*[J]. Nucleic Acids Res, 2010, 38 (19): 6637-6651.

[14] Nicolas P, Mäder U, Dervyn E, et al. Condition-dependent transcriptome reveals high-level regulatory architecture in *Bacillus subtilis*[J]. Science, 2012, 335 (6072): 1103-1106.

[15] Heidrich N, Moll I, Brantl S. *In vitro* analysis of the interaction between the small RNA SR1 and its primary target ahrC mRNA[J]. Nucleic Acids Res, 2007, 35 (13): 4331-4346.

[16] Gaballa A, Antelmann H, Aguilar C, et al. The *Bacillus subtilis* iron-sparing response is mediated by a fur-regulated small RNA and three small, basic proteins[J]. Proc Natl Acad Sci USA, 2008, 105 (33): 11927-11932.

[17] Smaldone G T, Revelles O, Gaballa A, et al. A global investigation of the *Bacillus subtilis* iron-sparing response identifies major changes in metabolism[J]. J Bacteriol, 2012, 194 (10): 2594-2605.

[18] Mars R A, Nicolas P, Ciccolini M, et al. Small regulatory RNA-induced growth rate heterogeneity of *Bacillus subtilis*[J]. PLoS Genet, 2015, 11 (3): e1005046.

[19] Mars R A, Mendonça K, Denham E L, et al. The reduction in small ribosomal subunit abundance in ethanol-stressed cells of *Bacillus subtilis* is mediated by a SigB-dependent antisense RNA[J]. Biochim Biophys Acta, 2015, 1853 (10 Pt A): 2553-2559.

[20] Derouiche A, Shi L, Bidnenko V, et al. *Bacillus subtilis* SalA is a phosphorylation-dependent transcription regulator that represses scoC and activates the production of the exoprotease AprE[J]. Mol Microbiol, 2015, 97 (6): 1195-1208.

[21] Elsholz A K, Turgay K, Michalik S, et al. Global impact of protein arginine phosphorylation on the physiology of *Bacillus subtilis*[J]. Proc Natl Acad Sci USA, 2012, 109 (19): 7451-7456.

[22] Kiley T B, Stanley-Wall N R. Post-translational control of *Bacillus subtilis* biofilm formation mediated by tyrosine phosphorylation[J]. Mol Microbiol, 2010, 78 (4): 947-963.

[23] Kobir A, Poncet S, Bidnenko V, et al. Phosphorylation of *Bacillus subtilis* gene regulator AbrB modulates its DNA-binding properties[J]. Mol Microbiol, 2014, 92 (5): 1129-1141.

[24] Macek B, Mijakovic I, Olsen J V, et al. The serine/threonine/tyrosine phosphoproteome of the model bacterium *Bacillus subtilis*[J]. Mol Cell Proteomics, 2007, 6 (4): 697-707.

[25] Mijakovic I, Deutscher J. Protein-tyrosine phosphorylation in *Bacillus subtilis*: a 10-year retrospective[J]. Front Microbiol, 2015, 6: 18.

[26] Salzberg L I, Botella E, Hokamp K, et al. Genome-wide analysis of phosphorylated phoP binding to chromosomal DNA reveals several novel features of the PhoPR-mediated phosphate limitation response in *Bacillus subtilis*[J]. J Bacteriol, 2015, 197 (8): 1492-1506.

[27] Ravikumar V, Shi L, Krug K, et al. Quantitative phosphoproteome analysis of *Bacillus subtilis* reveals novel substrates of the kinase PrkC and phosphatase PrpC[J]. Mol Cell Proteomics, 2014, 13 (8): 1965-1978.

[28] Schmidt A, Trentini D B, Spiess S, et al. Quantitative phosphoproteomics reveals the role of protein arginine phosphorylation in the bacterial stress response[J]. Mol Cell Proteomics, 2014, 13 (2): 537-550.

[29]　Trentini D B, Fuhrmann J, Mechtler K, et al. Chasing phosphoarginine proteins: development of a selective enrichment method using a phosphatase trap[J]. Mol Cell Proteomics, 2014, 13 (8): 1953-1964.

[30]　Mijakovic I, Poncet S, Boël G, et al. Transmembrane modulator-dependent bacterial tyrosine kinase activates UDP-glucose dehydrogenases[J]. Embo J, 2003, 22 (18): 4709-4718.

[31]　Gerwig J, Kiley T B, Gunka K, et al. The protein tyrosine kinases EpsB and PtkA differentially affect biofilm formation in Bacillus subtilis[J]. Microbiology (Reading), 2014, 160 (Pt 4): 682-691.

[32]　Bodenmiller B, Wanka S, Kraft C, et al. Phosphoproteomic analysis reveals interconnected system-wide responses to perturbations of kinases and phosphatases in yeast[J]. Sci Signal, 2010, 3 (153): rs4.

[33]　Oliveira A P, Ludwig C, Picotti P, et al. Regulation of yeast central metabolism by enzyme phosphorylation[J]. Mol Syst Biol, 2012, 8: 623.

[34]　Schulz J C, Zampieri M, Wanka S, et al. Large-scale functional analysis of the roles of phosphorylation in yeast metabolic pathways[J]. Sci Signal, 2014, 7 (353): rs6.

[35]　Oliveira A P, Sauer U. The importance of post-translational modifications in regulating Saccharomyces cerevisiae metabolism[J]. FEMS Yeast Res, 2012, 12 (2): 104-117.

[36]　Altenbuchner J. Editing of the Bacillus subtilis genome by the CRISPR-Cas9 systerm[J]. Appl Environ Microbiol, 2016, 82 (17): 5421-5427.

[37]　Jakutyte-Giraitiene L, Gasiunas G. Design of a CRISPR-Cas system to increase resistance of Bacillus subtilis to bacteriophage SPP1[J]. J Ind Microbiol Biotechnol, 2016, 43 (8): 1183-1188.

[38]　Peters J M, Colavin A, Shi H, et al. A comprehensive, CRISPR-based functional analysis of essential genes in bacteria[J]. Cell, 2016, 165 (6): 1493-1506.

[39]　Sander J D, Joung J K. CRISPR-Cas systems for editing, regulating and targeting genomes[J]. Nat Biotechnol, 2014, 32 (4): 347-355.

[40]　Shen B, Zhang W, Zhang J, et al. Efficient genome modification by CRISPR-Cas9 nickase with minimal off-target effects[J]. Nat Methods, 2014, 11 (4): 399-402.

[41]　Westbrook A W, Moo-Young M, Chou C P. Development of a CRISPR-Cas9 toolkit for comprehensive engineering of Bacillus subtilis[J]. Appl Environ Microbiol, 2016, 82 (16): 4876-4895.

[42]　Zhang K, Duan X, Wu J. Multigene disruption in undomesticated Bacillus subtilis ATCC 6051a using the CRISPR/Cas9 system[J]. Sci Rep, 2016, 6: 27943.

[43]　Zhao H, Sun Y, Peters J M, et al. Depletion of undecaprenyl pyrophosphate phosphatases disrupts cell envelope biogenesis in Bacillus subtilis[J]. J Bacteriol, 2016, 198 (21): 2925-2935.

[44]　Humphrey S J, Azimifar S B, Mann M. High-throughput phosphoproteomics reveals in vivo insulin signaling dynamics[J]. Nat Biotechnol, 2015, 33 (9): 990-995.

[45]　Kohlstedt M, Sappa P K, Meyer H, et al. Adaptation of Bacillus subtilis carbon core metabolism to simultaneous nutrient limitation and osmotic challenge: a multi-omics perspective[J]. Environ Microbiol, 2014, 16 (6): 1898-1917.

[46]　Chen S, Xu X L, Grant G A. Allosteric activation and contrasting properties of L-serine dehydratase types 1 and 2[J]. Biochemistry, 2012, 51 (26): 5320-5328.

[47]　Garavaglia S, Galizzi A, Rizzi M. Allosteric regulation of Bacillus subtilis NAD kinase by quinolinic acid[J]. J Bacteriol, 2003, 185 (16): 4844-4850.

[48]　Harvie D R, Andreini C, Cavallaro G, et al. Predicting metals sensed by ArsR-SmtB repressors: allosteric interference by a non-effector metal[J]. Mol Microbiol, 2006, 59 (4): 1341-1356.

[49]　Shulman A, Zalyapin E, Vyazmensky M, et al. Allosteric regulation of Bacillus subtilis threonine deaminase, a

biosynthetic threonine deaminase with a single regulatory domain[J]. Biochemistry, 2008, 47 (45): 11783-11792.

[50] Orsak T, Smith T L, Eckert D, et al. Revealing the allosterome: systematic identification of metabolite-protein interactions[J]. Biochemistry, 2012, 51 (1): 225-232.

[51] Meyer F M, Gerwig J, Hammer E, et al. Physical interactions between tricarboxylic acid cycle enzymes in *Bacillus subtilis*: evidence for a metabolon[J]. Metab Eng, 2011, 13 (1): 18-27.

[52] Dueber J E, Wu G C, Malmirchegini G R, et al. Synthetic protein scaffolds provide modular control over metabolic flux[J]. Nat Biotechnol, 2009, 27 (8): 753-759.

[53] Moon T S, Dueber J E, Shiue E, et al. Use of modular, synthetic scaffolds for improved production of glucaric acid in engineered *E. coli*[J]. Metab Eng, 2010, 12 (3): 298-305.

[54] Cress B F, Trantas E A, Ververidis F, et al. Sensitive cells: enabling tools for static and dynamic control of microbial metabolic pathways[J]. Curr Opin Biotechnol, 2015, 36: 205-214.

[55] Holtz W J, Keasling J D. Engineering static and dynamic control of synthetic pathways[J]. Cell, 2010, 140 (1): 19-23.

[56] Mcnerney M P, Watstein D M, Styczynski M P. Precision metabolic engineering: the design of responsive, selective, and controllable metabolic systems[J]. Metab Eng, 2015, 31: 123-131.

[57] Dong H, Zhang D. Current development in genetic engineering strategies of *Bacillus* species[J]. Microb Cell Fact, 2014, 13: 63.

[58] Alper H, Fischer C, Nevoigt E, et al. Tuning genetic control through promoter engineering[J]. Proc Natl Acad Sci USA, 2005, 102 (36): 12678-12683.

[59] Curran K A, Karim A S, Gupta A, et al. Use of expression-enhancing terminators in *Saccharomyces cerevisiae* to increase mRNA half-life and improve gene expression control for metabolic engineering applications[J]. Metab Eng, 2013, 19: 88-97.

[60] Curran K A, Morse N J, Markham K A, et al. Short synthetic terminators for improved heterologous gene expression in yeast[J]. ACS Synth Biol, 2015, 4 (7): 824-832.

[61] Nowroozi F F, Baidoo E E, Ermakov S, et al. Metabolic pathway optimization using ribosome binding site variants and combinatorial gene assembly[J]. Appl Microbiol Biotechnol, 2014, 98 (4): 1567-1581.

[62] Zelcbuch L, Antonovsky N, Bar-Even A, et al. Spanning high-dimensional expression space using ribosome-binding site combinatorics[J]. Nucleic Acids Res, 2013, 41 (9): e98.

[63] Liebeton K, Lengefeld J, Eck J. The nucleotide composition of the spacer sequence influences the expression yield of heterologously expressed genes in *Bacillus subtilis*[J]. J Biotechnol, 2014, 191: 214-220.

[64] Phan T T, Nguyen H D, Schumann W. Construction of a 5′-controllable stabilizing element (CoSE) for over-production of heterologous proteins at high levels in *Bacillus subtilis*[J]. J Biotechnol, 2013, 168 (1): 32-39.

[65] Dormeyer M, Egelkamp R, Thiele M J, et al. A novel engineering tool in the *Bacillus subtilis* toolbox: inducer-free activation of gene expression by selection-driven promoter decryptification[J]. Microbiology (Reading), 2015, 161 (Pt 2): 354-361.

[66] Guan C, Cui W, Cheng J, et al. Construction and development of an auto-regulatory gene expression system in *Bacillus subtilis*[J]. Microb Cell Fact, 2015, 14: 150.

[67] Welsch N, Homuth G, Schweder T. Stepwise optimization of a low-temperature *Bacillus subtilis* expression system for "difficult to express" proteins[J]. Appl Microbiol Biotechnol, 2015, 99 (15): 6363-6376.

[68] Yang S, Kang Z, Cao W, et al. Construction of a novel, stable, food-grade expression system by engineering the endogenous toxin-antitoxin system in *Bacillus subtilis*[J]. J Biotechnol, 2016, 219: 40-47.

[69]　Radeck J, Kraft K, Bartels J, et al. The *Bacillus* BioBrick Box: generation and evaluation of essential genetic building blocks for standardized work with *Bacillus subtilis*[J]. J Biol Eng, 2013, 7 (1): 29.

[70]　Shetty R P, Endy D, Jr Knight T F. Engineering BioBrick vectors from BioBrick parts[J]. J Biol Eng, 2008, 2: 5.

[71]　Kushwaha M, Salis H M. A portable expression resource for engineering cross-species genetic circuits and pathways[J]. Nat Commun, 2015, 6: 7832.

[72]　Bikard D, Jiang W, Samai P, et al. Programmable repression and activation of bacterial gene expression using an engineered CRISPR-Cas system[J]. Nucleic Acids Res, 2013, 41 (15): 7429-7437.

[73]　Mali P, Esvelt K M, Church G M. Cas9 as a versatile tool for engineering biology[J]. Nat Methods, 2013, 10 (10): 957-963.

[74]　Na D, Yoo S M, Chung H, et al. Metabolic engineering of *Escherichia coli* using synthetic small regulatory RNAs[J]. Nat Biotechnol, 2013, 31 (2): 170-174.

[75]　Biedendieck R, Malten M, Barg H, et al. Metabolic engineering of cobalamin (vitamin B12) production in *Bacillus megaterium*[J]. Microb Biotechnol, 2010, 3 (1): 24-37.

[76]　Feng J, Gu Y, Quan Y, et al. Improved poly-γ-glutamic acid production in *Bacillus amyloliquefaciens* by modular pathway engineering[J]. Metab Eng, 2015, 32: 106-115.

[77]　Zhang X, Liu Y, Liu L, et al. Modular pathway engineering of key carbon-precursor supply-pathways for improved *N*-acetylneuraminic acid production in *Bacillus subtilis*[J]. Biotechnol Bioeng, 2018, 115 (9): 2217-2231.

[78]　Biggs B W, De Paepe B, Santos C N, et al. Multivariate modular metabolic engineering for pathway and strain optimization[J]. Curr Opin Biotechnol, 2014, 29: 156-162.

[79]　Chou H H, Keasling J D. Programming adaptive control to evolve increased metabolite production[J]. Nat Commun, 2013, 4: 2595.

[80]　Juminaga D, Baidoo E E, Redding-Johanson A M, et al. Modular engineering of L-tyrosine production in *Escherichia coli*[J]. Appl Environ Microbiol, 2012, 78 (1): 89-98.

[81]　Kabisch J, Pratzka I, Meyer H, et al. Metabolic engineering of *Bacillus subtilis* for growth on overflow metabolites[J]. Microb Cell Fact, 2013, 12: 72.

[82]　Wang Y, Chen Z, Zhao R, et al. Deleting multiple lytic genes enhances biomass yield and production of recombinant proteins by *Bacillus subtilis*[J]. Microb Cell Fact, 2014, 13: 129.

[83]　Chen Y, Nielsen J. Advances in metabolic pathway and strain engineering paving the way for sustainable production of chemical building blocks[J]. Curr Opin Biotechnol, 2013, 24 (6): 965-972.

[84]　Liu R, Bassalo M C, Zeitoun R I, et al. Genome scale engineering techniques for metabolic engineering[J]. Metab Eng, 2015, 32: 143-154.

[85]　Ajikumar P K, Xiao W H, Tyo K E, et al. Isoprenoid pathway optimization for Taxol precursor overproduction in *Escherichia coli*[J]. Science, 2010, 330 (6000): 70-74.

[86]　Xu P, Gu Q, Wang W, et al. Modular optimization of multi-gene pathways for fatty acids production in *E. coli*[J]. Nat Commun, 2013, 4: 1409.

[87]　Caspeta L, Chen Y, Ghiaci P, et al. Altered sterol composition renders yeast thermotolerant[J] Science, 2014, 346 (6205): 75-78.

[88]　Dragosits M, Mattanovich D. Adaptive laboratory evolution-principles and applications for biotechnology[J]. Microb Cell Fact, 2013, 12: 64.

[89]　Yang J, Seo S W, Jang S, et al. Synthetic RNA devices to expedite the evolution of metabolite-producing microbes[J]. Nat Commun, 2013, 4: 1413.

[90]   Meyer A, Pellaux R, Potot S, et al. Optimization of a whole-cell biocatalyst by employing genetically encoded product sensors inside nanolitre reactors[J]. Nat Chem, 2015, 7 (8): 673-678.

[91]   Wang B L, Ghaderi A, Zhou H, et al. Microfluidic high-throughput culturing of single cells for selection based on extracellular metabolite production or consumption[J]. Nat Biotechnol, 2014, 32 (5): 473-478.

[92]   Juhas M, Reuß D R, Zhu B, et al. *Bacillus subtilis* and *Escherichia coli* essential genes and minimal cell factories after one decade of genome engineering[J]. Microbiology (Reading), 2014, 160 (Pt 11): 2341-2351.

[93]   Liu Y, Li J, Du G, et al. Metabolic engineering of *Bacillus subtilis* fueled by systems biology: recent advances and future directions[J]. Biotechnol Adv, 2017, 35 (1): 20-30.

[94]   Zhang X, Zhang R, Bao T, et al. The rebalanced pathway significantly enhances acetoin production by disruption of acetoin reductase gene and moderate-expression of a new water-forming NADH oxidase in *Bacillus subtilis*[J]. Metabolic Engineering, 2014, 23: 34-41.

[95]   Liu L, Liu Y, Shin H-D, et al. Microbial production of glucosamine and *N*-acetylglucosamine: advances and perspectives[J]. Applied Microbiology and Biotechnology, 2013, 97 (14): 6149-6158.

[96]   Kind S, Kreye S, Wittmann C. Metabolic engineering of cellular transport for overproduction of the platform chemical 1,5-diaminopentane in *Corynebacterium glutamicum*[J]. Metabolic Engineering, 2011, 13 (5): 617-627.

[97]   Hutchison C A, Chuang R Y, Noskov V N, et al. Design and synthesis of a minimal bacterial genome[J]. Science, 2016, 351 (6280): aad6253.

[98]   Koo B M, Kritikos G, Farelli J D, et al. Construction and analysis of two genome-scale deletion libraries for *Bacillus subtilis*[J]. Cell Syst, 2017, 4 (3): 291-305.

[99]   Ÿztürk S, Ÿalık P, Ÿzdamar T H. Fed-batch biomolecule production by *Bacillus subtilis*: a state of the art review[J]. Trends Biotechnol, 2016, 34 (4): 329-345.

[100]   Becker J, Wittmann C. Systems metabolic engineering of *Escherichia coli* for the heterologous production of high value molecules-a veteran at new shores[J]. Curr Opin Biotechnol, 2016, 42: 178-188.

[101]   Li M, Borodina I. Application of synthetic biology for production of chemicals in yeast *Saccharomyces cerevisiae*[J]. FEMS Yeast Res, 2015, 15 (1): 1-12.

[102]   Song Y, Nikoloff J M, Fu G, et al. Promoter screening from *Bacillus subtilis* in various conditions hunting for synthetic biology and industrial applications[J]. PLoS ONE, 2016, 11 (7): e0158447.

[103]   Yang S, Du G, Chen J, et al. Characterization and application of endogenous phase-dependent promoters in *Bacillus subtilis*[J]. Appl Microbiol Biotechnol, 2017, 101 (10): 4151-4161.

[104]   Liu D, Mao Z, Guo J, et al. Construction, model-based analysis, and characterization of a promoter library for fine-tuned gene expression in *Bacillus subtilis*[J]. ACS Synth Biol, 2018, 7 (7): 1785-1797.

[105]   Hirokawa Y, Kawano H, Tanaka-Masuda K, et al. Genetic manipulations restored the growth fitness of reduced-genome *Escherichia coli*[J]. J Biosci Bioeng, 2013, 116 (1): 52-58.

[106]   Reuß D R, Rath H, Thürmer A, et al. Changes of DNA topology affect the global transcription landscape and allow rapid growth of a *Bacillus subtilis* mutant lacking carbon catabolite repression[J]. Metab Eng, 2018, 45: 171-179.

[107]   Majidian P, Kuse J, Tanaka K, et al. *Bacillus subtilis* GntR regulation modified to devise artificial transient induction systems[J]. J Gen Appl Microbiol, 2017, 62 (6): 277-285.

[108]   Tai Y S, Xiong M, Jambunathan P, et al. Engineering nonphosphorylative metabolism to generate lignocellulose-derived products[J]. Nat Chem Biol, 2016, 12 (4): 247-253.

[109]   Wu Y, Sun X, Lin Y, et al. Establishing a synergetic carbon utilization mechanism for non-catabolic use of glucose in microbial synthesis of trehalose[J]. Metab Eng, 2017, 39: 1-8.

[110]　Li H, Shen Y, Wu M, et al. Engineering a wild-type diploid *Saccharomyces cerevisiae* strain for second-generation bioethanol production[J]. Bioresour Bioprocess, 2016, 3 (1): 51.

[111]　Tashiro Y, Desai S H, Atsumi S. Two-dimensional isobutyl acetate production pathways to improve carbon yield[J]. Nat Commun, 2015, 6: 7488.

[112]　Bogorad I W, Lin T S, Liao J C. Synthetic non-oxidative glycolysis enables complete carbon conservation[J]. Nature, 2013, 502 (7473): 693-697.

[113]　Henard C A, Freed E F, Guarnieri M T. Phosphoketolase pathway engineering for carbon-efficient biocatalysis[J]. Curr Opin Biotechnol, 2015, 36: 183-188.

[114]　Nocon J, Steiger M G, Pfeffer M, et al. Model based engineering of *Pichia pastoris* central metabolism enhances recombinant protein production[J]. Metab Eng, 2014, 24 (100): 129-138.

[115]　Liu Y, Zhu Y, Li J, et al. Modular pathway engineering of *Bacillus subtilis* for improved *N*-acetylglucosamine production[J]. Metabolic Engineering, 2014, 23: 42-52.

[116]　Ma W, Liu Y, Shin H-D, et al. Metabolic engineering of carbon overflow metabolism of *Bacillus subtilis* for improved *N*-acetyl-glucosamine production[J]. Bioresource Technology, 2018, 250: 642-649.

[117]　Jin P, Zhang L, Yuan P, et al. Efficient biosynthesis of polysaccharides chondroitin and heparosan by metabolically engineered *Bacillus subtilis*[J]. Carbohydrate Polymers, 2016, 140: 424-432.

[118]　Stern R, Asari A A, Sugahara K N. Hyaluronan fragments: an information-rich system[J]. European Journal of Cell Biology, 2006, 85 (8): 699-715.

[119]　Xiao Z, Lu J R. Strategies for enhancing fermentative production of acetoin: a review[J]. Biotechnology Advances, 2014, 32 (2): 492-503.

[120]　Zhou K, Zou R, Zhang C, et al. Optimization of amorphadiene synthesis in *Bacillus subtilis* via transcriptional, translational, and media modulation[J]. Biotechnol Bioeng, 2013, 110 (9): 2556-2561.

[121]　Schwechheimer S K, Park E Y, Revuelta J L, et al. Biotechnology of riboflavin[J]. Applied Microbiology and Biotechnology, 2016, 100 (5): 2107-2119.

[122]　Duan Y X, Chen T, Chen X, et al. Overexpression of glucose-6-phosphate dehydrogenase enhances riboflavin production in *Bacillus subtilis*[J]. Applied Microbiology and Biotechnology, 2010, 85 (6): 1907-1914.

[123]　Shi S, Chen T, Zhang Z, et al. Transcriptome analysis guided metabolic engineering of *Bacillus subtilis* for riboflavin production[J]. Metabolic Engineering, 2009, 11 (4): 243-252.

[124]　Shi S, Shen Z, Chen X, et al. Increased production of riboflavin by metabolic engineering of the purine pathway in *Bacillus subtilis*[J]. Biochemical Engineering Journal, 2009, 46 (1): 28-33.

[125]　Bajaj I B, Singhal R S. Flocculation properties of poly (γ-glutamic acid) produced from *Bacillus subtilis* isolate[J]. Food and Bioprocess Technology, 2011, 4 (5): 745-752.

[126]　Huang M, Bai Y, Sjostrom S L, et al. Microfluidic screening and whole-genome sequencing identifies mutations associated with improved protein secretion by yeast[J]. Proc Natl Acad Sci USA, 2015, 112 (34): E4689-E4696.

第 2 章　枯草芽孢杆菌代谢元件的挖掘与创新

2.1　枯草芽孢杆菌 CRISPR 工具箱

2.1.1　CRISPR-Cas 系统及其在基因编辑和表达调控中的应用

1. CRISPR-Cas 系统简介

CRISPR-Cas 是存在于细菌或古细菌中的一种适应性免疫（adaptive immunity）系统，该系统可以在 RNA 引导的核酸酶的作用下对外来核酸元件进行切割，从而帮助微生物抵御噬菌体等的入侵[1-3]。CRISPR-Cas 介导的免疫反应可分为适应（adaptation）、表达（expression）和干扰（interference）三个阶段：在适应阶段，微生物可将外源的 DNA 片段插入基因组 CRISPR 阵列（array）的重复序列（repeat）之间，从而形成新的间隔序列（spacer）；在之后的表达阶段中，CRISPR array 首先会被转录为前体 CRISPR RNA（pre-crRNA），然后 pre-crRNA 会被相关的蛋白加工为由重复序列和间隔序列构成的 CRISPR RNA（crRNA）；在干扰阶段，利用crRNA 中间隔序列的碱基互补配对作用，Cas 蛋白便可以识别和切割 DNA 或 RNA上的特异性靶点[4]。

如图 2-1 所示，根据干扰阶段中效应蛋白的组成可将 CRISPR 系统分为两类（class）：class 1 和 class 2，其中 class 1 的效应蛋白是由多个 Cas 蛋白组成的复合体，而 class 2 的效应蛋白仅是一个具有多重结构域的 Cas 蛋白。根据基因序列、

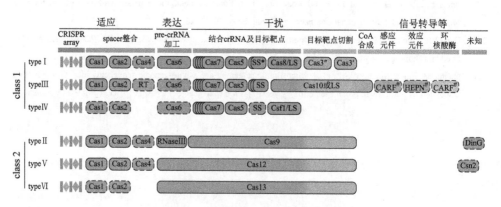

图 2-1　CRISPR-Cas 系统的分类

组织方式等，CRISPR 系统又可以被进一步划分为多个不同的型（type）和亚型（subtype）。由于结构组成比较简单，目前的 CRISPR 工具大部分是由 class 2 中的 CRISPR-Cas9 或 CRISPR-Cpf1（Cas12a）改造得到的[5]。

2. CRISPR-Cas 系统在基因编辑中的应用

利用 CRISPR-Cas 系统特异性的 DNA 识别和切割作用，可以构建高效的基因编辑系统。在使用 CRISPR-Cas9 进行基因编辑时，反式激活 CRISPR RNA（transactivating CRISPR RNA，tracrRNA）会和 pre-crRNA 中的重复序列发生互补配对，并引导 RNase III 对 pre-crRNA 进行切割形成成熟的 crRNA；随后 Cas9 蛋白会同 tracrRNA-crRNA 二聚体形成三元复合物，并在前间区序列邻近基序（protospacer adjacent motif，PAM）紧邻的目标靶点的特定位置对 DNA 进行切割产生双链断裂（double-stranded break，DSB）（图 2-2a）；为了简化该系统的组成，也可以将 crRNA 与 tracrRNA 进行嵌合得到单一向导 RNA（single guide RNA，sgRNA）（图 2-2b），这样只需要表达一个 Cas9 和一个设计好的 sgRNA 便可以对特定的基因靶点进行切割[6]。除了 CRISPR-Cas9 系统以外，CRISPR-Cpf1 系统在基因编辑中也有非常广泛的应用。Cpf1 不仅具有 DNase 结构域，也具有 RNase 结构域，自身便能促进 crRNA 的成熟，且该过程不依赖 tracrRNA 和其他的 RNase[7]（图 2-2c）。

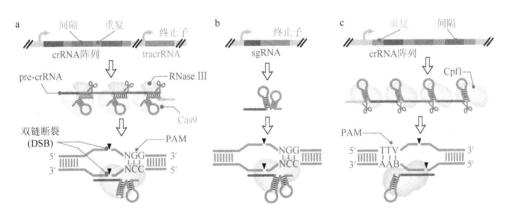

图 2-2 CRISPR-Cas 系统的作用原理

基于 DSB 对细胞的致死作用，只有成功将其修复并将原有的识别靶点破坏（或敲除）后突变体才能存活下来。因此，基于 CRISPR 的基因组编辑系统无须使用抗性基因或者营养缺陷作为筛选标记，可以实现真正意义上的基因组无痕编辑。利用 CRISPR 产生的 DSB 有两条途径可以修复：一条是同源重组修复（homology-directed repair，HDR），在同源修复模板的作用下可以将原有的识别靶点修改或者敲除，同时将特定序列引入基因组中，从而实现基因组的精准编辑；另一条是非同源末端连接（non-homologous end joining，NHEJ），该过程无须同源修复模板的参与，但是会在断裂位点引入随机的碱基插入或缺失，从而使原有的识别靶点发生突变[4]。在基因编辑过程中，出于不同的目的，常常需要对上述两条途径进行不同的改造。例如，为了增加基因编辑过程的准确性，需要对毕赤酵母（*Pichia pastoris*）[8]或酿酒酵母（*Saccharomyces cerevisiae*）[9]等自身的 NHEJ 途径进行失活。而原核生物一般不存在具有活性的 NHEJ 途径，因此无须考虑此问题。但是原核生物的 HDR 途径效率较低，故在某些情况下需要引入 λ-Red[10]或 RecE/T[11]等辅助性的重组系统以增强其同源重组修复能力。

3. CRISPR-Cas 系统在基因表达调控中的应用

除了基因编辑以外，CRISPR-Cas 系统在基因的表达调控中也具有广泛应用。在原核细胞中，直接将 dCas9 或 dCpf1 蛋白靶向引入目标基因的启动子或编码区后，利用其空间位阻使 RNA 聚合酶（RNA polymerase，RNAP）无法结合或者通过，从而实现转录水平的下调，上述机制称为 CRISPR 干扰（CRISPR interference，CRISPRi）[12]；而在 *S. cerevisiae* 等真核生物中，若想达到较高的抑制水平，则需要将 MIX1、KRAB 或 SID4X 等转录抑制蛋白与 dCas9（或 dCpf1）蛋白进行融合，构建人工转录因子[13]。除了用于弱化表达以外，还可以将由 dCas9（或 dCpf1）和转录激活蛋白所构成的融合蛋白靶向引入目标基因启动子上游的特定区域，用于招募更多的 RNAP，从而实现目标基因在转录水平的上调，该过程称为 CRISPR 激活（CRISPR activating，CRISPRa）[13]。若将上述具有激活结构域的融合蛋白靶向引入目标基因启动子的核心区域或者基因的编码区，也能通过空间位阻作用实现转录水平的下调[14-17]，说明只需要改变该融合蛋白的靶向区域便能实现对转录过程的双重调控。

2.1.2　基于 CRISPR-Cpf1 的枯草芽孢杆菌多基因编辑系统

传统的基于 Cre/lox 的基因组编辑系统虽然能够实现对 *B. subtilis* 基因组的连续编辑[18]，但是会留下大量的 lox 缺失位点（在 Cre 酶作用下重组产生的一段 DNA 序列），这有可能会引发基因组的随机重排[19]；而基于单交换与反向筛选标记的基因组编辑系统虽然不会在基因组上留下"疤痕"[20]，但是其操作过程较为烦琐且效率也有待提高。在本小节，我们主要介绍了 *B. subtilis* 中基于 CRISPR-Cpf1 的多基因编辑系统的设计构建方法与其在基因编辑中的应用（图 2-3）。

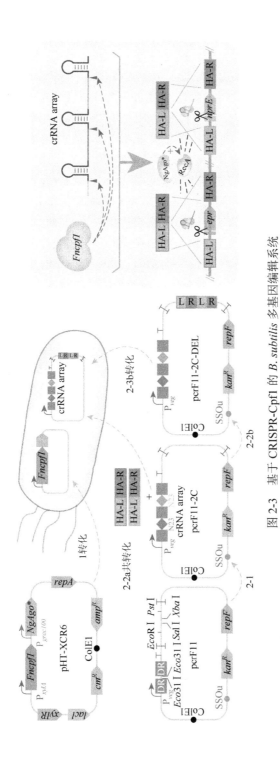

图 2-3　基于 CRISPR-Cpf1 的 B. subtilis 多基因编辑系统

1. 枯草芽孢杆菌中基于 CRISPR-Cpf1 的多基因编辑系统的构建

为了简化基因编辑的操作过程，可分别将 Cpf1 与 crRNA array 连接到 *B. subtilis* 中可兼容的两个质粒上，得到载体 pHT-XC 和 pcrF11。这样在对 *B. subtilis* 的基因组进行编辑时，只需要对 pcrF11 进行相应的改造并将其转化至含有 Cpf1 表达质粒的 *B. subtilis* 中即可；而且，在连续编辑时可以暂时保留 Cpf1 表达质粒，只需依次分别转化和消除不同的 pcrF11 衍生质粒即可。

如图 2-4 所示，在构建基因编辑所需的 crRNA array 时，可以借助一种只需要使用不超过 60 nt 的非磷酸化单链 DNA（可通过合成引物得到）即可获得任意 crRNA array 的 SOMACA（合成寡聚核苷酸介导的 crRNA 阵列组装）策略[21]。本策略分为两种情况：①当仅有单个编辑靶点时，只需要在 pcrF11 的两个正向重复（DR）序列之间插入所需的 N23 序列即可。首先，需合成一对长度均为 27 nt（其中 23 nt 可互补配对，剩余 4 nt 可分别形成两个黏性末端 5'-AGAT-3' 与 5'-AATT-3'）的引物；然后，将其退火（98℃加热 2 min 后，以 0.1℃/s 的速度降低至 4℃并保温）形成带有黏性末端的双链 DNA；最后，使用 T4 连接酶将其连接至 *Eco*31 I 酶切后的 pcrF11 质粒上（图 2-4a）；由于酶切后的质粒片段两端均带有 5'磷酸基团，因此引物无须进行 5'磷酸化，连接后形成的切口在转化至 *E. coli* 中后可被修复[22]。②当有多个编辑靶点时，crRNA array 中需要包含多个 N23 序列，且除第一个 N23 序列以外其他的 N23 序列前都需要再添加一个长度为 19 bp 的 DR 序列，故在此通过 PCR 和 Golden Gate 组装方法获得所需的 crRNA array。首先，针对每个 N23 序列都需要合成一对包含部分互补序列的引物；然后，利用上述引物进行 PCR 生成两端含有 *Eco*31 I 酶切位点的双链 DNA 片段；最后，通过 Golden Gate 组装将各个片段首尾相连并连接至 pcrF11 质粒上（图 2-4b）；为了提高 Golden Gate 组装的效率，可以将 4 bp 的接口（linker）序列添加到 DR 序列和前一个 N23 之间[23]，这样其便会在 crRNA array 成熟的过程中被切除[7]。

在 crRNA array 构建完成后，可以将所需的同源模板与包含 crRNA array 的 pcrF11 衍生质粒进行共转化（图 2-3 中 2-1→2-2a）；也可以将同源模板连接至含有 crRNA array 的 pcrF11 衍生质粒中再进行转化（图 2-3 中 2-1→2-2b→2-3b）。为了保证基因编辑的效率，此处使用的同源臂长度均为 1000 bp[24]；而且，在转化至 pcrF11 衍生质粒后，可使用含有氯霉素、卡那霉素及 30 g/L 木糖的 LB 液体培养基进行 8～12 h 的后培养，再涂布至含有氯霉素、卡那霉素及 30 g/L 木糖的 LB 平板上，这样也能够提高编辑的效率（表 2-1），类似的现象在使用 CRISPR-Cas9 系统对 *B. subtilis* 进行基因编辑时也有报道[25]。在基因编辑完成后，分别使用菌落 PCR 及 Sanger 测序进行验证，为了防止基因组上被敲除的片段在未完全降解时仍

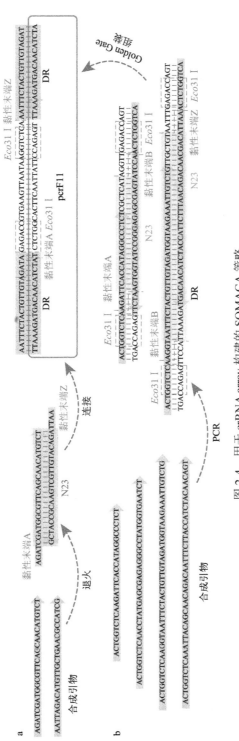

图 2-4　用于 crRNA array 构建的 SOMACA 策略

能被扩增出来而产生假阴性，以及 pcrF11 衍生质粒中含有的同源片段产生假阳性，菌落 PCR 使用的引物对至少其一是在同源臂之外。当基因编辑验证正确后，相关质粒可使用含有 0.005%十二烷基硫酸钠（SDS）的 LB 液体培养基进行消除。

表 2-1　后培养处理前后的编辑效率对比

所使用的质粒及同源臂		未经后培养处理	经过后培养处理
pHT-XC	pcrF11-1C-DEL	164±6（87.5%±6.8%）	664±24（100%）
	pcrF11-2C-DEL	0（n/a）	0（n/a）
	pcrF11-1C-NM	249±11（88.9%±6.8%）	994±31（100%）
	pcrF11-2C-NM	88±6（65.3%±8.6%）	323±16（100%）
	pcrF11-3C-NM	0（n/a）	0（n/a）
pHT-XCR6	pcrF11-1C 与同源模板共转化（ΔaprE-HA）	22±3（86.6%±1.8%）	160±11（100%）
	pcrF11-1C-DEL	256±12（88.9%±5.2%）	1035±47（100%）
	pcrF11-2C 与同源模板共转化（Δepr-HA 与 ΔnprE-HA）	0（n/a）	0（n/a）
	pcrF11-2C-DEL	51±6（43.1%±7.1%）	285±8（100%）
	pcrF11-3C-DEL	0（n/a）	0（n/a）
	pcrF11-4C-DEL	0（n/a）	0（n/a）

注：表中数据为转化每微克质粒后，3 个平行平板上菌落数的平均值±标准差及其对应的编辑效率（括号中，n/a 代表无法计算编辑效率），在共转化时使用与质粒等摩尔数的同源模板片段

有文献报道 $NgAgo$ 蛋白可以促进微生物中 RecA 介导的 HDR 过程，而且截取其 PIWI-like 结构域（650～887aa）并将其具有切割活力的位点（D663A、D738A）进行失活后仍能发挥上述功能[26]。因此，可将突变体 $NgAgo^*$ 连接到质粒 pHT-XC 上得到质粒 pH-XCR6，以提高 $B.$ $subtilis$ 中的 HDR 效率。如表 2-1 所示，引入 $NgAgo^*$ 后可以显著提高 CRISPR-Cpf1 系统在 $B.$ $subtilis$ 中的编辑效率及可同时编辑的位点个数；虽然该质粒使用 IPTG 诱导型的 $P_{grac100}$ 启动子来表达，但无论添加 IPTG 与否编辑效率都无明显差别，说明其渗漏表达已足够促进 $B.$ $subtilis$ 中的 HDR 过程（基因编辑效率利用 $B.$ $subtilis$ 中的 6 个非必需蛋白酶基因 $aprE$、epr、$nprE$、bpr、mpr 和 $nprB$ 进行验证，具体操作与结果见下文）。

2. 枯草芽孢菌中 CRISPR-Cpf1 介导的基因敲除

如图 2-5a 所示，若只需敲除单个基因，为了简化操作过程可将对应的同源模板与含有特定 crRNA array 的 pcrF11 衍生质粒进行共转化。例如，使用质粒

pcrF11-1C 及对应的同源模板（ΔaprE-HA）可以敲除蛋白酶基因 aprE，虽然此时得到的菌落数要明显少于使用连接了同源模板的质粒 pcrF11-1C-DEL 进行敲除时的菌落数，但仍能达到 100% 的编辑效率（表 2-1）。在进行双基因的同时敲除时，若共转化 pcrF11-2C 与对应的同源模板（Δepr-HA 与 ΔnprE-HA），则无法得到任何菌落，这可能和 B. subtilis 的转化效率与同源重组效率有关；而将上述同源模板连接到含 crRNA array 的质粒 pcrF11-2C 上，得到的质粒 pcrF11-2C-DEL 便可以实现 epr 和 nprE 两个基因的同时敲除，且编辑效率为 100%（图 2-5b）。而当尝试使用质粒 pcrF11-3C-DEL 或 pcrF11-4C-DEL 同时敲除 aprE、epr 和 nprE 三个基因或 aprE、epr、nprE 和 bpr 四个基因时，无法得到任何菌落（表 2-1），说明此时的重组效率仍无法实现超过两个基因的同时敲除。如图 2-5 所示，在消除了双基因敲除菌株中的 pcrF11-2C-DEL 质粒之后，紧接着转化质粒 pcrF11-4C-DEL 可以实现 4 个基因的敲除，说明 CRISPR-Cpf1 系统可以成功实现 B. subtilis 中多基因的连续敲除。

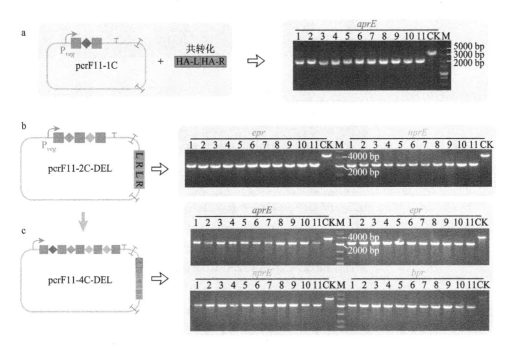

图 2-5　*B. subtilis* 中 CRISPR-Cpf1 介导的基因敲除

（a）共转化同源模板及 crRNA array 表达质粒实现单基因敲除；（b）使用包含 crRNA array 和同源模板的 pcrF11 衍生质粒同时实现双基因敲除；（c）多个基因的连续敲除

3. 枯草芽孢杆菌中 CRISPR-Cpf1 介导的部分碱基编辑

通过对 crRNA 识别位点及 PAM 进行修饰，可以在 6 个蛋白酶基因的编码区引入多个终止密码子。如此，既可以使上述基因不再被 Cpf1 识别和切割，也可以使其发生无义突变而失活。同时由于对基因组的改动很小，此时可以实现更多位点的同时编辑。如图 2-6a 所示，利用含有靶向 *aprE*、*epr*、*nprE*、*bpr*、*mpr* 和

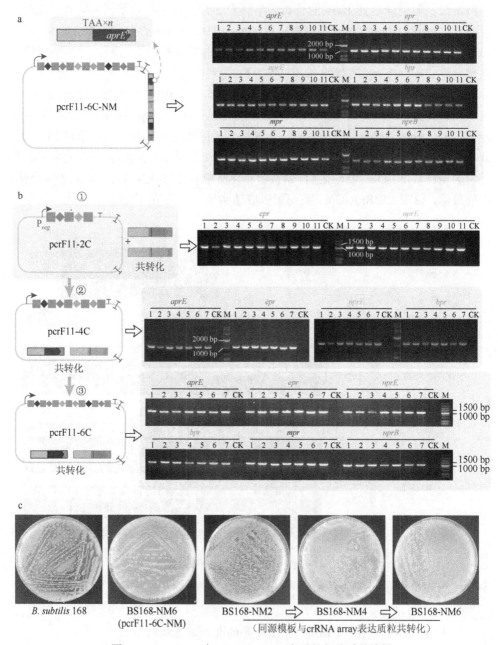

图 2-6　*B. subtilis* 中 CRISPR-Cpf1 介导的部分碱基编辑

（a）使用包含 crRNA array 和同源模板的 pcrF11 衍生质粒同时实现 6 个基因的无义突变；（b）共转化同源模板及 crRNA array 表达质粒分 3 次实现 6 个基因的无义突变；（c）使用脱脂乳平板验证突变菌株的蛋白酶活力

nprB 六个基因的 crRNA array 和对应同源模板的质粒 pcrF11-6C-NM，能够以 100% 的效率同时对上述 6 个基因进行无义突变，说明部分碱基编辑时可操作位点的个数要多于基因完全敲除时的个数。此外，通过共转化策略进行部分碱基编辑时的效率也要高于基因敲除，每次最多能够突变两个位点。如图 2-6b 所示，依次使用靶向 2 个、4 个及 6 个基因的 crRNA array 表达质粒 pcrF11-2C、pcrF11-4C 及 pcrF11-6C，与其对应的同源模板进行共转化，同样可以完成 6 个蛋白酶基因的无义突变。另外，对上述突变菌株进行了 Sanger 测序，结果显示以两种方式得到的基因序列与预期结果都是一致的；此外，使用含有 5% 脱脂乳的平板对突变菌株中的蛋白酶活力进行检测发现，与 *B. subtilis* 168 相比，突变位点越多的突变体蛋白酶活力下降越明显（图 2-6c）。

4. 枯草芽孢杆菌中 CRISPR-Cpf1 介导的基因敲入

在利用 CRISPR-Cpf1 系统进行基因敲入时，只能一次性整合一个基因至 *B. subtilis* 的基因组中，说明基因敲入时对 HDR 过程有更高的要求。如图 2-7a 所示，使用包含 crRNA array 和同源模板的质粒 pcrF11-1C-YFP 可以实现黄色荧光蛋白基因（*syfp2*）在 *B. subtilis* 基因组中的整合，此时的编辑效率也是 100%；此外，若使用 crRNA array 表达质粒 pcrF11-1C 与对应的同源模板进行共转化，也能够以 100% 的效率完成 *syfp2* 在 *B. subtilis* 基因组中的整合，但是得到的菌落较少（图 2-7b）。

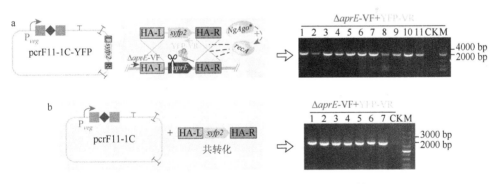

图 2-7　*B. subtilis* 中 CRISPR-Cpf1 介导的基因敲入

（a）共转化同源模板及 crRNA array 表达质粒实现基因敲入；（b）使用包含 crRNA array 和同源模板的 pcrF11 衍生质粒实现基因敲入

5. 基于 CRISPR-Cpf1 的多基因编辑系统在枯草芽孢杆菌代谢改造中的应用

通过在 *B. subtilis* 168 中对 GlcNAc 的合成途径进行从头构建（图 2-8a 和 b），验证了基于 CRISPR-Cpf1 的多基因编辑系统可应用于 *B. subtilis* 的代谢改造中。首先，使用质粒 pcrF11-aprE-GNA1 将来自 *S. cerevisiae* 的 *GNA1* 基因整合到 *B. subtilis*

168 基因组的 *aprE* 位点，得到了重组菌株 WGN1；紧接着，在该菌株中使用质粒 pcrF11-P*veg*-*glmS* 将 *glmS* 的启动子与核酶区域（会使 *glmS* 的 mRNA 受到 GlcNAc-6-磷酸的反馈调控而降解）替换为了组成型启动子 P*veg*，得到了重组菌株 WGN2；随后，又使用质粒 pcrF11-6CGN-NM 进一步将 GlcNAc 分解相关基因（*nagA*、*nagB*、*nagP* 及 *gamA*）及副产物乙酸和乳酸合成相关基因（*pta* 和 *ldh*）进行无义突变，得到了重组菌株 WGN3；最后，对上述三个重组菌株进行了摇瓶发酵验证。如图 2-8c 所示，过表达 *glmS* 使 GlcNAc 产量提高了 50.9%，但是由于分解途径的存在，菌株 WGN1 和 WGN2 都会将 GlcNAc 作为碳源消耗掉，而进一步阻断分解途径后得到的 WGN3 的 GlcNAc 产量提高了 1.51 倍。上述结果说明，基于 CRISPR-Cpf1 的多基因编辑系统在 *B. subtilis* 的基因组编辑与代谢改造中具有巨大的应用潜力。

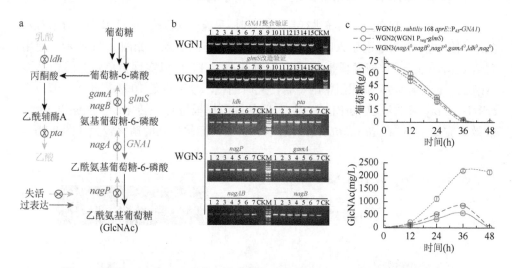

图 2-8　基于 CRISPR-Cpf1 的多基因编辑系统在 *B. subtilis* 代谢改造中的应用

（a）GlcNAc 合成相关代谢途径；（b）相关基因的菌落 PCR 验证；（c）重组菌株摇瓶发酵结果

2.1.3　基于 CRISPR-Cpf1 的枯草芽孢杆菌多基因表达调控系统

目前，基于 CRISPR-Cas9 的转录调控系统在 *B. subtilis* 中已经得到广泛的应用。例如，Westbrook 等利用 CRISPRi 系统对细胞膜组分[27]和竞争途径进行调控[28]后实现了透明质酸在 *B. subtilis* 中的高效合成；Lu 等将 dCas9 与 RNAP 的 ω（omega）亚基进行融合构建了可同时用于 CRISPRi 和 CRISPRa 的人工转录因子，并将其用于蛋白酶的下调表达及分子伴侣的上调表达，从而显著提升 *B. subtilis* 中的淀粉酶产量[16]。然而，使用上述系统进行表达弱化时，每个靶点的 sgRNA 都需要使用单独的启动子来表达，这使得可作用于多个靶点的 sgRNA array 构建过程变得非常复杂；而在使用 CRISPR-Cpf1 系统时，gRNA array 的设计与组装中则要更加简便快捷（图 2-9）。在本部分，我们主要介绍了 *B. subtilis* 中基于 CRISPR-Cpf1 的多基因表达调控系统的构建方法及其应用。

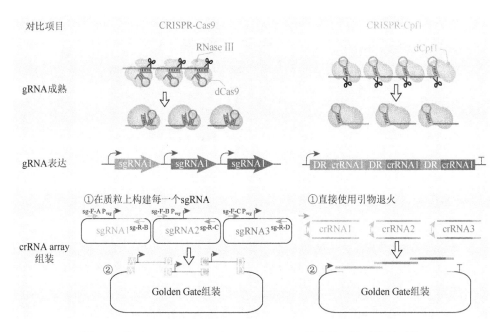

图 2-9　基于 CRISPR-Cas9 与 CRISPR-Cpf1 的表达调控系统的对比

1. 枯草芽孢杆菌中基于 CRISPR-Cpf1 的 CRISPRi 系统的设计与构建

根据之前的研究报道，含有 D917A、E1006A 或 D917A 与 E1006A 的 3 种 Cpf1 突变体均不具备 DNA 切割活性，但都能对 crRNA array 进行处理，且其中突变体 D917A 对目标基因的抑制作用最强[29]，因此选择突变体 D917A 进行 CRISPRi 系统的构建。如图 2-10a 所示，首先构建了两个载体 pLCx-dCpf1 和 pcra2，分别用于 dCpf1 及 crRNA array 在 *B. subtilis* 基因组中的整合表达。根据先前的研究，恰恰与 dCas9 相反，将 dCpf1 靶向目标基因编码区的模板链时具有较好的抑制效果，而将其靶向目标基因编码区的非模板链时则几乎没有抑制作用[29]。在此，以 *egfp* 作为报告基因，共设计了靶向其编码区模板链不同位置的 8 个 crRNA，并选择了不同的 PAM 序列。如图 2-10b 所示，使用上述 crRNA 均能显著降低 *egfp* 的表达水平（为对照的 0.8%～24.8%），且使用不同的 crRNA 抑制强度也表现出了很大的差异，这赋予了其在代谢调控中更大的可控性；同时抑制强度与 crRNA 的位置并未表现出明显的相关性，但是会受到 PAM 序列的影响（如对

TTTT 的非偏好性及对 5′ T 的偏好性），这与之前在 *Escherichia coli* 中的研究结果是相一致的[29]。

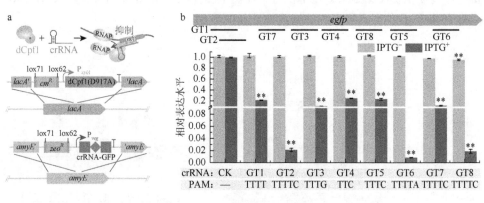

图 2-10　*B. subtilis* 中木糖诱导的 dCpf1（D917A）介导的目的基因 crRNA 表达抑制及其机制

（a）dCpf1 与 crRNA 介导的转录抑制机制示意图；（b）以 *egfp* 作为报告基因对转录抑制效果进行验证；
"**"表示 *P*<0.01，下同

木糖诱导型启动子 P$_{xylA}$ 的表达会受到葡萄糖的阻遏作用，为了解决该问题，Westbrook 等强化了 *B. subtilis* 中的木糖转运途径[28]，但这也会增加木糖的消耗速率，从而使得诱导剂木糖作为碳源被细胞所利用。为了避免上述问题，可以将 dCpf1 整合质粒 pLCx-dCpf1 中的 P$_{xylA}$ 启动子替换为受 IPTG 诱导的 P$_{grac100}$ 启动子，得到质粒 pLCg5-dCpf1[30]，以避免 dCpf1 的表达受到葡萄糖的影响。如图 2-11 所示，使用 P$_{grac100}$ 启动子时各个 crRNA 的抑制强度分布情况与前面使用 P$_{xylA}$ 启动子时是相一致的，这说明改变 dCpf1 的启动子并未对 PAM 序列的偏好性产生影响；

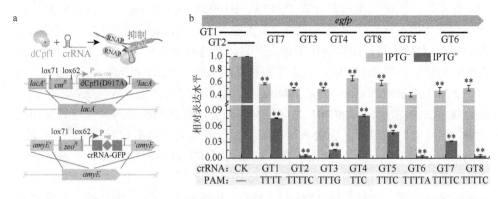

图 2-11　*B. subtilis* 中 IPTG 诱导的 dCpf1（D917A）介导的目的基因 crRNA 表达抑制及其机制

（a）dCpf1 与 crRNA 介导的转录抑制机制示意图；（b）以 *egfp* 作为报告基因对转录抑制效果进行验证

而且在添加足量诱导剂的情况下，使用 $P_{grac100}$ 启动子时各个 crRNA 的抑制强度均要高于 P_{xylA} 启动子；然而，将 dCpf1 的启动子更换为 $P_{grac100}$ 会产生严重的渗漏表达，即使未添加诱导剂 IPTG，含有 crRNA 的菌株的荧光强度也要明显低于不含 crRNA 的菌株。

为了解决将 dCpf1 的启动子替换为 $P_{grac100}$ 后的渗漏表达问题，需要进一步对 dCpf1 及 crRNA array 的启动子进行改造。$P_{grac100}$ 本身仅包含一个阻遏蛋白 LacI 的结合位点 lacO，为了增强阻遏蛋白的结合强度，在 dCpf1 整合表达质粒 pLCg5-dCpf1 原有的 lacO 附近又添加了一个 lacO 得到了质粒 pLCg6-dCpf1；同时，crRNA array 整合表达质粒 pcra2 中原有的组成型启动子 P_{veg} 也被替换为 $P_{grac100}$，得到了质粒 pcra3。如图 2-12a 所示，仍以 egfp 作为报告基因并使用渗漏表达最严重的 GT6 的 crRNA（图 2-11a）时，在 dCpf1 的启动子中增加一个 lacO 或者将 crRNA array 的启动子替换为 $P_{grac100}$ 均能显著降低该系统的渗漏表达，而且同时采用上述两种策略后效果更加明显；此外，上述策略并未改变该系统的表达弱化能力。紧接着，又考察了不同浓度 IPTG 的弱化效果，并使用希尔方程进行了拟合[31]。如图 2-12b 所示，抑制强度会随着 IPTG 浓度的提高而增强，且 0.1 mmol/L 的 IPTG 便能实现对该系统的充分诱导表达。由于 dCpf1 仍具有 RNase 活性[29]，因此可以设计并组装由单个启动子表达的 crRNA array 来进行多基因的抑制。如图 2-12c 所示，使用 crRNA array 可以成功实现对 mTagBFP2、sYFP2 及 mKate2 三个荧光蛋白的同时抑制。

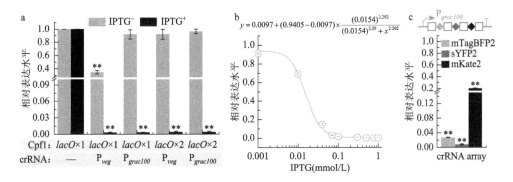

图 2-12　*B. subtilis* 中 IPTG 诱导型 CRISPRi 系统的性能优化与功能表征

（a）优化 Cpf1 或 crRNA 的表达以降低渗漏表达；（b）抑制强度与 IPTG 浓度间的关系；（c）基于 CRISPR-Cpf1 的表达调控系统介导的多基因抑制

2. 枯草芽孢杆菌中基于 CRISPR-Cpf1 的 CRISPRa 系统的设计与构建

为了构建基于 CRISPR-Cpf1 的 CRISPRa 系统，分别选择以下几类转录激活因子融合到 dCpf1 的 C 端：①*B. subtilis* 中的 class Ⅰ样转录激活因子 AbrB、ComA、

MalR、ManR、RemA 及 Spo0A[32]；②*B. subtilis* RNA 聚合酶的 δ 及 ω 亚基（分别由 *rpoE* 和 *rpoZ* 基因编码）[16]；③*E. coli* 中的转录激活因子 SoxS[33]；④*B. subtilis* 噬菌体 phi29 的 P4 蛋白[34]。融合转录因子后可能会对 dCpf1 的 DNA 结合能力及 crRNA array 处理能力产生影响，因此首先利用上文中构建的靶向三个荧光蛋白的 crRNA array 考察了融合不同转录激活因子后其多基因抑制能力。在之前的研究中，融合蛋白 dCas9-RpoZ 在 *B. subtilis* 中可以实现高效的转录激活[16]，但是在此将 RpoZ 融合至 dCpf1 的 C 端后反而严重影响了其多基因抑制能力，类似的现象在融合 AbrB 后也会发生（图 2-13）。

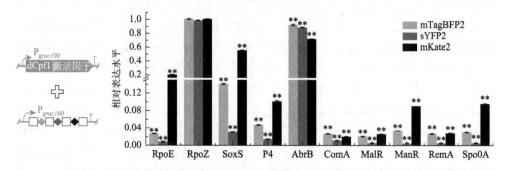

图 2-13　融合转录激活因子至 dCpf1 的 C 端后对其多基因抑制能力的影响

在排除了上述两个影响基因抑制能力的融合蛋白后，使用由组成型启动子 P_{lepA} 表达的 *syfp2* 作为报告基因，验证了剩余 8 个融合蛋白的激活作用。通过在启动子 P_{lepA} 的转录起始位点上游 60～227 bp 设计 8 个 crRNA，将 dCpf1 与转录激活因子靶向引入目的基因启动子的上游区域，以招募更多的 RNA 聚合酶来增强其转录过程。分别将上述 crRNA 转化到含有不同融合蛋白的菌株中，并以不含 crRNA 的菌株作为对照，同时将上述 crRNA 转化到仅表达 dCpf1 的菌株中，如图 2-14 所示，仅融合蛋白 dCpf1-RemA 表现出了明显的激活作用，当使用在启

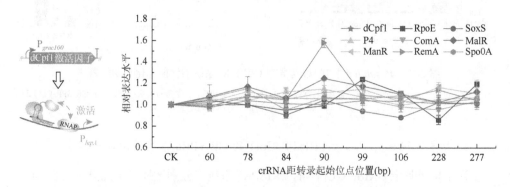

图 2-14　融合转录激活因子至 dCpf1 的 C 端后其转录激活作用

动子 P_{lepA} 的转录起始位点上游 90 bp 设计的 crRNA 时其荧光强度为不表达 crRNA 时的 1.58 倍。

根据之前的研究，将融合了转录激活因子的 dCas9 靶向引入目的基因的特定位置后（如编码框中或启动子核心区域），仍能实现转录抑制作用，因此该融合蛋白可以发挥双重调控功能（同时激活和抑制不同的基因）[14-17]。在此同样设计了可靶向 syfp2 启动子上游（用于激活）、mkate2 编码区模板链（用于抑制）及 mtagbfp2 编码区模板链（用于抑制）的 4 个 crRNA array（图 2-15a），用于验证融合蛋白 dCpf1-RemA 在 B. subtilis 中能否行使双重调控作用。如图 2-15b 所示，上述 4 个 crRNA array 都能够同时对不同基因进行抑制和激活，但是激活作用均较弱，将来的研究可以尝试使用 SunTag 来招募多个转录激活因子以进一步增强 CRISPRa 系统的激活能力[35]。由于所识别的 PAM 序列不同，本系统可与基于 dCas9 的双重调控系统互为补充[16]，从而扩大可调控的目标范围。

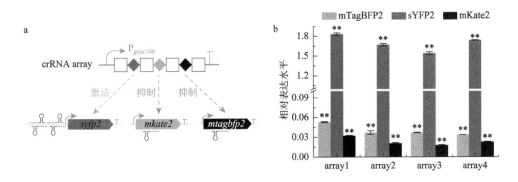

图 2-15 利用融合蛋白 dCpf1-RemA 同时进行基因的激活和抑制

（a）所使用的可靶向 syfp2 启动子上游、mkate2 编码区模板链及 mtagbfp2 编码区模板链的 crRNA array；
（b）融合蛋白 dCpf1-RemA 的双重调控作用验证

3. 基于 CRISPR-Cpf1 的多基因表达调控系统在代谢调控中的应用

选择 B. subtilis 的内源产物乙偶姻的合成途径验证了基于 CRISPR-Cpf1 的多基因表达调控系统在代谢调控中的应用。如图 2-16 所示，使用该系统对乙偶姻消耗途径中关键基因（bdhA 和 acoA）及副产物乙酸和乳酸合成中关键基因（ldh 和 pta）的表达进行了下调；同时对其合成途径中关键基因及对应转录激活因子编码基因（alsSD 和 alsR）的表达进行了上调。alsSD 和 alsR 处在相邻的位置并且方向反向，对其中一个基因进行激活所用的 crRNA 有可能会进入另一个基因的启动子核心区域或编码区中（图 2-16b）；因此，对其中一个基因的表达进行上调时所使用的 crRNA 均位于另外一个基因的非编码链，这样可以尽量避免对另一个基因的表达产生抑制作用。如图 2-16b 所示，下调基因表达时针对每个基因分别设计了三个 crRNA，在引入上述 crRNA 后乙偶姻的产量均有不同程度的提高，其中 *bdhA* 的 crRNA3、*acoA* 的 crRNA1、*ldh* 的 crRNA1 及 *pta* 的 crRNA1 效果较好，其对应的乙偶姻产量分别提高了 14.8%、13.7%、17.9% 及 7.1%；上调基因表达时共设计了 8 个 crRNA，其中引入 crRNA4、crRNA5 或 crRNA6 后乙偶姻不再生成，说明这些 crRNA 进入了启动子的核心区域，影响了合成途径中关键基因的表达，效果较好的为 crRNA3（可以激活 *alsSD*）和 crRNA9（可以激活 *alsR*），其对应的乙偶姻产量分别提高了 9.3% 和 12.9%；最后，将上述各个靶点对应的效果最好的 crRNA 构建到一个 crRNA assay 中，使用该 crRNA assay 时乙偶姻产量提高了 44.8%，达到 25.8 g/L，这说明本系统在代谢途径的表达调控中具有极大的应用潜力。

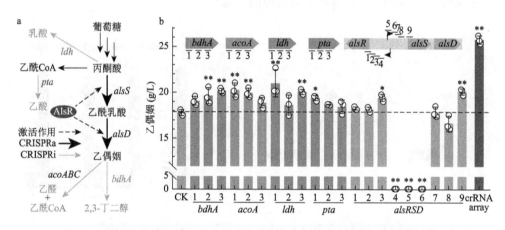

图 2-16　基于 CRISPR-Cpf1 的多基因表达调控系统在乙偶姻合成中的应用

（a）*B. subtilis* 中乙偶姻合成相关途径；（b）表达调控所用到的 crRNA 及其对乙偶姻合成的影响
"*"表示 *P*<0.05，下同

2.2　基于凝血酶-核酸适配体的代谢调控元件

动态代谢工程通过重新编程细胞的代谢来实现提高产品产量、得率，以及维持细胞生长与目标产物合成之间平衡的目标[36, 37]。近年来，许多基于此目的的策略被开发[38, 39]。例如，Gupta 等通过使用群体感应通路控制内源基因的表达水平，在大肠杆菌中实现了肌醇、葡萄糖二酸和莽草酸酯产量的提高[40]。Williams 等为了实现在 *S. cerevisiae* 中动态抑制基因的表达，利用受葡萄糖分解代谢抑制的蔗糖诱导型启动子构建了一个两阶段动态表达系统，以控制异源 RNA 干扰模块[41]。通过构建人工调控通路实现在转录或翻译水平上对基因的表达进行动态调控的策略已被广泛应用于合成生物学之中，其中多数基于 *E. coli* 体内或体外表达系统进行构建及应用，基因表达的动态调控可响应环境变量或其他诱导因素[42-44]。在微生物合成某些代谢物的过程中，可以通过调节途径基因在转录和翻译水平上的表达强度来控制代谢通量，以实现目标产物的合成和微生物生长的平衡[45,46]。

核酸适配体是从随机寡核苷酸库中筛选和分离出的短核酸序列，它们通常是一段响应特定配体的单链 DNA 或 RNA，被广泛应用于生物医学诊断[47,48]。迄今为止，针对各种靶标（包括蛋白和小分子等）的数千种 DNA 或 RNA 适配体已经被开发[49,50]。Wang 等揭示了核酸适配体介导的转录促进作用原理：结合在两个单链 DNA 适配体上的配体分子携带同种电荷，存在于它们之间的斥力会导致邻近区域的双链 DNA 解螺旋，从而提高启动子的转录起始效率，动态调节目的基因的表达[51]。Iyer 等揭示了核酸适配体介导的转录抑制作用原理：在配体存在的情况下，启动子下游区域的转录被单链 DNA 适配体转换成的更稳定折叠结构所阻碍，从而关闭了转录过程[52]。之前的研究中，已成功在无细胞表达系统中开发并验证了基于上述两个原理设计的调控系统。但是，基于此原理构建的启动子激活转录促进元件在细胞内尚不可用，原因之一在于双适配体的非互补结构在细胞内并不稳定。因为细胞内 DNA 具有半保留复制的特点，在复制过程中两条非互补的适配体链将分开并与互补链结合，所以复制后的 DNA 双链不能保持非互补结构，导致该策略不能在体内实施。然而，大多数代谢工程的研究需要对体内的代谢途径进行精细、动态的调控。因此，需要设计和构建体内基于配体-适配体相互作用的基因表达动态调控元件。同时，基于这些动态调控元件在体内构建可诱导的动态调控系统，实现多个异源基因表达的动态调控。此外，这一系统应与其他强表达系统具有良好的兼容性，能够协同增强目标途径。

在本节中，以枯草芽孢杆菌合成 2′-岩藻糖基乳糖（2′-FL）为模型，开发了一个基于配体凝血酶结合适配体的体内双功能基因表达调控回路。首先，通过体外实验证明了凝血酶适配体和相应的凝血酶配体特异性结合可以诱导互补双链 DNA 的解螺旋。基于体外实验，在 *B. subtilis* 中引入配体蛋白 F2，构建了一个体内双功能人凝血酶响应基因表达电路。该双功能基因表达电路由基于凝血酶结合 DNA 适配体的调控元件（thrombin-binding DNA aptamer-based regulation component，TDC）和基于凝血酶结合 RNA 适配体的调控元件（thrombin-binding RNA aptamer-based regulation component，TRC）分别上调和下调基因表达。之后又通过改变元件的结构、位置和配体蛋白的分子量，实现了对下游基因表达的动态调控，调控范围也得到了扩大。最后，将该体内双功能人凝血酶响应基因表达电路应用至 2′-FL 合成途径中，调控 2′-FL 合成途径基因和乳糖摄入。

2.2.1　体外结构转换型荧光生物传感器的构建与功能验证

1. 体外结构转换型荧光生物传感器的构建

功能性食品是一类既具有普通食品的营养和感觉功能，也具有调节人体生理功能作用的食品。如果直接从自然界提取这类物质，可能需要耗费大量资源在下游步骤中完成提取与纯化工作。考虑到化学合成成本高，下游分离、纯化要求严格及容易造成环境污染等，利用微生物工厂生物合成功能性食品正在受到更多的关注。随着越来越多的功能性食品代谢途径得以阐明，研究人员利用合成生物学工具在微生物细胞工厂内构建功能性食品的生产线，为这类物质的工业化生产提供新的路线。代谢工程和合成生物学是实现利用微生物发酵生产生物质能源、营养化学品及医药中间体的低成本、大规模、可持续的重要手段[53-56]。近年来，诸如氨基葡萄糖、类胡萝卜素（包括番茄红素和虾青素）和维生素 K2 等这类高附加值的天然产物被研究得越来越多[57-59]。传统代谢工程在调控微生物产物合成过程中经常会出现以下问题：外源基因引入宿主细胞表达时表达量低，降低代谢途径整体效率；底物向胞内运输的效率低，造成催化底物供应不足，影响最终产量；产物合成途径基因的过表达会对宿主细胞原有代谢途径产生干扰，影响细胞生长与细胞活性。为解决上述问题，基于生物传感器及多种代谢工程的工具被开发和应用到食品合成生物学领域。

合成生物学中的基因表达调控组件包括生物传感器、核糖开关、核酶和小RNA（micro RNA）[60-62]。这些调控组件可以基于核酸、蛋白和其他代谢物之间的分子间亲和力来控制基因的表达水平。例如，Zhang 等基于能与-35 区和-10 区特异性结合的转录因子开发了一种动态传感器调节系统，利用该调节系统产生了基于脂肪酸的产物[63]。为了实现赖氨酸的高效合成，开发了一种能在核糖体结合位点（ribosome binding site，RBS）附近形成特殊结构的核糖开关，从而在赖氨酸存在时抑制竞争性代谢途径基因表达的翻译过程。核糖开关和适配体均可调控基因表达。核糖开关是一类与 mRNA 共转录的 RNA 元件，其通过与 mRNA 相互作用来调节基因的翻译过程；而适配体是一类短核酸序列，通常为单链 DNA 或 RNA，其通过识别和结合配体（包括蛋白和小分子）起作用[64]。适配体可以通过与其特异性配体以高亲和力结合来改变适配体的空间构型，而适配体空间结构变化后又可以通过与配体形成核糖开关来动态调节下游基因的转录或翻译[65]。迄今为止，适配体-配体响应调节的应用依赖一组有限的蛋白和代谢物，因此，我们需要开发更大的信号分子库和响应元件库来进行微生物代谢的多级、细致和动态调节。

根据 Wang 等揭示的原理，由于带有同种电荷，结合在两条单链 DNA 适配体上的配体之间会产生同性相斥的作用，产生的斥力对附近双链 DNA 的解螺旋起到促进作用[51]。然而，这种存在于 DNA 双链上的双适配体序列并不互补，所以其在 DNA 复制过程中无法通过半保留复制在体内稳定存在。为了构建可以在体内应用的基于核酸适配体的生物传感器，需要考察其他类型的核酸适配体对 DNA 双链的作用。为此，本节构建了一种能被与核酸适配体结合的配体所激活的结构转换型荧光生物传感器，该传感器的核心元件是 15 nt 单链 DNA 凝血酶结合适配体（DNA thrombin-binding aptamer，DTBA）或 25 nt 单链 DNA 腺苷三磷酸（ATP）结合适配体（DNA ATP-binding aptamer，DABA）。其中 DTBA 的核苷酸序列为 GGTTGGT GTGGTTGG，DABA 的核苷酸序列为 CCTGGGGGGAGTATTGCGGAGGAAGG。响应人凝血酶和 ATP 的结构转换荧光生物传感器的结构如图 2-17 所示，该传感器由三条短核酸链组成：F-DNA（绿色）是一段在 5′端标记有荧光基团（6-carboxyfluorescein，FAM）的 55 nt 单链 DNA；Q-DNA 是一段在 3′端标记有淬灭剂（black hole quencher 1，BHQ1）的 20 nt 单链 DNA；A-DNA 是一段可与 F-DNA 和 Q-DNA 杂交的带有适配体的单链 DNA，它包含 F-DNA 和 Q-DNA 的互补序列（灰色）、15 nt 保护序列（下划线）及 15 nt DTBA 或 25 nt DABA（蓝色）。

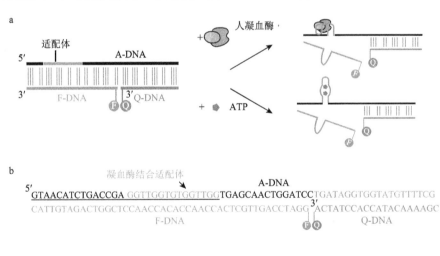

图 2-17　体外结构转换型荧光生物传感器的结构

(a) 基于结构转换型适配体的生物传感器，包括 15 nt 凝血酶结合适配体（DTBA）和 25 nt ATP 结合适配体（DABA）；(b) 基于凝血酶结合适配体的生物传感器序列；(c) 基于 ATP 结合适配体的生物传感器序列

2. 体外结构转换型荧光生物传感器的功能验证

在没有人凝血酶或 ATP 存在的情况下，F-DNA、Q-DNA 及 A-DNA 这三个

DNA 分子组装成双螺旋结构，使 F-DNA 5′端标记的 FAM 和 Q-DNA 3′端标记的 BHQ1 基团充分接触，因此可通过荧光共振能量转移使 FAM 基团的荧光被淬灭。在人凝血酶或 ATP 存在的情况下，存在于 A-DNA 中的相应适配体会通过改变自身结构来与配体特异性结合，仅留下很短的一段 DNA 单链与带有荧光基团标记的 F-DNA 链杂交，由于 F-DNA 与 A-DNA 结合区域的解链温度较低，在室温下，该链与折叠成 G-四联体的 DTBA 中形成的氢键相比不稳定，因此，5′端带有 FAM 标记的 F-DNA 链从双链结构中释放出来，而 3′端带有 BHQ1 标记的 Q-DNA 链仍然与 A-DNA 形成稳定双链结构，导致 FAM 与 BHQ1 不再紧密接触，F-DNA 链被淬灭的荧光又恢复至正常发光状态。

　　体外反应步骤如图 2-18a 所示。首先将一定比例的 F-DNA 和 A-DNA 在室温下放置 10 min，使二者充分混合并相互结合，然后加入一定量的 Q-DNA，经过 85℃加热 10 min，室温冷却 60 min 后，使 F-DNA 带有的荧光被淬灭。将人凝血酶或 ATP 添加到 F-DNA、Q-DNA 及 A-DNA 混合物中，检测 0～60 min 的反应时

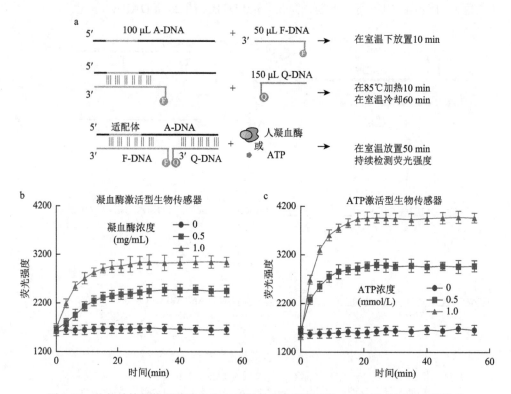

图 2-18　体外结构转换型荧光生物传感器的实验步骤和单个适配体诱导的解螺旋的荧光强度变化

（a）凝血酶和 ATP 激活结构转换型荧光生物传感器的实验步骤；（b）凝血酶激活的结构转换型荧光生物传感器中荧光强度的时间曲线；（c）ATP 激活的结构转换型荧光生物传感器中荧光强度的时间曲线

间内混合物体系荧光强度的变化。基于 DTBA 的结构转换型荧光生物传感器和凝血酶混合体系的荧光强度变化如图 2-18b 所示，反应时间在 0～30 min 时，混合体系的荧光强度随反应时间增加而上升，此外，1.0 mg/mL 凝血酶浓度下荧光强度强于 0.5 mg/mL 凝血酶浓度下荧光强度；30 min 后，每个样品的荧光强度达到平稳。基于 DABA 的结构转换型荧光生物传感器和 ATP 混合体系的荧光强度变化如图 2-18c 所示，当 ATP 的浓度为 0.5 mmol/L，反应时间在 0～15 min 时，混合体系的荧光强度随反应时间增加而上升，15 min 后荧光强度达到平稳；当 ATP 的浓度为 1.0 mmol/L，反应时间在 0～18 min 时，混合体系的荧光强度随反应时间增加而上升，18 min 后荧光强度达到平稳。体外实验结果表明，大分子配体（如凝血酶）和小分子配体（如 ATP）都可以通过与特定 DNA 位点（适配体序列）结合来诱导适配体序列周围一定范围的双链 DNA 解螺旋。

核酸适配体具有高度特异性识别和结合配体的特性[66, 67]，基于适配体的特性可以在体外无细胞表达系统中构建转录和翻译过程基因表达调控系统[52, 68]。通过研究构建体外结构转换型荧光生物传感器，证明了单链适配体（DTBA、DABA）与配体（人凝血酶、ATP）结合可以诱导适配体所在的双链 DNA 解螺旋。基于此实验结果，在不需要非互补双适配体的情况下，推测可以在体内开发基于 DTBA 的基因表达调控元件。

2.2.2 基于 DNA 适配体的动态上调元件的设计、优化及应用

1. 表达人凝血酶 F2 配体

为了在细胞内开发基于适配体的动态调控元件，构建了在组成型启动子 P_{43} 的控制下表达 F2 人凝血酶 H 链 cDNA 的重组质粒 pF2（$F2$ 基因；NCBI 参考序列：NC_000011.10）。通过将 pF2 质粒（图 2-19a）转化到 B. subtilis 168（BP0）中获得重组菌株 BP0-F2。对 BP0-F2 菌株的细胞提取物进行 SDS-聚丙烯酰胺凝胶电泳（PAGE）分析，结果表明人凝血酶 F2 的 H 链可以在 B. subtilis 168 菌株中成功表达为可溶性蛋白（图 2-19b）。此外，通过酶联免疫吸附测定（enzyme linked immunosorbent assay，ELISA）验证人凝血酶 F2 是否可以正确形成能与适配体特异性结合的空间构象。如图 2-19c 所示，若重组细胞合成的人凝血酶 F2 可以在微孔板中正确形成与凝血酶抗体特异性结合的结构域，那么该结果就会被 ELISA 的显色反应检测出来。图 2-19c 的 ELISA 结果证明了细胞内合成的配体 F2 确实形成了正确的空间构象。需要指出的是，为了在后续实验中表达目的蛋白载体，本节中将人凝血酶 $F2$ 基因整合至 BP0 的基因组中表达，且原来的组成型启动子 P_{43} 被诱导型启动子 P_{grac} 所代替，新菌株命名为 BP1。

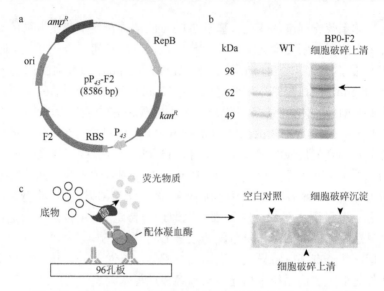

图 2-19　质粒 pP$_{43}$-F2 的图谱及 F2 的 SDS-PAGE 和 ELISA 分析

（a）质粒 pP$_{43}$-F2 的图谱，通过在 *E. coli-B. subtilis* 穿梭表达载体 pP$_{43}$NMK 上克隆 F2 的 cDNA，构建了 pP$_{43}$-F2；（b）BP0-F2 和 BP0 上清中细胞破碎提取物的 SDS-PAGE 分析；（c）通过 ELISA 测定细胞破碎提取物

2. 构建基于 DNA 适配体的调控元件 TDC

通过将 pGFP 质粒（用 *egfp* 替换 pP$_{43}$NMK 的 *mpd* 构建）转化到 BP0 和 BP1 中，构建菌株 BP0-GFP 和 BP1-GFP。另外，构建了受 TDC 调控的 P$_{43}$-*egfp* 表达框并将其克隆得到 pTDCGFP 质粒（图 2-20a），并将 pTDCGFP 质粒转化到 BP1 中，得到了 BP1-TDCGFP 菌株。将 BP0-GFP（在 BP0 中表达无 TDC 修饰的 *egfp*）用作对照菌株考察凝血酶配体的存在对 GFP 表达的影响。BP0-GFP（在 BP0 中表达无 TDC 修饰的 *egfp*）、BP1-GFP（在 BP1 中表达无 TDC 修饰的 *egfp*）和 BP1-TDCGFP（在 BP1 中表达 TDC 修饰的 *egfp*）的相对荧光强度分别为 6383 a.u.、6209 a.u. 和 6339 a.u.（图 2-20b）。没有加入 IPTG 诱导剂的 BP1-TDCGFP 荧光强度与加入 IPTG 诱导剂的 BP0-GFP 和 BP1-GFP 荧光强度相似,表明细胞内凝血酶配体或 TDC 存在对 GFP 表达几乎没有影响。当使用 IPTG 诱导 BP1-TDCGFP 表达配体凝血酶，诱导起始时间分别为 0 h、4 h、8 h、16 h、24 h 和 36 h（图 2-20c）时，BP1-TDCGFP 的相对荧光强度分别为 27 940 a.u.、27 980 a.u.、26 502 a.u.、25 978 a.u.、14 527 a.u. 和 6376 a.u.（图 2-20c），是 BP1-GFP 相对荧光强度的 1.03 倍（36 h）～4.5（0 h），这表明可以通过控制凝血酶的诱导起始时间来精确调控 TDC 介导的 *egfp* 表达。

如图 2-21a 所示，进一步测量了 BP1-TDCGFP 中配体凝血酶的浓度，BP1-TDCGFP 相比 BP1-GFP 的相对荧光强度变化倍数随凝血酶浓度的增加而增加,表

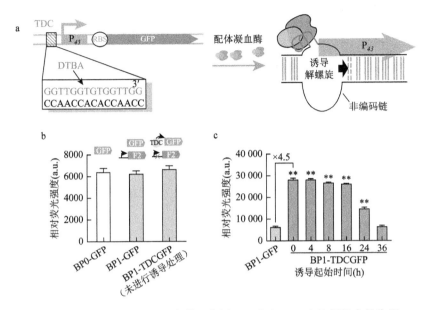

图 2-20　TDC 在 *B. subtilis* 中的工作原理及其在 GFP 表达调控中的作用

（a）BP1-TDCGFP 中调控元件 TDC 的结构和工作原理：TDC 由 DTBA 及其反向互补链组成，可诱导双链 DNA 解螺旋；（b）菌株 BP0-GFP、BP1-GFP、BP1-TDCGFP 中 GFP 的相对荧光强度；（c）BP1-TDCGFP 相对荧光强度的时间分布（0~36 h）

明 TDC 对目的蛋白表达强度的调控程度与配体凝血酶在细胞内的浓度呈正相关。此外，又通过测定 BP1-GFP 与 BP1-TDCGFP 中 *egfp* 的 mRNA 表达水平，发现 BP1-TDCGFP 中 *egfp* 的 mRNA 表达水平是 BP1-GFP 的 8.23 倍（图 2-21b），这表明 TDC 介导的 *egfp* 表达在转录水平被上调。

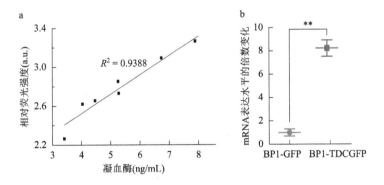

图 2-21　TDC 在 *B. subtilis* 中调控能力与细胞内配体浓度的关系及其在转录水平上的调控证据

（a）BP1-TDCGFP 细胞内凝血酶浓度和相对荧光强度的线性拟合；（b）以 BP1-GFP 为对照菌株，BP1-TDCGFP 中 *egfp* 的 mRNA 表达水平的倍数变化（培养 24 h）

可以被 DTBA 识别和结合的人凝血酶是一种多功能的丝氨酸蛋白酶，其可以通过介导血液凝结来维持和调节止血作用。因此，它在医学上被广泛用于癌症等疾病的诊断和治疗[69, 70]。DTBA 是一段可以折叠成稳定单分子反平行椅状 G-四联体结构的 DNA 序列[71, 72]。除 DTBA 外，还有其他可以形成 G-四联体结构的适配体可与不同的配体结合。例如，Lup an1 过敏原和铅（Pb）适配体[73, 74]在构建基因表达调控元件方面具有巨大的潜力。除蛋白外，适配体还可以识别抗生素等[75, 76]小的有机分子和其他物质，这些小分子物质可以在代谢工程中用作标记或诱导剂。此外，有文献报道了筛选细胞内代谢物相应适配体的方法[77, 78]，通过这种方法可以获得多种特异性标记代谢物的适配体，这可以大大扩展适配体-配体调节元件在基因表达动态精确调控中响应的物质种类和应用的范围。

3. 调节 DTBA 的位置和数量

在 TDC 元件中，DTBA 相对于 DNA 双链的位置和数量可能会影响 TDC 的调控效果，为了最大化优化 TDC 的动态调控功能，基于前述的 TDC 结构对其进行了改良。如图 2-22a 所示，在编码链上插入一分子 DTBA，形成 TDC 元件；在非编码链上插入一分子 DTBA，形成 TDCan 元件；在编码链和非编码链上分别插入一分子 DTBA，形成 TDCbi 元件。利用 TDCan 和 TDCbi 元件分别调控 *egfp* 表达，获得了 pTDCanGFP 和 pTDCbiGFP 质粒，将这两个质粒分别转化到 BP1 中，获得了 BP1-TDCanGFP 和 BP1-TDCbiGFP 菌株。与对照菌株 BP1-GFP 相比，BP1-TDCGFP、BP1-TDCanGFP 和 BP1-TDCbiGFP 的相对荧光强度分别增加了 4.50 倍、4.40 倍和 4.47 倍（图 2-22b）。BP1-TDCGFP、BP1-TDCanGFP 和 BP1-TDCbiGFP 菌株的荧光强度几乎相同，这表明 DTBA 的插入位置是在编码链上还是在非编码链上对 RNA 聚合酶与非编码链的结合没有影响，并且在 BP1-TDCGFP 的基础上，DTBA 在编码链和非编码链中的双重插入不能进一步提高调控强度。因此，选择 BP1-TDCGFP 菌株进行后续研究。

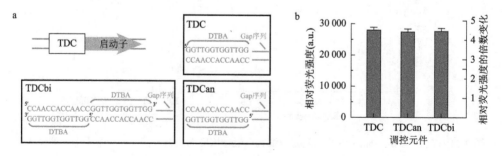

图 2-22　基于 DTBA 的基因表达调控元件的优化

（a）TDC、TDCan 和 TDCbi 的结构：TDCan 在非编码链上游启动子上插入一个 DTBA，而 TDCbi 包含两个 DTBA，其中一个 DTAB 位于编码链上，另一个位于非编码链上；（b）BP1-TDCGFP、BP1-TDCanGFP 和 BP1-TDCbiGFP 中的相对荧光强度

4. 调节 TDC 与启动子的距离

为了进一步优化 TDC 调控元件的调控效果，基于 BP1-TDCGFP 构建了一系列 TDC 与启动子距离（distance between the TDC and promoter，DBTP）不同的菌株，其范围在 0～30 bp（每间隔 2 bp），并分析 TDC 与启动子之间的距离对体内基因表达调节的影响。如图 2-23a 所示，在 DBTP 不同的情况下，这些菌株的相对荧光强度为 5898～30 424 a.u.，是 BP1-GFP 菌株的 0.95～4.9 倍。在 BP1-TDCGFP 中，当 0 bp≤DBTP≤10 bp 时，相对荧光强度为 BP1-GFP 菌株的 4.5～4.9 倍，而当 12 bp≤DBTP≤22 bp 时，相对荧光强度为 BP1-GFP 菌株的 0.92～4.5 倍，而当 24 bp≤DBTP≤30 bp 时，为 BP1-GFP 菌株的 0.92～1.09 倍。

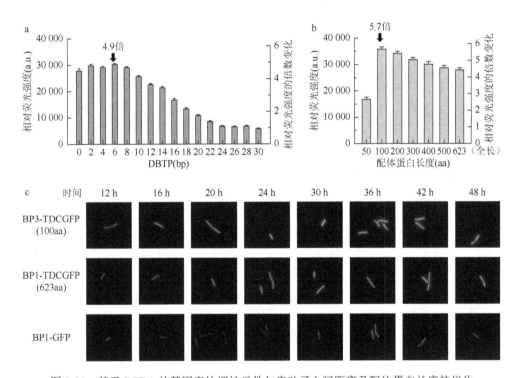

图 2-23　基于 DTBA 的基因表达调控元件与启动子之间距离及配体蛋白长度的优化

（a）具有 DBTP 为 0～30 bp 的 TDC 时 BP1 的相对荧光强度；（b）配体长度在 50～623 氨基酸（aa）变化时 TDC 的调控情况；（c）通过荧光显微镜评价用三个截短的凝血酶活化的 TDC 调节的 GFP 表达强度

5. 截短配体扩大 TDC 调控范围

为了提高 TDC 对配体凝血酶的敏感性，以 pTDCGFP 质粒作为改造骨架，设计并在基因组上整合表达了 6 种截短的凝血酶分子，获得了 6 个菌株：BP2-TDCGFP、

BP3-TDCGFP、BP4-TDCGFP、BP5-TDCGFP、BP6-TDCGFP 和 BP7-TDCGFP，凝血酶长度从 623aa 分别截短为 50 氨基酸（aa）、100aa、200aa、300aa、400aa 和 500aa。表达截短凝血酶的菌株中 GFP 相对荧光强度见图 2-23b 和 c，随着凝血酶的长度从 623aa 缩短到 100aa，被调控表达的 GFP 的相对荧光强度从 28 754 a.u. 增加到 35 816 a.u.，比未经调控的菌株 BP1-GFP 高 5.7 倍。但是，当凝血酶截短至 50aa 时，荧光强度降低到 27 940 a.u.，分别是 BP1-GFP 和 BP1-TDCGFP 的 2.7 倍和 0.6 倍。

结果表明，TDC 对较小尺寸的凝血酶配体更加敏感，这可能是由于与完整蛋白相比，截短的配体蛋白在游离状态下与 TDC 碰撞的机会相对较高，而凝血酶在 DTBA 上的结合位点主要为 N 端的 97aa[79]，配体与 DTBA 的结合能力被完全保留。

6. TDC 调控元件对 2′-FL 合成的动态调控

选择枯草芽孢杆菌合成 2′-FL 作为调控模型，验证了基于凝血酶结合 DNA 适配体的调控元件对基因表达的动态调控效果。在 *B. subtilis* 中构建 2′-FL 的生物合成途径，可以以岩藻糖和乳糖为底物合成 2′-FL。通过表达来源于 *Bacteroides fragilis* 的 L-岩藻糖激酶（Fkp），构建 GDP-L-岩藻糖回补合成途径，获得的重组菌株细胞内 GDP-L-岩藻糖的浓度为 1.20 mg/L；通过培养基优化，最终获得的细胞内 GDP-L-岩藻糖浓度达到 4.0 mg/L。进一步表达 8 种外源的岩藻糖基转移酶（FucT2），从中筛选获得来源于 *Helicobacter pylori* 的 α-1,2-岩藻糖基转移酶（FutC），由其构建的重组菌株 BP0-FF 发酵获得 24.7 mg/L 2′-FL，这可能是由于两个异源基因的表达水平较低及作为碳源的乳糖利用效率较低。因此，本节将 TDC 引入 2′-FL 合成菌株 BP0-FF 中，以增强 *fkp* 和 *futC* 的表达。通过将 TDC 插入 *futC* 和 *fkp* 的上游，构建质粒 pTDCFF 并转化到 BP1（图 2-24a），得到 BP1-TDCFF。菌株 BP1-TDCFF 在摇瓶培养中的 2′-FL 产量、细胞干重（DCW）和乳糖浓度如图 2-24b 所示，对照菌株 BP0-FF 的 2′-FL 产量用柱形图表示，菌株 BP1-TDCFF 产生 511 mg/L 的 2′-FL，是 BP0-FF 的 22.3 倍。

2.2.3　基于 RNA 适配体的动态下调元件的设计、优化及应用

基因表达主要在转录、翻译和翻译后这三个水平受到调控。其中，在转录起始阶段 DNA 双链的解螺旋效率对基因的转录水平有较大影响，在翻译起始阶段核糖体与 mRNA 的结合效率对基因的翻译水平有较大影响。适配体与配体的识别及结合可能会影响基因的转录和翻译这些涉及核酸链形态变化的过程，基于这个原理，可以建立在转录和翻译水平上都起调节作用的双重控制系统。Horbal

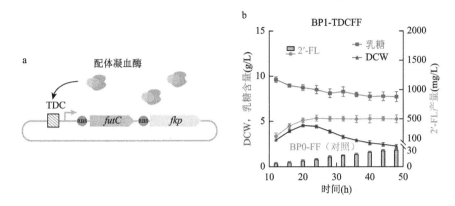

图 2-24 基于适配体的基因表达调控元件对 *B. subtilis* 合成 2′-FL 的动态调控

（a）BP1-TDCFF 中 TDC 介导的 *fkp* 和 *futC* 表达方案；（b）BP1-TDCFF 在 48 h 发酵期间的生长情况（DCW）和
乳糖含量与 2′-FL 产量

和 Luzhetskyy 通过结合诱导型启动子与核糖开关在放线菌中构建了转录及翻译水平的双重控制系统[80]。但是，每个诱导型装置都需要添加相应的信号分子，这可能会限制其在多基因调控中的应用。Westbrook 和 Lucks 通过将 RNA 依赖的转录调节因子与核糖开关结合在转录和翻译水平上调节基因的表达[81]。因此，通过构建可以响应某种代谢物的双向调控系统来实现在转录和翻译水平上调节基因的表达具有应用方面的优势。

1. 构建基于 RNA 适配体的调控元件

RNA 适配体是一段能与配体分子特异性识别并结合的 RNA 序列，在配体存在的情况下 RNA 适配体会与其形成特殊的结构，这一结构如果位于目的基因转录形成的 mRNA 链上，则会对翻译过程造成影响。基于 RNA 适配体的调控元件在概念上与核糖开关十分接近，核糖开关的主要特征是它们可以通过识别生理信号改变 RNA 的结构，从而影响基因表达。除了前述的单链 DNA 适配体（DTBA）之外，还存在着响应凝血酶的 RNA 适配体（RTBA）。凝血酶可以与 RTBA 结合并改变其所在单链 RNA 的构型，进而影响 mRNA 的翻译过程。基于这一原理，可以在 *B. subtilis* 细胞内构建动态下调目的蛋白表达的 TRC 元件。

为了构建基于凝血酶结合 RNA 适配体的调控元件，并进一步增强基于体内适配体的元件的调控效果，在重组菌株 BP1-GFP 中 *egfp* 的 RBS 上游引入 34 nt RTBA 的 cDNA 序列（间隔序列 = 4 bp），构建了基于凝血酶 RNA 适配体（RTBA）的 TRC 元件（图 2-25a），得到的菌株命名为 BP1-TRCGFP，RTBA 序列为 GGGAACAAAGCUGAAGUACUUACCCCAAAAAAAA[82]。以未经过 TRC 调节的 BP1-GFP 的相对荧光强度和 DCW 为对照（图 2-25b），BP1-TRCGFP 的相对荧光强度在 12～36 h 从 6492 a.u.降至 4846 a.u.，之后持续下降，直到 48 h 达到 4181 a.u.，是 BP1-GFP 的 32%（图 2-25c）。这一结果表明 TRC 可以抑制 GFP 的表达，并且在培养的早期调控效果不明显，从细胞生长的对数中期调控效果开始逐渐增强。另外，表达由 TRC 调控的 GFP 的菌株 BP1-TRCGFP 的生长比 BP1-GFP 菌株好得多，可能是由于 TRC 抑制了 GFP 表达，减轻了细胞生长的代谢负担。

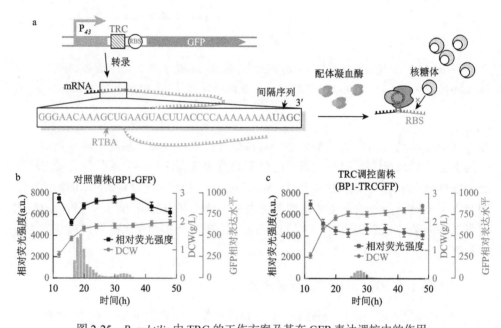

图 2-25　*B. subtilis* 中 TRC 的工作方案及其在 GFP 表达调控中的作用

（a）在重组菌株 BP1-TRCGFP 中引入 TRC；（b）对照菌株 BP1-GFP 的相对荧光强度和细胞干重；（c）TRC 调节下 BP1-TRCGFP 菌株的 GFP 表达和细胞生长

2. 截短配体和调节 TRC 与 RBS 的距离

由于前文构建的表达截短配体的 BP3 中 TDC 对基因表达的调控强度更高，因此将 BP3 菌株用作研究 TRC 介导的 GFP 表达的宿主，获得了 BP3-TRCGFP 菌株。如图 2-26a 所示，BP3-TRCGFP 菌株的相对荧光强度为 3601 a.u.，是 BP1-GFP 菌株的 58%。BP3-TRCGFP 菌株中 GFP 表达受抑制的程度不如 BP1-TRCGFP 菌株强，这表明 TRC 产生抑制作用可能需要大分子配体的参与。BP1-TRCGFP 和 BP3-TRCGFP 菌株的 DCW 分别是 BP1-GFP 菌株的 1.22 倍和 1.16 倍（图 2-26b），这可能是因为 GFP 表达受到抑制后菌体的负担减轻，所以生长得到了恢复。

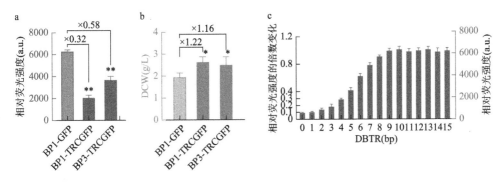

图 2-26　截短 F2 及 DBTP 对 TRC 调控的影响

（a）TRC 调节的 BP1 和 BP3 中 GFP 的相对荧光强度；（b）TRC 调节的 BP1 和 BP3 的 DCW；
（c）DBTR 为 0～15 bp 时 TRC 调节下 GFP 的荧光强度范围

在构建基于 DNA 适配体的动态调控元件时，基因表达的动态受调控程度与 TDC 和启动子距离（DBTP）相关，因此，将 TRC 与 RBS 的距离（DBTR）设置为 0～15 bp（每间隔 1 bp）。结果表明，当 DTBR 为 0 bp 时，受抑制程度最强，BP1-TRCGFP-0 的相对荧光强度仅为 BP1-GFP 菌株的 84%。而当 DTBR 大于 9 bp 时，则无抑制作用（图 2-26c），这表明人凝血酶与 RTBA 的结合在 DTBR 高于 9 bp 时对 RBS 和核糖体的结合没有影响。TRC（DBTR = 3 bp）元件使目的基因的表达水平降低了 87%，是调控强度最高的一种元件，因此我们后续的实验对其进行了进一步优化。

3. 多基因表达的动态调控

为了研究适配体介导的调节通路对多基因表达的影响，本节构建了同时表达 GFP 和青色荧光蛋白（CFP）的载体。通过改造 pGFP 构建了 pGCFP-1 和 pGCFP-2 质粒并在 BP1 中表达；表达载体 pGCFP-1 实现了一个启动子 P_{43} 控制下多顺反子的表达，表达载体 pGCFP-2 实现了由两个 P_{43} 启动子分别对 GFP 和 CFP 表达（图 2-27a）。BP1-TDCGCFP-1/BP1-TDCGCFP-2 菌株中 GFP 和 CFP 的相对荧光强度分别是 BP1-GFP 与 BP1-CFP 的 19.4%/5.4% 和 22.1%/2.08 倍（图 2-27b）。这表明在使用一个质粒同时表达两个目的基因时，无论采用多顺反子结构还是使用两个启动子分别表达，位于上游的目的基因的表达都会被下调（与单独表达一个目的基因相比）；位于下游的目的基因的表达在多顺反子结构中被下调，在使用多个启动子时被上调（与单独表达一个目的基因相比）。

随后，通过在 BP1-GCFP-1 和 BP1-GCFP-2 菌株中引入 TDC，分别获得菌株 BP1-TDCGCFP-1 和 BP1-TDCGCFP-2（图 2-27b）。BP1-TDCGCFP-1 中 GFP 和 CFP 的相对荧光强度分别是 BP1-GFP 与 BP1-CFP 的 2.57 倍和 2.55 倍，分别是 BP1-

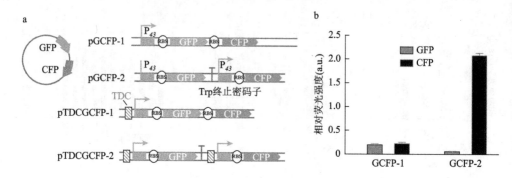

图 2-27　多基因表达的调控方案

（a）*B. subtilis* 中 GFP 和 CFP 的表达方案，BP1-TDCGCFP-1 和 BP1-TDCGCFP-2 分别采用多顺反子结构和双启动子表达 GFP 与 CFP 来构建；（b）BP1-TDCGCFP-1 和 BP1-TDCGCFP-2 分别相对于 BP1-GFP 与 BP1-CFP 相对荧光强度的倍数变化

GCFP-1 的 11.7 倍和 13.1 倍（图 2-28a）。相比 BP1-GFP 和 BP1-CFP，BP1-TDCGCFP-2 菌株中 GFP 和 CFP 的相对荧光强度分别提高了 1.65 倍和 6.21 倍；与未修饰的双启动子系统（BP1-GCFP-2）相比，BP1-TDCGCFP-2 菌株中 GFP 和 CFP 的相对荧光强度分别提高了 3.12 倍和 3.43 倍。另外，BP1-TDCGCFP-2 中 CFP 的相对表达水平是 BP1-GCFP-1 的 48.1 倍。如图 2-28b 所示，BP1-GCFP-1 菌株的 DCW 在 12 h 开始降低，而 BP1-TDCGFP 菌株的 DCW 在 36 h 开始降低。培养结束时，BP1-GCFP-1 菌株的 DCW 分别是 BP1-GFP 和 BP1-CFP 菌株的 41% 和 42%，而 BP1-TDCGCFP-1 的 DCW 分别是 BP1-GFP 和 BP1-CFP 菌株的 66% 和 67%，是 BP1-GCFP-1 菌株的 1.60 倍。

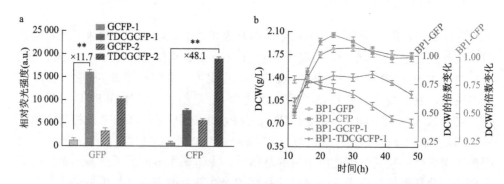

图 2-28　基于适配体的基因表达调控元件对 GFP 和 CFP 表达的调控结果

（a）BP1-TDCGCFP-1 和 BP1-TDCGCFP-2 中 GFP 与 CFP 的相对荧光强度；（b）BP1-GCFP-1 和 BP1-TDCGCFP-1 的细胞干重（以 BP1-GFP 和 BP1-CFP 作为对照菌株）

4. 双向调节系统对 2′-FL 合成的动态调控

与传统的单糖（如葡萄糖）相比，乳糖的跨膜转运效率较低，乳糖运输受到

限制会导致 2′-FL 合成效率降低[83, 84]。在前文构建的受 TDC 调控的 2′-FL 合成菌株 BP0-TDCFF 的基础上，进一步利用 TRC 对乳糖运输进行调控（图 2-29a）。首先，通过 GenBank 的 BLAST 搜索确认了与乳糖操纵子中保守蛋白域家族 lacI 同源性很高的 purR 基因（E 值 = 1E–41）[85, 86]；然后，通过将 TRC 引入 BP1 基因组 purR 基因的位点上游构建了 BPR 菌株（图 2-29b）；最后，将质粒 pTDCFF 转化到重组菌株，从而得到 BPR-TDCFF 菌株。BPR-TDCFF 菌株摇瓶培养获得的 2′-FL 产量为 674 mg/L，分别是 BP0-FF 和 BP1-TDCFF 的 27.3 倍和 1.32 倍（图 2-29c）。此外，与 BP1-TDCFF 菌株相比，BPR-TDCFF 菌株的 DCW 在 32～48 h 得到了提高。这一结果表明，TRC 对 purR 的抑制可以增强乳糖运输，同时通过 TDC 来调控 flp 和 futC 基因的表达，可提高从乳糖到 2′-FL 的转化率；同时使用这两种策略，2′-FL 的产量可以得到提高。

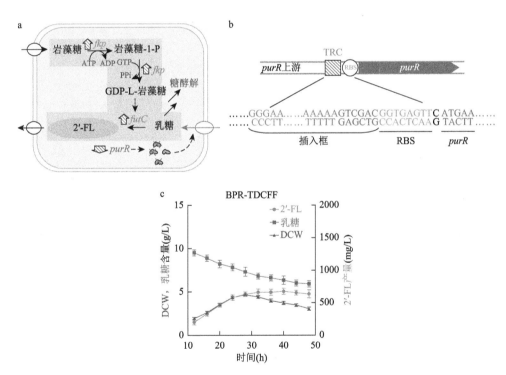

图 2-29　基于适配体的基因表达调控元件对 B. subtilis 合成 2′-FL 的动态调控

（a）重组 B. subtilis 中的 2′-FL 生物合成途径；（b）重组菌株 BPR-TDCGFP 中 TRC 介导的 purR 表达方案；（c）BPR-TDCFF 在 48 h 发酵过程中的细胞干重、乳糖含量和 2′-FL 的产量

参 考 文 献

[1]　Brouns S J J, Jore M M, Lundgren M, et al. Small CRISPR RNAs guide antiviral defense in prokaryotes[J].

Science, 2008, 321 (5891): 960-964.

[2] Knott G J, Doudna J A. CRISPR-Cas guides the future of genetic engineering[J]. Science, 2018, 361 (6405): 866-869.

[3] Koonin E V, Makarova K S, Zhang F. Diversity, classification and evolution of CRISPR-Cas systems[J]. Current Opinion in Microbiology, 2017, 37: 67-78.

[4] Hsu P D, Lander E S, Zhang F. Development and applications of CRISPR-Cas9 for genome engineering[J]. Cell, 2014, 157 (6): 1262-1278.

[5] Wu Y, Liu Y, Lv X, et al. Applications of CRISPR in a microbial cell factory: from genome reconstruction to metabolic network reprogramming[J]. ACS Synthetic Biology, 2020, 9 (9): 2228-2238.

[6] Jinek M, Chylinski K, Fonfara I, et al. A programmable dual-RNA-guided DNA endonuclease in adaptive bacterial immunity[J]. Science, 2012, 337 (6096): 816-821.

[7] Zetsche B, Gootenberg J S, Abudayyeh O O, et al. Cpf1 is a single RNA-guided endonuclease of a class 2 CRISPR-Cas systerm[J]. Cell, 2015, 163 (3): 759-771.

[8] Weninger A, Fischer J E, Raschmanová H, et al. Expanding the CRISPR/Cas9 toolkit for *Pichia pastoris* with efficient donor integration and alternative resistance markers[J]. Journal of Cellular Biochemistry, 2018, 119 (4): 3183-3198.

[9] Roy K R, Smith J D, Vonesch S C, et al. Multiplexed precision genome editing with trackable genomic barcodes in yeast[J]. Nature Biotechnology, 2018, 36 (6): 512-520.

[10] Li Y, Lin Z, Huang C, et al. Metabolic engineering of *Escherichia coli* using CRISPR-Cas9 meditated genome editing[J]. Metabolic Engineering, 2015, 31: 13-21.

[11] Jiang Y, Qian F, Yang J, et al. CRISPR-Cpf1 assisted genome editing of *Corynebacterium glutamicum*[J]. Nature Communications, 2017, 8 (1): 15179.

[12] Qi L S, Larson M H, Gilbert L A, et al. Repurposing CRISPR as an RNA-guided platform for sequence-specific control of gene expression[J]. Cell, 2013, 152 (5): 1173-1183.

[13] Dominguez A A, Lim W A, Qi L S. Beyond editing: repurposing CRISPR-Cas9 for precision genome regulation and interrogation[J]. Nature Reviews Molecular Cell Biology, 2016, 17 (1): 5-15.

[14] Farzadfard F, Perli S D, Lu T K. Tunable and multifunctional eukaryotic transcription factors based on CRISPR/Cas[J]. ACS Synthetic Biology, 2013, 2 (10): 604-613.

[15] Deaner M, Mejia J, Alper H S. Enabling graded and large-scale multiplex of desired genes using a dual-mode dCas9 activator in *Saccharomyces cerevisiae*[J]. ACS Synthetic Biology, 2017, 6 (10): 1931-1943.

[16] Lu Z, Yang S, Yuan X, et al. CRISPR-assisted multi-dimensional regulation for fine-tuning gene expression in *Bacillus subtilis*[J]. Nucleic Acids Research, 2019, 47 (7): e40.

[17] Ho H-I, Fang J R, Cheung J, et al. Programmable CRISPR-Cas transcriptional activation in bacteria[J]. Molecular Systems Biology, 2020, 16 (7): e9427.

[18] Yan X, Yu H J, Hong Q, et al. Cre/lox system and PCR-based genome engineering in *Bacillus subtilis*[J]. Applied and Environmental Microbiology, 2008, 74 (17): 5556-5562.

[19] Richardson S M, Mitchell L A, Stracquadanio G, et al. Design of a synthetic yeast genome[J]. Science, 2017, 355 (6329): 1040-1044.

[20] Wenzel M, Altenbuchner J. Development of a markerless gene deletion system for *Bacillus subtilis* based on the mannose phosphoenolpyruvate-dependent phosphotransferase system[J]. Microbiology, 2015, 161 (10): 1942-1949.

[21] Wu Y, Liu Y, Lv X, et al. CAMERS-B: CRISPR/Cpf1 assisted multiple-genes editing and regulation system for

Bacillus subtilis[J]. Biotechnology and Bioengineering, 2020, 117 (6): 1817-1825.

[22]　Liu H, Naismith J H. An efficient one-step site-directed deletion, insertion, single and multiple-site plasmid mutagenesis protocol[J]. BMC Biotechnology, 2008, 8 (1): 91.

[23]　Engler C, Gruetzner R, Kandzia R, et al. Golden gate shuffling: a one-pot DNA shuffling method based on type IIs restriction enzymes[J]. PLoS ONE, 2009, 4 (5): e5553.

[24]　Hong K Q, Liu D Y, Chen T, et al. Recent advances in CRISPR/Cas9 mediated genome editing in *Bacillus subtilis*[J]. World Journal of Microbiology and Biotechnology, 2018, 34 (10): 153.

[25]　So Y, Park S Y, Park E H, et al. A highly efficient CRISPR-Cas9-mediated large genomic deletion in *Bacillus subtilis*[J]. Frontiers in Microbiology, 2017, 8 (JUN): 1-12.

[26]　Fu L, Xie C, Jin Z, et al. The prokaryotic Argonaute proteins enhance homology sequence-directed recombination in bacteria[J]. Nucleic Acids Research, 2019, 47 (7): 3568-3579.

[27]　Westbrook A W, Ren X, Moo-Young M, et al. Engineering of cell membrane to enhance heterologous production of hyaluronic acid in *Bacillus subtilis*[J]. Biotechnology and Bioengineering, 2018, 115 (1): 216-231.

[28]　Westbrook A W, Ren X, Oh J, et al. Metabolic engineering to enhance heterologous production of hyaluronic acid in *Bacillus subtilis*[J]. Metabolic Engineering, 2018, 27 (8): 558-563.

[29]　Miao C, Zhao H, Qian L, et al. Systematically investigating the key features of the DNase deactivated Cpf1 for tunable transcription regulation in prokaryotic cells[J]. Synthetic and Systems Biotechnology, 2019, 4 (1): 1-9.

[30]　Phan T T P, Nguyen H D, Schumann W. Development of a strong intracellular expression system for *Bacillus subtilis* by optimizing promoter elements[J]. Journal of Biotechnology, 2012, 157 (1): 167-172.

[31]　Zhang S, Voigt C A. Engineered dCas9 with reduced toxicity in bacteria: implications for genetic circuit design[J]. Nucleic Acids Research, 2018, 46 (20): 11115-11125.

[32]　Murayama S, Ishikawa S, Chumsakul O, et al. The role of α-CTD in the genome-wide transcriptional regulation of the *Bacillus subtilis* cells[J]. PLoS ONE, 2015, 10 (7): e0131588.

[33]　Dong C, Fontana J, Patel A, et al. Synthetic CRISPR-Cas gene activators for transcriptional reprogramming in bacteria[J]. Nature Communications, 2018, 9 (9): 2489.

[34]　Nakano S, Nakano M M, Zhang Y, et al. A regulatory protein that interferes with activator-stimulated transcription in bacteria[J]. Proceedings of the National Academy of Sciences, 2003, 100 (7): 4233-4238.

[35]　Tanenbaum M E, Gilbert L A, Qi L S, et al. A protein-tagging system for signal amplification in gene expression and fluorescence imaging[J]. Cell, 2014, 159 (3): 635-646.

[36]　Liu Y, Link H, Liu L, et al. A dynamic pathway analysis approach reveals a limiting futile cycle in *N*-acetylglucosamine overproducing *Bacillus subtilis*[J]. Nature Communications, 2016, 7: 1-9.

[37]　Xu P, Li L, Zhang F, et al. Improving fatty acids production by engineering dynamic pathway regulation and metabolic control[J]. Proceedings of the National Academy of Sciences of the United States of America, 2014, 111 (31): 11299-11304.

[38]　Neilson J R, Zheng G X Y, Burge C B, et al. Dynamic regulation of miRNA expression in ordered stages of cellular development[J]. Genes and Development, 2007, 21 (5): 578-589.

[39]　Tan S Z, Prather K L. Dynamic pathway regulation: recent advances and methods of construction[J]. Current Opinion in Chemical Biology, 2017, 41: 28-35.

[40]　Gupta A, Reizman I M B, Reisch C R, et al. Dynamic regulation of metabolic flux in engineered bacteria using a pathway-independent quorum-sensing circuit[J]. Nature Biotechnology, 2017, 35 (3): 273-279.

[41]　Williams T C, Espinosa M I, Nielsen L K, et al. Dynamic regulation of gene expression using sucrose responsive

promoters and RNA interference in *Saccharomyces cerevisiae*[J]. Microbial Cell Factories, 2015, 14: 43.

[42] Ji C H, Kim J P, Kang H S. Library of synthetic streptomyces regulatory sequences for use in promoter engineering of natural product biosynthetic gene clusters[J]. ACS Synthetic Biology, 2018, 7 (8): 1946-1955.

[43] Palazzotto E, Tong Y, Lee S Y, et al. Synthetic biology and metabolic engineering of actinomycetes for natural product discovery[J]. Biotechnology Advances, 2019, 37 (6): 107366.

[44] Pinto D, Vecchione S, Wu H, et al. Engineering orthogonal synthetic timer circuits based on extracytoplasmic function factors[J]. Nucleic Acids Research, 2018, 46 (14): 7450-7464.

[45] Ma W, Liu Y, Shin H D, et al. Metabolic engineering of carbon overflow metabolism of *Bacillus subtilis* for improved *N*-acetyl-glucosamine production[J]. Bioresource Technology, 2018, 250: 642-649.

[46] Zhang X, Liu Y, Liu L, et al. Modular pathway engineering of key carbon-precursor supply-pathways for improved *N*-acetylneuraminic acid production in *Bacillus subtilis*[J]. Biotechnology and Bioengineering, 2018, 115 (9): 2217-2231.

[47] Hori S I, Herrera A, Rossi J J, et al. Current advances in aptamers for cancer diagnosis and therapy[J]. Cancers, 2018, 10 (1): 9.

[48] Röthlisberger P, Hollenstein M. Aptamer chemistry[J]. Advanced Drug Delivery Reviews, 2018, 134: 3-21.

[49] Aboul-ela F, Huang W, Abd Elrahman M, et al. Linking aptamer-ligand binding and expression platform folding in riboswitches: prospects for mechanistic modeling and design[J]. Wiley Interdisciplinary Reviews: RNA, 2015, 6 (6): 631-650.

[50] Gong S, Wang Y, Wang Z, et al. Computational methods for modeling aptamers and designing riboswitches[J]. International Journal of Molecular Sciences, 2017, 18 (11): 1-19.

[51] Wang J, Cui X, Yang L, et al. A real-time control system of gene expression using ligand-bound nucleic acid aptamer for metabolic engineering[J]. Metabolic Engineering, 2017, 42: 85-97.

[52] Iyer S, Doktycz M J. Thrombin-mediated transcriptional regulation using DNA aptamers in DNA-based cell-free protein synthesis[J]. ACS Synthetic Biology, 2014, 3 (6): 340-346.

[53] Wang M X, Shi H. Basics of molecular biology, genetic engineering, and metabolic engineering[J]. Systems Biology and Synthetic Biology, 2009, 9-66.

[54] Martin C H, Nielsen D R, Solomon K V, et al. Synthetic metabolism: engineering biology at the protein and pathway scales[J]. Chemistry and Biology, 2009, 16 (3): 277-286.

[55] Yadav V G, Stephanopoulos G. Metabolic engineering: the ultimate paradigm for continuous pharmaceutical manufacturing[J]. ChemSusChem, 2014, 7 (7): 1847-1853.

[56] Liu Y, Shin H D, Li J, et al. Toward metabolic engineering in the context of system biology and synthetic biology: advances and prospects[J]. Applied Microbiology and Biotechnology, 2014, 99 (3): 1109-1118.

[57] Liu Y, Link H, Liu L, et al. A dynamic pathway analysis approach reveals a limiting futile cycle in *N*-acetylglucosamine overproducing *Bacillus subtilis*[J]. Nature Communications, 2016, 7: 1-9.

[58] Cui S, Lv X, Wu Y, et al. Engineering a bifunctional Phr60-Rap60-Spo0A quorum-sensing molecular switch for dynamic fine-tuning of menaquinone-7 synthesis in *Bacillus subtilis*[J]. ACS Synthetic Biology, 2019, 8 (8): 1826-1837.

[59] Li C, Swofford C A, Sinskey A J. Modular engineering for microbial production of carotenoids[J]. Metabolic Engineering Communications, 2020, 10: e00118.

[60] Breaker R R. Riboswitches and translation control[J]. Cold Spring Harbor Perspectives in Biology, 2018, 10 (11): a032797.

[61]　Carpenter A C, Paulsen I T, Williams T C. Blueprints for biosensors: design, limitations, and applications[J]. Genes, 2018, 9 (8): 375.

[62]　Papenfort K, Vanderpool C K. Target activation by regulatory RNAs in bacteria[J]. FEMS Microbiology Reviews, 2015, 39 (3): 362-378.

[63]　Zhang F, Carothers J M, Keasling J D. Design of a dynamic sensor-regulator system for production of chemicals and fuels derived from fatty acids[J]. Nature Biotechnology, 2012, 30 (4): 354-359.

[64]　Sherwood A V, Henkin T M. Riboswitch-mediated gene regulation: novel RNA architectures dictate gene expression responses[J]. Annual Review of Microbiology, 2016, 70 (1): 361-374.

[65]　Torgerson C D, Hiller D A, Stav S, et al. Gene regulation by a glycine riboswitch singlet uses a finely tuned energetic landscape for helical switching[J]. RNA, 2018, 24 (12): 1813-1827.

[66]　Hallberg Z F, Su Y, Kitto R Z, et al. Engineering and *in vivo* applications of riboswitches[J]. Annual Review of Biochemistry, 2017, 86: 515-539.

[67]　Seok K Y, Ahmad R N H, Bock G M. Aptamer-based nanobiosensors[J]. Biosensors and Bioelectronics, 2016, 76: 2-19.

[68]　Chizzolini F, Forlin M, Cecchi D, et al. Gene position more strongly influences cell-free protein expression from operons than T7 transcriptional promoter strength[J]. ACS Synthetic Biology, 2014, 3 (6): 363-371.

[69]　Li S, Jiang Q, Liu S, et al. A DNA nanorobot functions as a cancer therapeutic in response to a molecular trigger *in vivo*[J]. Nature Biotechnology, 2018, 36 (3): 258-264.

[70]　Tsiang M, Jain A K, Dunn K E, et al. Functional mapping of the surface residues of human thrombin[J]. Journal of Biological Chemistry, 1995, 270 (28): 16854-16863.

[71]　Macaya R F, Schultze P, Smith F W, et al. Thrombin-binding DNA aptamer forms a unimolecular quadruplex structure in solution[J]. Proceedings of the National Academy of Sciences of the United States of America, 1993, 90 (8): 3745-3749.

[72]　Krauss I R, Merlino A, Giancola C, et al. Thrombin-aptamer recognition: a revealed ambiguity[J]. Nucleic Acids Research, 2011, 39 (17): 7858-7867.

[73]　Jauset-Rubio M, Sabaté del Río J, Mairal T, et al. Ultrasensitive and rapid detection of beta-conglutin combining aptamers and isothermal recombinase polymerase amplification[J]. Analytical and Bioanalytical Chemistry, 2017, 409: 143-149.

[74]　Ye B F, Zhao Y J, Cheng Y, et al. Colorimetric photonic hydrogel aptasensor for the screening of heavy metal ions[J]. Nanoscale, 2012, 4: 5998-6003.

[75]　Schoukroun-Barnes L R, Wagan S, White R J. Enhancing the analytical performance of electrochemical RNA aptamer-based sensors for sensitive detection of aminoglycoside antibiotics[J]. Analytical Chemistry, 2014, 86 (2): 1131-1137.

[76]　Weigand J E, Suess B. Tetracycline aptamer-controlled regulation of pre-mRNA splicing in yeast[J]. Nucleic Acids Research, 2007, 35 (12): 4179-4185.

[77]　Yang K A, Pei R, Stojanovic M N. *In vitro* selection and amplification protocols for isolation of aptameric sensors for small molecules[J]. Methods, 2016: 58-65.

[78]　Yüce M, Ullah N, Budak H. Trends in aptamer selection methods and applications[J]. Analyst, 2015, 140 (11): 5379-5399.

[79]　Padmanabhan K, Padmanabhan K P, Ferrara J D, et al. The structure of α-thrombin inhibited by a 15-mer single-stranded DNA aptamer[J]. Journal of Biological Chemistry, 1993, 268 (24): 17651-17654.

[80] Horbal L, Luzhetskyy A. Dual control system-a novel scaffolding architecture of an inducible regulatory device for the precise regulation of gene expression[J]. Metabolic Engineering, 2016, 37: 11-23.

[81] Westbrook A M, Lucks J B. Achieving large dynamic range control of gene expression with a compact RNA transcription-translation regulator[J]. Nucleic Acids Research, 2017, 45 (9): 5614-5624.

[82] Li Y, Hye J L, Corn R M. Detection of protein biomarkers using RNA aptamer microarrays and enzymatically amplified surface plasmon resonance imaging[J]. Analytical Chemistry, 2007, 79 (3): 1082-1088.

[83] Chin Y W, Seo N, Kim J H, et al. Metabolic engineering of *Escherichia coli* to produce 2'-fucosyllactose via salvage pathway of guanosine 5'-diphosphate (GDP)-l-fucose[J]. Biotechnology and Bioengineering, 2016, 113 (11): 2443-2452.

[84] Hollands K, Baron C M, Gibson K J, et al. Engineering two species of yeast as cell factories for 2'-fucosyllactose[J]. Metabolic Engineering, 2019, 52: 232-242.

[85] Chin Y W, Kim J Y, Lee W H, et al. Enhanced production of 2'-fucosyllactose in engineered *Escherichia coli* BL21star (DE3) by modulation of lactose metabolism and fucosyltransferase[J]. Journal of Biotechnology, 2015, 210: 107-115.

[86] Dumon C, Priem B, Martin S L, et al. *In vivo* fucosylation of lacto-*N*-neotetraose and lacto-*N*-neohexaose by heterologous expression of *Helicobacter pylori* α-1,3 fucosyltransferase in engineered *Escherichia coli*[J]. Glycoconjugate Journal, 2001, 18 (6): 465-474.

第3章 枯草芽孢杆菌代谢途径的设计与重构

3.1 基于稳态反应动力学模型的代谢途径瓶颈诊断

随着动力学模型在代谢调控机制解析领域的广泛应用,融合生物调控机制模拟及组学数据测定的计算生物学方法被成功应用到代谢调控机制解析领域[1-7]。基于计算生物学方法解析代谢调控机制的基本思路和方法如下:首先,基于已知代谢网络或信号通路等生物调控过程建立模型;其次,利用已建立的模型对环境条件改变或基因表达变化时发生的生物过程进行模拟;再次,比较实验测定及模型预测结果,并且通过在原有模型中引入某一新的调控机制来比较模拟结果与实验测定结果的契合度,当模型中引入某一新的调控机制可使模拟结果更好地重现实验结果时,该调控机制即为潜在的新发现的调控机制;最后,通过实验验证新的调控机制[1, 6, 8-10]。因此,将动力学模拟与动态实验数据相结合是一种揭示未知调控机制的有效手段。本节将详细描述基于动力学模拟及动态代谢组学对枯草芽孢杆菌中 GlcNAc 合成途径的限速步骤进行鉴定。

3.1.1 GlcNAc 合成途径动力学模拟

GlcNAc 合成途径如图 3-1a 所示,其中包含底物葡萄糖、GlcNAc 合成直接前体果糖-6-磷酸(Fru-6-P)、中间代谢物氨基葡萄糖-6-磷酸(GlcN-6-P)和 GlcNAc-6-P、胞内产物 GlcNAc 和胞外产物 GlcNAc。GlcNAc 合成途径代谢物和产物浓度表示如下:Fru-6-P 浓度为 $x(1)$,GlcN-6-P 浓度为 $x(2)$,GlcNAc-6-P 浓度为 $x(3)$,胞内 GlcNAc 浓度为 $x(4)$,胞外 GlcNAc 浓度为 $x(5)$。GlcNAc 合成途径每一步反应的动力学均由米氏方程表述。描述 GlcNAc 合成途径化学计量的微分方程组如下所述:

$$\frac{dx(1)}{dt} = v(1) - v(2) \tag{3-1}$$

$$\frac{dx(2)}{dt} = v(2) - v(3) \tag{3-2}$$

$$\frac{dx(3)}{dt} = v(3) - v(4) \tag{3-3}$$

$$\frac{dx(4)}{dt} = v(4) - v(5) \tag{3-4}$$

$$\frac{dx(5)}{dt} = v(5) \tag{3-5}$$

式中，v 代表浓度，t 代表时间

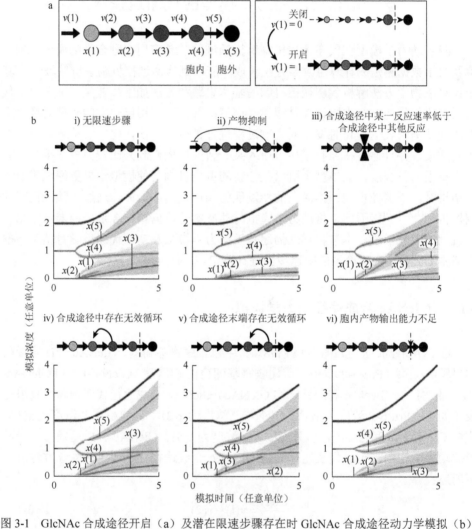

图 3-1　GlcNAc 合成途径开启（a）及潜在限速步骤存在时 GlcNAc 合成途径动力学模拟（b）

代谢物模拟浓度曲线颜色与代谢物对应，加粗黑色曲线为胞内 GlcNAc 和胞外 GlcNAc 浓度总和，是利用随机参数 K_m（米氏常数）和 v_{max} 进行 100 次模拟的结果，其中曲线表示模拟平均值，阴影部分表示标准偏差

GlcNAc 合成途径底物和能量供应来源为代谢流 $v(1)$。当 GlcNAc 合成途径处

于关闭状态时，$v(1) = 0$；当 GlcNAc 合成途径处于开启状态时，$v(1) = v(1)_{max} = 1$。GlcNAc 合成途径中其他代谢流定义如下：

$$v(2) = v(2)_{max} \frac{x(1)}{k_{m2} + x(1)} \tag{3-6}$$

$$v(3) = v(3)_{max} \frac{x(2)}{k_{m3} + x(2)} \tag{3-7}$$

$$v(4) = v(4)_{max} \frac{x(3)}{k_{m4} + x(3)} \tag{3-8}$$

$$v(5) = v(5)_{max} \frac{x(4)}{k_{m5} + x(4)} \tag{3-9}$$

当 GlcNAc 合成途径处于关闭状态时（合成底物耗尽且代谢途径达到平衡），各代谢物初始浓度定义如下：$x(1) = 0$、$x(2) = 0$、$x(3) = 0$、$x(4) = 1$、$x(5) = 1$。只有当 $x(4) > 1$ 时，代谢流 $v(5)$ 才被激活。

模拟胞内产物反馈抑制动力学（图 3-1b），即代谢流 $v(1)$ 描述如下：

$$v(1) = v(1)_{max} \frac{k_i}{k_i + x(4)} \tag{3-10}$$

模拟存在某一反应速率显著低于其他反应的 GlcNAc 合成途径动力学（图 3-1b），即代谢流 $v(3)_{max}$ 描述如下：$v(3)_{max} = 50\% \times v(2)_{max} = 50\% \times v(4)_{max} = 50\% \times v(5)_{max} = 1$。

模拟存在无效循环时的 GlcNAc 合成途径动力学（图 3-1b），即代谢流 $v(6)$ 定义如下[与 $v(3)$ 相反的代谢流]：

$$v(6) = v(6)_{max} \frac{x(3)}{k_{m6} + x(3)} \tag{3-11}$$

描述 GlcNAc 合成途径化学计量的微分方程组定义如下：

$$\frac{\mathrm{d}x(1)}{\mathrm{d}t} = v(1) - v(2) \tag{3-12}$$

$$\frac{\mathrm{d}x(2)}{\mathrm{d}t} = v(2) - v(3) + v(6) \tag{3-13}$$

$$\frac{\mathrm{d}x(3)}{\mathrm{d}t} = v(3) - v(4) - v(6) \tag{3-14}$$

$$\frac{\mathrm{d}x(4)}{\mathrm{d}t} = v(4) - v(5) \tag{3-15}$$

$$\frac{\mathrm{d}x(5)}{\mathrm{d}t} = v(5) \tag{3-16}$$

模拟末端存在无效循环时的 GlcNAc 合成途径动力学（图 3-1b），即代谢流 $v(6)$ 定义如下[与 $v(4)$ 相反的代谢流]：

$$v(6) = v(6)_{\max} \frac{x(4)}{k_{\mathrm{m6}} + x(4)} \tag{3-17}$$

描述 GlcNAc 合成途径化学计量的微分方程组定义如下：

$$\frac{\mathrm{d}x(1)}{\mathrm{d}t} = v(1) - v(2) \tag{3-18}$$

$$\frac{\mathrm{d}x(2)}{\mathrm{d}t} = v(2) - v(3) \tag{3-19}$$

$$\frac{\mathrm{d}x(3)}{\mathrm{d}t} = v(3) - v(4) + v(6) \tag{3-20}$$

$$\frac{\mathrm{d}x(4)}{\mathrm{d}t} = v(4) - v(5) - v(6) \tag{3-21}$$

$$\frac{\mathrm{d}x(5)}{\mathrm{d}t} = v(5) \tag{3-22}$$

模拟胞内 GlcNAc 输出能力不足时的 GlcNAc 合成途径动力学（图 3-1b），即代谢流 $v(5)_{\max}$ 描述如下：$v(5)_{\max} = 25\% \times v(2)_{\max} = 25\% \times v(3)_{\max} = 25\% \times v(4)_{\max} = 0.5$。

动力学模拟时，使用如下参数：$v(2)_{\max} = v(3)_{\max} = v(4)_{\max} = v(5)_{\max} = 2$，$v(6)_{\max} = 1$，$k_{\mathrm{m2}} = k_{\mathrm{m3}} = k_{\mathrm{m4}} = k_{\mathrm{m5}} = k_{\mathrm{m6}} = 1$，$k_i = 1$。

3.1.2　潜在限速步骤存在时 GlcNAc 合成起始阶段动力学模拟

为了鉴定 GlcNAc 合成途径中潜在限速步骤，首先动态模拟 GlcNAc 合成途径由关闭到开启阶段的动力学，分析不同限速步骤存在时的动力学特征。然后通过动态代谢组学测定 GlcNAc 合成动力学。当实验测定的动力学特征与动态模拟某一限速步骤存在时的动力学特征一致时，模型中的限速步骤即为潜在限速步骤。首先建立 GlcNAc 合成途径动力学模型，GlcNAc 合成途径模型是由一系列反应组成的线性途径，包括底物葡萄糖、GlcNAc 合成直接前体 Fru-6-P、中间代谢物 GlcN-6-P 和 GlcNAc-6-P，胞内目标产物 GlcNAc 及胞外目标产物 GlcNAc（图 3-1a）。其中，每一步反应的动力学都利用米氏方程进行描述。在 GlcNAc 合成途径动力学模拟过程中，当碳源存在时，GlcNAc 合成途径开启，GlcNAc 合成所需底物进入合成途径。同时，当碳源存在时，反应体系中能量以 ATP 的形式供给。

对以下 6 种情况的 GlcNAc 合成途径动力学进行了模拟，分别是：①GlcNAc 合成途径中不存在限速步骤；②产物抑制，即胞内产物抑制 GlcNAc 合成途径第一步反应；③GlcNAc 合成途径中某一反应速率显著低于其他反应；④反应途径中存在无效循环；⑤反应途径末端存在无效循环；⑥胞内产物输出能力不足（图 3-1b）。

不同限速步骤存在时，GlcNAc 合成途径具有不同的动力学特征。例如，GlcNAc
合成途径开启后，胞外 GlcNAc 持续积累表明合成途径无限制性因素；中间代谢
物迅速达到平衡并且平衡浓度显著低于途径酶 K_m 值，表明 GlcNAc 合成途径存
在产物抑制；当代谢途径中某一反应速率低于其他反应及代谢途径中存在无效
循环时，限速反应或无效循环上游毗邻的中间代谢物会显著积累；当 GlcNAc
合成途径末端存在无效循环时，胞内和胞外 GlcNAc 总浓度会在合成途径开启后
立即显著下降；当胞内 GlcNAc 显著积累时，则表明胞内 GlcNAc 输出能力不足。
因此，GlcNAc 合成途径中存在不同限速步骤时具有不同的动力学特征，通过测
定 GlcNAc 合成途径动力学来分析其动力学特征能够帮助鉴定潜在限速步骤。
因此，下一步实验中采用动态代谢组学对 GlcNAc 合成途径起始阶段动力学进
行测定。

3.1.3 GlcNAc 合成起始阶段的动力学测定

在实验中，通过添加碳源底物来控制 GlcNAc 合成途径由关闭状态到开启状
态。为控制 GlcNAc 合成途径关闭和开启，实验设计如下：收集生长到对数期的
工程菌 BSGN，并且重新悬浮于不含任何碳源的基本培养基中；进一步将重悬的
细胞在无碳源条件下恒温培养 30 min，使 GlcNAc 合成途径前体物质耗尽；然后
添加碳源物质开启 GlcNAc 合成途径，在 GlcNAc 合成途径开启后，在不同时间
点进行取样，然后利用代谢组学对样品进行分析。

如图 3-2a 右所示，在不含碳源的重悬工程菌 BSGN 培养液中，胞内及胞外
（全培养液）GlcNAc 含量不随时间增加，GlcNAc 合成途径处于关闭状态。添加
底物葡萄糖之后，GlcNAc 合成途径开启，GlcNAc 比合成速率保持恒定，达到
7.7 mg/(g DCW·h)。该 GlcNAc 比合成速率与重组菌 BSGN 在利用基本培养基进
行摇瓶发酵时的 GlcNAc 比合成速率相近[4.6 mg/(g DCW·h)]。下一步，采用快速
取样及高效淬灭的方法对 GlcNAc 合成途径开启后 2 min 之内的动力学进行分析
（图 3-2a 右）。

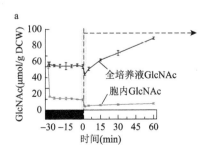
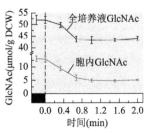

b

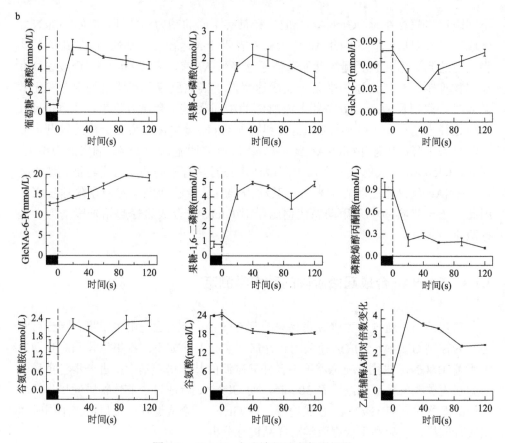

图 3-2　GlcNAc 合成途径动态代谢组学

（a）动态代谢组学实验设定及 GlcNAc 含量动态变化，$t = 0$ 时（虚线所示）添加葡萄糖，右图为左图前 2 min 的
放大；（b）胞内 GlcNAc 合成途径动力学，$t = 0$ 时（虚线所示）添加葡萄糖

3.1.4　GlcNAc 合成途径潜在限速步骤的分析及鉴定

　　GlcNAc 合成途径开启后，GlcNAc 合成途径前体物质 Glc-6-P、Fru-6-P 的浓度迅速上升，PTS 系统的底物 PEP 浓度降低（图 3-2b）。GlcNAc 合成前体物质 Fru-6-P、Gln 和乙酰 CoA（AcCoA）浓度迅速上升并超过对应途径酶的 K_m 值，表明前体物质供给不是 GlcNAc 合成途径限速步骤。该结果与第 5 章稳态代谢组学结合代谢改造分析结果一致。

　　值得注意的是，胞内和胞外 GlcNAc 总浓度在 GlcNAc 合成途径开启后立即降低，该动力学特征与 GlcNAc 合成途径末端存在无效循环时的模拟动力学特征一致（图 3-3a 和 b）。同时，GlcNAc 合成途径末端存在无效循环时，中间代谢物 GlcN-6-P、GlcNAc-6-P 的模拟变化趋势与实验测定的 GlcN-6-P、GlcNAc-6-P 变化趋势一致。因此，可以推断在中间代谢物 GlcNAc-6-P 和胞内 GlcNAc 之间很可能存在将胞内 GlcNAc 转化为 GlcNAc-6-P 的反向代谢流，与 GlcNAc-6-P 转化为胞内 GlcNAc 的正向代谢流构成无效循环（图 3-3c）。该无效循环造成 GlcNAc-6-P 积累，积累的 GlcNAc-6-P 进而对细胞产生毒性，阻碍 GlcNAc 合成及细胞生长。为验证上述推断，需要利用[U-^{13}C]葡萄糖标记实验进行动态标记分析，同时需要阻断将胞内 GlcNAc 转化为 GlcNAc-6-P 的反向代谢流，消除 GlcNAc-6-P 积累，促进 GlcNAc 合成及恢复细胞生长。

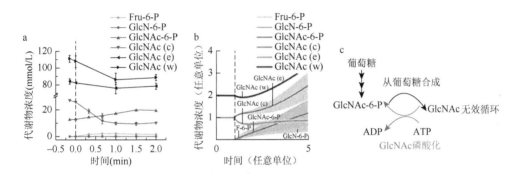

图 3-3　比较动态代谢组学和动力学模拟鉴定 GlcNAc 合成途径限速步骤

（a）GlcNAc 合成途径动态代谢组学；（b）GlcNAc 合成途径动力学模拟；（c）GlcNAc-6-P 与胞内 GlcNAc 之间存在无效循环；GlcNAc（c）：胞内 GlcNAc，GlcNAc（e）：胞外 GlcNAc，GlcNAc（w）：胞内 GlcNAc 和胞外GlcNAc 总和

3.1.5　阻断 GlcNAc-6-P 与 GlcNAc 之间无效循环对细胞生长和 GlcNAc 合成的影响

首先，利用[U-^{13}C]葡萄糖动态标记实验进一步验证胞内 GlcNAc 转化为 GlcNAc-6-P 代谢流的存在（图 3-4a）。该反应与 GlcNAc-6-P 转化为 GlcNAc 的代谢流构成无效循环。在 GlcNAc 合成途径开启之前，已有胞内 GlcNAc 存在。如果 GlcNAc 合成途径开启后，存在将胞内 GlcNAc 磷酸化为 GlcNAc-6-P 的反应，合成 GlcNAc-6-P 的底物应该为胞内 GlcNAc 而不是葡萄糖。所以，如果存在将胞内 GlcNAc 磷酸化为 GlcNAc-6-P 的代谢流，添加[U-^{13}C]葡萄糖开启 GlcNAc 合成途径，GlcNAc-6-P 来源于胞内 GlcNAc 而不是[U-^{13}C]葡萄糖。因此，GlcNAc-6-P 应该无法被 ^{13}C 迅速标记，如图 3-4b 所示，当添加[U-^{13}C]葡萄糖开启 GlcNAc 合成途径后，未被 ^{13}C 标记的 GlcNAc-6-P 质量同模子 M＋0 的分数始终保持在 100%，而被 ^{13}C 标记的 GlcNAc-6-P 质量同模子 M＋6 和 M＋8 的分数没有增加（图 3-4b）。该结果表明，添加[U-^{13}C]葡萄糖开启 GlcNAc 合成途径后，GlcNAc-6-P 未被迅速标记，

合成底物为胞内 GlcNAc 而非[U-^{13}C]葡萄糖。所以，上述结果证实了存在将胞内 GlcNAc 磷酸化为 GlcNAc-6-P 的代谢流。

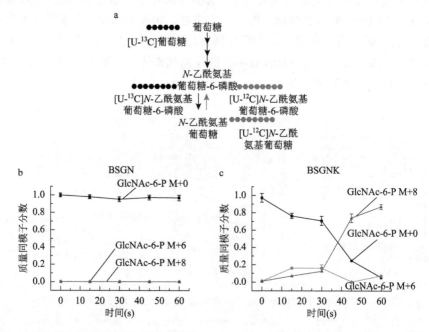

图 3-4　[U-^{13}C]葡萄糖动态标记实验验证 GlcNAc-6-P 与胞内 GlcNAc 之间存在无效循环

（a）[U-^{13}C]葡萄糖动态标记实验原理；（b）重组菌 BSGN 中 GlcNAc-6-P 质量同模子分数；（c）重组菌 BSGNK 中 GlcNAc-6-P 质量同模子分数

　　下一步需要阻断将胞内 GlcNAc 磷酸化为 GlcNAc-6-P 的代谢反应，消除无效循环，以避免 GlcNAc-6-P 积累对 GlcNAc 合成和细胞生长的抑制作用。阻断无效循环需要敲除催化 GlcNAc 转化为 GlcNAc-6-P 的激酶的编码基因。但是，*B. subtilis* 的已注释基因中尚无 GlcNAc 激酶基因。因此，需要找到 *B. subtilis* 中可能具有 GlcNAc 激酶活性的蛋白。通过将 *E. coli* 中 GlcNAc 激酶的氨基酸序列与 *B. subtilis* 中所有激酶的氨基酸序列进行比对，发现在全部 106 个激酶当中 *B. subtilis* 葡萄糖激酶 GlcK 与 *E. coli* 中 GlcNAc 激酶的氨基酸序列同源性最高（26%）[11, 12]。在 BSGN 的基础上，通过敲除葡萄糖激酶的编码基因 *glcK* 进一步得到重组菌 BSGNK。利用重组菌 BSGNK 进行[U-^{13}C]葡萄糖动态标记实验，发现被 ^{13}C 标记的 GlcNAc-6-P 质量同模子 M + 6 和 M + 8 的分数迅速增加，而未被 ^{13}C 标记的 GlcNAc-6-P 质量同模子 M + 0 的分数迅速降低（图 3-4c）。该结果表明，GlcNAc-6-P 来源于[U-^{13}C]葡萄糖，因此被迅速标记。同时，胞内 GlcNAc 磷酸化为 GlcNAc-6-P 的代谢反应已被阻断。

在已阻断 GlcNAc-6-P 和胞内 GlcNAc 之间无效循环的重组菌 BSGNK 中，GlcNAc-6-P 不再积累，胞内 GlcNAc-6-P 浓度由 33.71 mmol/L 降低到 0.06 mmol/L（图 3-5a）。在摇瓶发酵过程中，工程菌 BSGNK 的比生长速率为阻断无效循环前的 2.1 倍，而且工程菌 BSGNK 的 GlcNAc 生产强度为阻断无效循环前的 2.3 倍，达到 9.3 mg/(g DCW·h)（图 3-5b）。因此，该结果进一步验证了无效循环对 GlcNAc 合成的限制及对细胞生长的抑制。阻断无效循环促进了 GlcNAc 合成及细胞生长。

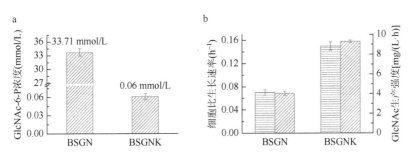

图 3-5　敲除重组菌 glcK 基因对胞内 GlcNAc-6-P 浓度、摇瓶发酵过程中细胞比生长速率（▤）及 GlcNAc 生产强度（▨）的影响

3.1.6　小结

本节结合动力学模拟及动态代谢组学对 GlcNAc 合成途径中潜在限速步骤进行了鉴定，并进一步通过[U-^{13}C]葡萄糖动态标记实验及重组菌 BSGNK 构建确证并且消除了潜在限速步骤。主要研究结果如下。

1）建立 GlcNAc 合成途径动力学模型，模拟不同限速步骤存在时 GlcNAc 合成途径由关闭到开启状态时的动力学，并且鉴定了不同限速步骤存在时的动力学特征。

2）通过控制底物葡萄糖添加，实现 GlcNAc 合成途径由关闭到开启。采用快速取样、高效淬灭及靶向代谢组学，实现对 GlcNAc 合成途径开启后 2 min 之内的动力学测定。

3）通过将实验测定 GlcNAc 合成途径动力学与不同限速步骤存在时的动力学模拟结果比较，发现 GlcNAc 合成途径动力学特征符合 GlcNAc-6-P 与胞内 GlcNAc 之间存在无效循环时的模拟动力学特征。因此，GlcNAc-6-P 与胞内 GlcNAc 之间存在无效循环被鉴定为 GlcNAc 合成途径的潜在限速步骤。

4）进一步利用[U-^{13}C]葡萄糖动态标记实验及重组菌 BSGNK 构建，证实了重组菌 BSGN 中存在由胞内 GlcNAc 转化为 GlcNAc-6-P 的反应，该反应与 GlcNAc-6-P 去磷酸反应构成无效循环。通过敲除重组菌 BSGN 中葡萄糖激酶编码基

glcK，胞内 GlcNAc 转化为 GlcNAc-6-P 的反应得以阻断，无效循环得以解除。阻断无效循环避免了胞内 GlcNAc-6-P 的积累及其积累对细胞生长和 GlcNAc 合成的抑制作用。阻断无效循环后，细胞比生长速率和 GlcNAc 生产强度分别是阻断前的 2.1 倍和 2.3 倍。

3.2　基于氧化还原力平衡的代谢途径设计优化

随着合成生物学的快速发展，微生物被越来越多地用于合成高附加值的产品[13]。无论是否需要在微生物中异源表达产物合成相关关键基因，我们都可以通过代谢路径中每步的生化反应列出目标产物合成的总反应式，并通过反应式计算出理论得率（Y_p）。理论得率是指底物经过反应途径最终转化为目标产物的产量，取决于代谢途径本身。Y_p 的高低在一定程度上可以直接反映出途径还原力是否平衡。一般情况下，还原力平衡的途径，其 Y_p 较高，而还原力不平衡或还原力过剩的途径，其 Y_p 较低。微生物为了平衡代谢途径产生的额外还原力，常常会将其用于合成副产物和增加生物量，这便会降低经济性，造成底物的浪费[14]。

为了利用微生物可将碳源、氮源等底物高效地转化为目标产物的特性，过表达路径中相关基因是一种常用的代谢改造策略。然而利用该策略虽然会对代谢通量有一定的提升，但随着大量的基因过表达，不仅增加了细胞的代谢负担，而且会造成代谢紊乱，进而影响目标产物的产量[15]。因此，需要通过有效的辅因子工程对微生物细胞内的氧化还原平衡进行维持。细胞内的氧化还原平衡对于细胞功能、代谢物转运和跨膜运输等都有重要的意义，并且成为提高菌株生产能力的关键因素。

3.2.1　辅因子工程

辅因子是能结合特定蛋白并为其维持正常催化活性提供氧化还原载体和能量的一类物质，包括 NAD（H）/NADP（H）、FAD/FADH$_2$、ATP/ADP 等，其中 NADP（H）和 NAD（H）是胞内至关重要的一类辅酶，分别参与 100 和 300 多个反应，并直接参与糖类、蛋白和脂类三大物质的合成与分解[16]。NAD（H）主要参与分解代谢，NADP（H）主要参与合成代谢，NADP（H）和 NAD（H）为氧化还原反应与分解代谢反应提供还原力及电子受体，并参与细胞内众多反应[17]。NADPH 在生物体内的供应方式有两种，分别为 NADP$^+$ 依赖型脱氢酶和 NADH 激酶。在 NADP$^+$ 脱氢酶的作用下，氧化态辅酶 NADP$^+$ 作为电子受体生成还原型 NADPH，但是形成 NADP$^+$ 需要 NAD$^+$ 激酶的催化并消耗中间代谢物，这便会造成代谢通量不会最大化地流向代谢物，降低了经济效益。NADH 激酶可以直接催化 NADH 磷酸化生成 NADPH，而且该过程只涉及辅酶的变化，更加有利于代谢通量流向目标物。NADPH 是重要的还原剂，在众多酶促反应中起到传递氢的作用，同时是细胞内重要的电子供体。只合成 NADPH 不对其进行降解也会对生物体造成不良影响，NADPH 主要是以 NADP$^+$ 和 NAD$^+$ 两种形式进行降解的，NADPH 不能直接被氧化，需要在特殊酶的作用下，先将 H$^+$ 转移到 NAD$^+$ 后，再进入呼吸链进行氧化，因此，在微生物细胞工厂的构建中，氧化力与还原力的平衡是需要重点考虑的因素[18]（图 3-6）。

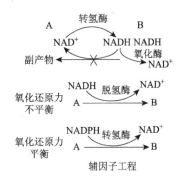

图 3-6　NADH/NAD$^+$和 NADPH/NADP$^+$
参与的辅因子工程

设计与构建生产效率高效且鲁棒性强的微生物细胞工厂被世界各国列为战略发展技术和方向，通过代谢工程构建的微生物细胞工厂具有原料清洁、环境友好和可持续发展的典型特征[19]。代谢工程包括途径设计、组合优化、模块组装及调控网络编辑重构等合成生物学技术手段。针对微生物胞内合成路径，以实现高产量、高生产强度及高转化率为目的，采取的措施主要包括：①增加目标产物的合成途径通量，通过过表达或理性改造合成途径中关键酶，以消除合成途径中的瓶颈；②阻断或抑制竞争途径，减少分支路径的代谢物合成，提高底物转化为目标产物的转化率；③优化胞内相关代谢、能量代谢、氧化还原力平衡等，使合成反应更有利于正向进行，以提高生产强度。针对上述措施，可以使用启动子工程对合成途径的基因进行调控，敲除副产物合成途径的关键基因，构建能量代谢再生系统，具体工程策略包括：模块化途径工程、辅因子工程、蛋白支架工程、系统代谢工程、适应性进化等。其中辅因子工程往往是最容易被忽略的技术手段，并且辅因子可能能解决关键瓶颈问题，如 James C. Liao 教授团队为了避免大肠杆菌传统 EMP 途径中由丙酮酸脱羧反应产生 CO$_2$ 导致的碳损失，在大肠杆菌中引入了人工合成的非氧化糖酵解途径（NOG）替代传统糖酵解（embden-meyerhof-parnas，EMP）途径，有效地提高了碳原子的经济性[20]。Gregory Stephanopoulos 教授团队在利用 *Yarrowia lipolytica* 生产脂肪酸甲酯的研究中，发现底物代谢产生大量的 NADH，因此，引入 NOG 途径、NADPH 依赖型三磷酸甘油醛脱氢酶及构建丙酮酸-草酰乙酸-苹果酸循环，通过这些改造重构胞内还原力代谢，显著地提高了 *Y. lipolytica* 合成脂肪酸甲酯的能力，并能将 NADH 转化为脂肪酸甲酯合成前体 NADPH 和乙酰辅酶 A，提高了 *Y. lipolytica* 的生产强度及底物转化率，经过上述的改造后，脂肪酸甲酯产量达到 98.9 g/L，生产强度达到 1.2 g/(L·h)，底物转化率达到 0.27 g/g 葡萄糖[21]。众多的微生物细胞工厂都涉及辅因子，在我们之前的研究中，利用枯草芽孢杆菌（*Bacillus subtilis*）进行 GDP-L-岩藻糖、2'-岩藻糖基乳糖和氨基葡萄糖的生产都涉及辅因子工程。

3.2.2 辅因子工程策略

辅因子工程包括增加辅因子、平衡辅因子和重构辅因子，通过这些策略改变胞内辅因子的相对含量，实现氧化还原力平衡，有利于代谢通量更多地流向目标产物。因此，辅因子在代谢途径的设计与重构中具有重要意义。

1. 增加辅因子

利用微生物发酵法进行高附加值的产品生产时，由于目标产品合成路径受到多基因的共同调控，特别是当引入异源途径后，辅因子的供应不足打破了微生物本身的氧化还原力平衡，造成目标产物产量的下降与微生物生物量的降低，因此，增加微生物的辅因子浓度，可以改善因辅因子供应不足而造成的目标产量与生物量降低的问题[22]。

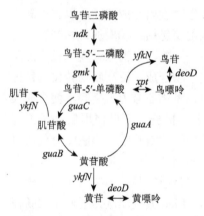

图 3-7 GTP、GDP、GMP 之间相互转换图

鸟苷-5′-二磷酸（GDP）、鸟苷三磷酸（GTP）、鸟苷-5′-单磷酸（GMP）也是一类辅因子，这类辅因子属于鸟苷核苷类物质，在 DNA 的复制和转录过程中发挥着重要作用，GDP、GTP、GMP 之间可以相互转化，同时 GDP 可以为许多生化反应供能[23]（图 3-7）。在 B. subtilis 中合成 GDP-L-岩藻糖就需要辅因子 GDP 的参与，由于 GMP 可以合成 GDP 与 GTP，因此增加胞内 GMP 的水平可能有利于 GDP-L-岩藻糖的合成，并且有利于以 GDP-L-岩藻糖为底物合成 2′-岩藻糖基乳糖。在 B. subtilis 中可通过强化底物胞内运输的能力和路径中辅因子的合成能力，实现 GDP-L-岩藻糖和 2′-岩藻糖基乳糖产量的提升。

合成 GDP-L-岩藻糖的限制因素之一便是岩藻糖的胞内运输，为了提高岩藻糖的运输能力，使用组成型启动子 P43 表达来自 E. coli 的 L-岩藻糖渗透酶编码基因 fucP，以及内源的 glcP 基因，两个基因过表达后，GDP-L-岩藻糖浓度相比于对照菌提高 9.14 倍，达到 36.6 mg/L，并且细胞干重相同。在增强辅因子合成方面，通过提高 B. subtilis 中 GTP 的供给来提高 GDP-L-岩藻糖和 2′-岩藻糖基乳糖的产量，由于在合成 GDP-L-岩藻糖和 2′-岩藻糖基乳糖的途径中，GTP 不仅能供能，还能提供合成前体 GDP，因此，可以通过调控 GMP 合酶基因 guaA、GMP 还原酶基因 guaC、鸟苷酸激酶基因 gmk、核苷二磷酸激酶基因 ndk、黄嘌呤磷酸基转

移酶基因 *xpt*、核苷酸磷酸化酶基因 *ykfN*、嘌呤核苷磷酸化酶基因 *deoD* 的表达，进而增强 GTP 的合成和再生来提高 GDP-L-岩藻糖与 2′-岩藻糖基乳糖的产量，整体代谢流程如图 3-8 所示。过表达 *ndk* 和 *gmk*，GDP-L-岩藻糖的浓度分别提高 1.74 倍和 1.48 倍，由于 NDK 和 GMK 为双向催化酶，本身的表达水平相对较低，过表达 *ndk* 和 *gmk* 后，能有效提高 GMP 和 GTP 之间的平衡效率，使平衡向合成 GTP 的方向移动，有效实现胞内 GDP-L-岩藻糖的高效合成。由于 XPT 和 GUAA 是催化 GMP 合成的关键酶，因此，通过替换启动子对 *xpt* 和 *guaA* 进行过表达，GDP-L-岩藻糖的浓度分别提高 1.21 倍和 1.20 倍。强化合成路径的同时还需要进行分解路径的敲除，*ykfN* 和 *guaC* 编码的蛋白催化 GMP 转化为其他代谢物，通过将 *ykfN* 和 *guaC* 替换为 lox 位点对其进行了敲除，通过组合优化，最终使胞内的 GTP 浓度达到 143.1 mg/L，GDP-L-岩藻糖的浓度为 143.2 mg/L，2′-岩藻糖基乳糖的浓度达到 1035 mg/L。

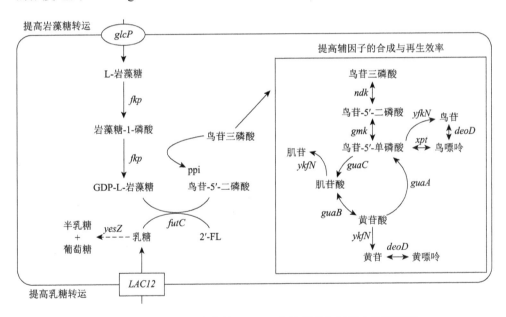

图 3-8　生产 GDP-L-岩藻糖和 2′-FL 的枯草芽孢杆菌改造流程图

2. 平衡辅因子

辅因子不光参与生物合成与分解反应，而且涉及细胞能量的传递、调控细胞的生命周期、碳代谢流的控制等一系列生理功能[24]。合理地利用辅因子之间的转化，有利于实现目标产物的高效生产。所谓合理利用辅因子即为控制胞内辅因子的平衡，平衡辅因子可以理解为微生物在经过代谢工程等相关技术的改造后，辅因子之间的转换速率、微生物生长和目标产物合成的速率达到平衡，可以用微生物中 NADH/NAD$^+$、NADPH/NADP$^+$等辅因子浓度的比例进行具体的表示。由于 NADH/NAD$^+$与 NADPH/NADP$^+$依赖型相关酶众多，因此，这两对辅因子对维持辅因子平衡起到首要作用。传统的微生物辅因子平衡策略主要有两种，一种方法是提供能够作为电子受体的复合物，如额外添加一种底物（有机酸、乙醛和乙偶姻等），Wahlbom 等将电子受体乙偶姻、乙醛、糠醛和 5-羟甲基糠醛添加到木糖通过厌氧发酵生产乙醇的体系中，通过外源电子受体的添加，有效地提高了乙醇的得率[25]。另一种方法是改变培养条件，如改变碳源、溶氧等，Wu 等在利用大肠杆菌进行琥珀酸生产的研究中，为了改善因基因敲除导致的氧化还原力失衡，采用好氧-厌氧两阶段发酵策略，使大肠杆菌在厌氧阶段能快速代谢葡萄糖，实现琥珀酸的高效生产[26]。但是随着基因工程手段的成本不断降低，利用分子生物学方法进行改造的微生物经常会面临辅因子不平衡的问题。为了让微生物最大限度地利用底物进行发酵生产，改造往往集中于最大限度地强化产物合成路径和某一辅因子的供应，但过量的辅因子可能会造成氧化还原力失衡，这时传统的辅因子平衡策略并不能彻底改善不平衡的状态，并且过量的辅因子会导致大量副产物的形成，因此，在一些产物的合成过程中，平衡氧化还原力对于产物的合成具有积极的作用。

在利用重组 *B. subtilis* 以葡萄糖为底物合成 GlcNAc 的工作中，为了确定是否有过量的 NADH 产生，首先检测和比较了工程菌 BP17-*afGNA1* 和 BP17 对数期胞内的 NADH 浓度，如图 3-9a 所示，发现工程菌 BP17-*afGNA1* 胞内的 NADH 浓度是工程菌 BP17 的 3.5 倍，确定在生产过程中出现 NADH 的积累。胞内 NADH 的积累，往往会使得细胞为了消耗这部分过量的 NADH 而生产其他副产物，或者消耗氧气对过量的 NADH 进行氧化。通过查阅已有的文献报道，推测工程菌可能利用过剩的 NADH 合成乳酸、2,3-丁二醇和乙醇。接下来检测了工程菌 BSGN6-P$_{xylA}$-*glmS-GNA1* 发酵液中 2,3-丁二醇、乳酸和乙醇的浓度，如图 3-9b 所示，发现 2,3-丁二醇的浓度高达 12 g/L，并且没有检测到乳酸和乙醇。为了进一步确定 2,3-丁二醇是否是 NADH 依赖型的副产物，通过敲除丁二醇脱氢酶基因 *bdhA* 对 2,3-丁二醇的合成途径进行阻断，摇瓶发酵后，虽然没有 2,3-丁二醇产生，但 GlcNAc 的产量和得率明显下降，而且产生了更多的乙酸。因此，可以确定工程菌在合成 GlcNAc 的过程，产生了 NADH 依赖型的副产物 2,3-丁二醇。为了平衡胞内过剩的还原力，表达 NADH 氧化酶，NADH 氧化酶以 O$_2$ 为电子受体，将 NADH 氧化为 NAD$^+$和水，并且这个过程不产生 ATP，不会影响生物量。之后考察了不同 NADH 氧化酶表达程度对胞内氧化还原力平衡的影响，以质粒 pP$_{43}$NMK 在工程菌中游离表达内源的 NADH 氧化酶 YodC，但是由于质粒 pP$_{43}$NMK 中强组成型启动子 P$_{43}$会造成 NADH 氧化酶 YodC 的表达量过高，反而过量消耗了胞内的 NADH，破坏了胞内能量代谢平衡，细胞为了维持代谢反应需要消耗更多的碳源，造成碳源的浪费，并导致 GlcNAc 产量降低。所以，进一步使用弱启动子 P$_{bdhA}$ 对 NADH 氧化酶 YodC 表达进行调控，使得 GlcNAc 的产量有所提高，改造后摇瓶发酵 GlcNAc 的产量为 12.46 g/L，得率为 0.244 g/g 葡萄糖。该结果表明当我们进行辅因子平衡调控时，并不能一味地增强还原力或氧化力，需要在一定层面下适度地对辅因子进行调控，使目标产物的得率最大化。

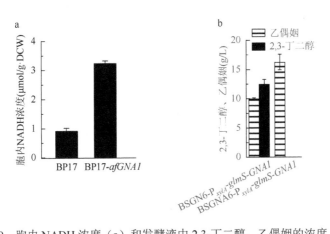

图 3-9　胞内 NADH 浓度（a）和发酵液中 2,3-丁二醇、乙偶姻的浓度（b）

3. 重构辅因子

由于进化，在不同微生物中催化同一反应的酶往往在结构上存在一定的差异，因此，不同微生物同一反应对辅因子的特异性需求也会有一定的差异。重构辅因子主要有两种方法，一种是引入外源辅因子生成相关基因或者引入外源途径代替内源产生过量还原力的途径，如 Heux 等在研究 NADH 氧化酶的表达对氧化还原代谢的影响时，在酿酒酵母中异源表达了乳酸乳球菌来源的 NADH 氧化酶（NoxE），并且利用限氧的发酵条件，使得胞内的 NADH 浓度降低了 5 倍[27]。另一种是根据生产菌宿主胞内辅因子的形式和需求进行理性改造，通过改造目标产物合成途径中关键酶的辅因子偏好性解决辅因子不平衡的问题。Martinez 等在利用大肠杆菌进行番茄红素的生产过程中，将 NAD$^+$ 依赖型甘油醛-3-磷酸脱氢酶（GapA）替换为丙丁梭菌（Clostridium acetobutylicum）来源的 NADP$^+$ 依赖型甘油醛-3-磷酸脱氢酶（GapC），使得大肠杆菌番茄红素的产量提高 2 倍的同时，平衡了胞内 NAD$^+$ 和 NADPH 的水平[28]。Heux 等开发了集中策略来平衡氧化还原力代谢，通常使用氧化形成水的 NADH 氧化酶，但是这种方法不是最理想的，主要原因在于虽然不产生 NAD(P)$^+$，但消耗氧气，这会导致 ATP 的浪费，同时 NADH 氧化酶氧化 NADH 形成水，这无疑增加了氧气的需求，为工业生产带来了沉重的负担[27]。

为了获得更高的目标产物产量，非代谢偶联表达 NADH 氧化酶虽然对目标产物的生产具有一定的积极作用，但可能会造成胞内能量代谢的紊乱。根据以葡萄糖为底物进行 GlcNAc 生产的化学反应式可知，每摩尔 GlcNAc 不可避免地会产生 2 mol 的 NADH。因此，在利用 *B. subtilis* 合成 GlcNAc 的过程中，为了彻底解决还原力过剩的问题，在 GlcNAc 合成及其代谢网络中，共引入 4 个不产 NADH 的反应来代替重组工程菌中产生 NADH 的代谢步骤，这 4 个反应分别为丙酮酸到乙酰辅酶 A、甘油醛-3-磷酸到甘油酸-3-磷酸、苹果酸到草酰乙酸和铁氧还蛋白再生反应，如图 3-10 所示。

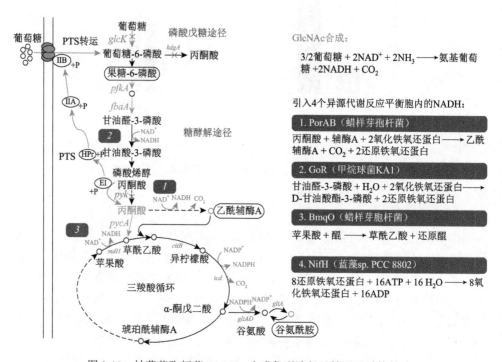

图 3-10　枯草芽孢杆菌 GlcNAc 合成代谢途径及辅因子重构策略

　　为了解决从丙酮酸到乙酰 CoA 反应产生的过剩 NADH 问题，选择了来源蜡状芽孢杆菌（*Bacillus cereus*）的丙酮酸铁氧还蛋白氧化还原酶 PorAB（EC：1.2.7.3）进行表达，该酶可以直接催化丙酮酸合成乙酰辅酶 A，同时不生成 NADH，而是生成还原铁氧还蛋白，PorAB 直接催化丙酮酸合成乙酰辅酶 A 的反应如下：

　　丙酮酸 + CoA + 2 氧化铁氧还蛋白 $\longrightarrow$ 乙酰 CoA + CO_2 + 2 还原铁氧还蛋白

　　因此，采用该反应能解决从丙酮酸到乙酰辅酶 A 所产生的过剩 NADH 问题。首先获得 *B. cereus* 来源的丙酮酸铁氧还蛋白氧化还原酶 PorAB 编码基因 *porAB*，并进行枯草芽孢杆菌密码子优化，将获得的 *porAB* 基因整合至工程菌基因组 *melA* 位点上，获得工程菌 BP19。但仅仅解决这一个反应产生过量 NADH 的问题还是不够的。为了解决甘油醛-3-磷酸生成甘油酸-3-磷酸反应过程中产生的多余 NADH 问题，选择了甲烷球菌（*Methanococcus maripaludis* KA1）来源的甘油醛-3-磷酸脱氢酶 GoR（EC：1.2.7.6）进行表达，它能催化甘油醛-3-磷酸生成甘油酸-3-磷酸，同时生成还原铁氧还蛋白而非 NADH，采用该反应来替代原有的甘油醛-3-磷酸到甘油酸-3-磷酸的反应，GoR 催化生成甘油酸-3-磷酸的反应如下：

甘油醛-3-磷酸＋H₂O＋2 氧化铁氧还蛋白 ⟶ D-甘油酸酯-3-磷酸＋2 还原铁氧还蛋白

将 *M. maripaludis* KA1 来源的甘油醛-3-磷酸脱氢酶 GoR 编码基因 *gor* 整合至工程菌 BP19 基因组 *pyK* 位点上，获得工程菌 BP20。为了解决苹果酸到草酰乙酸转化过程中过量 NADH 的问题，选择了 *B. cereus* 来源的苹果酸脱氢酶 BmqO（EC：1.1.5.4）进行表达，其可以催化苹果酸生成草酰乙酸，产生还原性醌而非 NADH，采用该反应来替代苹果酸到草酰乙酸的反应。BmqO 催化生成草酰乙酸的反应如下：

苹果酸＋醌 ⟶ 草酰乙酸＋还原醌

将 *B. cereus* 来源的苹果酸脱氢酶 BmqO 编码基因 *bmqo* 整合至工程菌 BP21 基因组 *kdgA* 位点上，获得工程菌 BP22。接下来为了解决前几步产生的铁氧还蛋白，表达了 *Cyanothece* sp. PCC 8802 来源的氮化酶铁蛋白 NifH（EC：1.18.6.1），其能再生氧化态的铁氧还蛋白，反应如下：

8 还原铁氧还蛋白＋16 ATP＋16 H₂O ⟶ 8 氧化铁氧还蛋白＋16 ADP

将 *Cyanothece* sp. PCC 8802 来源的氮化酶铁蛋白 NifH 的编码基因 *nifH* 整合至工程菌 BP20 基因组 *pckA* 位点上，得到工程菌 BP21。

将上述改造后的每株菌株进行摇瓶发酵，检测了重组工程菌 BP19-*afGNA1*、BP20-*afGNA1*、BP21-*afGNA1* 和 BP22-*afGNA1* 胞内的 NADH 水平，结果如图 3-11a

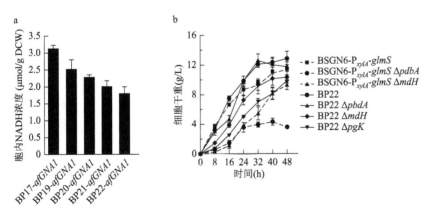

图 3-11　重组工程菌胞内的 NADH 水平（a）与敲除内源基因 *pbdA*、*pgK* 和 *mdH* 后细胞干重的变化（b）

所示。其中，BP22-*afGNA1* 胞内 NADH 浓度最低，为 1.80 μmol/g DCW，表明将产生 NADH 的代谢步骤用不产生 NADH 的反应替代的工程方法是可行的。值得一提的是，重组工程菌株 BP22-*afGNA1* 在摇瓶发酵中 GlcNAc 产量为 24.5 g/L，得率为 0.468 g/g 葡萄糖，比出发菌株 BSGN6-P$_{xylA}$-*glmS*-*GNA1* 高 3.71 倍和 4.06 倍，因此，假设在重组工程菌 BP22-*afGNA1* 中，生成的 GlcNAc 都是通过重构的还原力代谢途径合成，那么葡萄糖转化为 GlcNAc 的总反应式为

$$3/2\ 葡萄糖 + ATP + NH_3 \longrightarrow ADP + CO_2 + GlcNAc$$

经过计算，重构还原力的 GlcNAc 合成途径的理论得率为 0.800 g/g 葡萄糖，是出发菌株的 1.67 倍。另外，在发酵时发现 BP22-*afGNA1* 的细胞干重为 11.72 g/L，与没有进行相关改造的工程菌相差不大，推测可能虽然进行了不产生 NADH 途径的重构，但部分的 GlcNAc 合成代谢通量还是流向原始还原力代谢途径，导致生成 NADH，造成细胞干重不降低。为了尽可能使所有 GlcNAc 流向重构的还原力代谢途径，尝试阻断工程菌 BP22-*afGNA1* 中原始还原力代谢途径中的代谢酶基因，包括苹果酸脱氢酶、丙酮酸脱氢酶和甘油酸激酶。同时，对出发菌株的苹果酸脱氢酶、丙酮酸脱氢酶和甘油酸激酶编码基因进行了敲除。工程菌株 BP22 和出发菌株敲除苹果酸脱氢酶、丙酮酸脱氢酶和甘油酸激酶的编码基因 *pbdA*、*pgk* 和 *mdH*，虽然尝试过很多次，但出发菌株中有一个基因（*pgk*）一直无法敲除，推测可能敲除该基因对菌株是致命的，因此获得 BP22 Δ*pbdA*::lox72、BP22 Δ*pgK*::lox72、BP22 Δ*mdH*::lox72、BSGN6-P$_{xylA}$-*glmS* Δ*pbdA*::lox72 和 BSGN6-P$_{xylA}$-*glmS* Δ*mdH*::lox72。从图 3-11b 可以看出，工程菌 BP22 和出发菌株中敲除上述基因后均对菌体产生负面影响，但是与出发菌株相比，工程菌 BP22 中敲除上述基因后生长相对较好，表明重构的不产生 NADH 的途径在重组工程菌 BP22-*afGNA1* 中起到作用，但同时表明原始的相关途径不适宜进行完全敲除。

有关微生物辅因子平衡的代谢调控策略还有许多，在此未能一一列举。辅因子工程虽然不能决定目标产物的从无到有，但能起到促进目标产物从少到多的作用，并且代谢调控过程中关键的瓶颈问题往往可以通过辅因子工程进行解决，因此，可以用"锦上添花"来形容辅因子工程。随着研究的不断深入，辅因子代谢与功能的复杂性也逐渐显现，且如果使用单一的辅因子代谢调控技术进行调节，并不能十分有效地使胞内辅因子达到平衡，这便需要多重的辅因子调控技术，将辅因子工程与代谢流动力学、目标产物动态监测等技术相结合，可实现目标产物产量的最大化。

3.3　基于非天然氨基酸的细胞生长与代谢途径调控

目标化学品的生物合成往往与微生物的细胞生长竞争资源，因此，如何平衡

细胞生长与产物合成是构建高效代谢工程菌株的核心问题之一[29-31]。针对此问题，目前已经发展出多种代谢工程策略，如基于遗传回路的细胞生长与生物合成解耦合、基于途径重构的细胞生长与生物合成耦合，以及平行代谢途径工程。这些策略能在一定程度上实现细胞生长与产物合成所需资源的重分配，但是，针对不同产物需要大量"试错性"基因回路设计，同时途径重构基因回路调控过程会受到胞内复杂代谢环境的潜在干扰。因此，急需设计一种普适性高且鲁棒性强的细胞生长和生物合成平衡策略。

基于非天然氨基酸的遗传密码子扩增技术可将非天然氨基酸位点特异性引入目的蛋白中[32, 33]，为代谢途径关键基因的表达调控提供了新的思路。这种非天然氨基酸系统通过一特殊的氨酰-tRNA 合成酶（aaRS）/tRNA 对在蛋白的翻译过程中识别相应密码子，将非天然氨基酸插入正在合成的多肽链特定位点，从而可以达到调控翻译水平的目的[34-36]。

近年来，已有部分研究在大肠杆菌（*Escherichia coli*）[36, 37]、酿酒酵母（*Saccharomyces cerevisiae*）[38]中对含有非天然氨基酸的蛋白进行表达。例如，Neuman 等通过设计大肠杆菌中核糖体（Ribo-Q1）与相应的氨酰-tRNA 合成酶/tRNA 对，结合人工进化的核糖体识别非天然氨基酸和相应 mRNA 的非天然四联体密码子或终止密码子，成功将非天然氨基酸导入蛋白中[39]。在枯草芽孢杆菌（*Bacillus subtilis*）中也有了初步的研究，利用非天然氨基酸来调控翻译水平，从而控制相关基因的表达[40]。本节将介绍枯草芽孢杆菌中非天然氨基酸系统的构建及其在代谢途径调控中的应用。

3.3.1　枯草芽孢杆菌中非天然氨基酸系统

随着遗传密码子扩增技术及正交氨酰-tRNA 合成酶/tRNA 对的发展，已经向遗传密码子中添加了许多非天然氨基酸[33, 36, 41]，这些非天然氨基酸具有多样性的结构与功能，而且由于基因的表达需要相应非天然氨基酸的存在，因此改变培养环境中的非天然氨基酸，可以对基因翻译水平产生影响，从而直接影响蛋白表达。因此，开发高效的正交氨酰 tRNA 合成酶/tRNA 对是提高调控工具翻译效率、正交性的关键因素。目前在大肠杆菌中已有调控其基因表达的相关研究，如 Volkwein 等在大肠杆菌中引入 N^{ε}-乙酰赖氨酸（AcK）密码子，构建了 AcK 依赖型大肠杆菌，通过调节 AcK 可调控蛋白的翻译效率，为调节大肠杆菌关键蛋白表达提供了工具箱[42]。

而在枯草芽孢杆菌中，也开发了相应的非天然氨基酸系统。基于遗传密码子扩增正交翻译系统，Tian 等以 *gfp* 为报告基因，通过质粒构建在枯草芽孢杆菌中引入来自詹氏甲烷球菌的氨酰-tRNA 合成酶（aaRS），成功构建了枯草芽孢杆菌中的非天然氨基酸系统 pBUA[43]。具体来说，研究首先在枯草芽孢杆菌内表达 aaRS，之后进一步优化 tRNA 拷贝数及启动子，大幅提高了 O-甲基酪氨酸（OMeY）在琥珀密码子上的掺入效率。其中启动子优化策略包括先构建启动子突变体文库，再利用流式细胞仪进行筛选，以及利用强启动子替换。最后研究发现在不同位点进行琥珀密码子替换对基因表达的影响显著，第 2 和第 3 个密码子被替换为 TAG 时，OMeY 可以使基因表达水平最高提高约 80 倍。此外研究证明，GFP 的基因表达强度受 OMeY 浓度影响，并且在测试范围内无细胞毒性。

更新的研究表明，利用 CRISPR 技术可以对细菌基因组进行广泛编辑，对含有多个同义密码子的基因进行改写，已成功应用于大肠杆菌中，可在一种蛋白中添加多种新的非天然氨基酸[44, 45]。这为针对枯草芽孢杆菌的基于非天然氨基酸系统的蛋白表达调控工具箱的开发与利用提供了新思路。

3.3.2　非天然氨基酸系统用于细胞生长与代谢途径调控

在合成生物学中对关键基因进行精细调控，从而平衡代谢过程中细胞生长与产物合成，对于高效生产目标化合物十分重要。枯草芽孢杆菌中 N-乙酰神经氨酸（NeuAc）的生物合成不仅与糖酵解和细胞壁合成途径竞争前体，还与三羧酸（TCA）循环直接竞争前体（磷酸烯醇丙酮酸），容易使胞内代谢失衡，造成代谢负荷加剧，进一步损害细胞生长，不利于工程菌株在工业上的大规模应用[30]。因此需要对细胞内关键基因调控，使细胞能高效合成 NeuAc 的同时实现细胞稳健生长。下面以 NeuAc 的合成为例介绍如何利用非天然氨基酸系统实现细胞生长与代谢途径调控（图 3-12）。

对枯草芽孢杆菌内代谢途径分析，研究认为通过控制 murB（UDP-N-乙炔醇丙酮酰葡糖胺还原酶）、walR（双组分反应调节剂）和 cdsA（磷脂酸胞苷转移酶）这三个基因的表达可以减缓细胞分裂并进一步控制细胞的生长速度。因此构建了三株 OMeY 依赖型菌株，通过滴定 OMeY 分别调控上述基因的表达，同时采用 SIFT[46]算法预测琥珀终止密码子（TAG）在控制细胞生长的关键基因中的替代位点。菌株的生长曲线及比生长速率表明可以通过滴定 OMeY 精确控制细胞的生长，同时孔板发酵结果显示 NeuAc 产量提高了 2.34 倍。进一步优化相关基因表达后，NeuAc 产量最高达到 9.7 g/L，同时副产物乙偶姻的产量下降超过一半。

3.3.3　非天然氨基酸系统用于生物封存

随着合成生物学研究的不断发展，大量来自病毒、致病性细菌和真菌的强毒

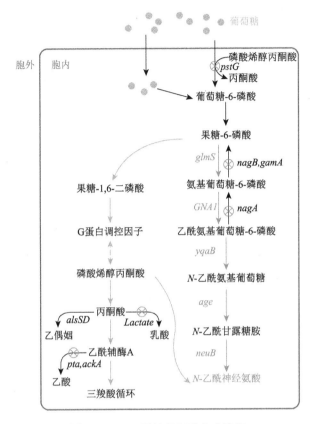

图 3-12　N-乙酰神经氨酸合成途径

力基因元件被传播至自然环境的风险也不断增加，如何保障合成生物的生物安全性是目前合成生物学亟待解决的问题[47-49]。"生物封存"对合成生物的具体要求包括：必须保证合成生物的逃逸率极低，应控制在 10^8 以下[50]；由于合成生物能进行自我传代，考虑到基因沉默机制对生物封存系统的破坏，必须保证实现长期的有效封存；此外由于合成生物的应用环境多样，因此需要封存系统灵活多变，且尽量减少本身可能对工程菌株产生的代谢负担及细胞毒性。目前常用的封存系统主要从以下几方面展开：预防工程菌株进行自我复制，构建营养缺陷型菌株，使用基因回路进行封存，防止遗传信息在生物体之间转移。

　　上述研究中所构建的 OMeY 依赖型枯草芽孢杆菌[51]只有在非天然氨基酸 OMeY 存在的前提下才能进行自我复制，符合枯草芽孢杆菌菌株的"生物封存"要求。利用非天然氨基酸系统对菌株生长复制过程中的关键基因进行调控，由于自然环境中不会存在非天然氨基酸，因此可以达到对工程菌株进行"生物封存"的要求，是通过构建营养缺陷型菌株进行生物封存的一个发展方向。

3.3.4 小结

非天然氨基酸系统具有位点特异性强、底物范围广、对蛋白结构扰动小、使用灵活等特点，符合现代合成生物学对调控元件的要求。非天然氨基酸系统通过将正交氨酰-tRNA 合成酶/tRNA 对引入宿主中，并在靶基因中引入非常规密码子，能够在蛋白翻译中掺入特定的非天然氨基酸，可以实现精确调控靶蛋白翻译水平，同时避免胞内天然代谢物的干扰。通过在枯草芽孢杆菌中构建非天然氨基酸系统，为其细胞生长与生物合成达到平衡提供了工具箱，促进了枯草芽孢杆菌中高效代谢菌株的发展。

3.4 基于功能膜微域的代谢途径区室组装

微生物发酵由于具有绿色、可持续、条件温和等优势，被广泛用于化学品、功能营养品和生物燃料等化合物的生产。微生物代谢工程利用基因工程、蛋白工程、系统生物学及合成生物学等技术，构建微生物细胞工厂，实现目标化合物的高效合成[52]。传统的代谢工程策略主要包括过表达限速酶、敲除竞争途径、改变关键酶催化特性和调节辅因子含量等，这些方法虽然可以显著地提高产物的得率和生产强度，但易造成代谢途径和代谢网络的失衡，导致有毒中间代谢物的积累，最终引起产物合成效率的下降[53]。随着合成生物学及相关技术的发展，研究者已开发出多种调控策略解决上述问题，而基于支架结构的代谢途径空间组装便是其中较为典型的一类。该策略提高酶的催化效率主要通过 3 种机制：①使各种酶之间形成底物通道；②引发集簇效应，将反应物和酶定位于局部空间；③通过调整空间支架上不同接头的数量优化酶的化学计量比例[54, 55]。目前用于固定途径酶的空间支架包括蛋白支架、RNA 支架及 DNA 支架，其中蛋白支架应用最为广泛，主要是通过将能够发生相互作用的蛋白或结构域作为接头，把途径酶组装在一起。然而，现有的支架结构，尤其是蛋白支架均来自外源脚手架蛋白，对细胞生长和代谢产生较大负担，生产过程亦不稳定。因此，寻求由微生物自身蛋白所组装的空间支架结构，并在此基础上进行多酶复合体的设计和构建，在保证不影响微生物自身生长等生命活动的前提下，进行产物的高效合成，是代谢工程领域亟待解决的关键科学问题和难题。

3.4.1 细菌中的功能膜微域

脂筏（lipid raft）又称膜筏（membrane raft）或者膜微域（membrane microdomain），是质膜上富含固醇和鞘脂的一类结构致密的微区，直径 70 nm 左右，可以作为蛋白停泊的平台，与膜的信号转导、蛋白分选等生理过程具有密切的相关性[56]。脂质的双层具有不同的脂筏，两者相互偶联，其中外层膜筏主要含有鞘磷脂、胆固醇和磷基磷脂酰肌醇（GPI）-锚定蛋白；内侧膜筏也具有类似的微区，与外侧脂质不完全一致，存在多类酰化蛋白，特别是信号转导相关蛋白[57]。膜筏除了上述组分外，还富含一些脚手架蛋白，这些蛋白通常含有某些特殊的结构域，如 SPFH（stomatin-prohibitin-flotillin-HflC/K）结构域，不仅在功能上依赖膜筏，而且影响膜筏的形成和稳定。脂筏的大小是可以调节的，小的脂筏可以在某些条件下聚集成一个大的平台，进一步增强信号的传递[58]。目前，在动物、植物、酵母等真核生物的不同类型细胞中均证实了脂筏的存在[59,60]。近年来研究者发现，脂筏并不是真核细胞所特有的结构，在细菌和古生菌中也有该结构存在[61]。

与真核生物中"脂筏"的名称不同，在细菌等微生物中，"脂筏"类结构称为功能膜微域（functional membrane microdomain，FMM）[62]。FMM 的存在使质膜发生区域化，该结构对于单细胞微生物的生存尤为重要，因为 FMM 参与了包括细胞分裂和信号转导在内的众多生物学过程[63]。FMM 与真核细胞中的脂筏非常类似，可以作为蛋白聚集的平台[63,64]。与真核细胞不同，大部分细菌的膜组分中是不存在固醇的，而是存在某种固醇类似物，如孢子烯、类胡萝卜素等，这些固醇类似物均属于多聚异戊二烯类化合物。近年来已有的遗传学和分子生物学报道也指出，细菌 FMM 是多聚异戊二烯类化合物自聚集形成的一类具有较高刚性、致密性和疏水性的膜结构[65-67]。哈佛大学的 Kolter 团队于 2010 年在研究枯草芽孢杆菌（Bacillus subtilis）生物膜形成的过程中发现，角鲨烯（squalene）合成酶的抑制剂萨拉戈酸（zaragozic acid）可以抑制膜筏的形成，暗示了细菌 FMM 中的脂质组分很可能是通过角鲨烯合成途径合成的。然而令人遗憾的是，迄今为止，FMM 中的固醇类似物即脂质成分具体为何种物质依然未被揭示。

脚手架蛋白是 FMM 的另一个重要组成部分，与真核细胞类似，细菌等原核细胞中同样存在这一类典型的脚手架蛋白——SPFH 蛋白，如 HflC 和 HflK 蛋白，这两个蛋白在维持细胞膜结构稳定性等方面具有重要的作用，且广泛存在于大部分细胞中，包括大肠杆菌、伯氏疏螺旋体菌等[63]。研究者发现 B. subtilis 中缺失 HflC 和 HflK 蛋白，但存在另外两种 SPFH 蛋白——FloA（YqfA）和 FloT（YuaG），属于真核细胞 flotillin 蛋白同系物，其 N 端具有 SPFH 结构域，但与 flotillin 相比，FloA 和 FloT 的 N 端分别缺少豆蔻酰化和棕榈酰化修饰[68]。已有报道指出，这两个蛋白的缺失可能影响细菌膜结构和生物学功能，包括芽孢的形成等[68]。

3.4.2　FMM 在质膜上的分布及动力学行为

为了明确质膜上 FMM 的动态分布和动力学特征，我们构建了 FloT-EGFP 融合片段，并整合至 *B. subtilis* 168 的基因组。荧光显微镜观察发现，FloT-EGFP 的荧光信号主要定位在细胞质膜上，而且呈不连续分布特征（图 3-13a），这一定位特征与真核细胞的膜筏定位特征一致。接下来，我们采用全内反射荧光显微术在单分子水平上实时检测了 FloT-EGFP 的存在状态，该技术利用全内反射产生的隐矢波照明样品，使照明区域限定在样品表面的一薄层范围内，因此具有高的信噪比和对比度，而且可以很好地排除细胞壁对荧光信号等的影响。如图 3-13b～d 所示，质膜上的 FloT-EGFP 呈颗粒状。进一步对其动力学参数进行分析发现，FloT-EGFP可以长时间稳定地存在于细胞质膜上，且具有非常小的侧向位移（图 3-13e～g）。

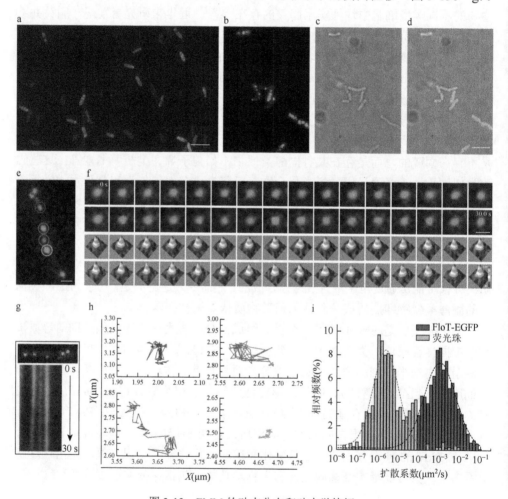

图 3-13　FMM 的动态分布和动力学特征

（a）荧光显微镜图像显示 FloT-EGFP 主要位于质膜上（标尺 = 3 μm）；（b）～（d）表达 FloT-EGFP 菌株的荧光、亮场和合并 VA-TIRFM 图像，标尺 = 2 μm；（e）膜上 FloT-EGFP 的典型单颗粒图像，标尺 = 600 nm；（f）动态分析和三维荧光强度图，标尺 = 600 nm；（g）FloT-EGFP 的 Kymograph 分析图像；（h）图 e 中 4 个荧光点的运动轨迹；（i）FloT-EGFP（*n* = 631）和荧光珠（*n* = 756）扩散系数的分布图通过单颗粒示踪技术对质膜上 FMM 的动力学进一步分析发现，FMM 在质膜上表现出一种高度受限的运动模式，仅在 0.2 μm×0.2 μm 的范围内进行扩散。对其扩散系数分析发现，80%的 FloT-EGFP 荧光点的扩散系数位于 $4.37×10^{-5}$～$1.09×10^{-2}$ μm²/s，与对照荧光珠（范围为 $4.37×10^{-7}$～$1.09×10^{-4}$ μm²/s）的扩散系数相比，虽然 FloT-EGFP 的运动速度更快，但显著小于真核细胞的膜筏标记蛋白的扩散系数，表明 FMM 在质膜上的运动是高度受限的（图 3-13h、i 和图 3-14）。上述结果说明，FMM 具有高时空稳定性，可以作为空间支架进行途径酶的组装。

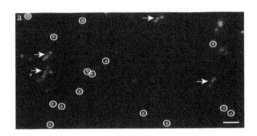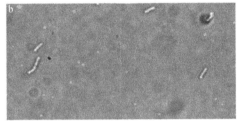

图 3-14　荧光珠（a）和 FloT-EGFP（b）的全内反射荧光显微图像（标尺＝600 μm）

3.4.3　脚手架蛋白 FloA 和 FloT 的相关性分析

已有报道指出另一个脚手架蛋白 FloA 和 FloT 存在共定位现象，也就意味着 FloA 很可能与 FloT 类似，也可以作为酶和 FMM 之间的连接纽带。为了验证我们的假设，构建了表达 FloA-EGFP 融合蛋白的菌株，共聚焦下发现 FloA-EGFP 主要定位于细胞质膜上，且分布不连续（图 3-15）。

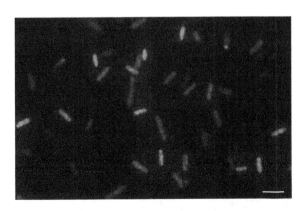

图 3-15　FloA-EGFP 的荧光显微图（标尺＝2 μm）

结合全内反射荧光显微术和单颗粒示踪技术发现 FloA 也可以稳定地存在于

细胞质膜上，并且具有与 FloT 类似的动力学特征，包括扩散系数、运动范围和运动轨迹等（图 3-16）。之后，我们通过双分子荧光互补技术（BiFC）对 FloA 和 FloT 之间的相关性进行了进一步分析，最终发现两者之间可以形成异源寡聚体（图 3-17）。上述结果均说明，FloA 和 FloT 可以定位于同一个 FMM 中，并能够作为后续多酶复合体组装的骨架。

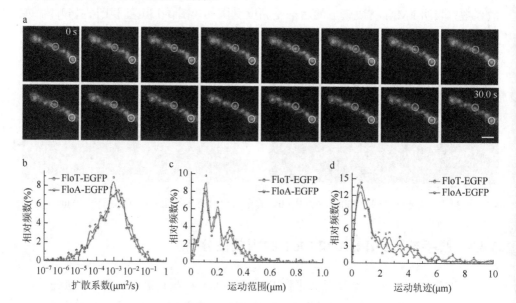

图 3-16　FloA-EGFP 的动态分布和动力学特征

（a）FloA-EGFP 的 VA-TIRFM 图像（标尺 = 1 μm）；（b）～（d）FloA 和 FloT 的动力学参数比较

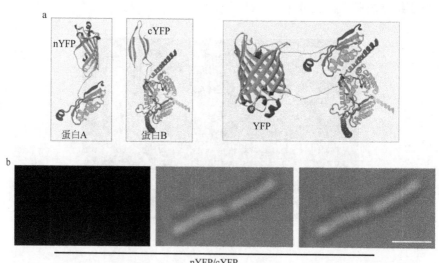

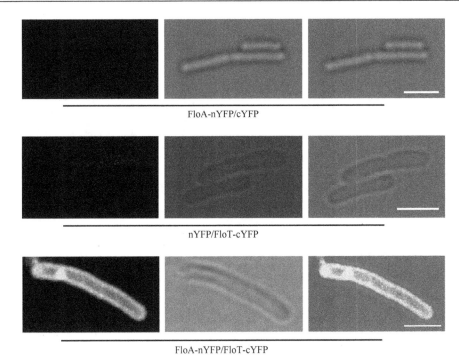

FloA-nYFP/cYFP

nYFP/FloT-cYFP

FloA-nYFP/FloT-cYFP

图 3-17　双分子荧光互补技术（BiFC）检测蛋白之间的寡聚化（标尺 = 1 μm）

（a）BiFC 原理示意图；（b）BiFC 成像

　　已知 flotillin 类脚手架蛋白含有 2 类结构域，分别是 N 端的 SPFH 结构域和 C 端的 flotillin 结构域。为了明确蛋白中负责 FMM 定位的结构域，我们将 FloT 拆分为 SPFH 和 flotillin 结构域，并将这两个结构域与 EGFP 进行融合表达，全内反射显微术观察发现，SPFH（domain）-EGFP 的定位特征与全长的 FloT 类似，主要以颗粒的形式稳定地存在于细胞质膜上，而 flotillin（domain）-EGFP 的荧光信号均匀地分布于细胞质中（图 3-18a），说明 SPFH 结构域主要负责 FMM 的定

a

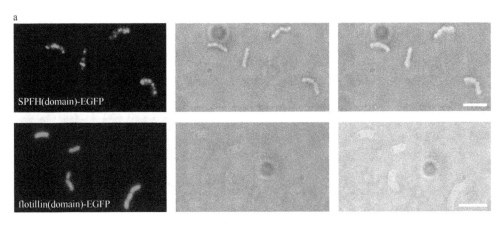

SPFH(domain)-EGFP

flotillin(domain)-EGFP

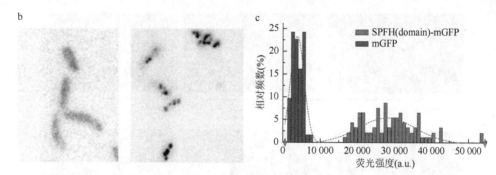

图 3-18　SPFH 结构域的定位和寡聚化分析

（a）SPFH（domain）-EGFP 和 flotillin（domain）-EGFP 的 VA-TIRFM 图像（标尺 = 2 μm）；（b）和（c）mGFP
和 SPFH（domain）-mGFP 的 VA-TIRFM 图像与寡聚化分析

位。为了明确 SPFH 结构域在 FMM 中的存在形式，我们选择不易自发形成二聚体的 mGFP 构建了 SPFH（domain）-mGFP 融合蛋白，对荧光强度统计分析发现，SM1 菌株中 SPFH（domain）-mGFP 的荧光强度主要在 18 000～43 000 counts（n = 98），明显高于表达游离 mGFP 的对照 SM2 细胞（2100～5500 counts）（n = 64）（图 3-18b 和 c）。这意味着 SPFH 以聚合物的形式存在于 FMM 中，表明 SPFH 可以作为酶与 FMM 之间的"连接纽带"。

3.4.4　FMM-多酶复合体系统的设计和构建

基于上述研究结果，我们以枯草芽孢杆菌合成 N-乙酰氨基葡萄糖（GlcNAc）为例，尝试通过脚手架蛋白 FloA、FloT 及 SPFH 结构域将 GlcNAc 合成过程中所需的途径酶，包括磷酸葡糖异构酶（phosphoglucose isomerase，Pgi）、谷氨酰胺-果糖-6-磷酸氨基转移酶（GlcN-6-phosphate synthase，GlmS）、氨基葡萄糖-6-磷酸乙酰化酶（GlcNAc-6-phosphate N-acetyltransferase，GNA1）及一个外源的果糖-1-磷酸磷酸酶（fructose-1-phosphate phosphatase，YqaB）进行组装。首先，可视化分析发现，菌株 AG2、TG2、SG2 和 SG4 的细胞质中 GNA1、GlmS、Pgi 与 YqaB 是游离表达的，脚手架蛋白的融合可以引导上述酶很好地定位于 FMM 中。如图 3-19 所示，当使用 FloA 将 GNA1 固定在 FMM 中后，摇瓶发酵发现在细胞生长无显著变化的前提下，GlcNAc 的产量提高了 1.8 倍，由对照组的 1.74 g/L 增加至 3.12 g/L。

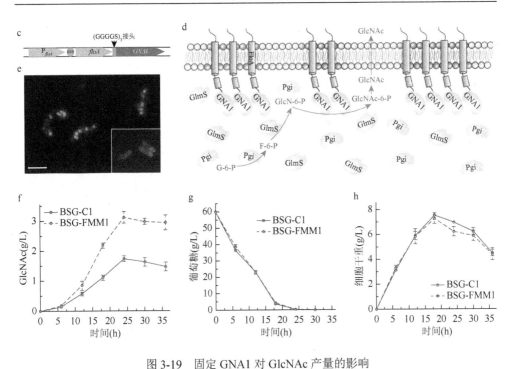

图 3-19　固定 GNA1 对 GlcNAc 产量的影响

（a）GlcNAc 合成通路；（b）GNA1-EGFP、GlmS-EGFP、Pgi-EGFP 和 YqaB-EGFP 的 VA-TIRFM 图像（标尺 = 2 μm）；（c）FloA-EGFP 可读框示意图；（d）BSG-FMM1 细胞中各类酶的分布示意图；（e）细胞表达 FloA-GNA1-EGFP 的 VA-TIRFM 图像（标尺 = 1 μm）；（f）～（h）BSG-FMM1、BSG-C1 摇瓶发酵后的 GlcNAc 产量、葡萄糖浓度和细胞干重

　　我们进一步尝试通过支架蛋白或 SPFH 结构域将 GlcNAc 合成途径的其他酶锚定到 FMM 上。如图 3-20f 和 g 所示，将 GNA1 和 GlmS 同时固定在 FMM 中获取菌株 BSG-FMM2，在生长状态和葡萄糖消耗相似的情况下，BSG-FMM2 的 GlcNAc 产量为 3.80 g/L±0.11 g/L，几乎是对照菌株 BSG-C2（1.96 g/L±0.19 g/L）的 1.9 倍。进一步用原位置换法固定 Pgi（Pgi 被 SPFH-Pgi 取代）获得菌株 BSG-FMM3，GlcNAc 产量增加至 4.78 g/L±0.46 g/L（图 3-20h）。当 YqaB 进一步被固定在 FMM 上时，在 BSG-FMM4 菌株中观察到 GlcNAc 合成显著增强，其产量为 5.91 g/L±0.14 g/L（是对照菌株 BSG-C2 的 2.7 倍，其中 GNA1、GlmS、Pgi、YqaB 在细胞质中自由表达）（图 3-20j）。值得注意的是，与相应的对照菌株相比，在发酵后期，BSG-FMM3 和 BSG-FMM4 的细胞干重明显高于对照组（图 3-20i 和 k），说明 SPFH 的过表达有利于增强细胞的抗逆性。

　　荧光共振能量转移（FRET）指的是当一个荧光分子的荧光光谱与另一个荧光分子的激发光谱相重叠时，供体荧光分子的激发能诱发受体荧光分子发出荧光，同时供体荧光分子自身的荧光强度衰减。FRET 程度与供、受体荧光分子的空间距离

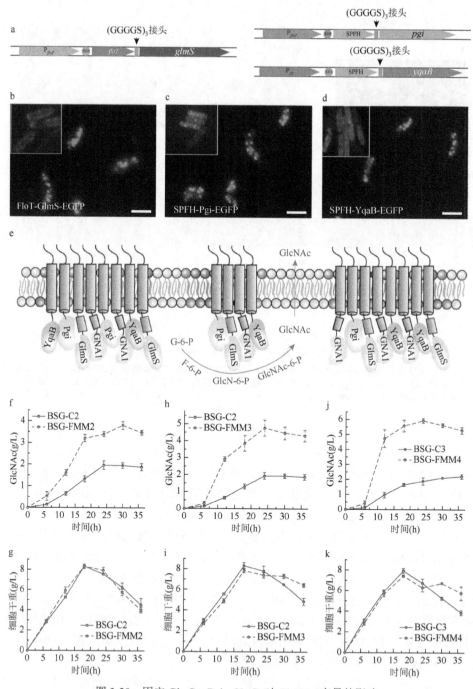

图 3-20　固定 GlmS、Pgi、YqaB 对 GlcNAc 产量的影响

（a）FloT-GlmS、SPFH-Pgi、SPFH-YqaB 可读框示意图；（b）～（d）FloT-GlmS-EGFP、SPFH-Pgi-EGFP 和 SPFH-YqaB-EGFP 的 VA-TIRFM 图像（标尺＝1 μm）；（e）BSG-FMM4 细胞中各类酶的分布示意图；（f）～（k）不同菌株摇瓶发酵后的 GlcNAc 产量和细胞干重

紧密相关，一般为 7～10 nm 时即可发生 FRET；随着距离延长，FRET 呈显著减弱。通过该技术，我们发现 FloA 与 FloT、FloT 与 SPFH 及两个 SPFH 之间存在 FRET 现象（图 3-21），说明 FloA、FloT 与 SPFH 可以保证体内蛋白或酶的相互接近。

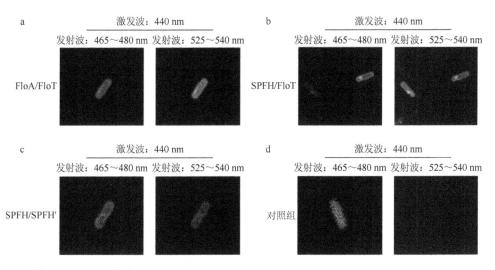

图 3-21　FRET 技术观察表达 FloA-CFP/FloT-YFP（a）、SPFH-CFP/FloT-YFP（b）、
SPFH-CFP/SPFH'-YFP（c）和 CFP/YFP（d）的菌株

3.4.5　动力学模型和代谢物动力学表征底物通道

为了验证在 FMM-多酶复合系统中存在底物通道的假设，我们构建了一个动力学模型，并确定了中间代谢物的动态通量分布。首先，我们构建了一个中间代谢物动力学模型，在没有 GlcNAc 生物合成途径底物通道的情况下，每个代谢中间物的动态变化由 Michaelis-Menten 方程描述。然而，在底物通道存在下，三种中间代谢物 Fru-6-P、GlcN-6-P 和 GlcNAc-6-P 的动力学不能用 Michaelis-Menten 方程简单描述。我们将中间代谢物分为两部分来构建动力学模型：中间代谢物出现在两个独立的隔间中，包括通道池（高代谢物周转率）和胞质池（较低代谢物周转率）。因此，对于由通道池产生的 GlcNAc，我们认为 G-6-P 转化为 GlcNAc 是一个具有高代谢物转化率的一步酶促反应，同时释放中间代谢物。我们还构建了一个除底物通道外的常规酶反应途径来模拟细胞溶质池中的酶反应，其中所有 V_{max} 都低于总 V_{max}，以定性模拟细胞溶质池中的游离酶（图 3-22a）。对于模型中间代谢物的浓度，我们使用任意单位而不是定量实验数据。因为尽管 Pgi、GlmS、GNA1 和 YqaB 的胞外 K_m 是可用的，但目前很难在小误差范围内测量胞内靶蛋白含量。准确定量细胞内酶的绝对浓度仍然是一个巨大的挑战。同时，定性

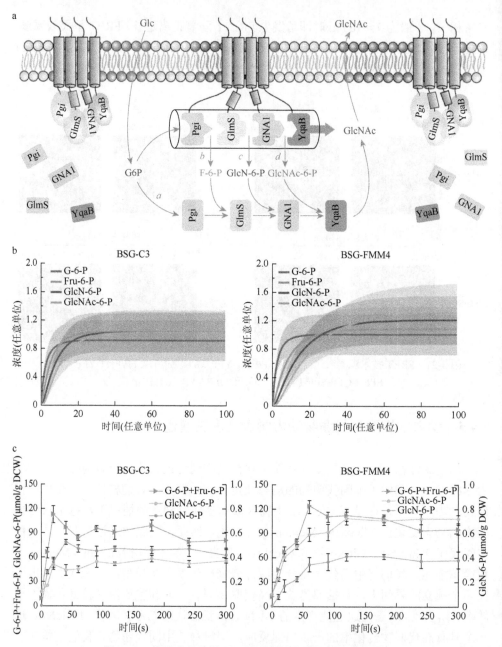

图3-22 基于动力学模型和代谢物动力学的底物通道表征

（a）有底物通道的 GlcNAc 生物合成中中间代谢物动力学，*a~d* 为相应酶反应的漏失率；（b）动力学模型得到的 4 种中间代谢物的代谢动力学曲线；（c）葡萄糖添加后 5 min 监测的中间代谢物动力学

模型可以充分模拟中间代谢物动力学的显著差异，也可以帮助我们分析其他代谢途径。在底物通道存在的情况下，我们定性地模拟了中间代谢物在通道池中的泄

漏，代谢物周转率分别为 20%、50% 和 80%。经过模拟，我们发现在有底物通道的情况下，中间代谢物的浓度与没有代谢通道的情况下没有显著差异。有趣的是，我们发现当存在底物通道时，中间代谢物的浓度达到稳定状态相比没有时需要大约 6 倍的时间（20～120 s）（图 3-22b），这是验证底物通道的新视角。

通过理论分析，认为达到稳态发生延迟是合理的。首先，在没有底物通道的情况下，所有必需的酶和中间代谢物在细胞内相对均匀地混合，这表明酶反应更容易进行。在这种情况下，GlcNAc 生物合成途径的中间代谢物可以迅速达到稳定状态。当 FMM-多酶复合体系统中存在底物通道时，从底物通道泄漏的中间代谢物需要更长的时间才能扩散到膜上进行进一步的转化，这种空间位阻会导致其需要更长的时间达到稳定状态。此外，虽然我们认为底物通道是一步酶促反应，但事实上，从 G-6-P 到底物通道中 GlcNAc 的转换达到稳态所需时间比一步酶促反应要长。从这个角度来看，从底物通道泄漏的中间代谢物达到稳定状态的时间也被推迟了。

根据模型预测，我们分别测量了 BSG-C3 和 BSG-FMM4 菌株的中间代谢物动力学，以证明底物通道的存在。在指数期收集两株菌株，在无碳培养基中饥饿 30 min，然后加入葡萄糖诱导合成 GlcNAc。同时，在葡萄糖添加后 5 min 内监测中间代谢物动力学。实验结果表明，中间代谢物动力学与动力学模型预测的特性一致。如图 3-22c 所示，在菌株 BSG-FMM4 中，所有中间代谢物 Fru-6-P、GlcN-6-P 和 GlcNAc-6-P 在底物通道中达到稳定状态需要约 120 s，而中间代谢物在菌株 BSG-C3 中达到稳定状态只需要 20 s。上述结果为中间代谢物在空间上接近时具有协同效应提供了合理的证据。

3.4.6　FloT 和 SPFH 结构域过表达对细胞生长的影响

前期的研究发现，将合成 GlcNAc 所需的酶固定到 FMM 中形成 FMM-多酶复合体，由于底物通道的存在和聚集效应，GlcNAc 的产量显著增加。上述研究的前提是所有涉及的酶都在本底水平或仅在基因组水平上表达。然而，由于酶活性低等因素，生物基产品的生物合成往往需要将某些酶进行过量表达，而酶的过表达对于 FMM 来说是一个挑战，因为在细胞本底水平上 FMM 的数量是有限的。因此，需要对 FMM 进行工程设计，从而可以为酶的聚集提供更大的空间。

由于与枯草芽孢杆菌的信号转导和蛋白分泌相关的许多蛋白可直接相互作用，flotillin 类蛋白（FloT 和 FloA）过量生产可导致细胞分化和细胞形态的显著缺陷。因此，我们首先探讨了 SPFH 结构域的过表达是否会影响细胞的生长。已知 FloT 全长序列可分为两个片段：N 端 SPFH 域和 C 端 flotillin 域。利用质粒 pP$_{43}$NMK，我们获取了表达全长 FloT 的 BSGN6-FloT 菌株、表达 SPFH 结构域的

BSGN6-SPFH 菌株和对照菌株 BSGN6-S0。如图 3-23a～d 所示，从每个显微镜视野中随机选择 300 个细胞，对细胞长度进行测量，结果表明，FloT 的过表达导致细胞长度的减少。对照细胞和 BSGN6-SPFH 细胞的平均细胞长度分别为 2.66 μm±0.21 μm 和 2.67 μm±0.19 μm，而 BSGN6-FloT 细胞的平均细胞长度为 2.34 μm±0.17 μm（图 3-23e）。进一步分析表明，尽管三株菌株之间的细胞形态没有明显差异，但与 BSGN6-S0 和 BSGN6-SPFH 菌株相比，BSGN6-FloT 菌株中的 FloT 过表达导致其 600 nm 处的光密度（OD_{600}）降低（图 3-23f～i）。这些结果表明，与全长 FloT 相比，SPFH 结构域的过表达对细胞生长的影响较小。

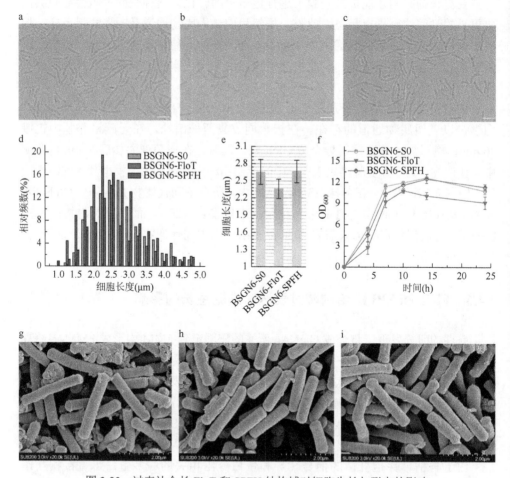

图 3-23　过表达全长 FloT 和 SPFH 结构域对细胞生长与形态的影响

（a）～（c）显微镜下 BSGN6-S0（a）、BSGN6-FloT（b）和 BSGN6-SPFH（c）菌株的明场图像（标尺＝2 μm）；
（d）菌株 BSGN6-S0、BSGN6-FloT 和 BSGN6-SPFH 的细胞长度分布；（e）菌株 BSGN6-S0、BSGN6-FloT 和
BSGN6-SPFH 的平均细胞长度直方图；（f）BSGN6-S0、BSGN6-FloT 和 BSGN6-SPFH 菌株的 OD_{600} 分布；
（g）～（i）BSGN6-S0（g）、BSGN6-FloT（h）和 BSGN6-SPFH（i）菌株的扫描电镜照片

3.4.7　FMM-多酶复合体与酶表达的相关性分析

　　我们将融合片段 SPFH-GNA1 和 SPFH-YqaB 插入 BSGN 菌株基因组，获得了 GNA1 和 YqaB 固定在 FMM 中的菌株 BSGN6-S1（图 3-24a 和 b）。结果表明，

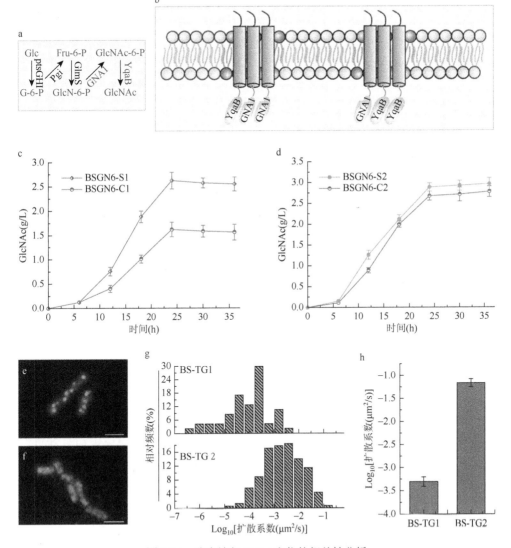

图 3-24　酶表达与 FMM 定位的相关性分析

　（a）GlcNAc 合成途径；（b）BSGN6-S1 菌株 GNA1 和 YqaB 分布示意图；（c）菌株 BSGN6-S1 和 BSGN6-C1 的 GlcNAc 浓度；（d）菌株 BSGN6-S2 和 BSGN6-C2 的 GlcNAc 浓度；（e）和（f）BS-TG1 和 BS-TG2 菌株的 VA-TIRFM 图像（标尺＝1 μm）；（g）FloT-EGFP 在 BS-TG1 和 BS-TG2 菌株中扩散系数的分布；（h）FloT-EGFP 在 BS-TG1 和 BS-TG2 菌株中的平均扩散系数

BSGN6-S1 在摇瓶中的 GlcNAc 产量为 2.62 g/L±0.17 g/L，比胞质中同时表达 GNA1 和 YqaB 的对照菌株 BSGN6-C1（1.62 g/L±0.15 g/L）高 61.7%（图 3-24c）。我们先前的研究发现，GNA1 过表达，特别是通过高拷贝质粒的表达，可以显著提高 GlcNAc 的产量。因此，我们构建了一株重组菌株 BSGN6-S2，利用 pHT01 质粒对 SPFH-GNA1 进行过表达，并通过基因组整合表达 SPFH-YqaB。然而，与 BSGN6-S1 或 BSGN6-C2 相比，SPFH-GNA1 过表达并没有增加 GlcNAc 产量（图 3-24d）。这种结果的一个可能解释是，大多数过表达的 SPFH-GNA1 没有成功地定位在 FMM 中，并且这种意外的定位掩盖了 FMM 诱导的通道或集簇效应。

为了验证上述假设，我们获取了两株重组菌株 BS-TG1 和 BS-TG2，前者在基因组水平表达 FloT-EGFP 融合蛋白，后者利用 P_{lytR} 启动子在低拷贝 pHT01 质粒上过表达 FloT-EGFP。采用 VA-TIRFM 和单颗粒示踪技术，观察分析了两种菌株之间的 FloT-EGFP 动态特性。如图 3-24e 和 f 所示，在 BS-TG1 中，FloT-EGFP 在质膜上以颗粒的形式出现，而在 BS-TG2 中，FloT-EGFP 不仅以荧光颗粒的形式存在，而且以弥散荧光信号的形式存在，这可能是因为大量的 FloT-EGFP 不允许在光学分辨率下被清晰地予以分辨。通过测定 FloT-EGFP 的横向迁移率，研究了 FloT-EGFP 的动力学性质，并绘制了扩散系数分布的直方图。FloT-EGFP 在 BS-TG1 中的扩散系数为 $2.80×10^{-7}$～$7.72×10^{-3}$ $μm^2/s$，平均扩散系数为 $4.92×10^{-4}$ $μm^2/s$；在 BS-TG2 中扩散系数为 $2.29×10^{-5}$～$1.55×10^{-1}$ $μm^2/s$，平均扩散系数为 $6.89×10^{-2}$ $μm^2/s$（图 3-24g 和 h）。这些结果表明，BS-TG2 中大部分 FloT-EGFP 是高度动态的，这与 FMM 的动态特征不一致，推测过表达的 FloT-EGFP 没有精准地定位于 FMM 中，可能位于近端区或细胞质中。这些发现支持我们先前的假设，即过表达 SPFH-GNA1 的不精确定位掩盖了 FMM 诱导的通道或集簇效应。

3.4.8　工程菌的理化性质改造和活细胞检测

我们首先尝试增强 YisP 的表达，以提高多聚异戊二烯类的含量。将 *yisP* 表达盒整合到原菌株 BSGN6 基因组中的 *tcyp* 位点，获得菌株 BSGN6-Y1，并将另一个 *yisP* 表达盒拷贝整合到 BSGN6-Y1 基因组的 *yclg* 位点，生成 BSGN6-Y2 菌株。BSGN6-Y1 菌株角鲨烯含量为 1.65 ng/g±0.22 ng/g，BSGN6-Y2 菌株角鲨烯含量为 3.89 ng/g±0.16 ng/g，但 BSGN6 菌株几乎未检测到角鲨烯（图 3-25）。通过对角鲨烯标准品检测，发现角鲨烯检测基线为 0.026 ng/mL，表明 BSGN6 菌株中角鲨烯的含量小于 0.13 ng/g，提示 YisP 过表达可以显著提高角鲨烯的合成（含量至少是原菌株的 13～30 倍）（图 3-25）。

除了多聚异戊二烯类外，支架蛋白对于 FMM 的形成和稳定也是必不可少的。SPFH 结构域作为支架蛋白的一个标记结构域，可以在热球菌中形成稳定的多聚

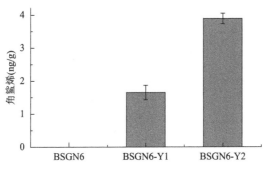

图 3-25　不同菌株角鲨烯含量分析

体，表明 SPFH 结构域在促进 FMM 形成和稳定方面具有与全长支架蛋白相似的功能。鉴于全长 FloT 的过表达会影响细胞的生长，并且 FMM 中的酶锚定是通过 SPFH 结构域连接的，因此我们选择在 FMM 改造中增强 SPFH 结构域的表达。将 SPFH 片段插入 pP$_{43}$NMK 质粒中获得的重组质粒 pP$_{43}$NMK-SPFH，分别转入 BSGN6-Y1 和 BSGN6-Y2 菌株，产生 BSGN6-Y1S 和 BSGN6-Y2S 菌株。接下来我们试图分析 FMM 组分在上述工程中的改性效果。脂筏和 FMM 的一个生物物理特征是膜高度有序。目前，di-4-ANEPPDHQ（膜电位荧光探针）已被证明对脂质堆积而不是膜插入肽有反应。例如，与无序相相比，di-4-ANEPPDHQ 的发射光谱显示出脂质有序相的蓝移，这表明该探针可以作为活体细胞 FMM 的合适荧光标记。如图 3-26 所示，我们使用基于比值的方法利用由不同发射波获得的图像来可视化脂质组分，其中脂质的无序相位于 620～750 nm，脂质的有序相位于 500～580 nm。我们发现，与对照菌株 BSGN6-S0（BSGN6 表达 pP$_{43}$NMK 空载体）相比，di-4-ANEPPDHQ 的发射光谱在 BSGN6-Y1S 和 BSGN6-Y2S 中呈现蓝移，在 BSGN6-Y2S 中蓝移幅度最大。

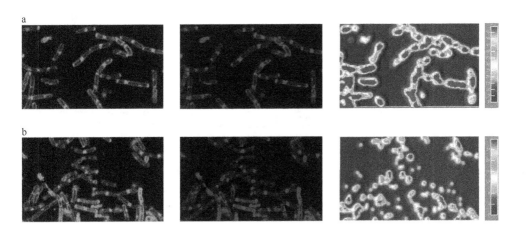

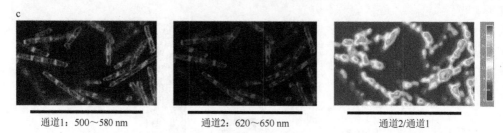

通道1：500～580 nm   通道2：620～650 nm   通道2/通道1

图 3-26　菌株 BSGN6-S0（a）、BSGN6-Y1S（b）和 BSGN6-Y2S（c）中 di-4-ANEPPDHQ 的
共聚焦成像及膜序分析

为了定量分析膜序，将原始图像转换成 GP 图像，再生成 HSB 图像。如图 3-27a

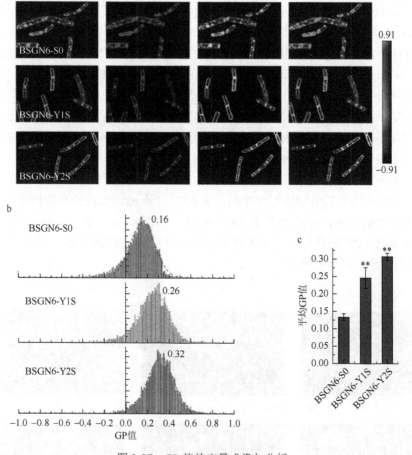

图 3-27　GP 值的定量成像与分析

（a）来自绿色通道（500～580 nm）和红色通道（620～750 nm）的 di-4-ANEPPDHQ 标记的 BSGN6-S0、BSGN6-Y1S 和 BSGN6-Y2S 菌株的共聚焦图像；（b）BSGN6-S0、BSGN6-Y1S 和 BSGN6-Y2S 菌株的 GP 直方图，显示每个 GP 值（可以定量膜有序度）中分布的像素数；（c）BSGN6-S0、BSGN6-Y1S 和 BSGN6-Y2S 菌株的平均 GP 值

所示，通过伪彩指示不同 GP 值，最小 GP 值为−0.91，最大为 0.92。结果表明，BSGN6-Y2S 的有序度最高，BSGN6-S0 的有序度最低，这与基于比值的方法得到的结果相似。然后对不同区域每个 GP 值中记录像素统计分析（得到相应的直方图），最终对 GP 值进行量化。这些直方图上的高斯拟合曲线显示，BSGN6-S0 的 GP 峰值为 0.16，平均值为 0.13 ± 0.01；BSGN6-Y1S 和 BSGN6-Y2S 的 GP 峰值分别为 0.26（平均值为 0.25 ± 0.03，$P<0.01$）和 0.32（平均值为 0.31 ± 0.01，$P<0.01$）（图 3-27b 和 c）。

3.4.9　FMM 改造对细胞生长的影响

除了作为蛋白停泊的平台，脂筏还参与各种细胞过程，包括信号转导、膜分类、细胞运输、细胞极化和宿主-病原体关系。与真核细胞中的脂筏一样，细菌中的 FMM 在细胞信号转导、蛋白分泌和转运中也起着关键作用，这表明对 FMM 的不当修饰可能影响细菌的正常生长和分裂。因此，我们着重研究 FMM 组分修饰对枯草芽孢杆菌细胞生长的影响。如图 3-28a 所示，在细胞培养的前 40 h，与对

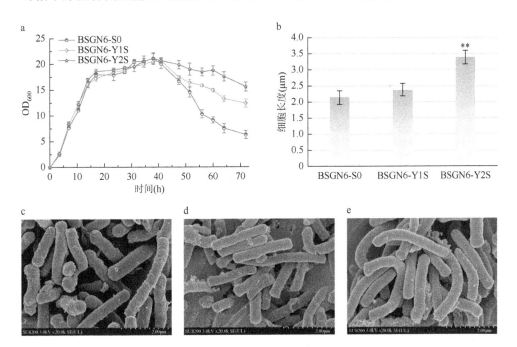

图 3-28　FMM 组分修饰对 BSGN6-S0、BSGN6-Y1S 和 BSGN6-Y2S 菌株细胞生长影响的检测与分析

（a）BSGN6-S0、BSGN6-Y1S 和 BSGN6-Y2S 的 OD_{600}；（b）BSGN6-S0、BSGN6-Y1S 和 BSGN6-Y2S 的细胞长度；（c）～（e）BSGN6-S0（c）、BSGN6-Y1S（d）和 BSGN6-Y2S（e）的扫描电镜图

照菌株 BSGN6-S0 相比,重组菌株 BSGN6-Y1S 和 BSGN6-Y2S 的 OD_{600} 变化不明显。扫描电镜分析表明,菌株 BSGN6-S0 和 BSGN6-Y1S 的细胞形态没有显著差异(图 3-28b~d)。然而,当 YisP 在 BSGN6-Y2S 中进一步高表达时,细胞形态发生了变化。首先,细胞长度从 BSGN6-S0 的 2.14 μm±0.22 μm 和 BSGN6-Y1S 的 2.37 μm±0.19 μm 增加到 BSGN6-Y2S 的 3.38 μm±0.12 μm(图 3-28b)。其次,部分 BSGN6-Y2S 菌株出现了弯曲现象(图 3-28e)。这些结果表明,过量表达 YisP 可能干扰细胞分裂或参与一个或多个细胞形态发生的信号转导途径。

通常,在细胞培养的后期,随着营养物质的消耗、微环境的变化及有毒物质的出现,细胞裂解现象开始出现并不断加剧。如图 3-28a 所示,在 BSGN6-S0 中也存在类似现象,但有趣的是,随着培养时间的延长,特别是培养 50 h 后,BSGN6-Y1S 和 BSGN6-Y2S 的 OD_{600} 明显高于 BSGN6-S0,说明 BSGN6-Y1S 和 BSGN6-Y2S 菌株在培养后期由于改造 FMM 改善了细胞适应度,从而避免了细胞过度裂解。

3.4.10 基于 FMM 组分修饰的途径酶组装

基于上述结果,我们构建了 SPFH-*yqaB* 融合基因,并将其分别整合到 BSGN6、BSGN6-Y1 和 BSGN6-Y2 菌株中,得到 BSGN6-S0Y、BSGN6-Y1SY 和 BSGN6-Y2SY 菌株。随后,将重组质粒 pP$_{43}$NMK-SPFH-GNA1 进一步转化到上述菌株,分别获取 BSGN6-S0AY、BSGN6-Y1SAY 和 BSGN6-Y2SAY 菌株。为了鉴定与 SPFH 融合酶的亚细胞定位,我们构建了重组质粒 pP$_{43}$NMK-SPFH-GNA1-EGFP,并将其依次转化到 BSGN6-S0Y、BSGN6-Y1SY 和 BSGN6-Y2SY 菌株中,分别获得 BSGN6-S0AYG、BSGN6-Y1SAYG 和 BSGN6-Y2SAYG 菌株。如图 3-29a~c 所示,与 BSGN6-S0AYG 相比,BSGN6-Y1SAYG 和 BSGN6-Y2SAYG 中的 EGFP 荧光信号在质膜上呈斑块状分布,说明所构建的 FMM 能够很好地组装 GlcNAc 合成的途径酶。

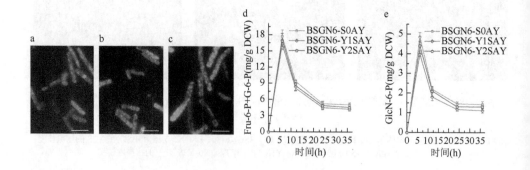

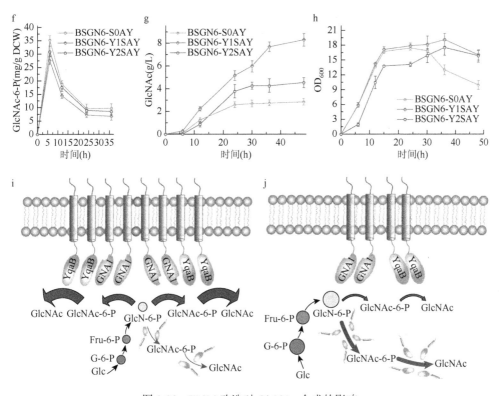

图 3-29　FMM 改造对 GlcNAc 合成的影响

（a）～（c）表达 SPFH-GNA1-EGFP 的 BSGN6-S0AYG、BSGN6-Y1SAYG 和 BSGN6-Y2SAYG 菌株的荧光图像；（d）～（f）BSGN6-S0AY、BSGN6-Y1SAY 和 BSGN6-Y2SAY 菌株中间代谢物的浓度，包括 G-6-P 和 Fru-6-P 总和（d）、GlcN-6-P（e）、GlcNAc-6-P（f）；（g）菌株 BSGN6-S0AY、BSGN6-Y1SAY 和 BSGN6-Y2SAY 的 GlcNAc 浓度；（h）菌株 BSGN6-S0AY、BSGN6-Y1SAY 和 BSGN6-Y2SAY 的细胞生长曲线（用 OD_{600} 表征）；（i）和（j）有（i）和无（j）FMM 改造的菌株 GlcNAc 合成代谢流的模型图

我们通过摇瓶培养测试了菌株 BSGN6-S0AY、BSGN6-Y1SAY 和 BSGN6-Y2SAY 产生 GlcNAc 的能力。与对照菌株 BSGN6-S0AY 相比，BSGN6-Y1SAY 中 G-6-P、Fru-6-P、GlcN-6-P 和 GlcNAc-6-P 等中间代谢物的浓度明显降低，而 BSGN6-Y2SAY 中的浓度略有下降（图 3-29d～f）。发酵 48 h 后，菌株 BSGN6-Y1SAY 中 GlcNAc 的产量达到 8.30 g/L±0.57 g/L，比对照菌株 BSGN6-S0AY 高 1.92 倍，其产量为 2.84 g/L±0.31 g/L（图 3-29g）。BSGN6-Y2SAY 菌株的 GlcNAc 产量提高到 4.52 g/L±0.51 g/L，是 BSGN6-S0AY 菌株的 1.59 倍（图 3-29g）。基于这些结果可以得出结论，FMM 改造可以有效地提高的 GlcNAc 合成通量（图 3-29h 和 i）。本研究中的总 GlcNAc 产量低于我们团队之前的研究，这很可能与之前的研究采用更高数量的系统修饰有关，这里只有两种酶（GNA1 和 YqaB）过表达，且 YqaB 仅通过基因组整合进行过表达。我们还对不同菌株的细胞生长进行了研究，发现 BSGN6-Y1SAY 和 BSGN6-S0AY 之间没有显著差异，但发酵早期 BSGN6-Y2SAY

的细胞生长弱于 BSGN6-Y1SAY 和 BSGN6-S0AY（图 3-29h）。这表明，BSGN6-Y2SAY 中 GlcNAc 产量较低的潜在原因可能是细胞生长减弱和细胞形态改变。

在摇瓶培养的基础上，进一步将重组菌株 BSGN6-Y1SAY 和 BSGN6-S0AY 在 3 L 发酵罐中进行补料分批培养生产 GlcNAc。在培养期间，向生物反应器中加入 700 mL 投料液，BSGN6-Y1SAY 的 GlcNAc 产量为 18.57 g/L，而对照菌株 BSGN6-S0AY 的 GlcNAc 产量仅为 6.32 g/L，这进一步表明，FMM 改造可显著提高 GlcNAc 产量（图 3-30a）。OD_{600} 监测结果表明，在发酵早期，BSGN6-Y1SAY 菌株与 BSGN6-S0AY 菌株的 OD_{600} 差异不显著，而在发酵后期，BSGN6-Y1SAY 菌株的 OD_{600} 高于 BSGN6-S0AY 菌株（图 3-30b）。这些发现进一步证实了我们的假设，即 FMM 改造不仅增强了 FMM-多酶复合体的功能和应用范围，而且明显提高了细胞在发酵过程中的适应性。

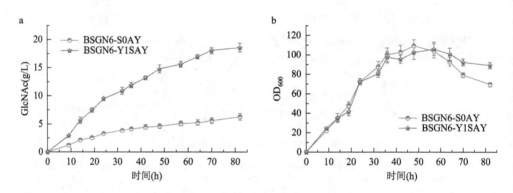

图 3-30　BSGN6-S0AY、BSGN6-Y1SAY 菌株在 3 L 发酵罐中的生长和 GlcNAc 产量

（a）不同时间段 GlcNAc 产量；（b）OD_{600} 的时间变化

参 考 文 献

[1] Link H, Christodoulou D, Sauer U. Advancing metabolic models with kinetic information[J]. Current Opinion in Biotechnology, 2014, 29: 8-14.

[2] Bujara M, Schümperli M, Pellaux R, et al. Optimization of a blueprint for *in vitro* glycolysis by metabolic real-time analysis[J]. Nature Chemical Biology, 2011, 7 (5): 271-277.

[3] Bennett B D, Kimball E H, Gao M, et al. Absolute metabolite concentrations and implied enzyme active site occupancy in *Escherichia coli*[J]. Nature Chemical Biology, 2009, 5 (8): 593-599.

[4] Doucette C D, Schwab D J, Wingreen N S, et al. α-ketoglutarate coordinates carbon and nitrogen utilization via enzyme I inhibition[J]. Nature Chemical Biology, 2011, 7 (12): 894-901.

[5] Xu Y F, Amador-Noguez D, Reaves M L, et al. Ultrasensitive regulation of anapleurosis via allosteric activation of PEP carboxylase[J]. Nature Chemical Biology, 2012, 8 (6): 562-568.

[6] Link H, Kochanowski K, Sauer U. Systematic identification of allosteric protein-metabolite interactions that

control enzyme activity *in vivo*[J]. Nature Biotechnology, 2013, 31 (4): 357-361.

[7] Link H, Fuhrer T, Gerosa L, et al. Real-time metabolome profiling of the metabolic switch between starvation and growth[J]. Nature Methods, 2015, 12 (11): 1091-1097.

[8] De Vargas Roditi L, Claassen M. Computational and experimental single cell biology techniques for the definition of cell type heterogeneity, interplay and intracellular dynamics[J]. Current Opinion in Biotechnology, 2015, 34: 9-15.

[9] Khodayari A, Zomorrodi A R, Liao J C, et al. A kinetic model of *Escherichia coli* core metabolism satisfying multiple sets of mutant flux data[J]. Metabolic Engineering, 2014, 25: 50-62.

[10] Almquist J, Cvijovic M, Hatzimanikatis V, et al. Kinetic models in industrial biotechnology-improving cell factory performance[J]. Metabolic Engineering, 2014, 24: 38-60.

[11] Uehara T, Park J T. The *N*-acetyl-D-glucosamine kinase of *Escherichia coli* and its role in murein recycling[J]. Journal of Bacteriology, 2004, 186 (21): 7273-7279.

[12] Smith T J, Blackman S A, Foster S J. Autolysins of *Bacillus subtilis*: multiple enzymes with multiple functions[J]. Microbiology Society, 2000, 146 (2): 249-262.

[13] Keasling J D. Synthetic biology and the development of tools for metabolic engineering[J]. Metab Eng, 2012, 14 (3): 189-195.

[14] Dugar D, Stephanopoulos G. Relative potential of biosynthetic pathways for biofuels and bio-based products[J]. Nat Biotechnol, 2011, 29 (12): 1074-1078.

[15] Jones K L, Kim S W, Keasling J D. Low-copy plasmids can perform as well as or better than high-copy plasmids for metabolic engineering of bacteria[J]. Metab Eng, 2000, 2 (4): 328-338.

[16] King E, Maxel S, Li H. Engineering natural and noncanonical nicotinamide cofactor-dependent enzymes: design principles and technology development[J]. Curr Opin Biotechnol, 2020, 66: 217-226.

[17] Vidal L S, Kelly C L, Mordaka P M, et al. Review of NAD (P) H-dependent oxidoreductases: properties, engineering and application[J]. Biochimica et Biophysica Acta (BBA)-Proteins and Proteomics, 2018, 1866 (2): 327-347.

[18] Lakshmanan M, Yu K, Koduru L, et al. In silico model-driven cofactor engineering strategies for improving the overall NADP (H) turnover in microbial cell factories[J]. J Ind Microbiol Biotechnol, 2015, 42 (10): 1401-1414.

[19] Dai Z, Zhu X, Zhang X. Synthetic biology for construction of microbial cell factories[J]. Chinese Bulletin of Life Sciences, 2013, 25 (10): 943-951.

[20] Bogorad I W, Lin T S, Liao J C. Synthetic non-oxidative glycolysis enables complete carbon conservation[J]. Nature, 2013, 502 (7473): 693-697.

[21] Qiao K, Wasylenko T M, Zhou K, et al. Lipid production in *Yarrowia lipolytica* is maximized by engineering cytosolic redox metabolism[J]. Nat Biotechnol, 2017, 35 (2): 173-177.

[22] HanJun K, EnQi H, RenMin G, et al. Structure and function of pyridine nucleotide transhydrogenases[J]. Chinese Journal of Biochemistry and Molecular Biology, 2007, 23 (10): 797-803.

[23] Mantsala P, Zalkin H. Cloning and sequence of *Bacillus subtilis* purA and guaA, involved in the conversion of IMP to AMP and GMP[J]. J Bacteriol, 1992, 174 (6): 1883-1890.

[24] Wang T D, Ma F, Ma X, et al. Spatially programmed assembling of oxidoreductases with single-stranded DNA for cofactor-required reactions[J]. Appl Microbiol Biotechnol, 2015, 99 (8): 3469-3477.

[25] Wahlbom C F, Hahn-Hagerdal B. Furfural, 5-hydroxymethyl furfural, and acetoin act as external electron acceptors during anaerobic fermentation of xylose in recombinant *Saccharomyces cerevisiae*[J]. Biotechnol Bioeng, 2002, 78 (2): 172-178.

[26] Wu H, Li Z, Zhou L, et al. Improved anaerobic succinic acid production by *Escherichia coli* NZN111 aerobically grown on gluconeogenic carbon sources[J]. J Biotechnol, 2008, 136: S417.

[27] Heux S, Cachon R, Dequin S. Cofactor engineering in *Saccharomyces cerevisiae*: expression of a H_2O-forming NADH oxidase and impact on redox metabolism[J]. Metab Eng, 2006, 8 (4): 303-314.

[28] Martinez I, Zhu J, Lin H, et al. Replacing *Escherichia coli* NAD-dependent glyceraldehyde 3-phosphate dehydrogenase (GAPDH) with a NADP-dependent enzyme from *Clostridium acetobutylicum* facilitates NADPH dependent pathways[J]. Metab Eng, 2008, 10 (6): 352-359.

[29] Liu H J, Zhang D J, Xu Y H, et al. Microbial production of 1,3-propanediol from glycerol by *Klebsiella pneumoniae* under micro-aerobic conditions up to a pilot scale[J]. Biotechnol Lett, 2007, 29 (8): 1281-1285.

[30] Nielsen J, Keasling J D. Engineering cellular metabolism[J]. Cell, 2016, 164 (6): 1185-1197.

[31] Woolston B M, Edgar S, Stephanopoulos G. Metabolic engineering: past and future[J]. Annual Review of Chemical and Biomolecular Engineering, 2013, 4 (1): 259-288.

[32] Wang L, Brock A, Herberich B, et al. Expanding the genetic code of *Escherichia coli*[J]. Science, 2001, 292 (5516): 498-500.

[33] Arranz-Gibert P, Vanderschuren K, Isaacs F. Next-generation genetic code expansion[J]. Curr Opin Chem Biol, 2018, 46: 203-211.

[34] Liu C C, Schultz P G. Recombinant expression of selectively sulfated proteins in *Escherichia Coli*[J]. Nat Biotechnol, 2006, 24 (11): 1436-1440.

[35] Pearson A D, Mills J H, Song Y, et al. Crystal structure of a kinetically persistent transition state in a computationally designed protein bottle[J]. Science, 2015, 347 (6224): 863-867.

[36] Kato Y. Tight translational control using site-specific unnatural amino acid incorporation with positive feedback gene circuits[J]. ACS Synth Biol, 2018, 7 (8): 1956-1963.

[37] Young T S, Ahmad I, Yin J A, et al. An enhanced system for unnatural amino acid mutagenesis in *E. coli*[J]. Journal of Molecular Biology, 2010, 395 (2): 361-374.

[38] Tekalign E, Oh J E, Park J. Improving amber uppression activity of an orthogonal pair of *Saccharomyces cerevisiae* tyrosyl-tRNA synthetase and a variant of *E. coli* initiator tRNA, *fMam* tRNA$_{CUA}$, for the efficient incorporation of unnatural amino acids[J]. Korean Journal of Microbiology, 2018, 54 (4): 420-427.

[39] Neumann H, Wang K, Davis L, et al. Encoding multiple unnatural amino acids via evolution of a quadruplet-decoding ribosome[J]. Nature, 2010, 464 (7287): 441-444.

[40] Yu A C S, Yim A K Y, Mat W K, et al. Mutations enabling displacement of tryptophan by 4-fluorotryptophan as a canonical amino acid of the genetic code[J]. Genome Biol Evol, 2014, 6 (3): 629-641.

[41] Minaba M, Kato Y. High-yield, zero-leakage expression system with a translational switch using site-specific unnatural amino acid incorporation[J]. Appl Environ Microbiol, 2014, 80 (5): 1718-1725.

[42] Volkwein W, Maier C, Krafczyk R, et al. A versatile toolbox for the control of protein levels using N^ε-acetyl-L-lysine dependent amber suppression[J]. ACS Synth Biol, 2017, 6 (10): 1892-1902.

[43] Tian R, Liu Y, Cao Y, et al. Titrating bacterial growth and chemical biosynthesis for efficient *N*-acetylglucosamine and *N*-acetylneuraminic acid bioproduction[J]. Nat Commun, 2020, 11 (1): 5078.

[44] Fredens J, Wang K, de la Torre D, et al. Total synthesis of *Escherichia coli* with a recoded genome[J]. Nature, 2019, 569 (7757): 514-518.

[45] Robertson W E, Funke L F H, De La Torre D, et al. Sense codon reassignment enables viral resistance and encoded polymer synthesis[J]. Science, 2021, 372 (6546): 1057-1062.

[46]　Kumar P, Henikoff S, Ng P C. Predicting the effects of coding non-synonymous variants on protein function using the SIFT algorithm[J]. Nat Protoc, 2009, 4 (7): 1073-1081.

[47]　Lee J W, Chan C T Y, Slomovic S, et al. Next-generation biocontainment systems for engineered organisms[J]. Nat Chem Biol, 2018, 14 (6): 530-537.

[48]　Torres L, Krüger A, Csibra E, et al. Synthetic biology approaches to biological containment: pre-emptively tackling potential risks[J]. Essays Biochem, 2016, 60 (4): 393-410.

[49]　Dana G V, Kuiken T, Rejeski D, et al. Four steps to avoid a synthetic-biology disaster[J]. Nature, 2012, 483 (7387): 29.

[50]　Wilson D J. NIH guidelines for research involving recombinant DNA molecules[J]. Accountability in Research, 1993, 3 (2-3): 177-185.

[51]　Tian R, Liu Y, Chen J, et al. Synthetic N-terminal coding sequences for fine-tuning gene expression and metabolic engineering in *Bacillus Subtilis*[J]. Metabolic Engineering, 2019, 55: 131-141.

[52]　Becker J, Wittmann C. Systems metabolic engineering of *Escherichia coli* for the heterologous production of high value molecules-a veteran at new shores[J]. Curr Opin Biotechnol, 2016, 42: 178-188.

[53]　Xu P. Production of chemicals using dynamic control of metabolic fluxes[J]. Curr Opin Biotechnol, 2017, 53: 12-19.

[54]　Jiang H, Wood K V, Morgan J A. Metabolic engineering of the phenylpropanoid pathway in *Saccharomyces cerevisiae*[J]. Appl Environ Microbiol, 2005, 71: 2962-2969.

[55]　Nicolaou S A, Gaida S M, Papoutsakis E T. A comparative view of metabolite and substrate stress and tolerance in microbial bioprocessing: from biofuels and chemicals, to biocatalysis and bioremediation[J]. Metab Eng, 2010, 12: 307-331.

[56]　Saha S, Anilkumar A A, Mayor S. GPI-anchored protein organization and dynamics at the cell surface[J]. J Lipid Res, 2016, 57: 159-175.

[57]　Meer G V. The different hues of lipid rafts[J]. Science, 2002, 296: 855-857.

[58]　Shin J S, Shelburne C P, Jin C, et al. Harboring of particulate allergens within secretory compartments by mast cells following IgE/FcepsilonRI-lipid raft-mediated phagocytosis[J]. J Immunol, 2006, 177: 5791-5800.

[59]　Gupta V K, Banerjee S. Isolation of lipid raft proteins from CD133[+] cancer stem cells[J]. Methods Mol Biol, 2017, 1609: 25-31.

[60]　Mollinedo F. Lipid raft involvement in yeast cell growth and death[J]. Front Oncol, 2012, 2: 140.

[61]　Huang Z, London E. Cholesterol lipids and cholesterol-containing lipid rafts in bacteria[J]. Chem Phys Lipids, 2016, 199: 11-16.

[62]　Bramkamp M, Lopez D. Exploring the existence of lipid rafts in bacteria[J]. Microbiol Mol Biol Rev, 2015, 79: 81-100.

[63]　Barak I, Muchova K. The role of lipid domains in bacterial cell processes[J]. Int J Mol Sci, 2013, 14: 4050-4065.

[64]　Walker C A, Hinderhofer M, Witte D J, et al. Solution structure of the soluble domain of the NfeD protein YuaF from *Bacillus subtilis*[J]. J Biomol NMR, 2008, 42: 69-76.

[65]　Lopez D, Kolter R. Functional microdomains in bacterial membranes[J]. Genes Dev, 2010, 24: 1893-1902.

[66]　Lingwood D, Simons K. Lipid rafts as a membrane-organizing principle[J]. Science, 2010, 327: 46-50.

[67]　Simons K, Sampaio J L. Membrane organization and lipid rafts[J]. Cold Spring Harb Perspect Biol, 2011, 3: a004697.

[68]　Yepes A, Schneider J, Mielich B, et al. The biofilm formation defect of a *Bacillus subtilis* flotillin-defective mutant involves the protease FtsH[J]. Mol. Microbiol, 2012, 86: 457-471.

第4章 枯草芽孢杆菌代谢网络的组装与适配

4.1 基于基因回路的代谢网络自动全局调控

动态调控可以借助于细胞自身的调控机制，实现相关代谢网络的动态协调与最优调控，近年来该策略在细胞工厂的构建中得到了非常广泛的应用[1-4]。为了实现动态调控，常常需要设计与构建特定的基因回路[5]。通过引入某些控制开关，便可以通过人为添加诱导剂或改变温度等培养条件来对特定途径进行调控[6]；或者可以利用代谢物响应的生物传感器[7]或不依赖特定代谢途径的群体感应系统[8, 9]等基因模块，实现相关代谢途径的自发与动态调节。在本节中，我们主要介绍了基于丙酮酸和氨基葡萄糖-6-磷酸（GlcN-6-P）的生物传感器的基因回路设计构建及其在代谢网络自动全局调控中的应用。

4.1.1 枯草芽孢杆菌中可编程生物传感器耦合 CRISPRi 基因回路

如图 4-1 所示，利用基于生物传感器耦合 CRISPRi 基因回路构建的代谢流量动态自发双重调控（autonomous dual-control，ADC）系统，可以实现 GlcNAc 合成相关模块的动态自发调控。首先，利用 *B. subtilis* 中与氨基葡萄糖分解代谢相关的转录因子 GamR 的调控机制，创制了 14 个可以响应胞内 GlcN-6-P 的生物传感器；随后，将该生物传感器与基于 CRISPRi 的逻辑"非"门进行耦合，构建了一种可同时对不同代谢模块动态上调与下调的 ADC 系统；然后，利用基于 ADC 系统的反馈调节回路，可分别对 GlcNAc 合成模块和主要的 3 个竞争模块 [磷酸戊

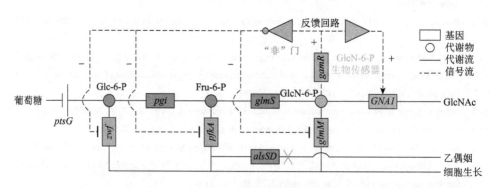

图 4-1 基于生物传感器耦合 CRISPRi 基因回路的 GlcNAc 合成相关模块的动态自发调控

糖途径（HMP）、EMP 和肽聚糖合成途径（PSP）〕进行动态激活与动态抑制。在该反馈调节回路的调控下，当胞内的 GlcN-6-P 出现积累时，会促进 GlcN-6-P 流向 GlcNAc 合成模块，同时，该反馈回路会对竞争模块产生弱化作用，从而进一步增加流向 GlcN-6-P 的代谢通量。通过组装不同强度的激活模块与抑制模块，最终可实现 GlcNAc 合成的动态平衡与最优调控。

1. 氨基葡萄糖-6-磷酸生物传感器的设计与创制

为了实现 GlcNAc 合成相关途径的自发调控，首先分析了与 GlcNAc 合成相关代谢物关联的调控过程，并利用该调控机制实现生物传感器的设计与创制。在 *B. subtilis* 中氨基葡萄糖（GlcN）与 GlcNAc 的分解代谢均是通过 GlcN-6-P 进行调节的[10, 11]；当 GlcN 和 GlcNAc 通过 PTS 进入胞内后，会分别生成 GlcN-6-P 和乙酰氨基葡萄糖-6-磷酸（GlcNAc-6-P），GlcNAc-6-P 通过进一步的脱乙酰过程转变为 GlcN-6-P；GlcN-6-P 既可以用于肽聚糖的合成，也可以通过脱氨基作用形成果糖-6-磷酸（Fru-6-P）进而进入 EMP（图 4-2a）。如图 4-2b 所示，参与上述代谢过程的相关基因的表达受到 GntR 家族的别构转录因子（allosteric transcription factor，aTF）NagR 和 GamR 调控，且这两个转录因子均可响应胞内的 GlcN-6-P[10]。除 GlcN-6-P 以外，NagR 还会响应胞内的 GlcNAc-6-P，而 GamR 仅对胞内的 GlcN-6-P 产生响应，因此最终选择 GamR 来构建 GlcN-6-P 生物传感器。

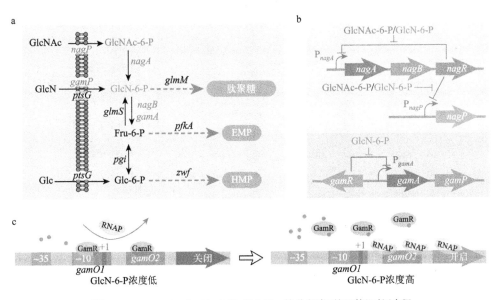

图 4-2　*B. subtilis* 中 GlcN 和 GlcNAc 的分解代谢及其调控过程

（a）*B. subtilis* 中 GlcN 和 GlcNAc 的分解代谢相关途径；（b）*B. subtilis* 中 GlcN 和 GlcNAc 的分解代谢相关转录调控过程；（c）转录因子 GamR 对启动子 P_{gamA} 的具体调控机制

如图 4-2c 所示，GamR 通过以下方式对启动子 P_{gamA} 的表达进行调控：P_{gamA} 上具有两个 GamR 特异性识别的位点 $gamO1$（与启动子–10 区和 +1 位点相重叠，序列为 TAAATTCGTAATGACAA）和 $gamO2$（位于启动子 +1 位点下游 9 bp 处，序列为 TAAATTCGTAATGACAA），当胞内 GlcN-6-P 浓度较低时，GamR 会识别并结合到这两个位点上，这样阻碍了 RNAP 的结合，从而使得下游基因无法正常转录；而随着胞内 GlcN-6-P 浓度的提高，越来越多的 GlcN-6-P 会同 GamR 结合，这会使 GamR 结构发生变化并丧失与该启动子结合的能力，从而使下游基因的转录得以正常进行[10, 12]。首先，将启动子 P_{gamA} 克隆到含有 GFP 的质粒 pHTa0 上，之后将连接了该启动子的质粒分别转化到菌株 B. subtilis 168 和 BS01（B. subtilis 168 ΔgamR）中，通过比较 GamR 结合前后的 GFP 表达水平，确定该启动子的动态范围 [（完全表达时的强度–完全抑制时的强度）/完全抑制时的强度] 为 5.4，并且其完全表达时的强度（即没有 GamR 结合时）为 B. subtilis 中 σ[A] RNAP 识别的组成型启动子 P_{veg} 的 2.27 倍（图 4-3），因此该启动子可以作为 GlcN-6-P 生物传感器。

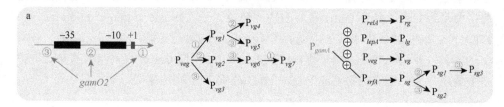

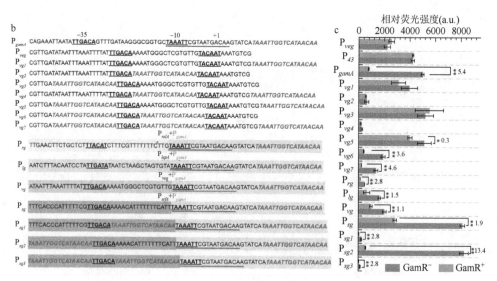

图 4-3 B. subtilis 中 GlcN-6-P 响应型启动子的设计与创制

（a）杂合启动子的构建过程；（b）杂合启动子的序列；（c）GamR 结合前后启动子的相对荧光强度变化
（柱上数据为动态范围）

为了得到更多具有不同强度与动态范围的 GlcN-6-P 生物传感器，进一步根据 GamR 的调控原理设计并构建了 14 个人工杂合启动子。构建杂合启动子最常用的方式是将 aTF 的结合位点插入组成型启动子的不同位置[7, 13]，因此分别将启动子 P_{veg} 的 + 1 位点下游、−35～−10 区及−35 区上游编号为①、②及③号位，并将 gamO2 在上述位置进行了排列组合，构建了 7 个杂合启动子（图 4-3a 和 b）；将上述启动子插入载体 pHTa0 的 GFP 之前，分别转化到 GamR$^-$ 与 GamR$^+$ 菌株中进行表征；如图 4-3 所示，将 gamO2 插入②号位得到的启动子 P_{vg2} 的强度低与动态范围小，而分别将 gamO2 插入①号位或者③号位得到的启动子 P_{vg1} 及 P_{vg3} 虽然强度都比 P_{veg} 高，但是在 GamR 结合前后并未表现出强弱变化；在 P_{vg3} 的基础上进一步在其①号位添加 gamO2 得到的启动子 P_{vg5} 与 P_{vg3} 强度相当，但该启动子具有很小的动态范围（0.3）；在 P_{vg3} 的②号位添加 gamO2 后得到的启动子 P_{vg6} 的强度与 P_{veg} 相当且动态范围达到了 3.6；进一步在 P_{vg6} 的①号位添加 gamO2 后得到的启动子 P_{vg7} 的动态范围提高到 4.6，但是强度较 P_{vg6} 降低了 28.4%；综上所述，我们最终选择了 P_{vg6} 进行后续研究。

GamR 的两个结合位点 gamO1 与 gamO2 均位于 P_{gamA} 的−10 区下游，因此也可以尝试将 P_{gamA} 的−10 区下游部分与不同组成型启动子的−10 区上游部分进行拼接，如此得到了另外 4 个杂合启动子（图 4-3）。通过将 4 个不同强度的组成型启动子 P_{relA}、P_{lepA}、P_{veg} 及 P_{srfA} 按照上述方式与 P_{gamA} 进行拼接，得到了杂合启动子 P_{rg}、P_{lg}、P_{vg} 及 P_{sg}，其强度分别为 P_{veg} 的 21.2%、74.1%、91.6% 与 3.67 倍（图 4-3c），这些启动子的强度与拼接前组成型启动子的强度是相一致的[14, 15]。P_{sg} 虽然具有较高的强度与动态范围，但是其渗漏表达也很强，即便是在 GamR$^+$ 菌株中其强度也是 P_{veg} 的 1.29 倍。为了降低 P_{sg} 的渗漏表达，在该启动子的不同位置添加了 gamO2，得到了另外 3 个杂合启动子；其中−10 区与−35 区添加了 gamO2 的启动子 P_{sg1} 和 P_{sg3} 的强度变得非常弱，与上面构建的 P_{vg2} 是类似的；而在 P_{sg} 的−35 区添加 gamO2 之后得到的启动子 P_{sg2} 的强度未发生明显变化，但是其动态范围提高到 13.4。在之前的研究中，P_{srfA} 被归类为群体感应型启动子[16]，但是通过测定并未发现基于该启动子构建的 P_{sg2} 及 P_{sg2} 同 P_{vg6} 和 P_{gamA} 的表达时期呈现出明显区别（图 4-4），这说明对该启动子的截短使得 P_{sg2} 及 P_{sg2} 不再具有群体感应的特性。

2. 氨基葡萄糖-6-磷酸生物传感器的功能表征

为了进一步考察上述构建的 GlcN-6-P 激活型启动子的剂量依赖效应，分别敲除菌株 B. subtilis 168 和 BS01（B. subtilis 168 ΔgamR）中的两个氨基葡萄糖-6-磷酸脱氨酶编码基因 nagB 和 gamA（催化 GlcN-6-P 生成 Fru-6-P），得到了菌株 BS02 和 BS03，这样胞内的 GlcN-6-P 浓度便可以通过在胞外添加不同浓度的 GlcN 来控

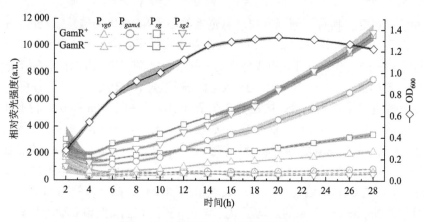

图 4-4　各启动子随时间的表达情况

制[17]。然后将含有 GlcN-6-P 响应型启动子的质粒 pHTaga、pHTasg2 和 pHTavg6
转化到 GamR+菌株 BS02 中（*B. subtilis* 168 Δ*nagB* Δ*gamA*），并将含有 GamR 的
质粒 pHTcga、pHTcsg2 和 pHTcvg6 转化到 GamR−菌株 BS03 中（*B. subtilis* 168
Δ*gamR* Δ*nagB* Δ*gamA*）。将上述这些转化了质粒的菌株在 LB 培养基中预培养 10 h
后转接到含有不同浓度 GlcN 的 LB 培养基中，对稳定初期的相对荧光强度进行测
定，并使用如下公式对测定的结果进行了拟合。

$$y = y_{\min} + (y_{\max} - y_{\min})\frac{x^n}{K^n + x^n} \tag{4-1}$$

其中，y 为启动子的相对活力（$y_{\min}$ 和 $y_{\max}$ 分别为启动子相对活力的最小值和
最大值），x 为诱导剂的浓度，K 为解离常数，n 为希尔系数[18]。在使用上述公式
进行拟合时常会使用添加到胞外的初始诱导剂浓度作为 x，我们通过测定也发现
了胞内 GlcN-6-P 浓度与胞外 GlcN 浓度在很长的时间段内具有很强的正相关性
（图 4-5a），因此可以使用胞外的 GlcN 浓度作为 GlcN-6-P 生物传感器的输入 x，
将相对荧光强度作为输出 y。如图 4-5b 和 c 所示，无论 GamR 连接于基因组上还
是连接于质粒上，启动子 P*vg6*、P*gamA* 和 P*sg2* 的表达都会随着 GlcN 的浓度升高而
增强，且其完全表达时的相对荧光强度与不表达 GamR 时也是一致的，说明上述
GlcN-6-P 激活型启动子具有很好的剂量依赖效应；但是 GamR 连接在质粒上时上
述启动子的渗漏表达会更低一点，说明阻遏蛋白的表达水平与 GlcN-6-P 生物传感
器的特性也是有一定关系的，这与之前的研究结果也是类似的[9]。此外，如图 4-5d
所示，对上述启动子在合成培养基中的表现也进行了表征，趋势与其在复杂培养
基中是相一致的，但是相对荧光强度均要弱于复杂培养基，这应该是由在合成培
养基中蛋白的表达能力较弱造成的。

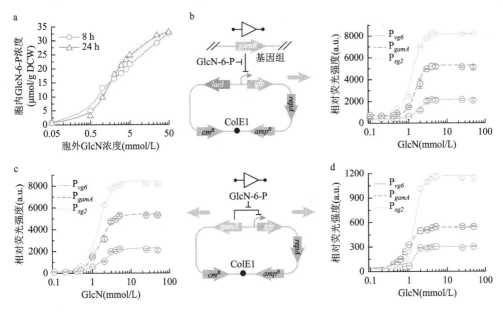

图 4-5　GlcN-6-P 生物传感器的功能表征

（a）胞外 GlcN 浓度与胞内 GlcN-6-P 浓度之间的关系；（b）GamR 整合于基因组上时，GlcN-6-P 生物传感器的响应曲线；（c）GamR 在质粒上表达时，GlcN-6-P 生物传感器的响应曲线；（d）合成培养基中 GlcN-6-P 生物传感器的功能表征

　　为了进一步考察 GamR 表达对 GlcN-6-P 生物传感器的影响，将质粒 pHTcsg2 上 *gamR* 原始的启动子替换为木糖诱导型启动子 P$_{xylA}$ 得到了质粒 pHTdsg2，并通过向培养基中添加不同浓度的木糖来控制 GamR 的表达。如图 4-6 所示，可以通过增强 GamR 的表达来提高 GlcN-6-P 生物传感器的响应阈值，这与前面的研究结果也是相一致的。当未向培养基中添加木糖时，*gamR* 的渗漏表达赋予了 P$_{sg2}$ 一定的动态范围；而当 10 g/L 的木糖被加入到培养基中来诱导 GamR 强烈表达时，初始的响应阈值提升到了上文中完全诱导时的 GlcN 水平（5 mmol/L）。上述结果

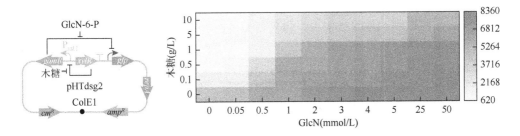

图 4-6　GamR 表达对 GlcN-6-P 生物传感器的影响

即说明，通过提高 GamR 的表达可以增强生物传感器的响应阈值并降低其敏感性，也使得生物传感器在动态调控、定向进化及高通量筛选等方面应用更具灵活性。

3. 基于氨基葡萄糖-6-磷酸生物传感器的自发双重调控系统

在微生物细胞工厂的动态调控过程中，常需要同时对不同的途径进行可响应性地激活和抑制[19]。例如，Doong 等通过整合群体感应与生物传感器两个调控元件构建了包含激活和抑制双重功能的层次化动态调控策略，并基于此实现了重组 E. coli 中葡萄糖二酸的高效合成[9]；此外，通过整合 RNA 干扰（RNAi）与 asRNA，利用单个调控元件也能实现对不同途径的激活和抑制[20, 21]。在此，将基于 dCas9 的 CRISPRi 系统作为逻辑"非"门，与上文中得到的 GlcN-6-P 生物传感器进行耦合，构建了可同时对不同途径进行动态激活和抑制的自发双重调控（ADC）系统。为了实现这一目的，首先将载体 pLCx-dCas9 中用于 dCas9 表达的木糖诱导型启动子分别替换为 P_{vg6}、P_{gamA} 和 P_{sg2}，得到载体 pLCv-dCas9、pLCg-dCas9 和 pLCs-dCas9；随后将这 3 个载体线性化并转化到菌株 BS03 中，使用 gfp 作为报告基因，利用靶向 GFP 的 sgRNA 考察了抑制强度随 GlcN 添加浓度的变化，相关数据使用以下公式进行拟合。

$$y = y_{\min} + (y_{\max} - y_{\min}) \frac{K^n}{K^n + x^n} \tag{4-2}$$

其中，y 为启动子的相对活力（$y_{\min}$ 和 $y_{\max}$ 分别为相对活力的最小值和最大值），x 为 GlcN 的浓度，K 为解离常数，n 为希尔系数[22]。正如上文所述，在此也使用胞外添加的 GlcN 浓度作为输入 x。在之前的研究中，Cho 等发现过量表达的 dCas9 对 E. coli 细胞具有毒性，从而会对细胞生长及形态产生影响[23]，但是通过 OD_{600} 测定、流式分析及显微观察考察了在 B. subtilis 中过量表达 dCas9 的影响，并未发现其对细胞生长及形态产生明显的影响（图 4-7）。随后，又对抑制强度与 GlcN 浓度之间的关系进行了表征，如图 4-7d 所示，抑制强度会随着 GlcN 浓度的提高而增强，其与启动子的相对荧光强度呈正相关（$P_{vg6} < P_{gamA} < P_{sg2}$）。

进一步将激活系统与抑制系统整合到一个细胞中，构建了 ADC 系统，并分别使用 mCherry 和 GFP 两个荧光蛋白验证了该系统的功能。如图 4-8 所示，该系统可分别对 mCherry 和 GFP 进行动态激活与抑制，且流式分析显示细胞群随 GlcN 浓度的变化也与预期结果是相符的。

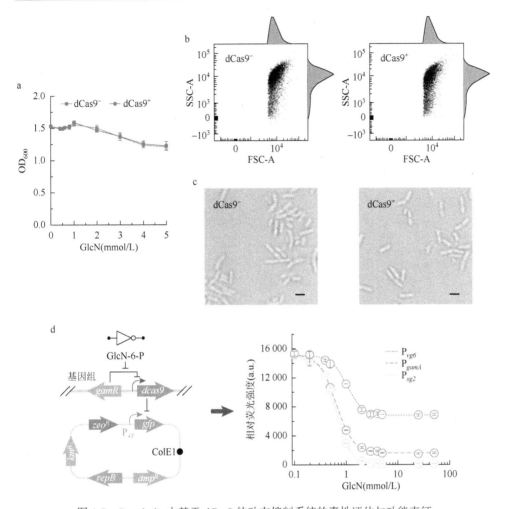

图 4-7　*B. subtilis* 中基于 dCas9 的动态抑制系统的毒性评估与功能表征

（a）dCas9 表达对细胞生长的影响；（b）dCas9 表达前后的流式分析；（c）dCas9 表达前后的显微观察，标尺 = 2 μm；
（d）基于 dCas9 的动态抑制系统的功能表征

4. 自发双重调控系统在 GlcNAc 合成中的应用

通过木糖诱导型 CRISPRi 系统对 GlcNAc 合成相关的 3 个竞争途径（EMP、HMP 及 PSP）进行组合弱化后，可以显著提升产物的合成能力[24]。但是诱导操作较为复杂，也不利于进一步的发酵过程放大。因此，尝试借助上文构建的 ADC 系统，将人工调控过程转换为自发调控过程。在此以 BNY 作为出发菌株，为了方便后续的操作过程，首先消除了其中的 *GNA1*（编码氨基葡萄糖-6-磷酸乙酰化酶）表达质粒，并且敲除了其 *gamR* 基因，得到了菌株 BNY0。

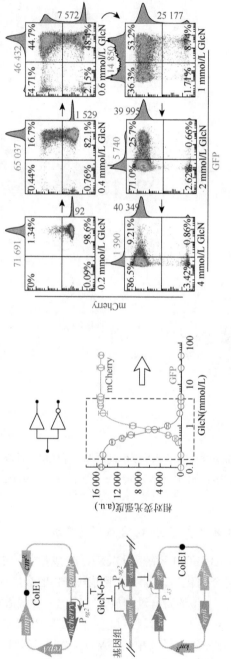

图 4-8　GlcN-6-P 响应型 ADC 系统的功能验证

百分比表示分区细胞占比，坐标轴上部和右部数据表示相对荧光强度平均值（a.u.）

如图 4-9 所示，为了实现 GlcNAc 合成过程的自发动态调控，利用 GlcN-6-P 响应型 ADC 系统构建了一组反馈回路。首先，分别将使用不同 GlcN-6-P 响应型启动子调控的 dCas9 表达片段整合到 BNY0 的基因组，并进一步整合了含有靶向 *zwf*、*pfkA* 和 *glmM* 的 sgRNA array，从而可以实现竞争途径的动态抑制，该过程也将促进 GlcN-6-P 的积累，从而进一步加强激活作用；在此基础上，控制 GlcNAc 合成的关键基因 *GNA1* 被选为了另一个调控靶点，并分别使用不同的 GlcN-6-P 响应型启动子来表达，以实现合成途径的动态激活，该过程会消耗 GlcN-6-P，从而减弱调控过程。

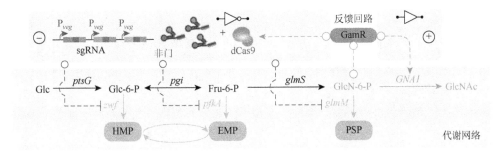

图 4-9　GlcN-6-P 生物传感器与 dCas9 介导的 GlcNAc 合成相关代谢途径的动态调控过程示意图

为了协调 GlcN-6-P 的积累与消耗速度并促进 GlcNAc 的高效合成，分别使用不同的启动子来控制激活模块和抑制模块，共得到了 16 种不同的组合，对 16 株菌株进行了摇瓶发酵（图 4-10）。其中 dCas9 与 GNA1 都是使用启动子 P_{gamA} 表达的菌株 BNDR022 具有最强的 GlcNAc 合成能力，对照菌株 BNDR600 的 GlcNAc 产量与转化率分别为 18.3 g/L 及 0.24 g/g 葡萄糖，而其 GlcNAc 产量与转化率分别提高到 28.0 g/L 和 0.37 g/g 葡萄糖，而且副产物乙偶姻的产量相比对照降低了 30.3%，这一结果说明 GlcNAc 的合成途径与竞争途径都需要有合适的调控强度。由于竞争途径对于正常的细胞生长过程是必需的，因此在 BNY0 中引入上述动态抑制回路后会对细胞生长产生一定的影响。当使用最强的 GlcN-6-P 响应型启动子表达 dCas9 时显著抑制了细胞生长，其在 24 h 和 36 h 的 DCW 分别降低了 52.1% 和 59.5%，当然 GlcNAc 的最终产量也随之骤减（降低了 65.6%）；而分别使用弱于 P_{sg2} 的启动子 P_{vg6} 和 P_{gamA} 表达 dCas9 时，虽然 24 h 的 DCW 分别降低了 28.8% 和 29.6%，但是 GlcNAc 的最终产量都有所增加（分别增加了 12.6% 和 20.6%）。而仅包含动态激活回路的菌株 BNDR002（使用 P_{gamA} 调控）和 BNDR003（使用 P_{sg2} 调控）24 h 的 DCW 也出现了明显降低（分别为 69.3% 和 78.9%），说明将过多的代谢通量拉向 GlcNAc 合成模块会造成 GlcN-6-P 的供应不足；而在此基础上进一步引入较弱或中等强度的动态抑制回路（菌株 BNDR012、BNDR022、

BNDR013 及 BNDR023），可以使细胞生长得到恢复，说明促进了 GlcN-6-P 的
积累。

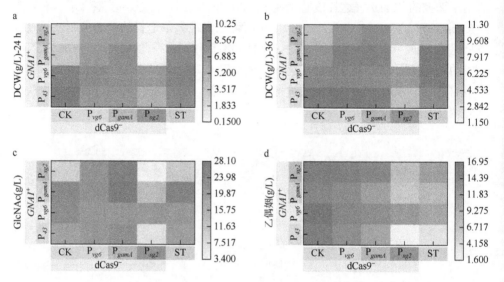

图 4-10　使用 GlcN-6-P 响应型 ADC 系统动态调控 GlcNAc 合成

引入反馈回路后对细胞生长 [（a）和（b）]、产物合成（c）及副产物乙偶姻合成（d）的影响；CK：对照菌株，
只具有 dCas9 但是没有 sgRNA，ST：静态调控菌株，没有整合 dCas9 而是将 ptsG 和 pgi 的启动子替换为 P₄₃

为了考察静态增强合成途径的效果，使用组成型启动子对合成途径中的相关
基因进行了强化。将菌株 BNY0（其中 glmS 已使用组成型启动子 P_{veg} 表达）的
ptsG 与 pgi 启动子替换为 P₄₃，并分别使用 P₄₃、P_{vg6}、P_{gamA} 及 P_{sg2} 来控制 GNA1
的表达，得到了菌株 BNDR040、BNDR041、BNDR042 及 BNDR043。当所有合
成途径都使用组成型启动子表达时（菌株 BNDR040），细胞生长及葡萄糖消耗都变
得很慢，而且经过较长时间的发酵（60 h）才能达到与 BNDR000 相当的 GlcNAc
产量；当使用最强的 GlcN-6-P 响应型启动子 P_{sg2} 表达 GNA1 时，通过静态上调 pgi、
ptsG 和 glmS 并不能恢复细胞生长（BNDR043 与 BNDR003 相比）；而当使用中等
强度的 GlcN-6-P 响应型启动子 P_{gamA} 表达 GNA1 时，静态上调 pgi、ptsG 和 glmS
虽然能恢复细胞生长（BNDR042 与 BNDR002 相比），但是 GlcNAc 产量不及
BNDR022。上述结果说明，只有在动态激活和动态抑制回路的协同作用下，才能
达到调控过程的最优化。

基于上述结果，进一步使用合成培养基进行了摇瓶发酵，并分别添加 6 g/L
的尿素和 75 g/L 的葡萄糖作为细胞生长与产物合成的氮源和碳源（图 4-11）。菌
株 BNDR000 在上述培养基中生长得非常差，直到发酵结束（106 h）其 DCW 及
GlcNAc 产量仅分别为 5.0 g/L 和 15.0 g/L；而所有合成途径均使用 P₄₃ 进行静态

增强的菌株 BNDR040 生长速率仍然很慢，但是其 DCW 与 GlcNAc 产量要优于 BNDR000；而 GNA1 使用 P$_{gamA}$ 表达的菌株 BNDR042 生长状态要明显优于 BNDR040，且其 GlcNAc 产量有较为明显的提升；而同时包含激活回路与抑制回路的菌株 BNDR022 在上述培养基中的生长速率要明显快于其他 3 个菌株，其在 48 h 便可将培养基中的葡萄糖耗完，GlcNAc 产量也可达到 22.8 g/L。上述结果表明，使用基于 ADC 系统的反馈回路对 GlcNAc 合成模块及竞争模块进行动态自发调控，可以更好地协调内源途径及外源途径中相关基因的表达，从而使得生产菌株在营养匮乏的合成培养基中也能具有较好的表现。

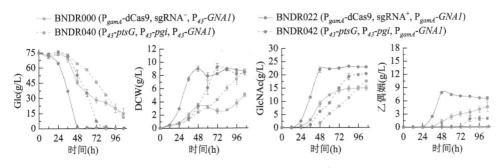

图 4-11　使用合成培养基进行摇瓶发酵

在此通过对 aTF 中 GamR 的调控过程进行重编程，设计构建了基于生物传感器耦合 CRISPRi 基因回路的 ADC 系统，并利用其成功实现了 B. subtilis 中代谢网络的可编程多模块协同调控，然而今后还需通过其他方面的工作来进一步提高该系统的可编程生物功能。首先，基于之前的一些研究结果[18, 25, 25]，对 GamR 进行结构修饰与表达优化，以优化生物传感器的响应强度与范围；此外，可以引入其他的调控机制来构建更为复杂的基因回路[5, 26, 27]，从而优化调控过程的精确度与灵敏性；另外，可以对 GlcNAc 的转运机制进行探究并将其整合到调控回路中，在之前的一项研究中通过动态增强转运途径显著提升了重组 Corynebacterium glutamicum 菌株的赖氨酸合成能力[28]。

5. 15 L 发酵罐中 GlcNAc 的放大生产

为了验证此处构建的基因回路在大规模生物反应器中的稳定性及鲁棒性，选择了摇瓶中表现最好的菌株 BNDR022 进行 15 L 罐的补料分批发酵。由于该菌株在摇瓶中仍会产生将近 10 g/L 的副产物乙偶姻，这不仅会限制 GlcNAc 的得率，还会影响下游的分离纯化过程，因此将该菌株中乙偶姻合成所必需的基因 alsSD 进行了敲除或者下调。为了实现乙偶姻合成途径的动态下调，共设计了 5 个靶向 alsS（alsSD 操纵子中的第一个基因）基因编码区不同位置的 sgRNA，分别将上述

sgRNA 整合到菌株 BNDR022 的调控回路中，得到了菌株 BNDR222、BNDR322、BNDR422、BNDR522 及 BNDR622；此外，也尝试直接将 BNDR022 中的 *alsSD* 基因进行敲除，得到了菌株 BNDR122。将上述菌株在摇瓶中进行了发酵验证，如图 4-12 所示，敲除或弱化 *alsSD* 的表达均可完全阻止乙偶姻的生成，但是由于阻断该途径后 pH 下降过多，影响了细胞生长，GlcNAc 的产量也会随之降低。考虑到在发酵罐中可以通过补加氨水来控制 pH，而且敲除与弱化 *alsSD* 表达 GlcNAc 合成并未表现出明显区别，因此最终选择了 BNDR122 进行补料分批发酵；同时我们选择了敲除 *alsSD* 之前的菌株 BNDR022、菌株 BNDR000 及在 BNDR000 基础上敲除 *alsSD* 得到的菌株 BNDR100 作为对照菌株。

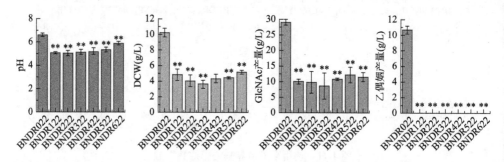

图 4-12　敲除或弱化 *alsSD* 对各参数的影响

在发酵过程中，葡萄糖浓度控制在 2～30 g/L，并且共向发酵罐中流加了 1 L 的氮源浓缩液来保持氮源的充足供应，发酵结果如图 4-13 所示。菌株 BNDR000（BNY0 Δ*lacA*::*gamR*-P$_{gamA}$-dCas9，pP$_{43}$-*GNA1*）的 GlcNAc 产量及碳源转化率分别为 59.9 g/L 及 0.21 g/g，且其会生成 36.0 g/L 的副产物乙偶姻；菌株 BNDR100（BNDR000 Δ*alsSD*）的 GlcNAc 产量及碳源转化率分别为 81.7 g/L 及 0.26 g/g，发酵过程中无乙偶姻生成；转载了基因回路的菌株 BNDR022（BNY0 Δ*amyE*::sg$_{zwf1}$-sg$_{pfkA2}$-sg$_{glmM2}$，*lacA*::*gamR*-P$_{gamA}$-dCas9，pSTg-*GNA1*）的 GlcNAc 产量及碳源转化

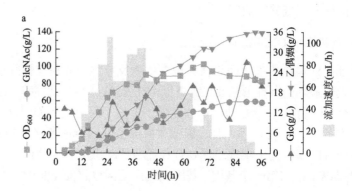

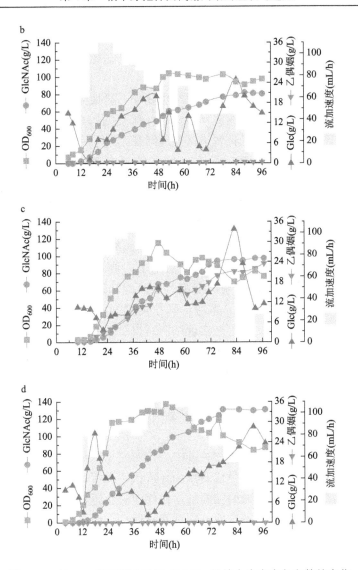

图 4-13　在 15 L 发酵罐中进行 GlcNAc 的放大生产中各参数的变化

对菌株 BNDR000（a）、BNDR100（b）、BNDR022（c）及 BNDR122（d）在 15 L 发酵罐中进行补料分批发酵

率分别较 BNDR000 提高了 62.1%和 57.1%，达到了 97.1 g/L 和 0.33 g/g，而乙偶姻产量降低了 35.8%，为 23.1 g/L；菌株 BNDR122（BNDR022 ΔalsSD）的 GlcNAc 产量为 BNDR000 的 2.19 倍，达到了 131.6 g/L，其碳源转化率也提高到 0.38 g/g，且发酵过程中无乙偶姻生成。上述结果说明，此处创建的基于生物传感器耦合 CRISPRi 基因回路的 ADC 系统可以用于大规模的发酵生产。

4.1.2　基于双功能丙酮酸响应基因回路的 *B. subtilis* 中心代谢全局控制

系统代谢工程指结合代谢工程、系统生物学、合成生物学和定向进化方法构建细胞工厂，合理分配胞内代谢流，促进目标化合物的高效合成。因此，具多种作用方式的不同代谢流调控工具和策略被逐渐开发，包括启动子文库、RBS 工程、重复性外源回文序列、蛋白降解标签和 N 端编码序列[29-32]等。然而，此类静态的代谢网络调控工具可能会导致胞内代谢流失衡，中间代谢物积累，从而降低产物的合成效率，并引入新的代谢瓶颈[33]。相对于静态调控，动态调控可以根据细胞代谢状况，实时动态地调整和平衡胞内代谢流，防止中间代谢物积累，从而促进产物的高效合成。因此，一系列代谢网络的动态调控工具被设计与构建。最早出现的动态调控工具是诱导型启动子，通过在胞外添加诱导物，调节启动子的活性，从而实现动态调整细胞代谢流的功能。常用的诱导剂包括异丙基-β-D-硫代半乳糖苷（IPTG）、木糖、阿拉伯糖和四环素等[34-36]。但是额外添加诱导剂会增加发酵成本，且不能实现细胞对自身代谢流的自主控制，仍然需要人为调整诱导剂的添加时间与添加量。随后，多种响应胞内不同代谢物，如唾液酸、法尼烯焦磷酸和柚皮素等的基因回路被设计与构建，使细胞能够响应胞内代谢物浓度，调节目的基因的表达，从而实现对胞内代谢流的自主实时控制[37-39]。然而，目前仍缺乏能够响应关键中心代谢物的基因回路，如糖酵解途径的丙酮酸。

糖酵解途径是维持细胞生长的关键中心代谢途径，其为细胞生长和产物合成提供碳骨架，过高的糖酵解途径代谢流会导致代谢溢流，使更多的碳骨架流向细胞生长并生成副产物，而过低的糖酵解途径代谢流会影响细胞生长，导致产物合成效率下降。因此，合理、精准地控制糖酵解途径代谢流是实现目标产物高效合成的关键要素之一。丙酮酸是细胞的关键碳中心代谢物，是连接糖酵解途径和 TCA 循环的关键枢纽，碳源的同化总是经过糖酵解途径合成丙酮酸，并进一步经过 TCA 循环和氧化磷酸化为细胞生长提供能量与还原力[40]。因此，构建响应丙酮酸的基因回路能够用于多种中心碳代谢衍生产物代谢网络的动态调控，如葡萄糖二酸、氨基葡萄糖、肌醇和丙氨酸等（图 4-14）。

葡萄糖二酸是一种生物质基的高附加值化学品[41]，其可作为膳食补充剂，具备降低胆固醇和抑制肿瘤形成的功能[42, 43]。此外，葡萄糖二酸可作为合成聚合物的前体，生产新型尼龙和超支化聚酯，已被成功用于生产一种推测可生物降解的羟基化尼龙[44]。目前，葡萄糖二酸的两种主要生产方式为葡萄糖的化学氧化和微生物法。葡萄糖的化学氧化过程需要添加大量的有毒氧化剂（硝酸等），容易形成多种副产物（2,3-二羟基琥珀酸、2,3-二羟基-4-氧代丁酸和草酸）和选择性较

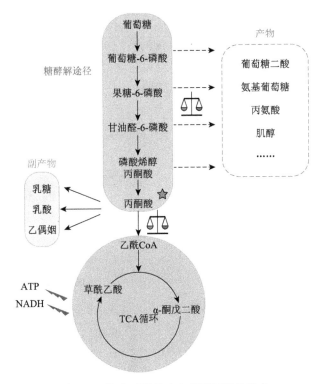

图 4-14　构建丙酮酸响应基因回路的意义

差[45]。而微生物法合成葡萄糖二酸则反应条件相对温和且选择性更高。因此，使用发酵工艺合成葡萄糖二酸有望提高其产量与得率。葡萄糖二酸是糖酵解途径的衍生产物之一，糖酵解途径和磷酸戊糖途径是限制其合成的主要竞争途径，而作为中心代谢途径，直接敲除糖酵解途径和磷酸戊糖途径会抑制细胞的生长。因此，如何动态地平衡葡萄糖二酸合成途径与碳中心代谢途径的代谢流，是实现葡萄糖二酸高效合成需要解决的关键问题之一。

　　在本节，选择 *B. subtilis* 中葡萄糖二酸的合成作为模型来验证双功能丙酮酸响应基因回路的功能。基于来自大肠杆菌的转录因子 PdhR 创建了丙酮酸响应基因回路，然后使用反义转录作为"非"门实现信号转换，最后利用开发的基因回路构建了一个仅响应细胞内丙酮酸浓度的反馈回路，以动态控制葡萄糖二酸合成。

1. 丙酮酸响应基因回路的构建

　　PdhR 在 *E. coli* K12 中是一种多效型转录因子，其能够响应胞内丙酮酸浓度，调控多个代谢节点，从而维持胞内中心代谢的稳态[46]。当胞内丙酮酸浓度较低时，PdhR 会与靶基因的启动子区结合，阻碍/招募 RNA 聚合酶与启动子结合，从而抑制/激活基因的转录;当胞内丙酮酸浓度达到一定阈值时,丙酮酸会与 PdhR 结合,使其从靶基因的启动子区脱落,解除 PdhR 的调控效果(图 4-15a)。然而,*B. subtilis* 中并不存在类似于 PdhR 的转录因子,当其胞内丙酮酸浓度过高时,会将丙酮酸转化为代谢溢流产物乙偶姻,作为储备碳源。

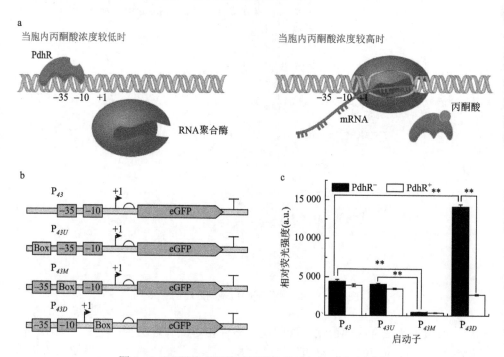

图 4-15　丙酮酸响应基因回路的构建与相对荧光强度

(a)转录因子 PdhR 的调控机制示意图;(b)丙酮酸响应基因回路的构建示意图;(c)丙酮酸响应基因回路在菌株 *B. subtilis* 168 和 PR 中的相对荧光强度

为构建响应丙酮酸的基因回路,首先将 *E. coli* K12 来源的转录因子 PdhR 的编码基因整合至 *B. subtilis* 168 基因组,获得菌株 PR。接着基于组成型强启动子 P_{43},在其启动子核心区的上游、中游和下游分别插入转录因子 PdhR 的结合序列 PdhR Box(ATTGGTATGACCAAT),并将报告基因 *egfp* 串联于启动子下游,获得丙酮酸响应基因回路的表达框,最后将表达框置于 pHT01 载体,便于基因回路的功能测试,从而获得重组质粒 pHT01-P_{43U}-GFP、pHT01-P_{43M}-GFP 和 pHT01-P_{43D}-GFP(图 4-15b)。随后分别将质粒转化到菌株 *B. subtilis* 168 和 PR 测试基因回路的功能,结果如图 4-15c 所示,在启动子中插入 PdhR 结合序列就会显著影响启动子的活性,启动子 P_{43D} 的活性相对于原始的启动子 P_{43} 提高 3.4 倍,而启动子 P_{43M} 的活性则下降了 90.2%。而在三个启动子 P_{43U}、P_{43M} 和 P_{43D} 中,仅有启动子 P_{43D} 在菌株 PR 中的相对荧光强度显著低于原始菌株 *B. subtilis* 168,表明启动子

P_{43D} 的活性受到转录因子 PdhR 的抑制，意味着 PdhR 能够在 B. subtilis 中发挥抑制基因转录的功能，也证明成功在 B. subtilis 中构建了丙酮酸响应基因回路。而 P_{43U} 和 P_{43M} 的活性并不受到 PdhR 的抑制，表明 PdhR 对启动子的抑制效果可能与其空间位置有关。

2. 丙酮酸响应基因回路的性能测试

为证明 PdhR 对 P_{43D} 的抑制效果能被添加丙酮酸解除，且测定基于启动子 P_{43D} 的丙酮酸响应基因回路的响应阈值，在培养基中添加不同浓度的葡萄糖及丙酮酸来调节 B. subtilis 胞内丙酮酸的浓度，从而检测胞内丙酮酸浓度升高是否会解除 PdhR 的抑制效果。结果如图 4-16 所示，在培养基中添加葡萄糖及丙酮酸确实能够提高胞内丙酮酸的浓度，并且启动子 P_{43D} 在菌株 PR 中的相对荧光强度也会逐步提升，具有明显的丙酮酸浓度依赖性，而 P_{43D} 在菌株 B. subtilis 中的相对荧光强度对丙酮酸浓度的依赖性并不明显，证明胞内丙酮酸浓度的提高确实能够解除 PdhR 对启动子的抑制效果。此外，结果表明单独添加葡萄糖也能够提高胞内的丙酮酸浓度，从而解除 PdhR 对启动子的抑制效果，这可能是由于葡萄糖激活了胞内的糖酵解途径。由于基因回路应用于细胞代谢的动态调控中时往往并不会在体外添加诱导剂，仅依赖菌株自身代谢物含量的变化，因此所构建基因回路的响应阈值应该与实际应用时胞内代谢物含量变化范围相符。通过将数据拟合到式（4-1），得出所构建的丙酮酸响应基因回路的响应阈值为 10～35 μmol/g DCW（图 4-16e）。为进一步证实所构建的基因回路能够响应胞内丙酮酸的浓度，将含有基因回路的质粒分别转化到菌株 B11（胞内丙酮酸积累的菌株）和 B11-PR（将转录因子 PdhR 整合到菌株 B11 得到的重组菌株），检测其在两株菌中的相对荧光强度。结果如图 4-16f 所示，P_{43D} 在菌株 B11-PR 中的活性虽然仍然受到 PdhR 抑制，但抑制效果相对于菌株 PR 已显著减弱，进一步证实 PdhR 能够响应胞内丙酮酸的浓度。

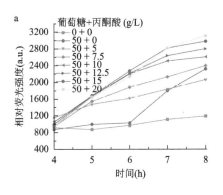
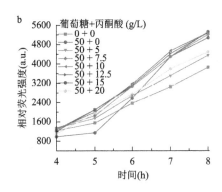

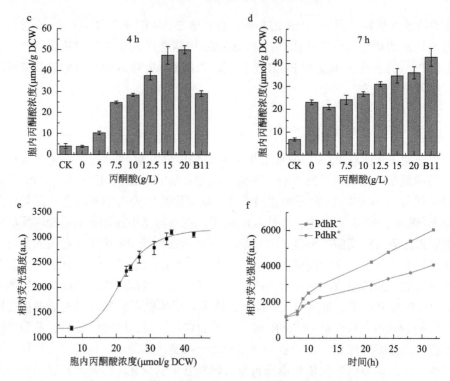

图 4-16　增加胞内丙酮酸含量对 P_{43D} 相对荧光强度的影响

（a）添加葡萄糖和丙酮酸对 P_{43D} 在菌株 B11-PR 中相对荧光强度的影响；（b）添加葡萄糖和丙酮酸对 P_{43D} 在菌株 B11 中相对荧光强度的影响；（c）和（d）发酵 4 h（c）和 7 h（d）时添加丙酮酸与葡萄糖对胞内丙酮酸含量的影响；（e）胞内丙酮酸含量与 P_{43D} 在菌株 B11-PR 中相对荧光强度的关系；（f）P_{43D} 在菌株 B11（PdhR⁻）和 B11-PR（PdhR⁺）中的相对荧光强度

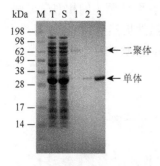

图 4-17　纯化 PdhR 蛋白的
SDS-PAGE 验证图

M：Marker；T：细胞破碎沉淀；
S：细胞破碎上清；1：100 mmol/L
咪唑漂洗蛋白；2：150 mmol/L
咪唑漂洗蛋白；3：200 mmol/L
咪唑洗脱蛋白

上述实验在体内证明了 PdhR 可结合启动子与丙酮酸的功能。为进一步在体外证明转录因子 PdhR 的功能，使用等温滴定量热技术检测了 PdhR 与启动子 P_{43D} 和丙酮酸的结合常数。首先，构建了 PdhR 蛋白的表达载体 pET28a-PdhR，并转化到 E. coli K12 中诱导表达 PdhR 蛋白。随后，利用亲和层析和透析获得 PdhR 纯蛋白。最后，对获得的 PdhR 蛋白进行跑胶验证，结果如图 4-17 所示，经过 100 mmol/L 和 150 mmol/L 的咪唑洗脱粗蛋白后，200 mmol/L 的咪唑能够洗脱获得无杂蛋白的 PdhR 蛋白，并获得 PdhR 单体及二聚体。

使用等温滴定量热技术检测 PdhR 蛋白是否能够与启动子 P_{43D}、P_{43}（阴性对照）和丙酮酸结合，结果如图 4-18 所示，PdhR 蛋白在滴定 P_{43D} 的过程中，不断释放热量，且释放的热量逐步下降，证明 PdhR 蛋白能够与 P_{43D} 结合，从而释放热量。相同的实验现象还发生在丙酮酸滴定 PdhR 蛋白的过程中，而 PdhR 滴定启动子 P_{43} 的过程中并没有类似的放热特征，证明 PdhR 能够与丙酮酸结合而不能与原始启动子 P_{43} 结合。接着对放热过程进行曲线拟合，得到 PdhR 与启动子 P_{43D} 和丙酮酸的结合常数分别为 1.4 μmol/L 和 3.97 μmol/L。

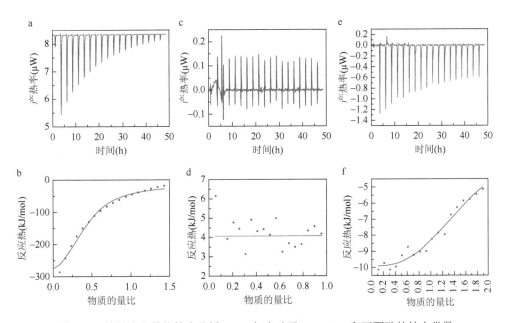

图 4-18　等温滴定量热技术分析 PdhR 与启动子 P_{43}、P_{43D} 和丙酮酸的结合常数

（a）和（b）PdhR 与启动子 P_{43D} 的等温滴定量热分析结果；（c）和（d）PdhR 与启动子 P_{43} 的等温滴定量热分析结果；（e）和（f）PdhR 与丙酮酸的等温滴定量热分析结果

影响基因回路应用的另一个关键问题是基因回路的正交性，即其他信号对基因回路功能的干扰。基因回路的正交性较差会导致其在应用时调控紊乱，达不到设定的动态调控效果，极大可能导致动态调控失败。因此，检测了所构建的丙酮酸响应基因回路的正交性，通过在培养基中添加 *B. subtilis* 的其他常用诱导剂（阿拉伯糖、木糖和 IPTG）、丙酮酸衍生物（乙酸、乳酸、乙偶姻、丙氨酸和乳糖）、中心代谢物（谷氨酸、α-酮戊二酸和葡萄糖二酸）和丙酮酸，检测其对 P_{43D} 相对荧光强度的影响。结果如图 4-19 所示，只有添加丙酮酸能够显著提高 P_{43D} 的相对荧光强度，证明只有丙酮酸能够激活所构建的丙酮酸响应基因回路。这意味着所构建的基因回路对丙酮酸具有较高的特异性，能够用于后续代谢网络的动态调控。

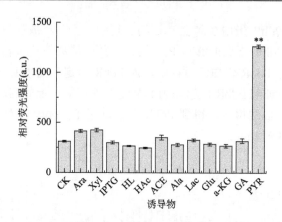

图 4-19　添加不同诱导剂对 P_{43D} 相对荧光强度的影响

CK：未添加诱导物；Ara：阿拉伯糖；Xyl：木糖；IPTG：异丙基-β-D-硫代半乳糖苷；HL：乳酸；HAc：乙酸；ACE：乙偶姻；Ala：丙氨酸；Lac：乳糖；Glu：谷氨酸；a-KG：α-酮戊二酸；GA：葡萄糖二酸；PYR：丙酮酸

3. 丙酮酸响应基因回路的优化

基因回路应用于细胞代谢网络的动态调控中时，往往还要调整基因回路的调控范围（动态范围），用来精细调控靶基因的表达量。因此，需要构建一系列具有不同动态范围的基因回路。转录因子结合序列和其上下游序列决定着转录因子与之结合的能力，从而会影响转录因子的调控效果。因此，首先突变了启动子 P_{43D} 上的 PdhR 结合序列 PdhR Box。为确保 PdhR 能够与 PdhR Box 结合，仅对 PdhR Box 中的非保守区进行了突变（图 4-20a），结果发现 PdhR Box 非保守区的突变显著影响基因回路的动态范围，其中 Box1（ATTGGTAAGACCAAT）具有最高的动态范围，达到 6.2，而 Box4、7、8、9 和 10 基本丧失了与 PdhR 结合的能力（图 4-20b）。

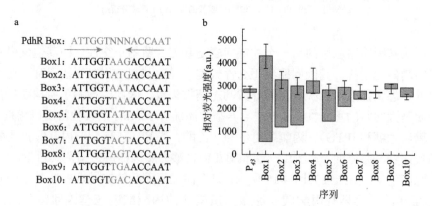

图 4-20　突变 PhdR Box 非保守区对基因回路动态范围的影响

（a）PdhR Box 突变株的序列示意图；（b）不同 PdhR Box 对基因回路相对荧光强度的影响

证明 PdhR 的调控效果对结合位点具有高度的依赖性，为后续获得动态范围更高的丙酮酸响应回路提供了改造方向。

转录因子结合位点与启动子核心区的距离会影响转录因子和 RNA 聚合酶的空间位阻，从而影响转录因子的调控效果。因此，基于 PdhR Box1，进一步优化了 PdhR Box1 与启动子核心区的距离，以获得具有更高动态范围的丙酮酸响应型启动子。结果如图 4-21 所示，PdhR Box 与启动子核心区的距离显著影响基因回路的动态范围，其中 P_{43D11} 具有最高的动态范围，达到 30.7，而 P_{43D2} 基本丧失了调控能力。这可能是由于 PdhR Box 与启动子核心区的距离改变同时改变了 PhdR Box 的上下游序列，影响了 PdhR 与之结合的能力。这进一步证实了 PdhR Box 序列与其上下游序列是影响基因回路动态范围的关键。而通过改变 PdhR Box 非保守区与其所在位置成功获得了具有不同动态范围的丙酮酸响应动态调控元件，为后续其应用提供了充足的工具库。

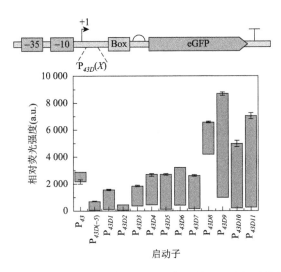

图 4-21　改变 PdhR Box 与启动子核心区的距离对基因回路相对荧光强度的影响

4. 时期依赖型丙酮酸响应基因回路的构建

与组成型启动子相比，时期依赖型启动子仅会在细胞生长到一定阶段时才开始转录，这是由于这类启动子的活性依赖于细胞内特殊的 σ 因子，而这类 σ 因子的表达是与细胞生长有关的[47]。时期依赖型启动子能够应用于有毒化合物代谢途径的调控，可使有毒代谢物在细胞生长后期再开始合成，从而降低其对细胞生长的毒副作用。因此，基于前人报道的 B. subtilis 中时期依赖型启动子，构建了时期依赖型丙酮酸响应基因回路。首先，在对数后期依赖型启动子（P_{ywjC}、P_{yteJ}）和稳定期依赖型启动子（P_{yqfD}）[48]的基础上，分别在其−35 区的上游、−10 区的下游和

+1 位点的下游插入 PdhR Box1，并在下游串联 *egfp* 报告基因，连接至 pHT01 载体，获得 P_{ywjCU}、P_{ywjCD}、P_{ywjC1}、P_{yqfDU}、P_{yqfDD}、P_{yqfD1}、P_{yteJU}、P_{yteJD} 和 P_{yteJ1} 启动子。然后，将它们分别转化到菌株 *B. subtilis* 168 和 PR，检测它们的相对荧光强度，结果显示 P_{ywjC1}、P_{yqfDD}、P_{yqfD1}、P_{yteJU}、P_{yteJD} 和 P_{yteJ1} 启动子的相对荧光强度在存在转录因子 PdhR 时能够显著下降，而其余的不能，其中 P_{yteJU}、P_{yqfDD} 和 P_{ywjC1} 启动子具有较高的动态范围，分别达到 3.6、2.8 和 1.9，证明将 P_{ywjC1}、P_{yqfDD}、P_{yqfD1}、P_{yteJU}、P_{yteJD} 和 P_{yteJ1} 启动子成功构建成丙酮酸响应基因回路（图 4-22a）。最后，进一步检测了 P_{yteJU}、P_{yqfDD} 和 P_{ywjC1} 启动子是否保持时期依赖性的表达特征，结果表明 P_{yteJU} 和 P_{ywjC1} 启动子仍然在对数后期才开始表达，P_{yqfDD} 启动子也只在稳定期才开始表达（图 4-22b～d），证明成功构建了对数后期依赖型（P_{yteJU} 和 P_{ywjC1}）和稳定期依赖型（P_{yqfDD}）丙酮酸响应基因回路。

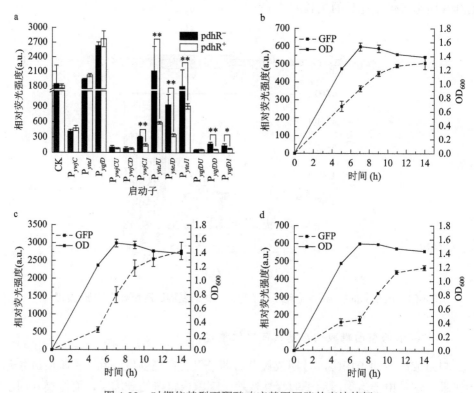

图 4-22　时期依赖型丙酮酸响应基因回路的表达特征

（a）各种时期依赖型丙酮酸响应基因回路在 *B. subtilis* 168 和 PR 中的相对荧光强度；（b）～（d）具有时期依赖型丙酮酸响应基因回路 P_{ywjC1}（b）、P_{yteJU}（c）和 P_{yqfDD}（d）菌株的生长曲线与相对荧光强度

5. 基于反义转录的丙酮酸抑制型基因回路的构建与优化

通过在丙酮酸激活型基因回路中引入基于反义转录的"非"门，进一步构建

了丙酮酸抑制型基因回路（图 4-23a）。首先，将获得的不同动态范围丙酮酸激活型启动子反向插入报告基因 *egfp* 的 3′ 端，检测其分别在菌株 *B. subtilis* 和 PR 中的相对荧光强度。结果显示，反义转录的效果随着反义启动子活性的降低而降低（图 4-23b）。然而，只有 P*D8*、P*D9* 和 P*D1* 具有较高的动态范围。接着，测试了时期依赖型丙酮酸激活型启动子作为反义启动子时的调节作用。结果表明，P*yteJ* 系列反义启动子（P*yteJU*、P*yteJM* 和 P*yteJD*）的动态范围相对 P*ywjC* 和 P*yqfD* 系列较大，但仍然很小（图 4-23c），意味着反义转录的调控作用可能与反义启动子的动力学特性有关。

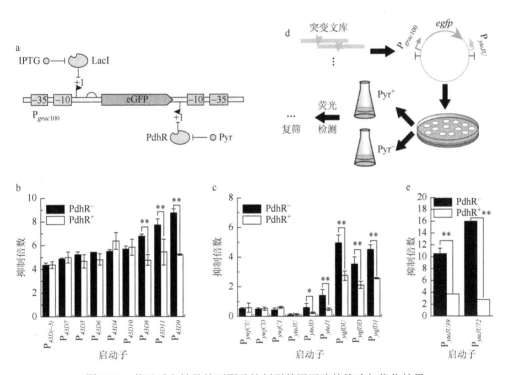

图 4-23　基于反义转录的丙酮酸抑制型基因回路的构建与优化结果

（a）基于反义转录的丙酮酸抑制型基因回路的构建示意图；（b）不同动态范围丙酮酸激活型启动子作为反义启动子时，基因回路在菌株 *B. subtilis* 和 PR 中对 *egfp* 的抑制倍数；（c）不同时期依赖型丙酮酸激活型启动子作为反义启动子时，基因回路在菌株 *B. subtilis* 和 PR 中对 *egfp* 的抑制倍数；（d）高动态范围丙酮酸抑制型基因回路的筛选流程示意图；（e）突变体 P*yteJU39* 和 P*yteJU72* 分别在菌株 *B. subtilis* 和 PR 中对 *egfp* 表达的抑制倍数

为了获得具有更高动态范围的丙酮酸抑制型基因回路，使用简并引物在 P*yteJU* 启动子的核心区及 PdhR 结合位点周围序列引入突变，构建反义启动子 P*yteJU* 的突变文库；随后将 P*yteJU* 突变文库转化到菌株 PR，获得突变株文库；接着将各突变株分别在含有和不含有丙酮酸的培养基中进行培养，检测各突变株在两种培养基中的相对荧光强度，选取荧光强度变化最大的菌株，提取质粒，转化到菌株 *B. subtilis*，

检测其在不添加丙酮酸的培养基中的相对荧光强度，从而计算该突变株的动态范围（图 4-23d）。结果成功筛选获得两个动态范围分别为 2.8 和 5.8 的丙酮酸抑制型基因回路 $P_{yteJU39}$ 和 $P_{yteJU72}$（图 4-23e）。

6. *B. subtilis* 中葡萄糖二酸从头合成途径的构建

葡萄糖二酸是一种高附加值的糖酵解途径的衍生产物，被广泛地应用于材料、医药和食品添加剂等领域[41, 49]。限制葡萄糖二酸生物合成的关键问题有两个：①合成途径中肌醇加氧酶（MIOX）的活性较低；②如何平衡葡萄糖二酸合成途径与中心代谢途径（糖酵解途径和磷酸戊糖途径）间的代谢流[50]。因此，本节以葡萄糖二酸代谢网络为研究对象，检测所构建的基因回路是否能够应用于中心代谢衍生产物代谢网络的动态控制，平衡中心代谢与葡萄糖二酸合成途径间的代谢流，促进葡萄糖二酸的高效合成。由于 *B. subtilis* 中缺乏葡萄糖二酸的合成途径，首先，在 *B. subtilis* 基因组整合了葡萄糖二酸合成途径的必需基因 *ino1*、*miox* 和 *udh*。其中，由于 MIOX 为葡萄糖合成途径的限速酶，因此选取酶活更高的 MIOX 突变体引入 *B. subtilis* 基因组，获得重组菌株 G1[51]。随后，敲除了葡萄糖二酸或其前体消耗途径的相关基因 *iloG*、*yrbE*、*uxaC* 和 *gudD*，获得重组菌株 G2。接着，将葡萄糖二酸合成途径中 *suhB* 基因的天然启动子替换成组成型强启动子 P_{43}，加强了葡萄糖二酸合成途径的表达，获得重组菌株 G3（图 4-24a）。最后，发酵重组菌株 G3，使用液相色谱-质谱（LC-MS）检测重组菌株 G3 是否能够合成葡萄糖二酸，结果显示，G3 发酵液中存在着出峰时间和 m/z（209.1）与葡萄糖二酸标品

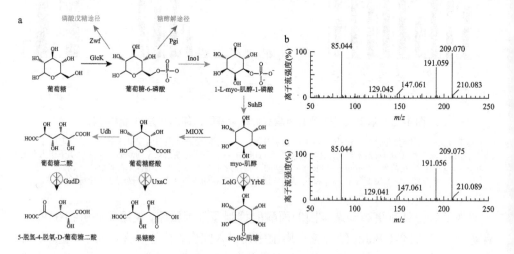

图 4-24　*B. subtilis* 中葡萄糖二酸从头合成途径的构建流程和结果图

（a）葡萄糖二酸从头合成途径的构建流程图；（b）和（c）葡萄糖二酸标品（b）与菌株 G3（c）发酵液的 LC-MS 检测结果

相同的物质（图 4-24b 和 c），代表成功在 *B. subtilis* 中构建了葡萄糖二酸的从头合成途径。进一步计算葡萄糖二酸的含量，为 207 mg/L。

7. 基于丙酮酸响应基因回路的葡萄糖二酸代谢网络动态调控

由于直接敲除 *B. subtilis* 中的糖酵解途径和磷酸戊糖途径会影响细胞生长[52]，因此，需要动态平衡葡萄糖二酸合成途径与糖酵解途径和磷酸戊糖途径的代谢流。为此，使用具有不同动态范围的丙酮酸激活型启动子（P_{43D}、P_{43D6}、P_{43D1} 和 P_{43D9}）动态强化葡萄糖二酸合成途径必需基因 *ino1* 的表达，同时使用具有不同动态范围的丙酮酸抑制型启动子（P_{43D1}、$P_{yteJU39}$ 和 $P_{yteJU72}$）动态弱化糖酵解途径必需基因 *pgi* 和磷酸戊糖途径必需基因 *zwf* 的表达，构建了一个基于胞内丙酮酸浓度的反馈基因回路（图 4-25a）。当胞内丙酮酸浓度较高时（代表胞内中心代谢较强），丙酮酸抑制型启动子开始抑制糖酵解途径和磷酸戊糖途径的代谢流，同时，丙酮酸激活型启动子增强葡萄糖二酸合成途径的代谢流，从而使更多的碳骨架用于葡萄糖二酸的合成；相反，当胞内丙酮酸含量较低时（代表中心代谢较弱），丙酮酸抑制型启动子对糖酵解途径和磷酸戊糖途径的抑制效果减弱，同时，丙酮酸激活型启动子也不再强化葡萄糖二酸合成途径，从而使更多的代谢通量流向中心代谢。最终，达到动态平衡葡萄糖二酸合成途径与糖酵解途径和磷酸戊糖途径代谢流的目的。为引入该反馈回路，首先，在菌株 G3 的基因组整合 *pdhR* 基因，获得重组菌株 GR3。随后，根据上文提及的方法，分别在菌株 GR3 和 G3 中构建基于胞内丙酮酸浓度的反馈基因回路，获得菌株 GR 和 G。其中，由于菌株 G3 中并不存在转录因子 PdhR，反馈基因回路并不能发挥功能，仅是静态地改变了基因 *ino1*、*pgi* 和 *zwf* 的转录水平，因此被作为对照菌株。经发酵测试，发现菌株 GR17 的葡萄糖二酸产量最高，达到 527 mg/L，相比对照提高了 154%（图 4-25b 和 c）。而在受到静态调控的菌株中，G21 的产量最高，为 281 mg/L，相比对照提高了 35%（图 4-25b 和 c）。此外，当使用抑制效果最强的启动子静态弱化基因 *pgi* 的表达时，菌株（G10、G13 和 G16）的生长受到了明显的抑制（图 4-25d 和 e）；而当菌株中存在 PdhR 时，菌株（GR10、GR13 和 GR16）的生长则不会受到明显抑制，代表引入基因回路确实能够平衡细胞生长与产物合成。最后，为进一步证明基因回路确实发挥了功能，检测了出发菌株 G3、静态调控产量最高菌株 G21 和动态调控产量最高菌株 GR17 胞内丙酮酸含量与基因 *ino1* 相对转录水平随时间的变化。结果显示，菌株 G21 和 GR17 的胞内丙酮酸含量显著低于出发菌株 G3，表明抑制基因 *pgi* 和 *zwf* 的表达能够降低胞内丙酮酸的浓度；此外，菌株 GR17 的胞内丙酮酸含量和基因 *ino1* 相对转录水平随时间的推移呈现出了明显的振荡模式，证明所构建的基因回路确实对葡萄糖二酸的代谢网络进行了动态控制（图 4-25f 和 g）。以上结果表明，引入基于胞内丙酮酸浓度的反馈基因回路动态调控葡萄糖二酸的代谢网络，确实能够合理分配葡萄糖二酸合成途径和中心代谢间的代谢流，促进葡萄糖二酸的高效合成。证明所构建的丙酮酸基因回路确实能够应用于中心代谢网络的动态控制，为 *B. subtilis* 中心代谢网络的全局控制提供了新方法。

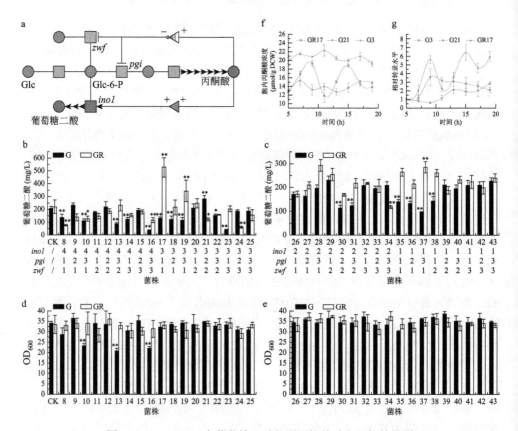

图 4-25　*B. subtilis* 中葡萄糖二酸代谢网络的动态调控结果图

（a）葡萄糖二酸代谢网络的动态调控方式示意图；（b）和（c）动态调控与静态调控菌株中的葡萄糖二酸含量检测结果，1～4代表调控效果逐步增强；（d）和（e）动态调控与静态调控菌株的OD$_{600}$检测结果；（f）菌株GR17、G21和G3的胞内丙酮酸含量检测结果；（g）菌株GR17、G21和G3中的*ino1*基因相对转录水平变化

4.2　基于细胞群体感应的代谢网络系统

4.2.1　枯草芽孢杆菌群体感应系统概述

　　动态调控是一种近年来新兴的微生物代谢工程改造策略，相对静态调控，其能够响应胞内外环境的变化，自发调整产物合成途径和竞争途径的代谢流，动态平衡细胞生长和目的产物合成的效率，提升底物转化率和产物得率。群体感应是

微生物通过响应细胞浓度来调控胞内生理和代谢相关基因转录的机制[53]，该系统是动态调控中的一类重要工具，具有无须添加诱导剂、无遗传干扰、不依赖代谢途径及对细胞初期生长无负担等特点，因此该系统日益引起研究者的关注[54]。虽然目前很多研究已经将群体感应系统应用到代谢途径中，但这些研究均使用异源的群体感应系统进行调控，细胞代谢负担加重，系统稳定性较弱。如何利用细胞自身的群体感应系统对代谢网络进行动态调控是接下来需要解决的问题。

群体感应（quorum sensing，QS）系统是细菌根据局部细胞密度的变化使基因的表达水平发生改变的一种调控方式。QS 系统的实质是通过感应细胞外信号分子的浓度来调节基因的表达。群体感应是一种细胞间通信过程，它使细菌能够集体改变行为，以响应周围微生物群落细胞密度和物种组成的变化[55]。群体感应涉及细胞外信号分子（称为自诱导剂）的产生、释放和全局检测。随着细菌种群密度的增加，自诱导剂在环境中积累，细菌监测自诱导剂浓度的变化，以改变其细胞数量并共同改变基因表达的全局模式。由群体感应控制的过程包括生物发光、毒力因子分泌和生物膜形成。

革兰氏阳性菌和革兰氏阴性菌都具有群体感应系统。革兰氏阳性菌通常利用自身分泌的寡肽和双组分系统，它们由膜结合的传感器激酶受体和指导基因表达改变的细胞质转录因子组成[56]。在几乎所有已知的革兰氏阴性菌的群体感应系统中都发现了 4 个共同特征。第一，此类系统中的自诱导剂是酰基高丝氨酸内酯（AHL）或由 S-腺苷甲硫氨酸（SAM）合成的分子，它们能够通过细菌膜并自由扩散。第二，自诱导剂与位于内膜或细胞质中的特定受体结合。第三，群体感应通常会改变支持各种生物过程的数十到数百个基因。第四，在称为自诱导的过程中，自诱导剂驱动的群体感应刺激了自诱导剂的合成增加，从而建立了一个前馈循环，旨在促进群体中的基因同步表达[57]。革兰氏阳性菌通常利用双组分信号转导系统和磷酸信号转导系统实现群体感应调控[58]。其中，双组分信号转导系统由组氨酸激酶（histidine kinase，HK）和应答调控蛋白（response regulator，RR）组成[59]。组氨酸激酶由信号识别结构域和自身激酶域两部分组成，信号识别结构域与特异信号分子进行结合，激活自身的激酶活性，导致 ATP 的水解，使磷酸基团转移到组氨酸激酶上，将其磷酸化。磷酸转移酶的结构域与应答调控蛋白的调节结构域能特异匹配，最终将磷酸基团转移到 RR 上，使天冬氨酸磷酸化，激活应答调控蛋白调控基因表达的能力。磷酸信号转导系统是比双组分信号转导系统更为复杂的一类调控系统，与双组分信号转导系统相比，该系统使用了其他磷酸转移酶[60]。例如，在 *B. subtilis* 168 芽孢产生的过程中，磷酸基团的传递顺序是 His-Asp-His-Asp。首先是细胞膜上的组氨酸激酶 KinA、KinB、KinC、KinD、KinE 感应到碳饥饿信号，自身的组氨酸磷酸化，将磷酸基团转移到 Spo0F；紧接着 Spo0F-P 将磷酸基团传递给 Spo0B；之后 Spo0B-P 把磷酸基团转移到应答调控蛋白 Spo0A，获得磷酸化的 Spo0A-P（图 4-26）[61]。同时 Spo0A-P 的磷酸化水平也受到磷酸酶的影响，原因是磷酸酶可将 Spo0F-P 的磷酸基团移除掉，从而降低 Spo0A 的磷酸化水平[62]。当 Spo0A 磷酸化之后，Spo0A-P 能够立即与基因结合，从而激活或者抑制相关基因的表达。

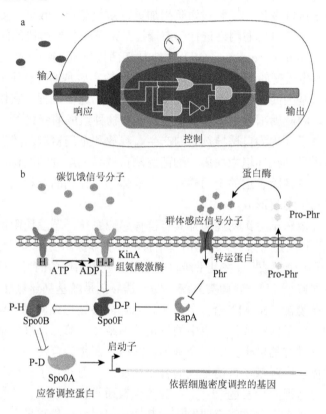

图 4-26　基因回路示意图

（a）基因回路的结构；（b）*B. subtilis* 168 中调控芽孢产生的通路

　　群体感应可以自发地将工业微生物从生长期转换到生产阶段。群体感应系统由于具有无须添加诱导剂、无遗传干扰、不依赖代谢途径、对细胞初期生长无负担等优势，已引起研究者的日益关注[63, 64]。例如，费氏弧菌（*Vibrio fischeri*）的 LuxR 群体感应系统已用于实现大肠杆菌中碳通量从中心代谢向异丙醇途径的自动转换[65]。Gupta 等将 EsaR 的结合位点置于果糖磷酸激酶（PfkA）基因的启动子区域，并使用了源自细菌 *Pantoea stewartii* 的 Esa 群体感应系统，这种修饰抑制了 *pfkA* 基因的转录，导致肌醇产量增加了 5.5 倍[66]。

　　从枯草芽孢杆菌产生芽孢的过程中可以看出，整个过程包括了信号输入（KinA 等）、信号转导（Spo0F、Spo0B）及信号执行（Spo0A）三个部分。这是一个完整的基因回路，为深入了解细胞内存在的信号响应通路是如何工作的，以及我们利用这些通路对其他合成途径进行有效的调节奠定了基础。

　　因此，在本节重构了 *B. subtilis* 自身的 Phr-Rap 群体感应系统（图 4-27）。首先对组氨酸激酶 KinA 进行截短突变，并进行组成型表达，使 KinA 在细胞生长于富含葡萄糖的环境中时能够产生磷酸基团，并将磷酸基团传递下去，最终转移至Spo0A。进一步使用诱导型启动子表达基因 *spo0A*，检测不同浓度的 Spo0A-P 对启动子 P$_{spoiiA}$ 和 P$_{abrb}$ 的调控能力，并通过改变启动子上 Spo0A-P 结合位点的序列与个数，获得不同表达强度的激活型与阻遏型启动子。由于 Spo0A-P 磷酸化水平受到 Phr-Rap 群体感应系统的调节，为了更严谨地调控 Spo0A-P 的磷酸化水平，首先敲除 Spo0A 磷酸化调控因子编码基因 *rapA* 和 *rapB*，使 Spo0A 磷酸化水平主要受到 Rap60 调控。然后使用诱导型启动子表达 *rap60* 基因，Rap60 不仅可以调控 Spo0A-P 的磷酸化水平，还可以抑制 KinA 的磷酸化水平，能够更精确地调控Spo0A-P 的磷酸化水平，并调控基因的表达。与 Rap60 相对应的信号分子是 Phr60，使用天然启动子表达 *phr60* 编码基因，检测 Phr60 与细胞生长之间的关系，并建立细胞密度与启动子之间的模型，构建 Phr60-Rap60-Spo0A 群体感应系统。

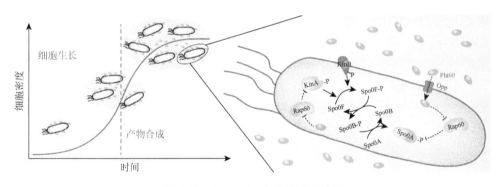

图 4-27　*B. subtilis* 中群体感应系统

4.2.2　组氨酸激酶 KinA 改造对芽孢产生的影响

　　在 *B. subtilis* 168 中主要存在 ComA 和 Spo0A 两种群体感应系统，其中 ComA是调控细胞产生感受态的调控因子；Spo0A 是调控细胞产生芽孢的转录因子，其调控大约 121 个基因的表达。胞外信号分子（多肽）随着细胞生长积累到一定浓度时，刺激 HK 自磷酸化，形成的高能磷酸基团随后传递到 RR 的天冬氨酸上，磷酸化诱导 RR 的构象发生变化，从而激活或抑制相应基因的表达。然而，Spo0A只有在细胞处在碳饥饿的情况下才能磷酸化，但在实际应用中需要其在富营养的情况下发挥功能。

为解决此问题，需要对组氨酸激酶 KinA 进行改造，使其在富葡萄糖的情况下同样能够产生磷酸基团。为了减少其他组氨酸激酶对 Spo0A 磷酸化的影响，首先敲除细胞中另一个主要的组氨酸激酶编码基因 *kinB*，使磷酸基团主要由 KinA 产生。组氨酸激酶 KinA 的蛋白结构主要由信号输入区域和磷酸化激酶区域两部分组成，信号输入区域由 PAS-A、PAS-B 和 PAS-C 三个区域组成（图 4-28a）。其中 PAS-A 主要负责感应碳饥饿信号，当感应到碳饥饿时，KinA 的蛋白构象发生变化，不仅能够使自身发生磷酸化，而且可促进 *kinA* 的表达。尝试敲除 PAS-A 区域，使 KinA 不受碳饥饿的激活，并利用组成型启动子 P*veg* 表达 *kinA-ΔPAS-A* 基因，获得能够组成型表达组氨酸激酶的重组菌株 BS16。为了检测敲除 KinB 及组成型表达 *kinA-ΔPAS-A* 是否能够将磷酸基团传递下去，使 Spo0A 磷酸化，将获得的重组菌株 BS16 培养在 DSM 和 LB 培养基中，然后检测芽孢数量变化，结果显示当敲除 *kinB* 时，DSM 培养基中的细胞能够产生与野生型一样多的芽孢，而 LB 培养基中未能产生芽孢，说明敲除 KinB 不影响 Spo0A-P 的激活（图 4-28b）。然后进一步将重组菌株 BS16 经过同样的方式培养在 DSM 和 LB 培养基中，两种培养基中都产生了芽孢，但是产生的芽孢数量有明显的差异，在 DSM 培养基中产生的芽孢数量比在 LB 培养基中产生的芽孢数量多出 10 倍（图 4-28b）。上述结果说明，组成型表达 *kinA-ΔPAS-A* 能够在富营养的情况下产生芽孢。然而，芽孢的产生说明细胞已经进入了休眠期，不利于目的产物的合成。如何保证既有磷酸信号的传递，又能限制芽孢的产生是利用 *B. subtilis* 168 自身群体响应需要解决的关键问题。

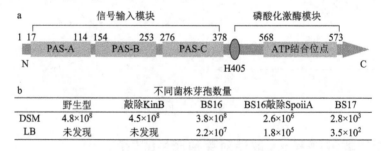

| a | 信号输入模块 | | | 磷酸化激酶模块 | |

图 4-28　芽孢数量分析

（a）组氨酸激酶 KinA 的蛋白结构；（b）比较不同菌株芽孢数量

当 Spo0A-P 磷酸化后，首先激活芽孢产生所需前期基因 *spoiiA*、*spoiiE* 和 *spoiiG*，然后激活下游通路。为了既能使磷酸信号传递，又能抑制芽孢的产生，考虑切断 Spo0A-P 调控芽孢产生的信号传递。首先，敲除前期基因 *spoiiA*、*spoiiE* 获得重组菌株 BS17。然后验证敲除前期基因是否对芽孢的产生具有影响，将获得的重组菌株分别在 DSM 和 LB 培养基中培养之后，比较芽孢个数的变化。结果显示随着敲除基因的增加，芽孢个数逐渐减少（图 4-28b）。重组菌株 BS17 经过 DSM 培养基培养之后，产生的芽孢仅有 2.8×10^3 个，与 *B. subtilis* 168 相比减少了 10^5 倍，经过 LB 培养基培养之后产生的芽孢为 3.5×10^2 个（图 4-28b）。实验证明敲除芽孢产生所需的前期基因，能够有效地减少芽孢的产生。以上结果说明，组成型表达 *kinA-ΔPAS-A* 及敲除芽孢产生所需前期基因之后，既能够使磷酸信号持续传递，又能够抑制芽孢产生。

4.2.3　构建 Spo0A-P 调控启动子表达水平文库

在重构的群体感应系统中，Spo0A-P 调控启动子的转录水平。为了验证不同浓度的 Spo0A-P 是否影响启动子的转录水平，首先使用受 IPTG 诱导的启动子 P*grac100* 表达 *spo0A* 基因（图 4-29a），获得重组菌株 SP1；然后加入不同浓度的 IPTG，从而获得不同浓度的 Spo0A-P。为了表征不同浓度的 Spo0A-P 对启动子转录水平的影响，使用受 Spo0A-P 激活的启动子 P*spoiia* 表达绿色荧光蛋白（GFP）编码基因（4-29b 和 c）。根据相对荧光强度的不同，间接说明 Spo0A-P 的表达水平与调控能力。将重组质粒 pHT01-P*spoiia*-*gfp* 转化到 SP1，获得含有质粒的重组细胞，使用 96 孔板进行培养，培养初始在培养基中加入不同浓度的 IPTG，定时测定相对荧光强度。不加入 IPTG 的时候，P*grac100* 启动子有渗漏表达，导致细胞出现比较低的相对荧光强度，但是随着加入 IPTG 浓度的增加，相对荧光强度明显增加（图 4-30a）。

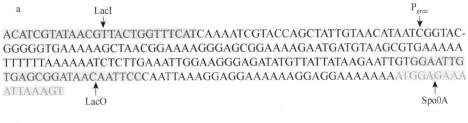

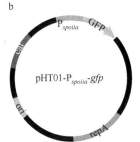

图 4-29　P*grac100* 的序列和 pHT01-P*spoiia*-*gfp* 的结构与序列

（a）启动子 P*grac100* 的序列；（b）和（c）质粒 pHT01-P*spoiia*-*gfp* 的结构和序列

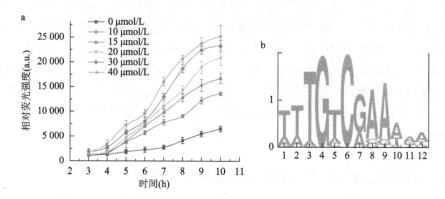

图 4-30　不同浓度的 Spo0A-P 对启动子转录水平的影响与 "0A box" 的序列

（a）不同浓度 Spo0A-P 对启动子 P$_{spoiia}$ 转录水平的影响；（b）Spo0A-P 结合序列的碱基分布

在加入 IPTG 后继续培养 6~7 h，相对荧光强度出现了变化。这些结果证明，P$_{grac100}$ 可以诱导不同浓度的 Spo0A，然后 Spo0A-P 可以有效地调控启动子的表达。

　　Spo0A-P 之所以可以调控启动子表达的强度，是因为 Spo0A-P 能够与启动子的序列相结合，结合序列称为 "0A box"（图 4-30b）。由于不同启动子上结合序列是不同的，因此 0A box 具有多样性，根据每个位置碱基出现的概率获得 0A box 的保守序列为 "TTTGTCGAAAAA"。为了进一步了解不同结合位点序列对启动子活性的影响，根据在每个位点可能出现的碱基，设计简并引物 "DHDGHC RVDNND"，通过简并引物获得随机的结合位点序列，将获得的含有随机结合位点的质粒转入 SP1，使用 96 孔板测量每个转化子培养液的荧光强度变化。由于获得的大部分随机结合位点序列属于反向突变，测量的相对荧光强度下降明显，本节仅展示部分突变序列（表 4-1）。结果显示，把启动子上原来的结合位点换成保守序列之后，其转录活性提高大约 1.6 倍，说明保守序列对 Spo0A-P 的亲和力要高于原来的结合位点。进一步通过突变筛选，获得转录活性更强的突变序列，其中含有突变序列的启动子转录活性是含有原始结合位点的启动子转录活性的 2.08 倍。实验说明结合位点序列变化能够改变 Spo0A-P 对启动子转录水平的调控强度，其原因是不同结合位点序列对 Spo0A-P 的亲和力不同，对启动子亲和力越高，其调控启动子的能力越强，反之越弱。以上实验结果说明，利用 Spo0A-P 调控启动子的转录水平是可行的。

表 4-1　结合位点序列对启动子转录活性的影响

结合位点序列	启动子调控强度
ACTTCGACAAT	23 924.58
ACTTTGTCGAAAAAAT	39 463.69

续表

结合位点序列	启动子调控强度
ACATTGACAGGGAAAT	49 854.39
ACGAAGTCGGTAAAAT	18 188.63
ACGCTGACGAGCTTAT	4 822.89
ACAAGGACGGTTCTAT	1 643.19
ACTCGGTCGGTTTAAT	1 388.75

4.2.4　受 Spo0A-P 激活调控启动子的构建

一个完整的代谢网络中，想要实现目标产物的高效合成，需要对目标产物合成途径中的关键基因进行不同强度的表达。首先构建受 Spo0A-P 激活的启动子，选用启动子 P$_{spoiia}$ 作为初始启动子，根据生物信息学分析（http://dbtbs.hgc.jp/）预测 P$_{spoiia}$ 具有 4 个 Spo0A-P 结合位点（图 4-31a），这 4 个结合位点均在转录起始位点 +1 位

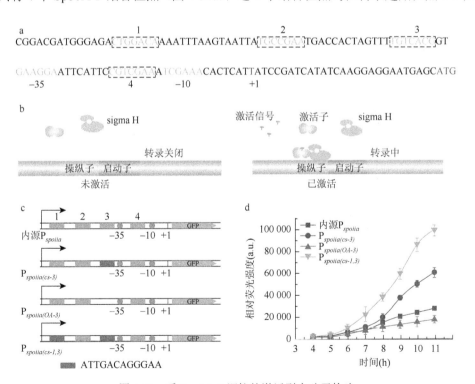

图 4-31　受 Spo0A-P 调控的激活型启动子构建

（a）启动子 P$_{spoiia}$ 的基因序列与结合位点的位置；（b）Spo0A-P 调控启动子 P$_{spoiia}$ 的方式；（c）构建不同转录水平的启动子；（d）不同启动子的表达水平

点的上游，而且每个结合位点的序列均不一样。Spo0A-P 调控启动子 P_{spoiia} 的方式为：当细胞中没有 Spo0A-P，RNA 聚合酶无法与启动子结合，导致基因无法转录；当细胞中出现 Spo0A-P 之后，其与启动子的结合位点相结合，随后招募到 RNA 聚合酶 sigma H，P_{spoiia} 表达的基因得以转录（图 4-31b）。

为了获得不同转录能力的启动子，需要对 P_{spoiia} 进行改造，为表征 P_{spoiia} 的转录水平，用 P_{spoiia} 调控荧光蛋白基因 *gfp* 表达，通过相对荧光强弱表征启动子转录水平的高低。首先对启动子含有的 Spo0A-P 结合位点序列和个数进行了改造（图 4-31c），由于第 4 位的结合位点位于$-35\sim-10$ 区，增加碱基的长度可能影响 RNA 聚合酶的结合，导致启动子无法进行转录，因此不对第 4 位的结合位点进行改造。将结合位点的序列改造成"TTTGTCGAAAAA"，并用改造结合位点分别对第 1~3 位结合位点进行替换，结果发现只有改变第 3 位结合位点的时候，启动子的转录水平才有所增加，相比较初始启动子，提高大约 2.34 倍。当减少启动子上的结合位点时，不论减少哪个位置启动子的转录活性均有所下降，用此方法可以获得受 Spo0A-P 调控较弱的启动子。最后通过将多个结合位点的序列替换为亲和力更高的"ATT GACAGGGAA"，可获得转录水平更高的启动子。经过不同位置的尝试，发现当第 1 和第 3 位的结合位点换成新的结合位点之后，获得启动子 $P_{spoiia\ (cs-1,3)}$，转录水平得到大幅度提升，相比较初始启动子，提高大约 6 倍（图 4-31d）。以上实验表明，通过改变启动子上结合位点的个数及序列可以获得转录水平不同的启动子，可为接下来对途径进行调控提供足够的启动子。

4.2.5　受 Spo0A-P 阻遏调控启动子的构建

获得仅受 Spo0A-P 激活调控的启动子并不能满足代谢途径改造的需求。为了构建受 Spo0A-P 阻遏调控的启动子，首先选取 P_{abrb} 启动子作为初始启动子，根据生物信息学分析（http://dbtbs.hgc.jp/）预测 P_{abrb} 具有 2 个 Spo0A-P 结合位点（图 4-32a），这两个结合位点均在转录起始位点 +1 位点的下游，而且这两个结合位点的序列具有高度保守性。启动子 P_{abrb} 受 Spo0A-P 调控的机制为：当细胞中没有 Spo0A-P，RNA 聚合酶与启动子结合，使得基因得以转录；当细胞中出现 Spo0A-P 之后，其与启动子的结合位点相结合，阻碍了 RNA 聚合酶与启动子的结合，使启动子的转录无法正常进行（图 4-32b）。

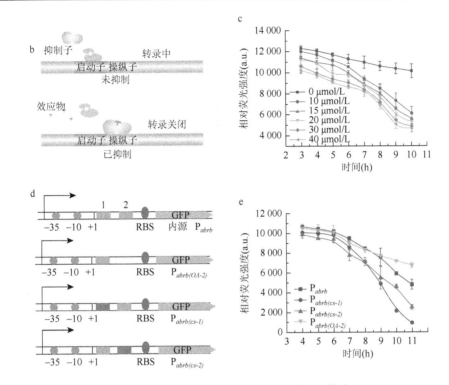

图 4-32　受 Spo0A-P 调控的阻遏型启动子构建

（a）启动子 P_{abrb} 的基因序列与结合位点的位置；（b）Spo0A-P 调控启动子 P_{abrb} 的方式；（c）P_{abrb} 的表达水平；（d）构建不同转录水平的启动子；（e）不同启动子的表达水平

　　为了获得不同转录能力的启动子，首先验证不同浓度的 Spo0A-P 对启动子 P_{abrb} 的调控能力，方法与验证启动子 P_{spoiia} 的调控作用类似。结果显示在不加入 IPTG 的时候，$P_{grac100}$ 启动子有渗漏表达，导致细胞的相对荧光强度逐渐减弱。但是随着加入 IPTG 浓度的增加，相对荧光强度受抑制程度也明显增加。在加入 IPTG 后 6～7 h，相对荧光强度出现了明显变化（图 4-32c）。这些结果同样证明 IPTG 可以诱导不同浓度的 Spo0A-P，然后 Spo0A-P 可以有效地调控启动子 P_{abrb} 的表达。

　　为获得不同阻遏强度的启动子，需要利用与获得不同激活强度的启动子同样的方法对 P_{abrb} 进行改造，首先对启动子含有的 Spo0A-P 结合位点序列和个数进行改造（图 4-32d）。敲除结合位点之后，Spo0A-P 的结合能力减弱，阻碍 RNA 聚合酶结合的能力变弱，导致启动子的转录水平比原始启动子的转录水平高。然后将结合位点的序列改造成"ATTGACAGGGAA"，并将改造结合位点分别与第 1、2 位结合位点进行替换，结果发现，改变第 1 位结合位点获得的启动子 $P_{abrb (cs-1)}$，其转录水平被抑制得更加明显，仅有初始启动子 15% 的转录水平。当改变第 2 位结合位点时，启动子的转录水平为原始启动子转录水平的 46%（图 4-32e）。实验结果说明，不同结合位点与调控因子 Spo0A-P 的亲和力不相同；启动子上结合位点位置不同对启动子的转录水平具有不同的影响。结合以上实验结果可以证明，通过改变启动子上结合位点的个数及序列可以获得转录水平不同的启动子，可为接下来对途径进行调控提供足够的启动子。

4.2.6　Phr60-Rap60 对 Spo0A-P 调控能力的影响

获得受 Spo0A-P 调控的激活型与阻遏型启动子之后，需要进一步利用 Phr60-Rap60 群体感应系统对 Spo0A-P 的表达水平进行调控，以将细胞密度与基因表达水平相关联。首先，为了避免更多的群体感应系统对实验结果产生影响，敲除另外两个主要的调控因子编码基因 *rapA* 和 *rapB*。随后，在 *B. subtilis* 168 基因组的 *amyE* 位点整合 *rap60* 基因，并利用启动子 P*grac100* 控制 *rap60* 基因的表达水平获得重组细胞 SP2，通过在培养基中加入不同浓度的 IPTG，控制 Rap60 的表达量（图 4-33a）。最后，通过转化质粒 pHT01-P*spoiia-gfp*，利用相对荧光强度的变化表征 Spo0A-P 的含量。结果显示，当 IPTG 的浓度达到 40 μmol/L，相对荧光强度明显下降，仅有原始的 17%（图 4-33b），显示 Rap60 能够明显地抑制 Spo0A-P 的活性。

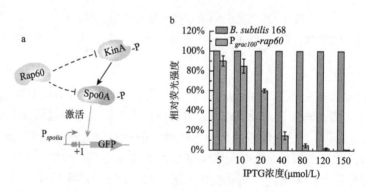

图 4-33　Rap60 对 Spo0A-P 磷酸化水平的影响

（a）Rap60 调控 Spo0A-P 活性示意图；（b）不同表达量的 Rap60 对 Spo0A-P 调控水平的影响

在 *B. subtilis* 168 中群体感应系统之间具有明显的特异性，特定信号分子专一地调控对应的调控蛋白。为了进一步讨论 Phr60 和 Rap60 之间的关系（图 4-34a），首先使用组成型启动子 P*hag* 分别表达 *phr60* 和 *rap60* 基因，获得重组菌株 SP3。群体感应系统的调控步骤是，首先细胞中 Rap60 抑制 Spo0A-P 的磷酸化水平，从而影响受 Spo0A-P 调控的基因表达水平。之后随着信号分子 Phr60 的逐渐积累，Phr60 可以抑制 Rap60 的活性，使 Spo0A 能够磷酸化，从而实现其调控基因表达的目的。为了验证信号分子 Phr60 的积累对 Spo0A-P 磷酸化水平的影响，按照基因拷贝数为 1∶1 表达 *phr60* 与 *rap60* 两个基因。结果显示，虽然按照基因拷贝数为 1∶1 表达 *phr60* 与 *rap60* 两个基因能够使 Spo0A-P 的调控能力得到提高，但是表达强度仅有原始的 40%，说明 Phr60 能够影响 Spo0A-P 的磷酸化水平。但是，Spo0A-P 对基因的调控能力未能恢复，原因可能是信号分子不足，导致 Rap60 对 Spo0A-P 的抑制未能解除。进一步增加 *phr60* 的拷贝数，当 *phr60* 与 *rap60* 的拷贝数为 2∶1 时，Spo0A-P 的调控能力恢复到原始的 85%（图 4-34b）。

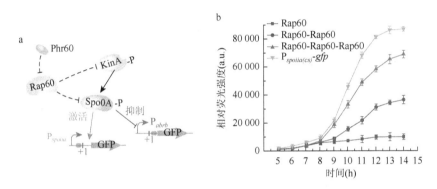

图 4-34 Phr60-Rap60 与 Spo0A-P 之间的关系

（a）Phr60-Rap60 调控 Spo0A-P 磷酸化水平示意图；（b）不同表达量的 Phr60 对 Spo0A-P 调控水平的影响

群体感应系统的表现形式是细胞密度与基因表达水平之间的联系。为了防止组成型启动子或诱导型启动子对群体感应系统产生影响，*phr60* 和 *spo0A* 使用其天然启动子表达，获得重组菌株 BS18。进一步验证细胞密度对 Spo0A-P 调控能力的影响，将构建好的质粒 pHT01-P$_{spoiia}$-*gfp* 和 pHT01-P$_{abrb}$-*gfp* 分别转化到菌株 BS18，获得重组菌株 BS18-P$_{spoiia}$-*gfp* 和 BS18-P$_{abrb}$-*gfp*。当细胞密度 OD$_{600}$ 达到 1.433 时，菌株 BS18-P$_{spoiia}$-*gfp* 的 GFP 相对荧光强度随着细胞密度的增加而增加（图 4-35a）。当细胞密度 OD$_{600}$ 为 1.289 时，菌株 BS18-P$_{abrb}$-*gfp* 的 GFP 相对荧光强度随着细胞密度的增加而降低（图 4-35b）。当细胞干重达到 0.36 g/L 时，P$_{spoiia}$ 的转录被激活（图 4-35c）；当细胞干重达到 0.25 g/L 时，P$_{abrb}$ 的转录受到抑制（图 4-35d）。这些结果表明，Phr60-Rap60-Spo0A 群体感应系统可用作双功能开关，以促进或抑制靶基因转录响应细胞密度。利用细胞自身的群体感应系统，能够避免表达外源基因时带来的资源浪费，能够更优化地利用细胞自身资源，使合成途径得到更优的碳通量分配。

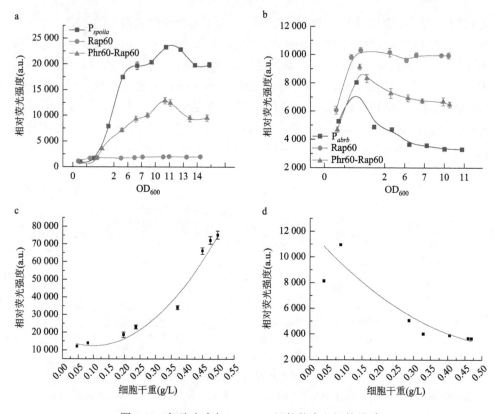

图 4-35　细胞密度与 Spo0A-P 调控能力之间的关系

（a）细胞密度对激活型启动子 P_{spoiia} 的影响；（b）细胞密度对激活型启动子 P_{abrb} 的影响；（c）细胞干重与激活型启动子 P_{spoiia} 之间的关系；（d）细胞干重与激活型启动子 P_{abrb} 之间的关系

4.3　基于多模型驱动的代谢网络智能化调控

基因组规模代谢网络模型（genome-scale metabolic network model，GSMM）利用基因组信息将代谢物的化学计量系数和基因-蛋白-反应（GPR）关系转化为简单的数学公式来描述生物体的整个代谢过程[67]。GSMM 的本质是将化学计量平衡的代谢反应抽象为数学矩阵 **S**，将矩阵中每行定义为代谢物，每列定义为代谢反应，并以代谢通量为约束条件模拟细胞代谢网络。GSMM 通过指导菌株的改造设计、研究细胞代谢的进化过程、分析代谢的相互作用机制已广泛应用于酶制剂、发酵食品和生物质化学品等生产菌株的开发，病原体药物的靶向预测和疾病病理的分析研究，泛反应分析及多细胞间相互作用机制解析等[68]。从 1999 年流感嗜血杆菌搭建第一个 GSMM 以来，经历 20 多年的发展，基因组规模代谢网络模型已经成为研究生物体代谢网络不可或缺的工具。目前，已经有 6000 多种微生物构建了 GSMM，其中经典模式生物大肠杆菌、枯草芽孢杆菌、酿酒酵母等在基因组信息的不断挖掘和组学检测技术的不断进步下，已经分别搭建了 12 个、6 个和 13 个 GSMM[69]。不断完善的 GSMM 除了扩大基因、代谢物和反应模型的规模外，还从不同角度出发扩大其应用范围，发展出热力学模型、动力学模型（kinetic model，KM）等多种约束模型[70]，添加基因遗传信息的代谢与基因表达模型（ME 模型）[71]，覆盖整个细胞生命活动的全细胞模型[72]等，使模型研究对象不限于简单的基因-蛋白-反应关系，而尽可能模拟细胞的基因表达、转录调控、蛋白翻译等整个生长代谢过程，系统分析细胞内代谢调控机制，以全面提高细胞工厂的生产力（图 4-36）。通过 GSMM 来理解、预测和优化细胞工厂的特性与机制，并借助有效的模型在计算机上发现和评估细胞工厂的代谢改造策略，可以极大地节省时间和资源。因此，GSMM 广泛应用于代谢工程，从而提高目标产物的产量、滴度和生产力，成为代谢工程中不可或缺的重要工具之一。

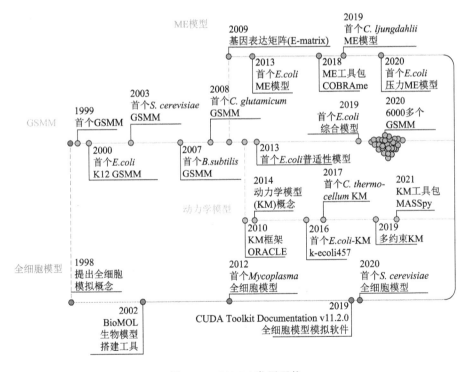

图 4-36　GSMM 发展现状

4.3.1　GSMM 搭建及应用

　　构建 GSMM 需要耗费大量的人工和时间，目前已经开发了多种自动建模工具，如 GEM System、ModelSEED、merlin、RAVEN tools 等软件（表 4-2），帮助研究人员快速构建 GSMM 并对模型进行分析应用[73]。其中 GEM System、AUTOGRAPH 和 Scrumpy 等工具包是最早尝试进行自动化重建 GSMM 的工具之一。这些工具通过在线数据库如 KEGG、SWISS-PROT、TrEMBL 等进行同源搜索、基因功能注释、代谢网络自动构建，以完成模型的构建工作。然而，早期的工具无法模拟生物质生产，并且模型自动化重建程度较低，需要大量额外的人工才能实现模型的构建工作。新一代的自动化建模工具使用基因组规模信息，从细胞代谢草图重建开始，并提供工具来改进和评估网络重建。ModelSEED 是目前应用最多的 GSMM 自动化构建平台，集模型草图生成、代谢网络细化管理、自动间隙填充、通量平衡分析和表型数据集评估为一体，为科研人员打造了一个全面的自动化建模管理分析应用程序[74]。另外，ModelSEED 的 KBase 版本还包括批量模型重建工具，支持大规模分析，如重建 8000 个不同微生物基因组的中心代谢模型和重建 773 个人类成员的模型肠道微生物组[74]。Pathway Tools 也是一款全面的自动化构建 GSMM 的工具，其基于 Biocyc 数据库，是创建生物体特异性通路数据库的重要工具[75]。此外，merlin 实现了 GSMM 构建中蛋白和代谢物的亚细胞定位预测，此功能使 merlin 成为构建多隔室模型的合适候选者，已成为多种原核生物和真核生物基因组模型构建的重要工具[76]。RAVEN Toolbox 和 COBRA Toolbox 是代谢网络重建、分析与可视化的 MATLAB 工具箱，除了网络重建工具外，其主要提供了大量的 GSMM 分析工具，如代谢通量平衡分析（FBA）、代谢通量特异性分析（FVA）、最小化代谢调节（MOMA）等[77]。

表 4-2　自动建模工具概况

工具名称	编程语言	资源网站	断点填补	代谢模拟
AuReMe	Python	KEGG，BIGG，MetaCyc	是	是
AutoKEGGRec	Matlab	KEGG	否	否
CarveMe	Python	BIGG	是	否
CoReCo	Python	KEGG	是	是
FAME	Python	KEGG	否	否
merlin	Java	KEGG，MetaCyc，UniProtKB，TCDB	否	是
MetaDraft	Python	BIGG	否	否
ModelSEED	Web	Inhouse database	是	是
Pathway Tools	Python	Pathway/Genome Database（PGDB），MetaCyc	是	是
RAVEN Toolbox	Matlab	KEGG，MetaCyc	是	是
SuBiMinal Tooxlbox	Java	KEGG，MetaCyc	否	否

模型重建工具的另一个重要参考领域是模型的基础生化参考数据库。ModelSEED数据库吸收了 KEGG、MetaCyc 和许多已发布的模型，Pathway Tools 使用 MetaCyc数据库，merlin 额外使用了 TCDB 转运蛋白数据库[73]。此外，模式菌株还有自身丰富的数据库，如大肠杆菌的 Ecocyc、枯草芽孢杆菌的 SubtiWiki、酿酒酵母的SGD 等，这些丰富的数据库资源为构建 GSMM 提供了良好的基础。虽然有多样的自动化构建 GSMM 的工具箱和丰富数据库资源，但在 GSMM 的构建中依然存在一些问题需要大量人工处理，如不同数据库数据归一化、模型构建断点和死端（gap）的分析填补工作，模型反应的精炼处理等。

基因组规模代谢网络模型最初应用于设计代谢工程策略，以提高所需目标产物的产量。例如，在大肠杆菌 K12 MG1655 中，Medlock 等利用深度神经网络与差分搜索算法分析潜在代谢流，预测木糖醇关键代谢溢流途径，指导敲除PGITKT a 和 b 的两个基因后，木糖醇产量从 0.32 g/L 提高到 8.67 g/L[78]。Zhang等利用自动推荐工具（ART）和 TeselaGen EVOLVE 两种机器学习算法结合GSMM 的数据驱动方法预测色氨酸的最佳代谢途径，最终结果表明，这种混合框架可以显著提高色氨酸 74%的滴度和 43%的生产率[79]。同时，GSMM 还可以挖掘目标产物潜在的代谢模式。Bhadra 等通过分析非稳态通量分布建立MFlux 平台，以捕捉实验组之间的差异，最后确定了响应路径稀疏主代谢通量模式分析可并应用于多种菌种的代谢流分析[80]。为了探索基因之间的相互作用关系，使用机器学习方法［随机森林（RF）、逻辑回归（LR）、层次聚类（HC）］分析基因上位性相互作用谱。通过将遗传数据与模型融合，发现了酿酒酵母中NAD 生物合成的错误注释[81]。随着病原生物和人类基因组计划的发展，GSMM也在生物医学和制药方面发挥了巨大的作用。例如，利用创伤弧菌（*Vibrio vulnificus*）的 GSMM、VchMBEL943，模拟确定代谢网络中会破坏和杀死病原体的药物靶标。该模型对人体代谢网络进行反向筛选，鉴定出病原体存活所必需的代谢物，并确保不会产生副作用，最终从大型化合物库中挑选出 5 种必需代谢物进行全细胞筛选，从而极大地减少了大规模筛查的负担。最终，该方法允许鉴定具有 2 μg/mL 最小抑制浓度的命中化合物[82]。此外，人类代谢模型（RECON1）的重建使人类代谢疾病研究和治疗策略的发展成为可能，该模型应用已经扩展到研究组织内不同细胞类型之间的代谢相互作用。Lewis 等研究了脑组织中星形胶质细胞和胆碱能神经元之间的相互作用，以深入了解阿尔茨海默病。探究了源自 RECON1 的三种不同模型，代表三种不同的细胞类型：谷氨酸能细胞、γ-氨基丁酸（GABA）能细胞和胆碱能细胞，然后合并组学数据以反映这些细胞在特定条件下的代谢状态，最终通过 GSMM 分析提出了疾病机制和治疗策略的新见解[83]。

4.3.2　基于 GSMM 驱动的代谢网络智能化调控

　　枯草芽孢杆菌是一种需氧的形成革兰氏阳性芽孢的一般认为安全（GRAS）细菌，其是具有优良生理特性、高度适应性和良好遗传稳定性的优秀表达系统，已成为生产药食用蛋白和工业酶的重要宿主。目前，枯草芽孢杆菌作为重要的工业细胞工厂，广泛应用于生产维生素、N-乙酰氨基葡萄糖、乙偶姻、透明质酸和其他化学品[84]。1997 年，首次报道了枯草芽孢杆菌 168 的基因组序列，随着基因组重测序技术的发展，枯草芽孢杆菌基因组序列注释经历了多次更新，开放和完整的基因组序列有助于研究其完备的系统机制，促进了枯草芽孢杆菌 GSMM 的发展。此外，在组学分析技术日渐成熟的条件下，枯草芽孢杆菌从转录组、蛋白质组、代谢组等角度进行了多组学分析。通过将这些组学数据与基因组序列数据整合，已建立了多个枯草芽孢杆菌的专属数据库，如 SubtiWiki、BsubCyc、Sporeweb、BioBrick Box 等。研究者可以从这些数据库中提取所需的信息，包括 DNA 序列、代谢通路、蛋白-蛋白相互作用、基因转录水平等，这些信息可有效指导枯草芽孢杆菌的基因改造工程，有目的性且可预测性地提高菌株性能和目标产品产量。

　　目前，枯草芽孢杆菌已经建立了 6 个 GSMM 用于对细胞进行代谢流分析，以指导目标产物的生产和识别其合成途径。1999 年，针对枯草芽孢杆菌构建了一个由大约 35 个中枢代谢和嘌呤代谢反应组成的化学计量模型。该模型已被用于碳同位素分数标记以获取有关细胞内通量分布的信息，并预测生化产品的最大理论产量[85]。到 2007 年，OH 等在上述基础上结合全基因组测序结果开发了第一个枯草芽孢杆菌 168 的 GSMM（iYO844），该模型使用 SimPheny 平台进行构建，将模型中的生物质方程分为 6 种大分子成分（蛋白、DNA、RNA、脂质、脂磷壁酸和细胞壁）及金属离子和代谢物的线性组合，GSMM 的规模扩大到 1021 个独特的反应，包括了 844 个基因和 988 个代谢物。基于高通量底物，利用实验数据的网络扩展和代谢间隙分析对 iYO844 进行预测准确度实验，与必需基因的湿实验数据相比，该模型预测精度达到 94%[86]。

　　2009 年，Henry 等基于 ModelSEED 中枯草芽孢杆菌的最新基因组注释，对枯草芽孢杆菌进行了全面的模型重建工作。新搭建的 iBS1104 模型包括 1103 个基因有关的 1139 个代谢物和 1437 个反应，除了模型的规模扩大外，该模型还使用基团贡献法对反应的吉布斯自由能变化值（$\Delta rG'$）进行计算，以识别模型中的 653（45%）个不可逆反应。同时，模型对生物质目标方程进行修改，将其分解为 7 个合成反应：DNA、RNA、蛋白、脂质含量、脂磷壁酸、细胞壁和生物质的合成，这一过程有效降低了生物质合成反应的复杂性。针对原始模型中错误预测实验条件的求解优化问题，iBS1103 模型应用 GrowMatch 算法来更正模型预测的最小反应数量。利用该模型对由 1500 个不同条件组成的实验数据集进行了验证，并优化了预测方案，将模型精度从 89.7%提高到 93.1%[87]。2013 年，Tanaka 等建立了一个全面的枯草芽孢杆菌基因组区域库，并删除 157 个大小为 2~159 kb 的单独区域，以鉴定新的必需基因和共必需基因集。在丰富的限定培养基和葡萄糖基本培养基中筛选了突变菌株的生存能力，将实验数据与 iBS1103 模型的预测值进行比较，更改了模型与实际实验的差异，最终生成了 iBS1103V2 模型。同时在不同培养条件下验证模型的预测能力，揭示了模型对菌株存活的预测准确率为 96%[88]。同年，Hao 等依据枯草芽孢杆菌更新的基因组信息构建了 iBsu1147 模型，纠正了 iBsu1147 模型中生物质合成途径和 ATP 合成途径，模型规模扩大到 1147 个基因、1742 个反应和 1456 个代谢物。此外，将该模型应用于核黄素、纤维素酶 Egl-237、(R,R)-2,3-丁二醇和异丁醇的代谢工程改造设计，以增加枯草芽孢杆菌中这 4 种重要产物的产量。同时模拟预测了与提高对应产物产量相关的候选反应，并利用 COBRA Toolbox 工具箱对模型进行双敲除预测，揭示了多个基因组合的过表达与敲除有助于产物的积累，且利用实验有效证明了模型预测结果，该策略为代谢途径复杂、代谢物产量较低的菌种实施改造计划提供了理论指导[89]。2017 年，Kocabaş 等以更新的基因-酶反应数据重建枯草芽孢杆菌反应网络（BsRN-2016），消除网络反应中的死端和断点，完成了 iBsu1144 模型的重建过程，该模型包括 1144 个基因、1103 个代谢物、1955 个反应。使用丝氨酸碱性蛋白酶（SAP）的时间曲线解决了化学计量通量平衡模型中三种不同氧转移条件下发酵数据对细胞内反应网络产生的遗传扰动。同时，利用代谢通量特异性分析确定了天冬酰胺、异亮氨酸、苏氨酸和天冬氨酸是枯草芽孢杆菌 SAP 合成中关键的代谢工程改造位点[90]。

目前，枯草芽孢杆菌基因组注释经历了三次更新与纠正。如表 4-3 所示，第一代基因组注释了 4100 个蛋白编码基因，基于该基因注释构建了第一代 GSMM——iYO844 模型与 iBsu1103 模型；至 2009 年，枯草芽孢杆菌基因组注释经历了新一轮的发展，iBsu1103V2 模型和 iBsu1147 模型在此基础上进行构建与应用；2013 年，Belda 等对枯草芽孢杆菌基因组的注释又进行了更新，促使了 iBsu1144 模型的生成。至今，枯草芽孢杆菌已构建了 5 个 GSMM，在细胞代谢流分析、基因与表型相互作用探究、改造菌株目标产物产量提升等多个方面发挥重大作用。

表 4-3　枯草芽孢杆菌 GSMM 现状

基因组注释	年份	GSMM	基因	反应	代谢物	数据库
第一代	2007	iYO844	844	1021	988	SubList
	2009	iBsu1103	1103	1437	1139	ModelSEED

基因组注释	年份	GSMM	基因	反应	代谢物	数据库
第二代	2013	iBsu1103V2	1103	1451	1156	ModelSEED
	2013	iBsu1147	1147	1742	1456	KEGG/Uniprot
第三代	2017	iBsu1144	1144	1955	1103	MicroCyc

4.3.3　基于 TRNM 驱动的代谢网络智能化调控

转录调控是微生物在不断变化的环境中快速切换代谢途径的主要机制之一，首先，主要是由转录因子（TF）的蛋白特异性识别不同的结合位点来切换转录水平，以响应不同的细胞机制或环境条件；其次，位于非编码基因区域上游的特异性 RNA 调控元件能够响应细胞内代谢物并控制下游基因的表达，这两种机制都将导致靶基因的抑制或激活。细胞利用这种重要机制调控目标基因的表达，从而实现自身的生长、代谢、分化等一系列生命活动。因此，建立预测调节因子与其靶基因之间相互作用的准确且全面的转录调控网络模型（TRNM）对于我们理解生命系统中基本生物学进化关系具有至关重要的作用[91]。转录调控网络（TRN）可以揭示单个生物体中不同细胞过程的代谢平衡，并通过共同调控基因的隐藏功能来促进基因组的更新注释。另外，TRN 还提供有关系统稳健性和可进化性的信息，从而影响代谢工程策略，促进代谢网络中多样的可行性策略研究。尽管目前很多菌株拥有完整的 GSMM，但除了常见的模式菌株外，大多数微生物的已知调节作用范围较小，许多微生物的基因与调控因子相互作用关系研究还处在未知领域。这种现象导致评估基因的转录调控水平仅限于对代谢改造后的细胞工厂进行 RNA 或蛋白方面的实验数据分析，细胞工厂缺乏一个基于完整表征 TRN 的理性设计。然而，随着基因组技术的飞速发展，基因间转录调控相互作用的研究进展显著加快。

2008 年，Goelzer 等研究了枯草芽孢杆菌中心代谢的遗传和代谢调节网络的手动策划重建（包括转录、翻译和翻译后调节及酶活性调节），根据代谢物在调节中的核心作用，提供了每个代谢调节途径的系统图示。同时将枯草芽孢杆菌的复杂监管网络分解为由全球监管机构协调的本地监管模块集，以便于代谢分析预测[92]。Fadda 等将比较基因组学的表达数据与不同平台的微阵列数据结合搭建了一种新的转录模块。通过该模块预测挖掘了已知调控因子的 417 种新基因间调控关系，以及尚未表征的调控因子的 453 种相互作用，极大地丰富了枯草芽孢杆菌的 TRN。随后，Fadda 等研究了新 TRN 在不同环境下调节机制的偏好性问题，发现了大量依赖特定环境的操纵子内调节现象[93]。2012 年，Nicolas 等使用高置信度 5′ 和 3′ mRNA 末端的文库全面绘制了枯草芽孢杆菌的转录单元（TU），并对启动子进行全局分类。将 3242 个上调基因定义为真正的启动子，使定位于枯草芽孢杆菌中的启动子数量增加了约 3 倍；其中 2935 个启动子调控多种 RNA 聚合酶 sigma 控制的调控蛋白，占已知转录活性基因的 66%；并根据基因编码序列的结构关系对 1583 个以前未注释的 RNA 进行分类，占未知转录活性基因的 46%。该工作极大地扩展了潜在调节 RNA 的功能注释，并将枯草芽孢杆菌中潜在基因的总数增加了 11%[94]。2013 年，Leyn 等利用基于知识驱动的比较基因组学方法结合 RegPredict、DBTBS、Rfam 等数据库来捕获有关枯草芽孢杆菌转录调控的现有数据，并通过推断新 TF 来扩展其 TRN。最终获得的 TRNM 包括 129 个 TF 和 24 个 RNA 元件调控因子，其调控着枯草芽孢杆菌中的 1000 多个基因。Leyn 等通过该模型推断发现了 36 个未表征的新转录因子，并将新转录因子应用于其他芽孢杆菌基因组，以验证新转录因子的功能性和普适性。这种调节相互作用与转录因子集合的 TRN 促进了基因间转录调控的精细化研究，推进了转录调控约束模型的发展[91]。2015 年，Arrieta-Ortiz 等基于枯草芽孢杆菌中大量已知的转录调节作用和转录组学数据集，结合利用网络组件分析转录因子活性的方法显著扩展了 TRNM，利用该模型预测了 2258 个新基因间调控作用，对比了 74% 已知的相互作用，得到了 391 个经实验验证的新调控关系。同时，Arrieta-Ortiz 等利用该模型深入分析了芽孢形成和应激反应等各种细胞过程的调控机制。2016 年，Faria 等依据最新的转录调控信息手动构建了枯草芽孢杆菌 168 的 TRNM，该模型描述了 4200 个基因的 2500 个调控信息，其中包含 275 个调转录因子及其靶基因，代表了 30 种不同的调节机制，如 TF、RNA 开关、核糖开关等。另外，将 TRNM 基因与表达数据相融合，重建枯草芽孢杆菌的原子调控因子，探究 AR 与 TRN 中受调控的操纵子所对应的多组基因的相互作用关系，通过探索与实验条件相关的基因组表达元数据来推断假设基因的新调控机制，为未知基因的假定功能分配提供理论依据[95]。2020 年，Rychel 等使用无监督机器学习方法来模块化转录组数据集并定量描述不同条件下的调控作用，最终获取了 83 个独立调节的基因数据集，用其中 76% 的基因数据集证实了已知调控因子的影响，并解释了大部分基因表达存在差异的原因。通过对基因数据集进行独立成分分析（ICA）探究潜在的调节机制，Rychel 等揭示了环境刺激、细胞生长和新陈代谢之间的新关系，如乙醇刺激色氨酸的合成，组氨酸利用与群体感应的关联等[96]。总之，其搭建的 TRN 涵盖了枯草芽孢杆菌的大部分转录组数据，并简明地表征了全局基因表达状态，可为枯草芽孢杆菌 TRNM 的发展提供较完整的数据信息。

然而，枯草芽孢杆菌 TRN 在调控机制、调控因子关联作用等方面还存在未知信息，TRNM 还缺乏跨功能和细胞过程连接机制的多类型数据，因此无法填补细胞过程间未知联系的空白。在未来 TRNM 的扩展中，应优先补充数据类型，尤其是全基因组结合分析和蛋白质组学等数据，以深度探究基因与表型间的调控机制。

4.3.4　基于多约束模型驱动的代谢网络智能化调控

虽然 GSMM 和 TRNM 的发展为代谢工程应用提供了多种手段，成为枯草芽孢杆菌细胞工厂构建中有效的工具之一，但其仅涉及细胞中基因的表达与简单的转录调控，与细胞中实际复杂的生长代谢过程相比还有一定的差距，其中包括基因的损伤修复、酶的催化效率、蛋白的翻译折叠等，从而限制了模型的应用范围[97]。然而，代谢网络中相互作用的调控机制（如热力学和酶动力学）可以显著限制细胞的代谢网络通量，其中酶动力学控制着各种网络冗余和其他相互作用的拓扑特征，如基因间变构、反馈和前馈调节。除了酶动力学之外，热力学控制着代谢网络中通量的流动方向，使细胞能够适应、生存和生长[98]。因此，研究者基于多组学数据开发了一系列的模型框架和工具包，如 GECKO、MASSpy、EM workflow 等，用于动力学模型、酶约束模型等多约束模型的研究应用，提升了模型的应用范围和预测准确度（图 4-37）。

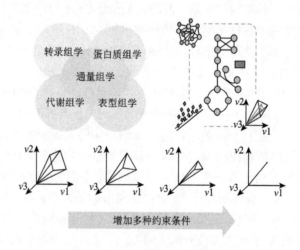

图 4-37　多数据驱动模型构建

v：反应的通量速率

1. 基于动力学模型驱动的代谢网络智能化调控

相比于传统 GSMM，动力学建模方法的优势在于定量地考虑了决定反应速率的因素，从而可定义反应发生的时间和程度。例如，对于酶促反应，除了将底物和产物浓度的影响纳入动力学模型外，还将辅因子、激活剂、抑制剂和其他酶活性调节剂的影响都在模型中进行表征。因此，动力学模型能够整合反应的详细信息，提供更符合细胞实际代谢活动的模拟预测。2014 年，Birkenmeier 等为了研究核黄素生物合成途径的网络动力学并确定系统中的潜在瓶颈，构建了一个基于常微分方程的枯草芽孢杆菌动力学模型。化学计量分析表明，在代谢稳定状态下，RibA 是提高核黄素产量的第一限制酶，RibA 浓度增加 0.102 mmol/L 时，核黄素生产速率提高至 0.045 mmol/(g DCW·h)[99]。此外，利用该模型确定了在 RibA 浓度增加下剩余酶的潜在限制顺序，RibG 和 lumazine 合酶（RibH）的还原酶活性可能是下一个起限制作用的条件。Birkenmeier 等在代谢网络水平上对核黄素生物合成操作模式进行理解，指导改进了这种工业应用生物合成途径的模型构建，将有助于系统分析底物和产物的正确酶促速率，以及量化研究途径酶，拓展了其他生物合成途径分析策略。

2017 年，Ramaniuk 等基于微阵列数据搭建了枯草芽孢杆菌在萌发和生长过程中的动力学模型，并通过模型计算模拟 SigA 编码基因（*sigM*、*sigH*、*sigD*、*sigX*）及其靶基因之间的直接相互作用，明确了 190 个基因受 SigA 控制，通过动力学分析表明有 214 个基因是潜在的 SigA 目标[100]。同时，利用该模型挖掘了基因中其他可能的调控因子或通过识别未知调控因子的匹配谱来揭示新的调控机制，并且通过实验验证了其对调节相互作用的预测准确性。2019 年，Gauvry 等为表征和预测芽孢随时间的形成，开发了生长动力学和营养细胞向芽孢分化动力学模型[101]。另外，利用该模型探究了有关芽孢形成和营养细胞分化为芽孢的相关信息，并揭示了生长过程中和生长后芽孢形成的异质性，评估了在不同细菌种群中芽孢的生长潜力，确定了各种环境下芽孢形成的最佳条件，这些数据可用于指导枯草芽孢杆菌细胞工厂的生产应用。

2. 基于酶约束模型驱动的代谢网络智能化调控

在探究目标代谢物的代谢生产时，GSMM 通常只假设将单一碳氮源的吸收率作为限制条件，这对于实际细胞生长代谢可能过于简单化，因为代谢通量还受到其相应酶水平的限制。然而，在传统 GSMM 中无法将酶浓度与代谢通量相关联。因此，研究者开发了新的建模概念（GECKO 工具箱），在 GSMM 构建中纳入定量蛋白质组学数据，融合细胞代谢中酶丰度和酶周转率等酶水平数据，从而使用酶动力学将 GSMM 的可行通量限制在符合实际细胞生长代谢水平[102]。

2019 年，Massaiu 等基于 GECKO 工具箱搭建了基于酶约束的 GSMM，该模型使用蛋白质组学数据和酶动力学参数对中心碳代谢反应进行约束，从而解决通量空间分布问题。与标准 GSMM 相比，该模型可以更准确地预测野生型和单基因/操纵子缺失菌株的通量分布与生长速率。野生型和突变体的通量分布预测误差分别降低了 43% 和 36%。同时，利用该模型将正确预测中心碳代谢途径必需基因的数量增加了 2.5 倍，并显著降低了 80%以上具有可变通量的反应的通量变异性[103]。此外，将该模型应用于优化聚-γ-谷氨酸（γ-PGA）聚合物的生物合成通量，预测了影响代谢通量的多个目标基因，最终实验表明 γ-PGA 的浓度和生产率均提高了 2 倍。

4.3.5　展望

目前，许多研究者对基于模型驱动的枯草芽孢杆菌代谢网络智能化调控进行了不断改善优化，但其在精细化、归一化、规模化等方面还存在一定问题，仍有以下几方面亟待解决。

1. 缺乏全面的 GSMM

枯草芽孢杆菌虽然已经构建了 5 个不同规模的 GSMM，并应用于细胞代谢通路分析，有效指导了核黄素、纤维素酶 Egl-237、丝氨酸碱性蛋白酶等代谢物的合成途径改造，但这些 GSMM 还存在模型规模较小、精细化程度不足、普适性较差等问题。目前，枯草芽孢杆菌 168 在各数据库统计的基因注释约有 4500 个，除未注释和假定注释基因之外，明确功能的基因约有 3000 个，而至今最新的 iBsu1144 模型只涵盖了 1144 个基因（图 4-38），因此，枯草芽孢杆菌 GSMM 的模型规模和基因间相互作用关系还需研究者进一步的探究。在 Thiele 和 Palsson 报道的标准 GSMM 构建流程中，死端填补是构建 GSMM 最重要的环节[104]，但目前还没有完备的自动化软件或工具箱可以完美解决这一问题，需要耗费研究者大量时间和努力，这就导致了 GSMM 中存在的一些冗余反应会影响代谢途径的通

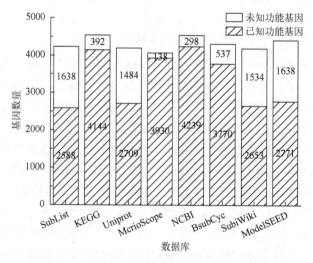

图 4-38　枯草芽孢杆菌数据库基因注释概况

量分析,给模型的预测结果带来误差。可以预见,如果研究者可开发一种完备开源的自动化死端填补工具,枯草芽孢杆菌代谢网络模型将会精准地指导细胞工厂高效生产所需代谢物。

2. 缺乏完整细胞生长代谢的模型计算

可以解释细胞中每个基因的综合功能的计算机模型有可能彻底改变枯草芽孢杆菌细胞工厂的构建策略,有助于研究者全面理解、发现和设计其生物系统。目前,枯草芽孢杆菌已有 GSMM、TRNM、动力学和酶约束模型,但还存在着模型间相互独立、缺乏全面的代谢网络综合信息、存在未知的细胞内调控机制等问题,无法实现从单个分子及其相互作用的水平描述细胞的生命周期,揭示每个注释基因产物的特定功能,准确预测广泛的可观察细胞行为。然而,随着基因、参数和分子功能包容性,以及生物过程模拟的复杂性不断增加,给计算机模型的构建工作带来一系列的挑战。已有报道表明,研究者在大肠杆菌中搭建了蛋白质组学、转录组学、代谢组学的多组学分析模型[105],融合热力学、动力学的多约束模型[106],有效提升了模型性能并用于指导底盘细胞的开发应用。另外,枯草芽孢杆菌 GSMM 还需进一步扩展基因-酶-反应的代谢网络规模、发展多种模型调控策略、开发多种基于约束的模型框架,从而实现全细胞模型的构建及应用,进而指导枯草芽孢杆菌细胞工厂优化改造。

3. 提升底盘细胞性能

模拟细胞实际生长代谢的完整生命活动,研究细胞内各物质间的调节机制,提升底盘细胞的性能是模型发展的最终目标。随着最近高通量技术的发展,多层次知识已经与新兴的组学技术相关联,组学数据提供了对遗传变异性和细胞活动的直接与方便访问,从根本上改变了分子生物学的观点。检查、解释和利用组学数据的一个基本工具是机器(和深度)学习,它推动了最近微生物基础研究的几次飞跃。机器学习已经广泛应用于底盘细胞中核糖体结合位点(RBS)与启动子等基因调控元件的筛选和动态范围调控、细胞生长代谢的预测指导、蛋白表达间相互作用的探究和基因上位性的研究等[107]。因此,将机器学习与数学模型结合,有利于未知数据和潜在生物机制的挖掘,推动基于约束的 GSMM 模型规模的扩展,促使利用模型对基因型与表型、环境关系进行深入探究,有望实现底盘细胞生命活动的全方位模拟预测,提升底盘细胞的生产性能。

4.3.6　小结

枯草芽孢杆菌是生产多种发酵产品、蛋白和化学品等的使用最广泛的重要底盘细胞之一。因此，必须应用各种系统和合成生物学工具，彻底剖析枯草芽孢杆菌的生长代谢机制和生产力特征，进一步优化提升底盘细胞的生产性能。基于多模型驱动的代谢网络智能化调控为枯草芽孢杆菌底盘细胞的创造和生产提供了理论指导，揭示了枯草芽孢杆菌的代谢调控机制，有效提升了关键代谢物的产量。然而，当前枯草芽孢杆菌模型的进展仍不能满足在多种生长环境下指导预测底盘细胞代谢生产的需求，如何提升模型构建质量、扩大模型应用范围、提高模型预测准确度是当前亟待解决的关键科学问题，也是基于数据驱动探究枯草芽孢杆菌底盘细胞代谢网络机制的重要因素。

参 考 文 献

[1] Lalwani M A, Zhao E M, Avalos J L. Current and future modalities of dynamic control in metabolic engineering[J]. Current Opinion in Biotechnology, 2018, 52: 56-65.

[2] Shen X, Wang J, Li C, et al. Dynamic gene expression engineering as a tool in pathway engineering[J]. Current Opinion in Biotechnology, 2019, 59: 122-129.

[3] Xu P. Production of chemicals using dynamic control of metabolic fluxes[J]. Current Opinion in Biotechnology, 2018, 53: 12-19.

[4] Rugbjerg P, Sommer M O A. Overcoming genetic heterogeneity in industrial fermentations[J]. Nature Biotechnology, 2019, 37 (8): 869-876.

[5] Xia P F, Ling H, Foo J L, et al. Synthetic genetic circuits for programmable biological functionalities[J]. Biotechnology Advances, 2019, 37 (6): 107393.

[6] Soma Y, Fujiwara Y, Nakagawa T, et al. Reconstruction of a metabolic regulatory network in *Escherichia coli* for purposeful switching from cell growth mode to production mode in direct GABA fermentation from glucose[J]. Metabolic Engineering, 2017, 43: 54-63.

[7] Zhang F, Carothers J M, Keasling J D. Design of a dynamic sensor-regulator system for production of chemicals and fuels derived from fatty acids[J]. Nature Biotechnology, 2012, 30 (4): 354-359.

[8] Gupta A, Reizman I M B, Reisch C R, et al. Dynamic regulation of metabolic flux in engineered bacteria using a pathway-independent quorum-sensing circuit[J]. Nature Biotechnology, 2017, 35 (3): 273-279.

[9] Doong S J, Gupta A, Prather K L J. Layered dynamic regulation for improving metabolic pathway productivity in *Escherichia coli*[J]. Proceedings of the National Academy of Sciences, 2018, 115 (12): 2964-2969.

[10] Gaugué I, Oberto J, Plumbridge J. Regulation of amino sugar utilization in *Bacillus subtilis* by the GntR family regulators, NagR and GamR[J]. Molecular Microbiology, 2014, 92 (1): 100-115.

[11] Fillenberg S B, Grau F C, Seidel G, et al. Structural insight into operator dre-sites recognition and effector binding in the GntR/HutC transcription regulator NagR[J]. Nucleic Acids Research, 2015, 43 (2): 1283-1296.

[12] Jain D. Allosteric control of transcription in GntR family of transcription regulators: a structural overview[J]. IUBMB Life, 2015, 67 (7): 556-563.

[13] Koch M, Pandi A, Borkowski O, et al. Custom-made transcriptional biosensors for metabolic engineering[J]. Current Opinion in Biotechnology, 2019, 59: 78-84.

[14] Cheng J, Guan C, Cui W, et al. Enhancement of a high efficient autoinducible expression system in *Bacillus subtilis* by promoter engineering[J]. Protein Expression and Purification, 2016, 127: 81-87.

[15] Guiziou S, Sauveplane V, Chang H J, et al. A part toolbox to tune genetic expression in *Bacillus subtilis*[J]. Nucleic Acids Research, 2016, 44 (15): gkw624.

[16] Wang S, Hou Y, Chen X, et al. Kick-starting evolution efficiency with an autonomous evolution mutation system[J]. Metabolic Engineering, 2019, 54: 127-136.

[17] Gaugué I, Oberto J, Putzer H, et al. The use of amino sugars by *Bacillus subtilis*: presence of a unique operon for the catabolism of glucosamine[J]. PLoS ONE, 2013, 8 (5): e63025.

[18] Meyer A J, Segall-Shapiro T H, Glassey E, et al. *Escherichia coli* "Marionette" strains with 12 highly optimized small-molecule sensors[J]. Nature Chemical Biology, 2019, 15 (2): 196-204.

[19] Xu P, Li L L, Zhang F, et al. Improving fatty acids production by engineering dynamic pathway regulation and metabolic control[J]. Proceedings of the National Academy of Sciences, 2014, 111 (31): 11299-11304.

[20] Williams T C, Averesch N J H, Winter G, et al. Quorum-sensing linked RNA interference for dynamic metabolic pathway control in *Saccharomyces cerevisiae*[J]. Metabolic Engineering, 2015, 29: 124-134.

[21] Yang Y, Lin Y, Wang J, et al. Sensor-regulator and RNAi based bifunctional dynamic control network for engineered microbial synthesis[J]. Nature Communications, 2018, 9 (1): 1-10.

[22] Zhang S, Voigt C A. Engineered dCas9 with reduced toxicity in bacteria: implications for genetic circuit design[J]. Nucleic Acids Research, 2018, 46 (20): 11115-11125.

[23] Cho S, Choe D, Lee E, et al. High-level dCas9 expression induces abnormal cell morphology in *Escherichia coli*[J]. ACS Synthetic Biology, 2018, 7 (4): 1085-1094.

[24] Wu Y, Chen T, Liu Y, et al. CRISPRi allows optimal temporal control of *N*-acetylglucosamine bioproduction by a dynamic coordination of glucose and xylose metabolism in *Bacillus subtilis*[J]. Metabolic Engineering, 2018, 49: 232-241.

[25] De Paepe B, Maertens J, Vanholme B, et al. Chimeric LysR-type transcriptional biosensors for customizing ligand specificity profiles toward flavonoids[J]. ACS Synthetic Biology, 2019, 8 (2): 318-331.

[26] Hoynes-O'Connor A, Moon T S. Programmable genetic circuits for pathway engineering[J]. Current Opinion in Biotechnology, 2015, 36: 115-121.

[27] Kim S K, Kim S H, Subhadra B, et al. A genetically encoded biosensor for monitoring isoprene production in engineered *Escherichia coli*[J]. ACS Synthetic Biology, 2018, 7 (10): 2379-2390.

[28] Zhou L B, Zeng A P. Engineering a lysine-ON riboswitch for metabolic control of lysine production in *Corynebacterium glutamicum*[J]. ACS Synthetic Biology, 2015, 4 (12): 1335-1340.

[29] Liu D, Mao Z, Guo J, et al. Construction, model-based analysis, and characterization of a promoter library for fine-tuned gene expression in *Bacillus subtilis*[J]. ACS Synth Biol, 2018, 7 (7): 1785-1797.

[30] Salis H M. The ribosome binding site calculator[J]. Methods Enzymol, 2011, 498: 19-42.

[31] Deng C, Lv X, Li J, et al. Synthetic repetitive extragenic palindromic (REP) sequence as an efficient mRNA stabilizer for protein production and metabolic engineering in prokaryotic cells[J]. Biotechnol Bioeng, 2019, 116 (1): 5-18.

[32] Trentini D B, Suskiewicz M J, Heuck A, et al. Arginine phosphorylation marks proteins for degradation by a Clp protease[J]. Nature, 2016, 539 (7627): 48-53.

[33] Holtz W J, Keasling J D. Engineering static and dynamic control of synthetic pathways[J]. Cell, 2010, 140 (1): 19-23.

[34] Phan T T, Tran L T, Schumann W, et al. Development of Pgrac100-based expression vectors allowing high protein production levels in *Bacillus subtilis* and relatively low basal expression in *Escherichia coli*[J]. Microb Cell Fact,

2015, 14: 72.

[35]　Bhavsar A P, Zhao X, Brown E D. Development and characterization of a xylose-dependent system for expression of cloned genes in *Bacillus subtilis*: conditional complementation of a teichoic acid mutant[J]. Appl Environ Microbiol, 2001, 67 (1): 403-410.

[36]　Guzman L M, Belin D, Carson M J, et al. Tight regulation, modulation, and high-level expression by vectors containing the arabinose PBAD promoter[J]. J Bacteriol, 1995, 177 (14): 4121-4130.

[37]　Peters G, De Paepe B, De Wannemaeker L, et al. Development of *N*-acetylneuraminic acid responsive biosensors based on the transcriptional regulator NanR[J]. Biotechnol Bioeng, 2018, 115 (7): 1855-1865.

[38]　De Paepe B, Maertens J, Vanholme B, et al. Modularization and response curve engineering of a naringenin-responsive transcriptional biosensor[J]. ACS Synth Biol, 2018, 7 (5): 1303-1314.

[39]　Glasgow A A, Huang Y M, Mandell D J, et al. Computational design of a modular protein sense-response system[J]. Science, 2019, 366 (6468): 1024-1028.

[40]　Wang J, Zhang R, Zhang Y, et al. Developing a pyruvate-driven metabolic scenario for growth-coupled microbial production[J]. Metab Eng, 2019, 55: 191-200.

[41]　Werpy T, Petersen G, Aden A, et al. Top Value Added Chemicals from Biomass. Vol 1. Results of Screening for Potential Candidates from Sugars and Synthesis Gas[M]. Synthetic Fuels, 2004.

[42]　Walaszek Z, Szemraj J, Hanausek M, et al. D-glucaric acid content of various fruits and vegetables and cholesterol-lowering effects of dietary D-glucarate in the rat[J]. Nutrition Research, 1996, 16 (4): 673-681.

[43]　Singh J, Gupta K P. Calcium glucarate prevents tumor formation in mouse skin[J]. Biomed Environ Sci, 2003, 16 (1): 9-16.

[44]　Kiely D E, Chen L, Lin T H. Simple preparation of hydroxylated nylons-polyamides derived from aldaric acids[J]. Acs Symposium, 1994, 575: 149-158.

[45]　Saha B, Lee J, Vlachos D. Pt catalysts for efficient aerobic oxidation of glucose to glucaric acid in water[J]. Green Chemistry, 2016, 18: 3815-3822.

[46]　Gohler A K, Kokpinar O, Schmidt-Heck W, et al. More than just a metabolic regulator-elucidation and validation of new targets of PdhR in *Escherichia coli*[J]. BMC Syst Biol, 2011, 5: 197.

[47]　Panahi R, Vasheghani-Farahani E, Shojaosadati S A, et al. Auto-inducible expression system based on the SigB-dependent *ohrB* promoter in *Bacillus subtilis*[J]. Mol Biol (Mosk), 2014, 48 (6): 970-976.

[48]　Yang S, Du G, Chen J, et al. Characterization and application of endogenous phase-dependent promoters in *Bacillus subtilis*[J]. Appl Microbiol Biotechnol, 2017, 101 (10): 4151-4161.

[49]　Walaszek Z, Szemraj J, Hanausek M, et al. D-glucaric acid content of various fruits and vegetables and cholesterol-lowering effects of dietary D-glucarate in the rat[J]. Nutrition Research, 1996, 16 (4): 673-681.

[50]　Doong S J, Gupta A, Prather K L J. Layered dynamic regulation for improving metabolic pathway productivity in *Escherichia coli*[J]. Proc Natl Acad Sci USA, 2018, 115 (12): 2964-2969.

[51]　Zheng S, Hou J, Zhou Y, et al. One-pot two-strain system based on glucaric acid biosensor for rapid screening of myo-inositol oxygenase mutations and glucaric acid production in recombinant cells[J]. Metab Eng, 2018, 49: 212-219.

[52]　Gu Y, Lv X, Liu Y, et al. Synthetic redesign of central carbon and redox metabolism for high yield production of *N*-acetylglucosamine in *Bacillus subtilis*[J]. Metab Eng, 2019, 51: 59-69.

[53]　Whiteley M, Diggle S P, Greenberg E P. Progress in and promise of bacterial quorum sensing research[J]. Nature, 2017, 551: 313-320.

[54] LaSarre B, Federle M J. Exploiting quorum sensing to confuse bacterial pathogens[J]. Microbiol Mol Biol Rev, 2013, 77: 73-111.

[55] Kalamara M, Spacapan M, Mandic-Mulec I, et al. Social behaviours by *Bacillus subtilis*: quorum sensing, kin discrimination and beyond[J]. Mol Microbiol, 2018, 110: 863-878.

[56] Rutherford S T, Bassler B L. Bacterial quorum sensing: its role in virulence and possibilities for its control[J]. Cold Spring Harb Perspect Med, 2012, 2 (11): a012427.

[57] Papenfort K, Bassler B L. Quorum sensing signal-response systems in gram-negative bacteria[J]. Nat Rev Microbiol, 2016, 14 (9): 576-588.

[58] Bourret R B, Silversmith R E. Two-component signal transduction[J]. Curr Opin Microbiol, 2010, 13: 113-115.

[59] Shigeo T, Kazutake H, Yasutaro F. Expression of *kinA* and *kinB* of *Bacillus subtilis*, necessary for sporulation initiation, is under positive stringent transcription control[J]. J Bacteriol, 2013, 195 (8): 1656-1665.

[60] Veening J W, Hamoen L W, Kuipers O P. Phosphatases modulate the bistable sporulation gene expression pattern in *Bacillus subtilis*[J]. Mol Microbiol, 2005, 56: 1481-1494.

[61] Piggot P J, Hilbert D W. Sporulation of *Bacillus subtilis*[J]. Curr Opin Microbiol, 2004, 7: 579-586.

[62] Boguslawski K M, Hill P A, Griffith K L. Novel mechanisms of controlling the activities of the transcription factors Spo0A and ComA by the plasmid-encoded quorum sensing regulators Rap60-Phr60 in *Bacillus subtilis*[J]. Mol Microbiol, 2015, 96: 325-348.

[63] Gupta A, Reizman I M B, Reisch C R, et al. Dynamic regulation of metabolic flux in engineered bacteria using a pathway-independent quorum-sensing circuit[J]. Nat Biotechnol, 2017, 35: 273-279.

[64] Kim E M, Woo H M, Tian T, et al. Autonomous control of metabolic state by a quorum sensing (QS)-mediated regulator for bisabolene production in engineered *E. coli*[J]. Metab Eng, 2017, 44: 325-336.

[65] Soma Y, Hanai T. Self-induced metabolic state switching by a tunable cell density sensor for microbial isopropanol production[J]. Metab Eng, 2015, 30: 7-15.

[66] Gupta A, Reizman I M B, Reisch C R, et al. Dynamic regulation of metabolic flux in engineered bacteria using a pathway-independent quorum-sensing circuit[J]. Nat Biotechnol, 2017, 35: 273-279.

[67] Yilmaz L S, Walhout A J. Metabolic network modeling with model organisms[J]. Curr Opin Chem Biol, 2017, 36: 32-39.

[68] Kim T Y, Sohn S B, Kim Y B, et al. Recent advances in reconstruction and applications of genome-scale metabolic models[J]. Curr Opin Biotechnol, 2012, 23 (4): 617-623.

[69] Gu C, Kim G B, Kim W J, et al. Current status and applications of genome-scale metabolic models[J]. Genome Biol, 2019, 20 (1): 121.

[70] Dai Z, Locasale J W. Thermodynamic constraints on the regulation of metabolic fluxes[J]. J Biol Chem, 2018, 293 (51): 19725-19739.

[71] Chen K, Gao Y, Mih N, et al. Thermosensitivity of growth is determined by chaperone-mediated proteome reallocation[J]. Proc Natl Acad Sci USA, 2017, 114 (43): 11548-11553.

[72] Karr J R, Sanghvi J C, Macklin D N, et al. A whole-cell computational model predicts phenotype from genotype[J]. Cell, 2012, 150 (2): 389-401.

[73] Faria J P, Rocha M, Rocha I, et al. Methods for automated genome-scale metabolic model reconstruction[J]. Biochem Soc Trans, 2018, 46 (4): 931-936.

[74] Henry C S, Dejongh M, Best A A, et al. High-throughput generation, optimization and analysis of genome-scale metabolic models[J]. Nat Biotechnol, 2010, 28 (9): 977-982.

[75] Karp P D, Midford P E, Billington R, et al. Pathway Tools version 23.0 update: software for pathway/genome informatics and systems biology[J]. Brief Bioinform, 2021, 22 (1): 109-126.

[76] Dias O, Rocha M, Ferreira E C, et al. Reconstructing high-quality large-scale metabolic models with merlin[J]. Methods Mol Biol, 2018, 1716: 1-36.

[77] Wang H, Marcisauskas S, Sanchez B J, et al. RAVEN 2.0: a versatile toolbox for metabolic network reconstruction and a case study on *Streptomyces coelicolor*[J]. PLoS Comput Biol, 2018, 14 (10): e1006541.

[78] Medlock G L, Papin J A. Guiding the refinement of biochemical knowledgebases with ensembles of metabolic networks and machine learning[J]. Cell Syst, 2020, 10 (1): 109-119.

[79] Zhang J, Petersen S D, Radivojevic T, et al. Combining mechanistic and machine learning models for predictive engineering and optimization of tryptophan metabolism[J]. Nat Commun, 2020, 11 (1): 4880.

[80] Bhadra S, Blomberg P, Castillo S, et al. Principal metabolic flux mode analysis[J]. Bioinformatics, 2018, 34 (14): 2409-2417.

[81] Szappanos B, Kovacs K, Szamecz B, et al. An integrated approach to characterize genetic interaction networks in yeast metabolism[J]. Nat Genet, 2011, 43 (7): 656-662.

[82] Kim H U, Kim S Y, Jeong H, et al. Integrative genome-scale metabolic analysis of *Vibrio vulnificus* for drug targeting and discovery[J]. Mol Syst Biol, 2011, 7: 460.

[83] Lewis N E, Schramm G, Bordbar A, et al. Large-scale in silico modeling of metabolic interactions between cell types in the human brain[J]. Nat Biotechnol, 2010, 28 (12): 1279-1285.

[84] Gu Y, Xu X, Wu Y, et al. Advances and prospects of *Bacillus subtilis* cellular factories: from rational design to industrial applications[J]. Metabolic Engineering, 2018, 50: 109-121.

[85] Uwe Sauer J E B. Estimation of P-to-O ratio in *Bacillus subtilis* and its influence on maximum riboflavin yield[J]. Biotechnol Bioeng, 1999, 64 (6): 750-754.

[86] Oh Y K, Palsson B O, Park S M, et al. Genome-scale reconstruction of metabolic network in *Bacillus subtilis* based on high-throughput phenotyping and gene essentiality data[J]. J Biol Chem, 2007, 282 (39): 28791-28799.

[87] Henry C S, Zinner J F, Cohoon M P, et al. iBsu1103: a new genome-scale metabolic model of *Bacillus subtilis* based on SEED annotations[J]. Genome Biol, 2009, 10 (6): R69.

[88] Tanaka K, Henry C S, Zinner J F, et al. Building the repertoire of dispensable chromosome regions in *Bacillus subtilis* entails major refinement of cognate large-scale metabolic model[J]. Nucleic Acids Res, 2013, 41 (1): 687-699.

[89] Hao T, Han B, Ma H, et al. In silico metabolic engineering of *Bacillus subtilis* for improved production of riboflavin, Egl-237, (*R,R*)-2,3-butanediol and isobutanol[J]. Mol Biosyst, 2013, 9 (8): 2034-2044.

[90] Kocabaş P, Çalık P, Çalık G, et al. Analyses of extracellular protein production in *Bacillus subtilis* I. Genome-scale metabolic model reconstruction based on updated gene-enzyme-reaction data[J]. Biochemical Engineering Journal, 2017, 127: 229-241.

[91] Leyn S A, Kazanov M D, Sernova N V, et al. Genomic reconstruction of the transcriptional regulatory network in *Bacillus subtilis*[J]. J Bacteriol, 2013, 195 (11): 2463-2473.

[92] Goelzer A, Bekkal Brikci F, Martin-Verstraete I, et al. Reconstruction and analysis of the genetic and metabolic regulatory networks of the central metabolism of *Bacillus subtilis*[J]. BMC Syst Biol, 2008, 2: 20.

[93] Fadda A, Fierro A C, Lemmens K, et al. Inferring the transcriptional network of *Bacillus subtilis*[J]. Mol Biosyst, 2009, 5 (12): 1840-1852.

[94] Nicolas P, Mäder V, Dervyn E, et al. Condition-dependent transcriptome reveals high-level regulatory architecture in *Bacillus subtilis*[J]. Science, 2012, 335 (6072): 1103-1106.

[95]　Arrieta-Ortiz M L, Hafemeister C, Bate A R, et al. An experimentally supported model of the *Bacillus subtilis* global transcriptional regulatory network[J]. Mol Syst Biol, 2015, 11 (11): 839.

[96]　Rychel K, Sastry A V, Palsson B O. Machine learning uncovers independently regulated modules in the *Bacillus subtilis* transcriptome[J]. Nat Commun, 2020, 11 (1): 6338.

[97]　Tummler K, Lubitz T, Schelker M, et al. New types of experimental data shape the use of enzyme kinetics for dynamic network modeling[J]. Febs J, 2014, 281 (2): 549-571.

[98]　St John P C, Strutz J, Broadbelt L J, et al. Bayesian inference of metabolic kinetics from genome-scale multiomics data[J]. PLoS Comput Biol, 2019, 15 (11): e1007424.

[99]　Birkenmeier M, Neumann S, Roder T. Kinetic modeling of riboflavin biosynthesis in *Bacillus subtilis* under production conditions[J]. Biotechnol Lett, 2014, 36 (5): 919-928.

[100]　Ramaniuk O, Cerny M, Krasny L, et al. Kinetic modelling and meta-analysis of the *B. subtilis* SigA regulatory network during spore germination and outgrowth[J]. Biochim Biophys Acta Gene Regul Mech, 2017, 1860 (8): 894-904.

[101]　Gauvry E, Mathot A G, Couvert O, et al. Differentiation of vegetative cells into spores: a kinetic model applied to *Bacillus subtilis*[J]. Appl Environ Microbiol, 2019, 85 (10): e00322-19.

[102]　Sanchez B J, Zhang C, Nilsson A, et al. Improving the phenotype predictions of a yeast genome-scale metabolic model by incorporating enzymatic constraints[J]. Mol Syst Biol, 2017, 13 (8): 935.

[103]　Massaiu I, Pasotti L, Sonnenschein N, et al. Integration of enzymatic data in *Bacillus subtilis* genome-scale metabolic model improves phenotype predictions and enables in silico design of poly-gamma-glutamic acid production strains[J]. Microb Cell Fact, 2019, 18 (1): 3.

[104]　Thiele I, Palsson B O. A protocol for generating a high-quality genome-scale metabolic reconstruction[J]. Nat Protoc, 2010, 5 (1): 93-121.

[105]　Jonathan M M, Colton J L, Elizabeth B, et al. iML1515, a knowledgebase that computes *Escherichia coli* traits[J]. Nature Biotechnology, 2017, 35 (10): 904-908.

[106]　Yang X, Mao Z, Zhao X, et al. Integrating thermodynamic and enzymatic constraints into genome-scale metabolic models[J]. Metab Eng, 2021, 67: 133-144.

[107]　Nandi S, Subramanian A, Sarkar R R. An integrative machine learning strategy for improved prediction of essential genes in *Escherichia coli* metabolism using flux-coupled features[J]. Mol Biosyst, 2017, 13 (8): 1584-1596.

第5章　枯草芽孢杆菌细胞工厂合成 N-乙酰氨基葡萄糖

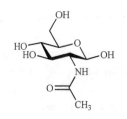

图 5-1　GlcNAc 的结构式

N-乙酰氨基葡萄糖（N-acetyl-glucosamine，GlcNAc）又称 2-乙酰氨基-2-脱氧-D-葡萄糖，是葡萄糖的 2 位羟基被乙酰氨基取代后的产物，相对分子质量为 221.21，化学式为 $C_8H_{15}NO_6$，结构式如图 5-1 所示。GlcNAc 是甲壳素的单体，广泛存在于节肢动物的外骨骼及真菌的细胞壁之中[1]；GlcNAc 经脱乙酰基衍生得到氨基葡萄糖，其异构化后与丙酮酸缩合衍生得到 N-乙酰神经氨酸。

GlcNAc 是一种具有生物活性的功能单糖，其能够通过促进淋巴细胞增殖、分化，促进白细胞介素-2、干扰素-γ 等细胞因子分泌，改善免疫调节，刺激抗肿瘤免疫应答，具有抗肿瘤和消炎功效[2]；能够恢复线粒体酶表达水平，增强线粒体谷胱甘肽抗氧化性，以此改善 ATP 状态，减轻地塞米松使用导致的胸腺毒性[3]；同时，GlcNAc 具有促进软骨损伤修复、再生功能[4]，而且能够通过转移胰高血糖素受体的 N-糖链维持葡萄糖稳态[5]。另外研究表明，GlcNAc 作为药物辅料，由于溶解性好、安全性高、无副作用，可以作为化学交换饱和转移核磁共振成像对比剂应用于肿瘤诊断[6]；GlcNAc 作为官能化试剂，将装载抗肿瘤药物的介孔二氧化硅纳米粒子官能化，可以促进药物吸收，提高其靶向肿瘤细胞的能力[7]。

另外，GlcNAc 的脱乙酰基衍生产物氨基葡萄糖，是欧洲风湿病防治联合会和国际骨关节炎研究学会推荐的抗炎药物；但氨基葡萄糖味苦，不适宜口服[8, 9]。除此之外，其诸多生理功能与 GlcNAc 相似，如氨基葡萄糖通过影响胞内 O-GlcNAc 糖基化水平，抑制核转录因子 NF-kappa B 的激活及相关炎症反应，具有消炎的作用；通过阻止脂质和蛋白氧化，增加软骨特异组分，防止胶原蛋白降解，有助于表面关节破损修复，减缓软骨破坏，与硫酸软骨素组合使用替代塞来考昔治疗关节炎，能够减轻关节疼痛，改善关节活动功能，而且安全性高，没有副作用[10-12]。同时，氨基葡萄糖通过 O-GlcNAc 糖基化，可调控钙信号传递，引发内质网压力，具有抗肿瘤作用，是癌症化学预防的潜在药物[13-15]。另外，氨基葡萄糖作为官能化试剂，将金纳米颗粒-石墨烯氧化物官能化后，可以降低其非特异性毒性，提高其抗菌活性，有助于其在医疗器械制造和废水处理中应用[16, 17]。

由于 GlcNAc 及其衍生产物具有诸多生理功能，其在药品和保健品领域有着广泛的应用，以增强人的免疫力，如盐酸氨基葡萄糖片和盐酸氨基葡萄糖胶囊等消炎药品，奥司他韦和扎那米韦等抗流感药物，关节宝、氨糖软骨素钙片等营养保健品[10, 18, 19]。

目前，GlcNAc 主要通过三种方法进行生产，分别是化学法、酶催化法和微生物发酵法。化学法通过降解虾蟹壳生产 GlcNAc，该方法起步早，是商业化生产 GlcNAc 的主要方法，但是其反应条件剧烈，对环境影响大，原料来源受季节限制，而且产品不适用于海鲜过敏症患者[20-22]。与化学法相比，酶催化法和微生物发酵法属于环境友好型生产方法，但是酶催化几丁质降解合成 GlcNAc，受制于底物虾蟹壳预处理困难、关键酶几丁质酶和 *N*-乙酰-β-1,4-D-氨基葡萄糖苷酶活性低、降解产物不纯、分离纯化困难、整体生产强度低和规模化生产难度较大等因素[23-25]。微生物发酵法生产 GlcNAc 是目前最具前景的方法，其在代谢工程技术和合成生物学技术的推动下，发展潜力越来越大，优势日益明显[26]。

目前，利用微生物发酵法生产 GlcNAc 的主要菌株为大肠杆菌（*Escherichia coli*）、酿酒酵母（*Saccharomyces cerevisiae*）和枯草芽孢杆菌（*Bacillus subtilis*）。通过代谢工程改造和发酵过程优化，*E. coli* 可以生产 110 g/L GlcNAc，然而由于 *E. coli* 在发酵过程中会分泌内毒素，生产的氨基葡萄糖不能满足食品级需求，限制了 GlcNAc 的应用[27]。已报道的利用 *S. cerevisiae* 发酵生产 GlcNAc，最高产量仅为 2.1 g/L，而且发酵周期大于 100 h，生产强度较低[20]。利用 *B. subtilis*，经空间组织工程和模块化途径工程优化 GlcNAc 合成途径及相关代谢网络，实现 GlcNAc 产量达 35.8 g/L[28-30]，说明 *B. subtilis* 在生产 GlcNAc 方面具有巨大的潜力。

虽然利用重组 *B. subtilis* 细胞工厂发酵生产 GlcNAc 是可行的，但是 GlcNAc 产量和得率仍不能满足工业生产的需求，需要进一步提高。利用重组 *B. subtilis* 细胞工厂发酵生产 GlcNAc 主要面临以下三个方面的问题：①中心碳代谢副产物溢流竞争性消耗底物，降低产物得率，同时一些有害副产物的积累会导致细胞生长环境恶化，抑制细胞生长和产物合成；此外，副产物的积累也不利于后期产物的分离纯化，增加生产成本。②改变代谢流分布，促进 GlcNAc 积累，提高 GlcNAc 得率。③由于复合培养基成本较高，限制了 GlcNAc 工业化生产。因此，针对以上的几个问题，本章将从以下几个方面对重组 *B. subtilis* 进行优化，从而提高 GlcNAc 的产量和得率：①中心碳代谢优化促进 GlcNAc 合成；②关键酶强化改变碳代谢流分布促进 GlcNAc 合成；③途径酶优化促进 GlcNAc 合成；④中心氮代谢优化促进 GlcNAc 合成。

5.1　中心碳代谢优化促进 GlcNAc 合成

微生物发酵过程中，中心碳代谢副产物溢流往往导致目的产物产量降低，得率下降，后期产物分离纯化困难，增加生产成本，而且酸性副产物，如乙酸和乳酸的溢流，还会抑制细胞生长，降低菌株代谢性能。之前的研究阻断了重组菌株 BSGN5 中酸性副产物乳酸的溢流，但是忽略了中性副产物乙偶姻的溢流（图 5-2）[29]。在以葡萄糖为碳源的丰富培养基中进行好氧发酵时，乙偶姻是碳代谢溢流的主要中性副产物，其产量可达 20～30 g/L，根据碳守恒，合成这些乙偶姻需要消耗 40～60 g/L 葡萄糖[31, 32]。乙偶姻合成途径如下所示：

$$1葡萄糖 + 2ADP + 2Pi + 2NAD^+ \longrightarrow 2丙酮酸 + 2ATP + 2NADH + 2H^+ + 2H_2O$$

$$2丙酮酸 \xrightarrow{AlsS} 2\text{-}乙酰乳酸 + CO_2$$

$$2\text{-}乙酰乳酸 \xrightarrow{AlsD} 乙偶姻 + CO_2$$

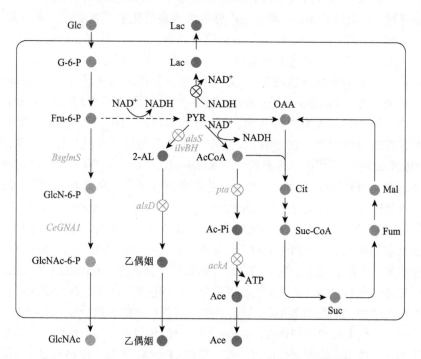

图 5-2 重组菌株 BSGN5 中 GlcNAc 合成途径及乙偶姻和乙酸溢流代谢途径

Lac：乳糖；PYR：丙酮酸；OAA：草酰乙酸；AcCoA：乙酰辅酶 A；2-AL：2-乙酰乳酸；Ac-Pi：乙酰磷酸；Ace：乙酸；GlcN-6-P：氨基葡萄糖-6-磷酸；GlcNAc-6-P：N-乙酰葡萄糖胺-6-磷酸；Cit：柠檬酸；Suc-CoA：琥珀酸辅酶 A；Suc：琥珀酸盐

尽管乙偶姻是 B. subtilis 发酵过程中的主要碳代谢副产物，但是在利用 B. subtilis 发酵生产高附加值产品的研究中，很少有通过阻断乙偶姻的溢流促进目的产物积累的报道。大阪大学的 Toya 等首次报道了阻断乙偶姻的合成后促进了吡啶二羧酸的生产，得到的吡啶二羧酸胞外含量增加到 5 g/L，得率提高了 52%[33]。为了研究阻断中性副产物乙偶姻合成对 GlcNAc 积累的影响，本节通过单独和组合敲除乙偶姻合成途径中局部转录因子 AlsR 编码基因 *alsR*、乙酰乳酸合成酶 AlsS 编码基因 *alsS* 和乙酰乳酸脱羧酶 AlsD 编码基因 *alsD* 对乙偶姻的合成进行阻断。同时，研究发现阻断乙偶姻合成后菌株发酵过程中会积累乙酸，严重影响细胞的生长和 GlcNAc 的合成，因此通过发酵条件优化和分子操作解决乙酸积累问题，进一步优化中心碳代谢，提高 GlcNAc 的合成与积累，提高 GlcNAc 的得率。

5.1.1　阻断副产物乙偶姻溢流对 GlcNAc 合成的影响

以之前的 GlcNAc 生产菌株 BSGN5 为出发菌株[29]，对乙偶姻合成途径中局部转录因子 AlsR 编码基因进行单敲除和组合敲除，重组菌株发酵结果如图 5-3a 所示，从中可以发现通过以下 3 种方式基本完全阻断副产物乙偶姻的溢流：①敲除基因 *alsS* 和 *alsD*；②敲除基因 *alsR*；③敲除基因 *alsS*、*alsD* 和 *alsR*。不论通过上述哪种方式，最终发酵液中乙偶姻含量仅为 0.7 g/L，相比敲除前 16.7 g/L 降低了 95.8%，同时葡萄糖到副产物乙偶姻的转化率由 0.33 g/g 降到了 0.04 g/g。发酵液中的少量乙偶姻可能是支链氨基酸合成途径生成的乙酰乳酸自发脱羧生成

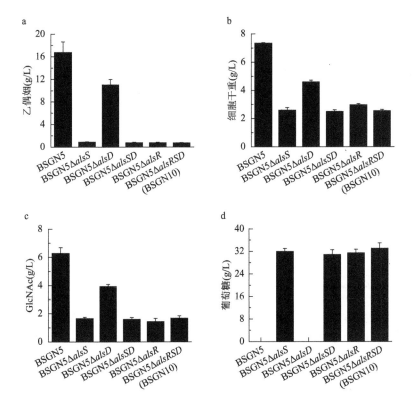

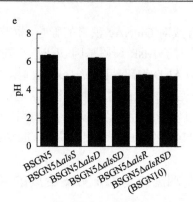

图 5-3　敲除乙偶姻合成途径相关基因对 GlcNAc 发酵的影响

敲除乙偶姻合成途径相关基因对乙偶姻产量（a）、细胞干重（b）、GlcNAc 产量（c）、葡萄糖消耗（d）
和胞外 pH（e）的影响

的，该途径中另一个基因 *ilvBH* 编码的乙酰乳酸合成酶，可催化丙酮酸缩合生成乙酰乳酸[34]。同样，由于乙酰乳酸自发脱羧，相比于上述三种方式，敲除基因 *alsD* 不能阻断乙偶姻的合成，敲除基因 *alsD* 后发酵液中乙偶姻含量为 10.9 g/L，相比敲除前 16.7 g/L 降低了 34.7%。

　　尽管通过上述 3 种方式基本阻断了副产物乙偶姻的溢流，但是摇瓶发酵中细胞生长和目的产物 GlcNAc 合成受到了严重抑制。阻断乙偶姻合成后菌株 BSGN10 的细胞干重和 GlcNAc 产量分别为 2.6 g/L 和 1.7 g/L，仅为敲除前的 35% 和 25%（图 5-3b 和 c）。同时底物葡萄糖消耗显著降低，发酵过程中出发菌株 BSGN5 消耗 50.1 g/L 葡萄糖，而阻断乙偶姻溢流以后 BSGN10 残糖量为 31.7 g/L（图 5-3d）。考虑到导致这些变化的原因仅仅是阻断了乙偶姻的合成，所以我们重新审视副产物乙偶姻合成对细胞生长、代谢的作用，通过文献检索发现乙偶姻合成途径通过将酸性的丙酮酸转化为中性的乙偶姻，将多余的碳源储备起来以便环境中碳源不足时满足生长代谢需要，同时乙偶姻的合成可以减少乙酸积累，维持胞内 pH 自稳态[31]。继而对发酵结束后发酵液上清的 pH 进行检测发现，阻断乙偶姻合成后胞外 pH 降到了 5.0，相比敲除前出发菌株 BSGN5 降低了 1.5 个单位（图 5-3e）。这说明阻断乙偶姻的合成，很可能导致了发酵过程中副产物乙酸的溢流。

5.1.2　阻断乙偶姻合成导致副产物乙酸溢流

　　为了鉴定阻断乙偶姻溢流后发酵液中积累的酸性物质，结合代谢途径分析及文献检索，将糖酵解途径、TCA 循环、磷酸戊糖途径及丙酮酸代谢节点处的 17 种酸性代谢物经高压液相色谱（HPLC）分析后分别与发酵液中酸性物质的出峰时间进行比对，发现乙酸的出峰时间为 18.55 min，与该酸性物质最接近（表 5-1 和

图 5-4a)。另外质谱分析表明，在质荷比（m/z）为 59 处有一个明显的离子峰，同样与乙酸根（HCOO—）的质荷比相吻合（图 5-4b）。进一步进行核磁共振分析，发现 1.81 ppm 处有一个明显的甲基质子峰，符合乙酸的结构特征（图 5-4c）。以上结果表明，阻断乙偶姻溢流后发酵液中积累的酸性物质确实为乙酸。对阻断乙偶姻合成前后的菌株发酵液中乙酸积累量进行定量分析发现，阻断乙偶姻合成前的出发菌株仅少量积累乙酸（1.4 g/L），而阻断乙偶姻合成后乙酸积累量大幅增加至 6.0 g/L。

表 5-1　HPLC 分析中 17 种酸性物质及其出峰时间

名称	出峰时间（min）
草酸	8.62
葡萄糖醛酸	9.63
柠檬酸	9.99
异柠檬酸	10.11
葡萄糖酸	10.70
α-酮戊二酸	10.78
马来酸（顺丁烯二酸）	11.00
丙酮酸	11.77
苹果酸（2-羟基丁二酸）	11.90
丙二酸	12.52
反式乌头酸	13.16
琥珀酸（丁二酸）	14.83
乳酸	15.34
戊二酸	17.79
乙酸	18.55
延胡索酸（富马酸，反丁烯二酸）	19.39
丙酸	21.93

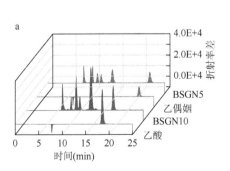

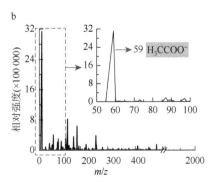

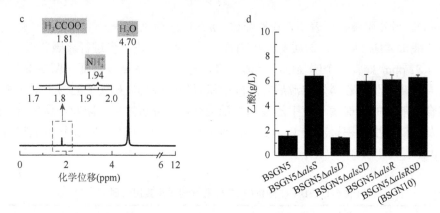

图 5-4　乙酸的定性鉴定及定量分析

（a）菌株 BSGN5 发酵上清液、乙偶姻标准品、BSGN10 发酵上清液及乙酸标准品的 HPLC 分析；（b）菌株 BSGN10 发酵清液的质谱分析；（c）菌株 BSGN10 发酵上清液的核磁共振分析；（d）敲除乙偶姻合成途径相关基因前后菌株发酵液中乙酸定量分析

乙酸是亲脂性的，其积累会导致细胞质子跨膜电势与 ATP 合成解偶联，耗散质子动能，而且会抑制一些基因的表达，所以当乙酸的积累超出细胞自身的缓控能力时，便抑制细胞生长及其代谢性能[35-37]。而中性乙偶姻的合成，减少了流向乙酸的碳流，避免了乙酸溢流对细胞生长和代谢的毒性[32, 38, 39]，允许细胞快速利用葡萄糖合成目的产物，从进化的角度讲，乙偶姻的溢流提高了 *B. subtilis* 对环境的适应性。

5.1.3　添加碳酸钙和恒 pH 补料分批发酵对 GlcNAc 合成的影响

为了改善阻断乙偶姻合成后细胞的生长性能和 GlcNAc 生产能力，首先考察了在培养基中添加不同浓度碳酸钙的影响。如图 5-5 所示，碳酸钙粉末作为酸中和剂添加到培养基中可以明显促进菌株 BSGN10-P$_{43}$-*Ce*GNA1 的细胞生长和 GlcNAc 合成。当碳酸钙粉末浓度达到 30 g/L 时，摇瓶发酵中细胞干重（DCW）可以达到 6.1 g/L，GlcNAc 产量相比出发菌株 BSGN5-P$_{43}$-*Ce*GNA1（6.2 g/L）略有提高，可以达到 7.4 g/L。同时，添加碳酸钙促进了葡萄糖利用。碳酸钙对细胞生长和 GlcNAc 合成的促进作用，一方面可能是起到了中和作用，另一方面可能是钙离子对糖酵解途径和 TCA 循环起到了调控作用[40, 41]。由于继续提高碳酸钙浓度至 45 g/L 对细胞生长和 GlcNAc 产量没有明显的促进作用，而且会增加发酵成本，因此后续研究中选择 30 g/L 作为碳酸钙的添加浓度。

尽管摇瓶发酵实验表明，通过添加碳酸钙中和乙酸毒性，可以改善阻断乙偶姻合成后菌株（BSGN10）的细胞生长，促进 GlcNAc 积累，但是 GlcNAc 的产量提高幅度并不明显。

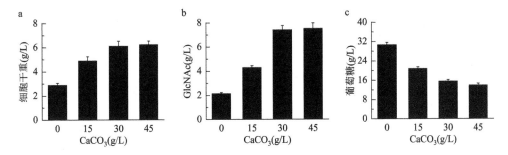

图 5-5　添加碳酸钙对 BSGN10-P$_{43}$-*Ce*GNA1 摇瓶发酵产 GlcNAc 的影响

摇瓶发酵中添加碳酸钙对细胞干重（a）、GlcNAc 产量（b）和葡萄糖消耗（c）的影响

为了进一步考察阻断副产物乙偶姻溢流对 GlcNAc 积累的影响，接下来在 3 L 发酵罐中进行了恒 pH 补料分批发酵。恒 pH 补料分批发酵过程中，通过流加 50% 的氨水（*V/V*）维持 pH 在 7.4，以中和乙酸的毒性。如图 5-6a 所示，菌株 BSGN10 的细胞干重为 23.5 g/L，相比出发菌株 BSGN5 的 20.4 g/L 提高了 15.2%。同时 GlcNAc 产量提高到 48.9 g/L，相当于出发菌株 BSGN5 的 1.35 倍（图 5-6b），葡萄糖到 GlcNAc 的转化率也由 0.23 g/g 提高到 0.32 g/g。尽管在 3 L 发酵罐中进行恒 pH 补料分批发酵积累了更多的乙酸（12.1 g/L）（图 5-6d），但是通过流加氨水调控发酵过程中 pH 至 7.4，减弱了乙酸的毒性，而且后续发酵过程中乙酸逐渐被消耗，没有对 GlcNAc 积累产生明显的抑制作用。但有一点需要注意，与出发菌株 BSGN5 相比，菌株 BSGN10 在发酵过程中出现明显的细胞裂解现象，细胞干重由 23.5 g/L 降到 9.6 g/L，下降了 59.1%（图 5-6a）。出现这种细胞裂解现象可能是由乙酸毒性，也可能是由阻断乙偶姻合成后引发乙酰化或其他调控导致的。总而言之，阻断副产物乙偶姻溢流后，乙酸积累，在摇瓶发酵中其毒性抑制了细胞生长和 GlcNAc 合成，采用恒 pH 补料分批发酵可以中和乙酸毒性，明显促进 GlcNAc 积累。

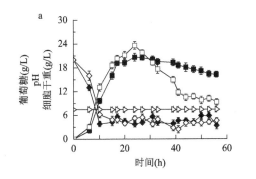
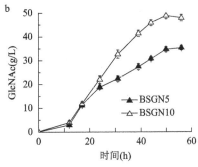

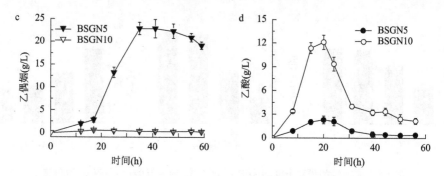

图 5-6 菌株 BSGN10-P$_{43}$-CeGNA1 与 BSGN5-P$_{43}$-CeGNA1 在 3 L 发酵罐中补料分批发酵对比

（a）细胞干重（—■—BSGN5，—□—BSGN10）、葡萄糖消耗（—◆—BSGN5，—◇—BSGN10）和发酵过程 pH（—▽—BSGN5，—▼—BSGN10）变化；（b）发酵过程中 GlcNAc 产量变化曲线；（c）发酵过程中乙偶姻产量变化曲线；（d）发酵过程中乙酸产量变化曲线；补料分批发酵过程中，初始葡萄糖浓度为 20 g/L，当糖浓度降到 5 g/L 时，通过流加 500 g/L 葡萄糖母液控制发酵过程中发酵液糖浓度在 5.0 g/L 左右；发酵过程中温度、pH 和通气量分别为 37℃、7.4 和 1.5 vvm

5.1.4　阻断副产物乙酸溢流对 GlcNAc 合成的影响

通过之前的研究可以发现，通过调控发酵液 pH，对发酵液中乙酸含量进行调控，可以促进细胞生长和 GlcNAc 合成。因此阻断乙酸溢流也许能够解除其毒性，同时乙酸是由乙酰 CoA 代谢生成的，而乙酰 CoA 是 GlcNAc 合成的直接前体，阻断乙酸溢流将为 GlcNAc 合成供应前体乙酰 CoA，从而促进 GlcNAc 的积累。但是在阻断乙偶姻溢流的基础上继续阻断乙酸溢流也许会导致胞内乙酰 CoA 含量升高，乙酰 CoA 是代谢网络中重要的中间代谢物，既是 TCA 循环的底物，又是脂肪酸合成的基础构件，还是蛋白乙酰化的乙酰基供体，乙酰 CoA 含量升高很可能会改变胞内全局性乙酰化调控模式[42-45]；或者导致胞内丙酮酸含量升高，丙酮酸与 PEP 的比例失衡，会对细胞生长及代谢性能产生未知影响。

由于负责乙酸合成的两个基因不是必需基因，为了探究阻断乙酸溢流对 GlcNAc 发酵的影响，接下来分别敲除了乙酸合成途径中的磷酸转乙酰化酶编码基因 pta（eutD）和乙酸激酶编码基因 ackA[46]。如图 5-7a 所示，敲除基因 pta 或者 ackA 都可以基本完全阻断乙酸的合成，敲除基因 pta 或者 ackA 之前发酵液中乙酸含量约 6 g/L，而敲除后发酵液中乙酸含量均不足 0.5 g/L。然而，继续阻断副产物乙酸溢流不但没有促进 GlcNAc 积累，反而抑制了细胞生长和葡萄糖利用（图 5-7b~d）。在菌株 BSGN11 发酵过程中，细胞干重（DCW）和 GlcNAc 产量分别为 5.2 g/L 和 6.5 g/L，相比 BSGN10 分别降低了 14.5% 和 12.1%。阻断乙酸合成前，菌株 BSGN10 可以利用 34.4 g/L 葡萄糖，而阻断乙酸合成后，菌株 BSGN11 仅利用 28.1 g/L 葡萄糖。

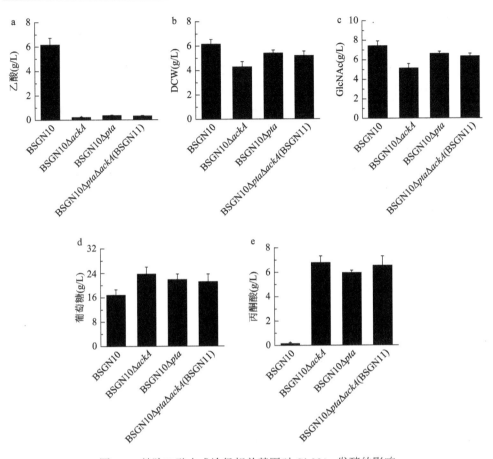

图 5-7　敲除乙酸合成途径相关基因对 GlcNAc 发酵的影响

敲除乙酸合成途径相关基因对乙酸产量（a）、细胞干重（b）、GlcNAc 产量（c）、葡萄糖消耗（d）
和胞外丙酮酸产量（e）的影响

　　通过代谢途径分析和 HPLC 检测发现阻断副产物乙酸溢流后，胞外丙酮酸产
量可达 6 g/L（图 5-7e）。Toya 等的研究表明，阻断乙偶姻合成后，胞内丙酮酸浓
度升高了 2.5 倍，而磷酸烯醇丙酮酸浓度没有发生明显的变化。基于此，我们推
测同时阻断乙偶姻和乙酸的合成，胞内丙酮酸和磷酸烯醇丙酮酸浓度很可能发生
了同样的变化[33]，导致胞内磷酸烯醇丙酮酸与丙酮酸含量的比值（PEP/PYR）降
低，通过 PTS 系统中 PEP-EI-HPr-CcpA 信号通路影响 EIIAGlc 磷酸化状态，进而
反馈抑制葡萄糖的转运吸收[47, 48]。

　　在本节的研究中可以发现阻断副产物乙偶姻溢流后，乙酸溢流及细胞生长受
抑制；阻断乙酸溢流后，丙酮酸溢流受抑制及细胞生长受抑制加剧。以上副产物
的溢流及溢流顺序说明，乙酸的合成避免了丙酮酸溢流，乙偶姻的合成避免了乙
酸溢流，从而避免了酸性副产物积累对细胞生长和代谢的抑制，这是 *B. subtilis*

在漫长的进化过程中形成的一种自我保护机制[49]。由此可见乙偶姻、乙酸的合成对于疏导中心碳代谢流,增加细胞对环境的适应性起着重要的作用[43, 50]。

虽然 GlcNAc 的合成可以促进果糖-6-磷酸和丙酮酸的利用,减少丙酮酸溢流,能够起到疏导中心碳代谢流的作用,但是酶 CeGNA1 的表达并没有缓解丙酮酸溢流对细胞生长的抑制。根据 Toya 等的研究结果,阻断乙偶姻合成后胞内 Fru-6-P 含量明显降低,而 Fru-6-P 是合成 GlcNAc 的关键前体,所以推测阻断乙偶姻和乙酸溢流后,GlcNAc 合成途径中间产物 GlcN-6-P 或者 GlcNAc-6-P 在胞内积累,对细胞生长和代谢造成负担的可能性较低[33]。反之,也许是由于 GlcNAc 合成途径关键酶 GlmS 或者 CeGNA1 表达量不足,或者是其对底物的亲和力较低,无法将碳代谢流进一步拉向 GlcNAc 合成途径,说明 GlcNAc 合成途径不够强,这为后续代谢工程改造提供了新的靶点。

5.2　关键酶强化改变碳代谢流分布促进 GlcNAc 合成

在上一节的研究中,通过阻断重组 B. subtilis 中心碳代谢副产物乙偶姻和乙酸溢流,得到菌株 BSGN11。在 BSGN11 发酵过程中,胞外积累约 6 g/L 丙酮酸,且细胞生长较差,细胞干重只有 5.2 g/L。丙酮酸积累表明其合成途径过强,或者其利用途径较弱。丙酮酸是由果糖-6-磷酸经糖酵解途径生成的,由于 GlcNAc 合成途径中的关键酶谷氨酰胺-果糖-6-磷酸氨基转移酶(GlmS)催化果糖-6-磷酸转化为 GlcN-6-P,与糖酵解途径竞争性消耗果糖-6-磷酸,可以减弱糖酵解途径代谢流,减少丙酮酸合成;而 GlcNAc 合成途径中的另一个关键酶氨基葡萄糖-6-磷酸乙酰化酶(CeGNA1)催化乙酰 CoA 的乙酰基转移到 GlcN-6-P 生成 GlcNAc-6-P,可以通过消耗乙酰 CoA 促进丙酮酸转化为乙酰 CoA,从而促进丙酮酸的利用。所以本节以 BSGN11 为出发菌株,从代谢工程的角度,通过酶工程的策略和方法,强化 GlcNAc 合成途径中的关键酶 EcGlmS 和 CeGNA1 表达,使更多的代谢通量流向 GlcNAc 合成路径,促进 GlcNAc 的积累(图 5-8)。

启动子替换和 RBS 优化是提高酶表达量的常用策略。然而,酶的表达受转录、转录后调控、翻译和翻译后调控等多水平作用,受 tRNA 丰度、mRNA 二级结构及稳定性、核糖核酸酶、核酶等多维度因子调控,而且不同因素之间相互影响,协同作用,实现它们之间的协同调控,对于提高酶的表达量、实现代谢引流具有重要意义。

本节首先通过在关键酶 CeGNA1 的 N 端融合标签及对 RBS 进行协同优化,在翻译水平强化关键酶 CeGNA1 的表达;然后通过在关键酶编码基因 glmS 5′UTR 区域融合 mRNA 稳定子及进行 mRNA 稳定子筛选,在翻译水平和转录后调控水

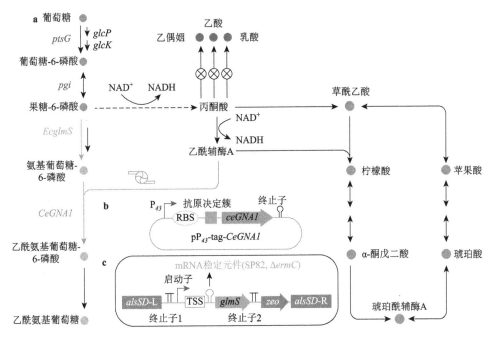

图 5-8　重组菌株 BSGN11 中用于合成 GlcNAc 的主要途径及改造策略

平协同调控强化关键酶 EcGlmS 的表达；最终实现了 GlcNAc 合成途径的强化，减少了丙酮酸的积累，促进了 GlcNAc 的合成。

5.2.1　N 端融合标签提高关键酶 CeGNA1 表达

　　mRNA 5′端包含 5′UTR 区域、RBS 及起始密码子 AUG 下游一段区域，这一区域通过影响核糖核酸酶 RNase Y、RNase J1 对 mRNA 的切割及核糖体与其的结合来影响 mRNA 的稳定性和翻译速率，从而影响蛋白表达[51, 52]。在对关键酶 CeGNA1 编码基因的 mRNA 5′端进行分析时发现，将 5 种常用的标签与关键酶 CeGNA1 的 N 端融合后，经 RBS calculator 预测，其翻译初始速率会发生明显的变化，未融合标签时翻译初始速率为 285 a.u.，融合标签 HA、Strep II、Flag、6His、cMyc 后，其翻译初始速率分别为 1150 a.u.、3706 a.u.、11 943 a.u.、12 105 a.u.、33 626 a.u.，与未融合标签时翻译初始速率相比都有显著提高（图 5-9a）。

　　对融合标签菌株进行发酵，发现重组菌株的 GlcNAc 产量分别为 8.7 g/L、2.7 g/L、1.6 g/L、6.8 g/L、9.4 g/L，其中融合标签 cMyc 使得 GlcNAc 产量相比原始质粒 pP₄₃-6His-CeGNA1 提高了 38%，得率提高到 0.19 g/g 葡萄糖；同时丙酮酸的最大产量减少到 4.6 g/L，并随着发酵进行，最终被全部消耗，细胞干重也增加

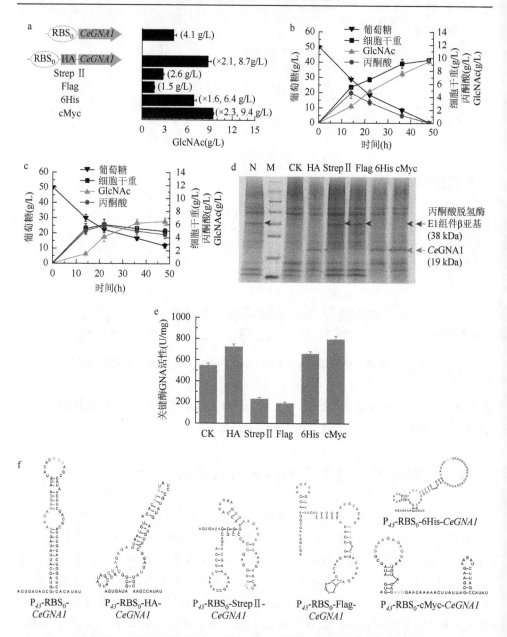

图 5-9 N 端标签融合对 GlcNAc 合成及关键酶 CeGNA1 表达的影响

（a）关键酶 CeGNA1 的 N 端融合标签对其翻译初始速率、GlcNAc 产量的影响；（b）和（c）关键酶 CeGNA1 的 N 端融合标签 cMyc（b）及未融合标签（c）菌株在发酵过程中各物质的变化；（d）～（f）N 端融合标签对关键酶 CeGNA1 表达量（d）、酶活性（e）及 mRNA 二级结构（f）的影响

到 9.9 g/L（图 5-9b 和 c）。以上结果表明，关键酶 CeGNA1 的 N 端融合标签 cMyc 后，更多的代谢通量流向了 GlcNAc 合成途径，促进了丙酮酸的利用，减弱了丙

酮酸积累的毒性，促进了 GlcNAc 的积累，改善了细胞生长。这说明融合标签 cMyc 后，预测翻译初始速率的增加很可能导致了关键酶 CeGNA1 表达量的增加，因为 CeGNA1 催化乙酰 CoA 的乙酰基转移给 GlcN-6-P 生成 GlcNAc-6-P，消耗乙酰 CoA，CeGNA1 的过表达可以促进丙酮酸的利用，同时促进目的产物 GlcNAc 的积累。

尽管融合标签 HA 效果不如 cMyc 显著，但同样促进了 GlcNAc 积累，使得 GlcNAc 产量最终达到 8.7 g/L。融合标签 Strep Ⅱ、Flag 后预测的翻译初始速率也有较大的提高，但是并没有促进 GlcNAc 的积累。由于 CeGNA1 是限制 GlcNAc 合成的关键因素，接下来进一步探究了融合标签对 CeGNA1 表达和酶活的影响。如图 5-9d 所示，关键酶 CeGNA1 的表达强弱与 GlcNAc 产量高低相一致，与原始质粒 pP$_{43}$-6His-CeGNA1 相比，通过用 Image J 软件进行灰度分析，融合标签 cMyc 后 CeGNA1 表达量提高了 20%，而融合标签 Strep Ⅱ、Flag 并没有促进 CeGNA1 的表达。同时注意到，在 SDS-PAGE 中，CeGNA1 的表达与酮酸脱氢酶 E1 组件 β 亚基的表达相呼应，与标签 Strep Ⅱ、Flag 相比，融合标签 HA、6His、cMyc 后，丙酮酸脱氢酶 E1 组件 β 亚基对应的条带明显变淡。由于酮酸脱氢酶 E1 组件 β 亚基的表达与丙酮酸的积累密切相关，从侧面说明了 CeGNA1 的过表达降低了丙酮酸的积累，将更多的碳代谢流拉向了 GlcNAc 合成途径。事实上，除了翻译初始速率外，许多其他因素也会影响蛋白表达，如转录、转录后 mRNA 降解、翻译延伸、翻译终止、mRNA 5′端二级结构等[52, 53]。也许融合标签 Strep Ⅱ、Flag 后影响了 mRNA 的稳定性，从而不利于关键酶 CeGNA1 的表达。

另外，酶活分析表明，融合标签后 CeGNA1 的酶活变化也与 GlcNAc 产量相一致（图 5-9e）。融合标签 cMyc 后的酶活最高，为 794 U/mg 蛋白，相比原始质粒 pP$_{43}$-6His-CeGNA1 酶活提高了 20%。融合标签 Strep Ⅱ、Flag 后，酶活较低，分别为 212 U/mg 蛋白和 198 U/mg 蛋白。以上结果表明，融合标签 cMyc 还可能改变其催化效率，提高了其酶活。综合上述分析，N 端融合标签可以作为一种调控蛋白表达的手段，应用于代谢工程改造中途径酶的调控。

根据 Salis 等提出的翻译速率模型，翻译初始速率是影响翻译的主要因素[52]。翻译初始速率主要受以下几个因素影响：16S rRNA 与 RBS 的结合，tRNA^{fMET} 与起始密码子 ATG 的结合，RBS 与 ATG 之间的距离，以及 mRNA 5′端二级结构的形成。由于融合标签没有改变 RBS 区域及 ATG，因此它很可能只影响了 16S rRNA 及 tRNA^{fMET} 的结合。如图 5-9f 所示，与 Strep Ⅱ、Flag 相比，融合标签 cMyc 通过影响 mRNA 5′端 RBS 附近区域二级结构的形成，使得 RBS 附近区域暴露，从而更有利于 16S rRNA 及 tRNA^{fMET} 的结合，起始翻译[54]。基于以上分析，在融合标签的基础上，进行 RBS 优化也许可以进一步促进 GlcNAc 积累。

5.2.2　RBS 优化对 GlcNAc 合成及关键酶 *Ce*GNA1 表达的影响

基于上述研究，融合标签 cMyc 和 HA 对 GlcNAc 产量提高有较好的促进效果，所以继续在融合标签 cMyc 和 HA 的基础上对关键酶 *Ce*GNA1 的 RBS 进行优化，并以没有融合标签作为对照。使用 RBS calculator 对关键酶 *Ce*GNA1 的翻译水平进行预测发现，融合标签 cMyc 后，其最大翻译初始速率可以达到 4 229 933 a.u.，而未融合标签或者融合标签 HA，其最大翻译初始速率只可以分别达到 435 362 a.u. 和 974 602 a.u.，分别约是 4 229 933 a.u. 的 1/10 和 1/4。基于以上分析，在融合标签 cMyc 和 HA 的基础上，分别设计了不同翻译初始速率的 RBS 突变体，具体见表 5-2。

表 5-2　不同 RBS 突变体及相应的 *Ce*GNA1 翻译初始速率

RBS 突变体	翻译初始速率（a.u.）	RBS 突变体	翻译初始速率（a.u.）	RBS 突变体	翻译初始速率（a.u.）
CK-R1	1000	H-R1	1000	M-R1	1000
CK-R2	3500	H-R2	3500	M-R2	3500
CK-R3	10 000	H-R3	10 000	M-R3	10 000
CK-R4	30 000	H-R4	30 000	M-R4	30 000
CK-R5	100 000	H-R5	100 000	M-R5	100 000
CK-R6	300 000	H-R6	300 000	M-R6	300 000
CK-Rm	435 362	H-Rm	974 602	M-R7	1 005 839
				M-R8	2 188 334
				M-Rm	4 229 933

用设计得到的 RBS 突变体替换 *Ce*GNA1 表达盒中原始 RBS0 后，转入重组菌株 BSGN11 进行发酵，结果如图 5-10 所示。翻译初始速率较低时，发酵过程中细胞干重随着翻译初始速率的增加而增加，这可能是由于 *Ce*GNA1 的过表达减少了丙酮酸的积累，降低了其毒性（图 5-10a）。当细胞干重增加到 10.2 g/L 时，其不再随着翻译初始速率的增加而增加，但是 GlcNAc 产量继续增加，当翻译初始速率为 4 229 933 a.u. 时，GlcNAc 产量达到最大，为 11.9 g/L，得率增加到 0.24 g/g 葡萄糖（图 5-10b）。发酵 24 h 取样检测胞内酶活和酶表达量发现，相比 RBS 优化前，*Ce*GNA1 酶活提高到 871 U/mg，蛋白表达量也提高了 59%。同时，对于突变体 H-Rm 而言，虽然其翻译初始速率只是 M-Rm 的 1/4，但是最高 GlcNAc 产量为 11.2 g/L，仅仅比 11.9 g/L 略低，高于未融合标签的产量（8.9 g/L）。

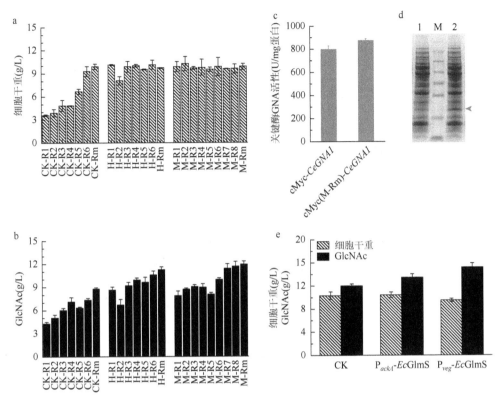

图 5-10　RBS 优化对 GlcNAc 发酵及关键酶 CeGNA1 表达的影响，以及启动子调控关键酶
EcGlmS 表达对 GlcNAc 合成的影响

（a）不同 RBS 突变体对细胞干重的影响；（b）不同 RBS 突变体对 GlcNAc 产量的影响；（b）和（c）不同 RBS 突
变体对关键酶 CeGNA1 酶活（c）及表达量（d）的影响，1 表示转入原始质粒 pP$_{43}$-6His-CeGNA1 后的发酵菌体胞
内上清结果，2 表示转入质粒 pP$_{43}$-cMyc（M-Rm）-CeGNA1 后的发酵菌体胞内上清结果；（e）强启动子（P$_{veg}$）
与弱启动子（P$_{ackA}$）调控关键酶 EcGlmS 表达对细胞干重和 GlcNAc 合成的影响

以上结果进一步表明，可以把融合标签作为一种调控元件，协同优化 RBS，
用于调控蛋白表达，其通过改变 mRNA 5′端的序列和二级结构促进翻译。同时，
本研究强调了 mRNA 5′端在控制蛋白表达方面的重要性。将 mRNA 5′端作为一个
整体，通过协同优化 mRNA 5′端的序列组成、二级结构，协调代谢途径酶的表达，
为合成途径的设计提供了一个新的视角。

5.2.3　整合表达关键酶 EcGlmS 促进碳代谢通量流向 GlcNAc 合成途径

前面的研究促进了丙酮酸的利用和 GlcNAc 的积累，改善了细胞生长，细胞
干重增加到 9.6 g/L，明显高于出发菌株 BSGN5（7.5 g/L）[55]。明显增加的细胞干
重表明有大量的碳代谢通量通过糖酵解途径和磷酸戊糖途径供给细胞生长，同

时，维持细胞生长和代谢需要消耗大量物质与能量，会降低 GlcNAc 产率[30]。由于 GlcNAc 合成途径是糖酵解途径和磷酸戊糖途径的重要分支，该途径中关键酶 GlmS 催化果糖-6-磷酸和谷氨酰胺缩合生成氨基葡萄糖-6-磷酸，与糖酵解途径和磷酸戊糖途径竞争碳源，因此推测强化 GlmS 表达可以竞争流向糖酵解途径和磷酸戊糖途径的碳源，进一步促进 GlcNAc 的积累，提高转化率。为了强化 GlmS 表达，首先分别用强启动子 P_{veg} 和弱启动子 P_{ackA} 控制来自 *E. coli* 的谷氨酰胺-果糖-6-磷酸氨基转移酶（*Ec*GlmS）编码基因 *glmS* 插入 *alsRSD* 位点整合表达，转入质粒 pP_{43}-cMyc（M-Rm）-*Ce*GNA1 后进行发酵，结果如图 5-10e 所示。尽管强启动子 P_{veg} 控制 *Ec*GlmS 表达使得细胞生长略受抑制，但是强启动子 P_{veg} 和弱启动子 P_{ackA} 强化关键酶 *Ec*GlmS 表达都促进了 GlcNAc 积累，产量分别提高到 15.2 g/L 和 13.4 g/L，而且强启动子的效果更加明显。以上结果表明，有必要进一步强化关键酶 *Ec*GlmS 的表达，使更多的碳代谢通量流向 GlcNAc 合成途径。

5.2.4 关键酶 *Ec*GlmS 5′端融合 mRNA 稳定子对 GlcNAc 发酵的影响

对 *B. subtilis* 的研究表明，核酸内切酶 RNase Y 与 mRNA 5′端的结合是 mRNA 降解的起始限速步骤，是决定 mRNA 稳定性的主要因素，也是调控基因表达水平的一种方式[56, 57]。mRNA 在 5′端形成茎环结构，以及其与核糖体、tRNA、调控蛋白、代谢物等结合都可以阻碍核酸内切酶的结合，增加 mRNA 的稳定性[58-60]。为了进一步促进关键酶 *Ec*GlmS 的表达，从增加 *EcglmS* mRNA 稳定性的角度入手，分别选择了 SP82、SP82-Δ*ermC* RBS、Δ*ermC* + 8、Δ*ermC* + 14/7A 四个 mRNA 稳定子添加到基因 *EcglmS* mRNA 的 5′端[61]。之前的研究结果表明，将这 4 个 mRNA 稳定子添加到 *lacZ* mRNA 的 5′端，其在 mRNA 5′端形成稳定的二级茎环结构，可以防止 5′-3′核酸外切酶切割，增加了 mRNA 的稳定性，使得 *lacZ* mRNA 的稳定性至少提高 15 倍，蛋白表达水平也有所提高。由于 mRNA 5′端添加 mRNA 稳定子形成的二级结构可能会将 RBS 区域覆盖，不利于核糖体结合和翻译起始，因此添加 mRNA 稳定子后首先用 RBS calculator 对其翻译初始速率进行了分析。

如图 5-11a 所示，未添加 mRNA 稳定子前（CK），*EcglmS* mRNA 5′端不易形成二级发夹结构，不会干扰核糖体的结合，所以预测的翻译初始速率最大，为 276 278 a.u.；添加 mRNA 稳定子 SP82 或者 Δ*ermC* + 8 后，*EcglmS* mRNA 5′端形成的二级发夹结构会将 RBS 区域覆盖，在核糖体结合到 RBS 区域前，需要额外的能量将发夹结构打开，限制了翻译起始，所以预测的翻译初始速率较低，分别为 62 582 a.u.和 101 381 a.u.；添加 mRNA 稳定子 SP82-Δ*ermC* RBS 或者 Δ*ermC* + 14/7A 后，虽然也会形成二级发夹结构，但是其没有影响 RBS 区域，不会对翻译初始速率造成较大影响，所以预测的翻译起始速率与原始（CK）相比相差不大，分别为 269 051 a.u. 和 234 838 a.u.。

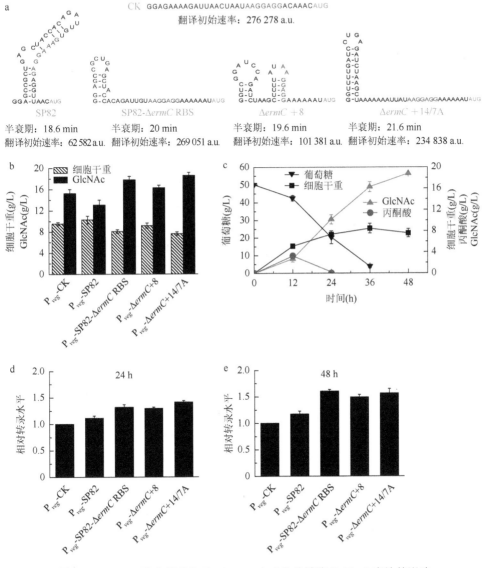

图 5-11　mRNA 稳定子优化对 GlcNAc 合成及关键酶 *Ec*GlmS 表达的影响

（a）不同 mRNA 稳定子的结构及特性；（b）mRNA 稳定子添加对 GlcNAc 产量和细胞干重的影响；（c）添加 mRNA 稳定子 Δ*ermC* + 14/7A 后的重组菌株 BSGN12 发酵过程中各物质的变化；（d）和（e）mRNA 稳定子添加对发酵 24 h（d）及 48 h（e）时 *Ec*GlmS 相对转录水平的影响

进一步进行发酵分析表明，添加 mRNA 稳定子 SP82 后，GlcNAc 产量由

15.2 g/L 降低到 13.0 g/L；添加 mRNA 稳定子 ΔermC + 8 对 GlcNAc 产量影响较小；而添加 mRNA 稳定子 SP82-ΔermC RBS 或者 ΔermC + 14/7A 显著增加了 GlcNAc 产量，其中 mRNA 稳定子 ΔermC + 14/7A 使得 GlcNAc 产量由 15.2 g/L 增加到 18.5 g/L，GlcNAc 的得率也增加到 0.37 g/g 葡萄糖；但 GlcNAc 产量提高伴随着细胞生长受抑制，细胞干重由 9.5 g/L 降低到 7.6 g/L（图 5-11b）。细胞生长受抑制可能是由于 GlcNAc 合成途径中关键酶 EcGlmS 和 CeGNA1 发生过表达，而且是组成型过表达，在细胞生长初期就减弱了流向糖酵解途径和磷酸戊糖途径的代谢通量，减少了碳骨架和能量的供应。同样，糖酵解途径和磷酸戊糖途径代谢流的弱化也减少了发酵过程中丙酮酸的积累，丙酮酸最大产量减少到 3.2 g/L，而且随着发酵进行，至 24 h 可被完全再利用（图 5-11c）。以上结果说明了 mRNA 5′端添加 mRNA 稳定子对于促进关键酶 EcGlmS 表达，将碳代谢流拉向 GlcNAc 合成途径，在物质代谢上疏导丙酮酸溢流有积极作用；也进一步说明了将 mRNA 5′端作为一个整体调控区域，通过调和内部序列组成和末端二级结构，协调转录后 mRNA 稳定性和翻译水平，可在代谢工程改造中应用。

为了进一步说明 mRNA 稳定子的作用，通过定量 PCR 分析了 EcGlmS 的相对转录水平。如图 5-11d 和 e 所示，添加 mRNA 稳定子后都增加了 EcGlmS 的相对转录水平，发酵 24 h 的相对转录水平增加了 11%～41%，发酵 48 h 的相对转录水平增加了 17%～56%。比较 CK、SP82-ΔermC RBS 和 ΔermC + 14/7A，其翻译初始速率相差不大，EcGlmS 相对转录水平的差别说明了 mRNA 稳定子的添加对蛋白表达有促进作用；比较 SP82、SP82-ΔermC + 8 和 ΔermC + 14/7A，其对 mRNA 稳定性的影响相差不大，EcGlmS 相对转录水平存在差别则可能是由于 mRNA 稳定子添加和翻译产生协同作用，因为核糖体结合到 RBS 区域也会影响核糖核酸酶在 RBS 附近区域的结合，从而抑制核糖核酸酶的切割，增加 mRNA 的稳定性[62, 63]。考虑到翻译初始速率与 mRNA 稳定性之间的密切关系，在预测翻译初始速率时考虑影响 mRNA 稳定性的因素，将会进一步提高蛋白表达水平的预测精准度。

为了减少丙酮酸的积累，改善重组菌株 BSGN11 的生长，促进 GlcNAc 的合成，本节研究通过改造 mRNA 5′端，强化了关键酶 CeGNA1 的表达，将碳代谢流拉向 GlcNAc 合成途径，促进了丙酮酸的利用和 GlcNAc 的积累，在复合培养基中摇瓶发酵，丙酮酸最大产量降低到 4.6 g/L，GlcNAc 产量提高到 9.4 g/L，细胞干重增加到 9.9 g/L；通过 RBS 优化，进一步提高了融合标签 cMyc 后关键酶 CeGNA1 的表达，在复合培养基中摇瓶发酵，GlcNAc 产量提高到 11.9 g/L；通过添加 mRNA 稳定子，改变 mRNA 5′端序列组成及二级结构，强化了关键酶 EcGlmS 的表达，得到重组菌株 BSGN12，在复合培养基中摇瓶发酵，丙酮酸最大产量降低到 3.2 g/L，并在发酵 24 h 内被全部利用，GlcNAc 产量提高到 18.5 g/L。

5.3　途径酶优化促进 GlcNAc 合成

途径酶和宿主细胞是基于微生物生物合成高附加值产品的两个基本要素[64]。途径酶是生物催化反应的载体，决定生物催化反应进行的方向和效率。来自自然界中的途径酶由于在原宿主中长期适应性进化，在异源宿主的特定微环境下表达时，因为自身局限性，如催化效率低、pH 稳定性和热稳定性差及底物专一性弱等，往往难以实现较好的催化效果。因此，在代谢途径改造过程中，通过酶工程改善途径酶原本的催化性能，实现途径酶性能优化，对于实现代谢流定向分配，以适应特定的生产需求具有重要意义[65]。另外，宿主细胞作为生物催化反应进行的场所，细胞生长及代谢特性，如乙酸分泌、氧化还原状态等，会直接影响生物催化效率，通过宿主细胞改造实现微生物细胞工厂自身性能的提升，辅助异源途径酶催化效率的提高，是促进高附加值产品合成的一种手段。

在上一节的研究中，虽然强化了关键酶 *Ce*GNA1 和 *Ec*GlmS 的表达，使碳代谢通量流向 GlcNAc 合成途径，减少了丙酮酸的合成，促进了丙酮酸的利用，但是发酵对数期仍然有少量丙酮酸积累（3.2 g/L）。丙酮酸的积累导致胞内外环境酸化，与对照菌株 BSGN5 相比，胞内 pH 由 6.6～7.2 下降到 6.0～6.9。而 GlcNAc 合成途径关键酶 *Ce*GNA1 的最适 pH 为 8.2，胞内 pH 降低可能会通过抑制 *Ce*GNA1 的活性来抑制 GlcNAc 的合成。为了促进 GlcNAc 的合成，在本节研究中，通过以下两种方式对 *B. subtilis* 合成 GlcNAc 途径进行优化：①通过途径酶工程，在丙酮酸压力下对关键酶 *Ce*GNA1 进行定向进化，提高其在酸性条件下的催化效率；②通过调控脲酶表达，改善宿主细胞内环境，缓控胞内 pH，辅助提高关键酶催化效率（图 5-12）。

5.3.1　丙酮酸积累对胞外 pH 和胞内 pH 稳态的影响

在重组菌株 BSGN12 的发酵过程中，胞外丙酮酸积累，导致胞外 pH 降低，发酵过程中胞外 pH 最低为 5.7，相比出发菌株 BSGN5（最低 pH 为 6.5）而言，胞外 pH 降低了 0.8 个单位（图 5-13a）。同时，利用荧光探针 BCECF-AM 测定胞内 pH 发现，发酵 12 h 时胞内 pH 最低，为 6.0，随着发酵进行，胞内 pH 逐渐升高，发酵至 48 h 时，胞内 pH 最高，为 6.9；相比于出发菌株 BSGN5 胞内最低 pH 6.6、最高 pH 7.2 而言，明显偏低（图 5-13b）。由于 GlcNAc 合成途径中关键酶 *Ce*GNA1 最适 pH 呈碱性（pH 7.4～9.7），因此推测胞内 pH 的降低，可能会抑制关键酶 *Ce*GNA1 的催化效率，不利于 GlcNAc 合成。

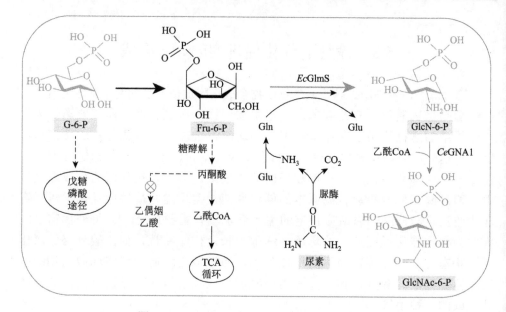

图 5-12　*B. subtilis* 中 GlcNAc 合成的主要途径

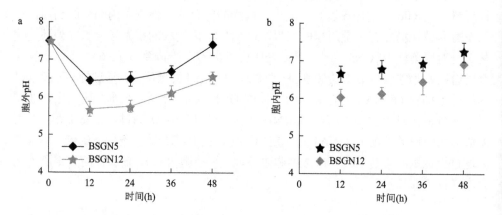

图 5-13　摇瓶发酵过程中菌株 BSGN5 和 BSGN12 胞内外 pH 的变化

5.3.2　关键酶 *Ce*GNA1 定向进化对 GlcNAc 合成的影响

为了提高关键酶 *Ce*GNA1 在丙酮酸压力下的催化效率，通过易错 PCR 对 *Ce*GNA1 进行了定向进化，筛选过程如图 5-14a 所示。在 96 深孔板中，约筛选 104 个菌株后，得到以下 15 个突变体：S16Q/N17D、N21D、D38N、S41M、L43W、S76I、S76T、N77Y、A97C、D109L、V134C、S138R、E140D、Q155V/C158G、C158Y（图 5-14b）。在摇瓶中进一步发酵验证，突变体 Q155V/C158G 的 GlcNAc 产量最高，为 20.6 g/L，相比对照菌株提高了 11%，同时胞外丙酮酸产量由 3.5 g/L

减少到 1.2 g/L，胞外 pH 在发酵 12 h 时由 5.7 增加到 5.9（图 5-14c～e）。胞内酶活测定分析表明，酶活提高到 1060 U/mg，相比之前 871 U/mg 提高了 21.7%。

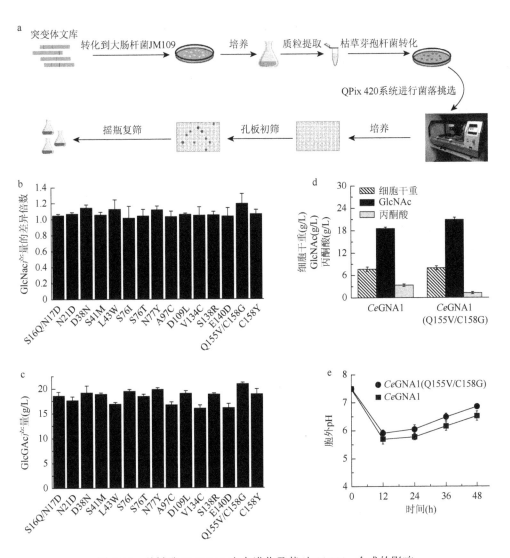

图 5-14　关键酶 CeGNA1 定向进化及其对 GlcNAc 合成的影响

（a）基于易错 PCR 的关键酶 CeGNA1 定向进化流程示意图；（b）和（c）在 96 深孔板（b）及摇瓶（c）发酵中，关键酶优化对 GlcNAc 合成的影响；（d）和（e）在摇瓶发酵中，关键酶优化（Q155V/C158G）对各指标的影响

　　尽管胞外丙酮酸产量明显减少，胞外 pH 也有所升高，但是胞内 pH 并未发生明显变化（图 5-15a）。这说明，GlcNAc 产量的增加，很可能是由于 Q155V/C158G 的突变增加了酶 CeGNA1 在丙酮酸压力下的催化效率。为了解析 Q155V/

C158G 突变对酶 *Ce*GNA1 催化效率的影响，将该突变体在 *E. coli* BL21 中进行了表达、纯化，并测定了不同酸性条件下的酶活。*Ce*GNA1 在溶液中为同源二聚体，大小为 38.8 kDa[66]。如图 5-15b 所示，SDS-PAGE 中，*Ce*GNA1 单体大小为 19.4 kDa。突变体 Q155V/C158G 与突变前相比缺少 38.8 kDa 的条带，这说明其热稳定性降低，在加热变性过程中同源二聚体完全变性为单体；反之，突变前的样品 SDS-PAGE 中含有 38.8 kDa 大小的条带，说明其并未完全变性。这可能是由于 C158 突变为 G158 后破坏了原二聚体之间形成的二硫键（图 5-15c 和 d）[66]。不同酸性条件下的酶活分析表明，当 pH 在 5.5～7.5 时，突变体 Q155V/C158G 的酶活及酸稳定性随着 pH 的升高而升高，尤其是当 pH 在 6.5～7.5 时，突变体 Q155V/C158G 的酶活提高了 11.5%（图 5-15e）。

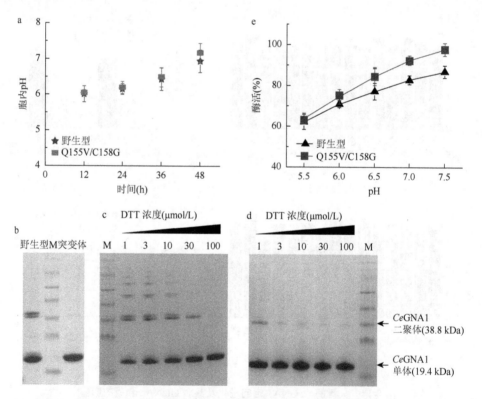

图 5-15　Q155V/C158G 突变对关键酶 *Ce*GNA1 催化效率的影响

（a）在摇瓶发酵中，Q155V-C158G 突变对胞内 pH 的影响；（b）野生型与突变体 Q155V/C158G 的 SDS-PAGE 纯化；（c）和（d）二硫苏糖醇（DTT）对野生型与突变体 Q155V/C158G 二聚体形成的影响；（e）Q155V/C158G 突变对 *Ce*GNA1 在不同 pH 条件下活性的影响

通过测定纯化后 *Ce*GNA1 的动力学参数，确定了突变体 *Ce*GNA1-Q155V/C158G 对底物氨基葡萄糖-6-磷酸的米氏常数（K_m）为 122 μmol/L，相比突变前降

低了 12.2%；催化效率为 1.25 s^{-1}·μM^{-1}，相比突变前提高了 27.5%（表 5-3）。这些结果表明，Q155V/C158G 突变增加了 *Ce*GNA1 对底物氨基葡萄糖-6-磷酸的亲和力，提高了其催化效率。之前的研究结果表明，*Ce*GNA1 二聚体的两个单体之间通过 Cys158 形成链间二硫键，Cys141 与产物 CoA-SH 形成链内二硫键，这两个二硫键的形成会抑制酶活性[66]。Cys158 突变为 Gly158 后避免了链间二硫键的形成，可能导致了 Cys141 附近空间结构发生改变，不利于产物 CoA-SH 与 Cys141 结合，从而解除了底物抑制。

表 5-3　Q155V/C158G 突变对酶 *Ce*GNA1 动力学参数的影响

菌株	K_m（μM）	k_{cat}（s^{-1}）	k_{cat}/K_m（s^{-1}·μM^{-1}）
*Ce*GNA1	139±9	136±1.1	0.98
*Ce*GNA1-Q155V/C158G	122±6	151±1.5	1.23

5.3.3　脲酶表达对胞内 pH 及 GlcNAc 合成的影响

分别用组成型强启动子 P$_{veg}$ 和木糖诱导型中等强度启动子 P$_{xylA}$ 控制脲酶在 *yoqM* 位点整合表达，得到重组菌株 BSGN12 和 BSGN12，转入关键酶 *Ce*GNA1 表达质粒 pP$_{43}$-cMyc（M-Rm）-*Ce*GNA1-Q155V/C158G 后在含有 5 g/L 尿素的培养基中进行摇瓶发酵。

结果如图 5-16 所示，组成型强启动子 P$_{veg}$ 和木糖诱导型中等强度启动子 P$_{xylA}$ 控制下脲酶的表达显著促进了尿素的利用，发酵 12 h 分解消耗 4.3 g/L 尿素（图 5-16b）。重组菌株 BSGN12 和 BSGN12 对尿素的快速利用导致胞外环境碱化，48 h 时胞外 pH 均升至 8.5（图 5-16c）。因为脲酶是在胞内表达，所以由胞外环境碱化推测胞内环境也可能碱化（胞内 pH = 7.9），从而抑制细胞生长和 GlcNAc 合成，发酵过程中细胞干重仅有 3.3 g/L，GlcNAc 产量亦不足 5 g/L（图 5-16d 和 e）。而对照菌株 BSGN12 对尿素的利用则相对缓慢，发酵 48 h 一共消耗 4.5 g/L 尿素（图 5-16b），不足以抵消发酵过程中因丙酮酸积累导致的胞内外环境酸化，无法缓解丙酮酸压力对关键酶 *Ce*GNA1 活性的抑制（图 5-16d 和 e）。

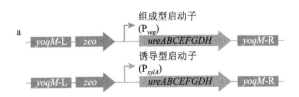

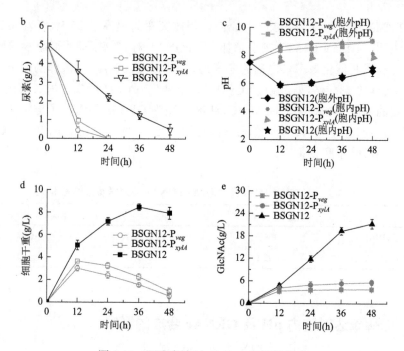

图 5-16　脲酶表达对 GlcNAc 发酵的影响

(a) 脲酶整合表达框示意图；(b) ~ (e) 脲酶整合表达对尿素利用 (b)、胞内外 pH (c)、细胞干重 (d) 及
GlcNAc 产量 (e) 的影响

以上结果表明，胞内脲酶的表达强度不能过高，亦不能过低。由于丙酮酸主要在生长对数期积累，此时胞内 pH 最低，随后积累的丙酮酸则被逐渐利用，胞内 pH 也逐渐升高。所以，应该调控胞内脲酶主要在细胞生长对数期表达，以缓解该时期胞内低 pH 对 GlcNAc 发酵的影响。为了实现胞内脲酶在特定时期表达，分别考察了指数期依赖型不同强度启动子 P_{abrb} 和 P_{hag} 及对数中期依赖型不同强度启动子 P_{ffh} 与 P_{licH} 控制下脲酶表达对 GlcNAc 发酵的影响[67]。

如图 5-17 所示，尿素的利用情况依赖于选取的启动子强度和类别。强启动子（P_{abrb} 和 P_{ffh}）控制下脲酶的表达导致尿素被快速利用，胞内外环境碱化，不利于 GlcNAc 发酵。而弱启动子 P_{hag} 和 P_{licH} 控制下的脲酶表达更适于 GlcNAc 发酵，尤其是在启动子 P_{hag} 的控制下，尿素以合适水平分解，使得胞内最低 pH 由 6.0 升高到 6.8，胞外 pH 也由 5.9 升高到 6.4（图 5-17b 和 c）。结果更利于细胞生长，细胞干重增至 9 g/L，相比对照菌株 BSGN12 提高了 15.2%；GlcNAc 产量和得率也分别提高至 25.6 g/L 和 0.43 g/g 葡萄糖，因此将弱启动子 P_{hag} 控制脲酶表达的菌株命名为 BSGN13，在此菌株的基础上转入关键酶 CeGNA1 表达质粒 pP₄₃-cMyc（M-Rm）-CeGNA1-Q155V/C158G 后，在 3 L 发酵罐中进行补料分批发酵。发酵结果如图 5-18 所示，在重组菌株 BSGN13 发酵过程中没有丙酮酸积累，细胞生长至 36 h 时，达到细胞干重 20.7 g/L；胞外 GlcNAc 随着细胞生长逐渐积累，到 36 h 时产量为 59.8 g/L，生产强度为 1.66 g/(L·h)。尽管在随后 20 h 发酵过程中，GlcNAc 依然逐渐积累，最高产量增至 82.5 g/L，得率为 0.39 g/g 葡萄糖，分别是之前罐上产量的 1.7 倍和 1.2 倍，但是其生产强度降低到 1.13 g/(L·h)[55]。GlcNAc 生产强度降低，可能是由发酵液中氮源供应不足，或者碳氮源不平衡所致，这将在后续研究中继续探索。

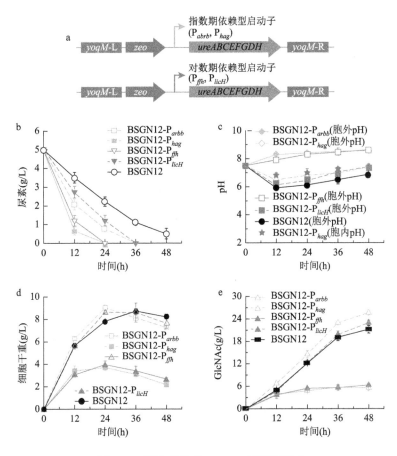

图 5-17　脲酶表达对 GlcNAc 发酵的影响

（a）脲酶整合表达框示意图；（b）～（e）脲酶整合表达对尿素利用（b）、胞内外 pH（c）、细胞干重（d）及 GlcNAc 产量（e）的影响

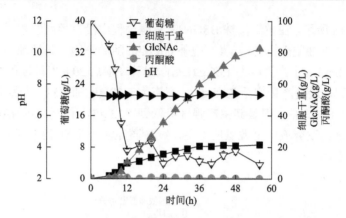

图 5-18　BSGN13 在 3 L 发酵罐中补料分批发酵过程中各参数的变化

5.4　中心氮优化促进 GlcNAc 合成

虽然在酵母粉和蛋白胨含量丰富的复合培养基中，GlcNAc 的产量已经达到了较高的水平，但是复合培养基的成本较高，而且不同种类或者同一种类不同批次的酵母粉和蛋白胨对 GlcNAc 的产量具有较大的影响，限制了 GlcNAc 的工业化生产。利用以葡萄糖为碳源、铵盐为氮源的合成培养基发酵生产 GlcNAc，虽然成本较低，但是 GlcNAc 产量也较低，仅为 2.8 g/L。如何促进合成培养基中 GlcNAc 的生产，成为一个急需解决的问题。

本节在研究优化合成培养基组分的过程中发现外源添加谷氨酸可以明显促进细胞生长和 GlcNAc 合成。因此通过阻断谷氨酸降解，强化胞内谷氨酸供给，利用合成培养基进行摇瓶发酵，GlcNAc 产量提高了 49%，达到 4.2 g/L。这说明胞内谷氨酸供给不足是合成培养基中 GlcNAc 合成的限制因素，可以进一步强化谷氨酸合成酶的表达，增加谷氨酸的供给。不同来源的谷氨酸合成酶辅因子偏好性不同，像 B. subtilis 和 E. coli 等来源的谷氨酸合成酶以 NADPH 为辅因子，S. cerevisiae、拟南芥（Arabidopsis thaliana）和水稻（Oryza sativa）等来源的谷氨酸合成酶以 NADH 为辅因子，表达不同来源的谷氨酸合成酶可能会因其辅因子偏好性不同，对胞内谷氨酸平衡和氧化还原状态产生不同程度的干扰[68]。由于之前的改造过程阻断了中心碳代谢副产物乳酸和乙偶姻的生成，因此胞内 NADH 水平升高，不利于 GlcNAc 合成，所以选择异源表达 S. cerevisiae 来源的 NADH 依赖型谷氨酸合成酶，在强化谷氨酸供给的同时，可以再生氧化型辅因子 NAD$^+$，平衡胞内氧化还原状态[69]；利用合成培养基进行摇瓶发酵，GlcNAc 产量提高到 6.2 g/L，为利用合成培养基发酵生产 GlcNAc 奠定了一定基础（图 5-19）。

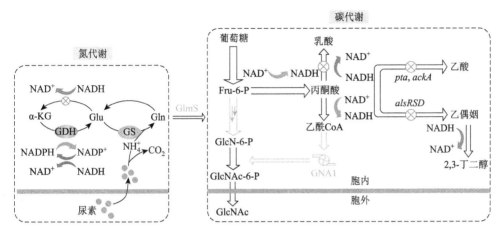

图 5-19　B. subtilis 中 GlcNAc 合成的主要途径

5.4.1　阻断谷氨酸胞内降解途径对 GlcNAc 发酵的影响

如图 5-20a 所示，在合成培养基中添加谷氨酸明显促进了细胞生长和 GlcNAc 合成，添加 8 g/L 的谷氨酸钠后，细胞干重由 1.8 g/L 增加到 2.5 g/L，GlcNAc 产量由 2.8 g/L 增加到 4.2 g/L，分别增加了 39% 和 50%。谷氨酸对细胞生长和 GlcNAc 合成的促进作用表明，在合成培养基中菌株 BSGN13 存在谷氨酸合成能力不足或者谷氨酸降解过量，限制了细胞生长和 GlcNAc 合成。

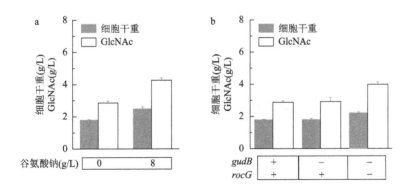

图 5-20　阻断谷氨酸降解途径对合成培养基中 GlcNAc 合成的影响

（a）合成培养基中外源添加谷氨酸对细胞干重和 GlcNAc 产量的影响；（b）敲除谷氨酸脱氢酶编码基因 *gudB* 和 *rocG* 后，采用未添加谷氨酸的合成培养基发酵对细胞干重和 GlcNAc 产量的影响

在合成培养基中，*B. subtilis* 胞内谷氨酸由谷氨酸合成酶（GOGAT）和谷氨酰胺合成酶（GS）催化生成，过量的谷氨酸由谷氨酸脱氢酶（GDH）降解。研究表明，在以葡萄糖为碳源、铵盐为氮源的合成培养基中，*B. subtilis* 中 GDH^*rocG* 的

表达虽然受到碳代谢全局转录调控因子 CcpA 的抑制,但是其本底表达依然是限制谷氨酸供给和抑制细胞生长的主要因素,敲除基因 *rocG* 可以促进谷氨酸供给和细胞生长[70, 71]。同样,Manabe 等的研究表明,敲除 *rocG* 可以促进基因组精简枯草芽孢杆菌 MGB874 在以麦芽单糖为碳源、酵母粉和蛋白胨为氮源的复合培养基中生长,并使得胞内谷氨酸含量提高约 1.9 倍[72]。基于以上分析,选择基因 *rocG* 作为下一步代谢工程改造靶点之一,以强化合成培养基中菌株 BSGN13 内谷氨酸供给。由于敲除基因 *rocG* 后,细胞可能会通过自发突变激活谷氨酸脱氢酶(GDH^{gudB}),GDH^{gudB} 与 GDH^{rocG} 具有完全相同的功能,所以为了完全阻断谷氨酸脱氢酶活性,本研究一并敲除了基因 *gudB*[73]。

结果如图 5-20b 所示,单独敲除基因 *gudB* 对细胞生长和 GlcNAc 合成没有明显影响。组合敲除基因 *gudB* 和 *rocG*(得到菌株 BSGN14)以后,利用合成培养基进行摇瓶发酵显著促进了细胞生长和 GlcNAc 合成,细胞干重和 GlcNAc 产量分别为 2.2 g/L 和 3.9 g/L,相比敲除前分别提高了 21%和 39%。以上结果表明,阻断胞内谷氨酸降解途径,适当增加胞内谷氨酸供给,可以促进合成培养基中细胞生长和 GlcNAc 合成。虽然与在培养基中添加 8 g/L 谷氨酸相比,阻断谷氨酸脱氢酶活性的效果略差,但是无须额外添加谷氨酸,一定程度上降低了发酵成本。

5.4.2 异源表达谷氨酸脱氢酶对 GlcNAc 合成的影响

为了进一步考察提高内源谷氨酸供给对合成培养基中 GlcNAc 合成的影响,分别用弱启动子 P$_{ackA}$ 和强启动子 P$_{43}$ 控制 *E. coli* 来源的谷氨酸脱氢酶(*Ec*GDH)在菌株 BSGN14 内整合表达。GDH^{rocG} 对铵根离子的亲和力较低,在胞内只能催化谷氨酸降解,不能催化由 α-酮戊二酸生成谷氨酸;而 *Ec*GDH 可以催化由 α-酮戊二酸生成谷氨酸,即使在 *B. subtilis* 中异源表达依然可以催化谷氨酸生成,供给细胞生长[71, 74, 75]。结果如图 5-21a 所示,弱启动子 P$_{ackA}$ 控制下 *Ec*GDH 的表达对细胞生长和 GlcNAc 合成没有明显的影响,强启动子 P$_{43}$ 控制下的 *Ec*GDH 表达却明显抑制了细胞生长和 GlcNAc 合成,细胞干重和 GlcNAc 产量分别降低了 22%和 10%,降低到 1.8 g/L 和 3.7 g/L。

Gunka 等的研究表明,必须严格调控胞内谷氨酸代谢,维持其代谢平衡,胞内谷氨酸浓度过高或不足都不利于细胞生长[76]。在阻断谷氨酸降解途径的基础上,过表达 *Ec*GDH 可能导致胞内谷氨酸浓度过高,破坏胞内谷氨酸代谢平衡,从而抑制细胞生长。事实上,这与在复合培养基中阻断谷氨酸降解途径,严重抑制细胞生长的情形类似。如图 5-21b 所示,在以葡萄糖为碳源、酵母粉和蛋白胨为氮源的复合培养基中,敲除谷氨酸脱氢酶编码基因 *rocG* 和 *gudB*,阻断谷氨酸降解,

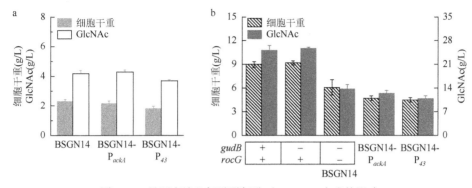

图 5-21　异源表达谷氨酸脱氢酶对 GlcNAc 合成的影响

（a）异源表达 *E. coli* 来源的谷氨酸脱氢酶对合成培养基中细胞干重和 GlcNAc 产量的影响；（b）阻断内源
谷氨酸降解及异源表达 *E. coli* 来源的谷氨酸脱氢酶对复合培养基中细胞干重和 GlcNAc 产量的影响

导致来自酵母粉、蛋白胨的精氨酸、脯氨酸和蛋白多肽等降解生成的谷氨酸在胞内积累，显著抑制了细胞生长和 GlcNAc 合成，使得细胞干重和 GlcNAc 产量分别降低了 30% 和 46%，由 8.9 g/L 和 25.0 g/L 分别降低到 6.1 g/L 和 13.6 g/L。在阻断谷氨酸降解的基础上过表达 *Ec*GDH，强化内源谷氨酸合成，在复合培养基中进一步抑制了细胞生长和 GlcNAc 积累，使最大细胞干重和 GlcNAc 产量分别降低了 26% 和 21%，降低到 4.5 g/L 和 10.8 g/L。综合以上分析，必须控制胞内谷氨酸在合理水平，维持胞内谷氨酸代谢平衡，才能促进合成培养基中 GlcNAc 的积累。

5.4.3　异源表达 NADH 依赖型谷氨酸合成酶对 GlcNAc 发酵的影响

对于 *B. subtilis* 而言，可通过控制 $GOGAT^{gltAB}$、GS 和 GDH 的表达，实现胞内谷氨酸代谢平衡；在敲除 GDH 编码基因 *rocG* 和 *gudB*，阻断谷氨酸降解以后，胞内谷氨酸代谢平衡只能通过调控 $GOGAT^{gltAB}$ 和 GS 表达实现。$GOGAT^{gltAB}$ 负责谷氨酸生成，在 $GOGAT^{gltAB}$ 催化 α-酮戊二酸生成谷氨酸的过程中，伴随着辅因子 NADPH 氧化。由于在以葡萄糖为碳源、铵盐为氮源的合成培养基中，谷氨酸只能经 $GOGAT^{gltAB}$ 催化合成，其代谢通量不容忽视，因此谷氨酸的合成会消耗大量的 NADPH；而 NADPH 主要来自磷酸戊糖途径，因此 *B. subtilis* 内源依赖 $GOGAT^{gltAB}$ 催化的谷氨酸合成，消耗大量的 NADPH，会形成一种"拉力"，将碳代谢通量拉向磷酸戊糖途径，与 GlcNAc 合成途径竞争前体葡萄糖-6-磷酸，从而不利于 GlcNAc 的合成。抑制磷酸戊糖途径则有利于 GlcNAc 积累，Wu 等通过 CRISPRi 抑制磷酸戊糖途径，显著提高了 GlcNAc 产量[77]。如果 GOGAT 的辅因子为 NADH，则会降低胞内谷氨酸合成对磷酸戊糖途径的依赖，减弱谷氨酸代谢与磷酸戊糖途径之间的关联，磷酸戊糖途径因缺少了 NADPH 氧化提供的"拉力"，其碳代谢通量会相应减少，起到抑制磷酸戊糖途径的作用。同时，糖酵解途径和丙酮酸氧化生成的 NADH，可以通过该新的谷氨酸合成途径得以再生为 NAD^+，建立起新的谷氨酸代谢与糖酵解途径和丙酮酸氧化之间的关联，增加谷氨酸供给的同时，维持胞内氧化还原状态平衡（图 5-19）。

基于以上氮代谢网络中谷氨酸合成、碳代谢网络中辅因子平衡分析，将内源 $GOGAT^{gltAB}$ 替换为 S. cerevisiae 来源的 NAD^+ 依赖型谷氨酸合成酶 $GOGAT^{glt1}$，考察其对合成培养基中细胞生长和 GlcNAc 发酵的影响。$GOGAT^{glt1}$ 编码基因为 glt1（Gene ID：851383），与 B. subtilis 内源谷基酸合成酶氨基酸序列的一致性为 42.3%，相似性高达 55.7%；其在发酵工业中应用较广泛，常被用于再生氧化型辅因子 NAD^+，减少酵母乙醇发酵过程中副产物甘油的积累[78, 79]。同时，由于需要维持胞内谷氨酸代谢平衡，为避免对谷氨酸代谢平衡造成较大的干扰，选用原 $GOGAT^{gltAB}$ 编码基因启动子 P_{gltA} 控制 glt1 表达，利用 B. subtilis 胞内原局部转录调控因子 GltC 和 TnrA 精密而复杂的转录调控网络调节 glt1 表达。用 glt1 原位替换 BSGN14 基因组上 gltAB，得到菌株 $BSGN14-P_{gltA}-glt1$；或者将 $P_{gltA}-glt1$ 表达框整合至非必需基因 skin 位点，得到菌株 BSGN15[80, 81]；同时，为便于分析谷氨酸合成对细胞生长和 GlcNAc 积累的影响，用弱启动子 P_{bdhA} 控制 glt1 在非必需基因 skin 区域整合表达；为便于分析胞内氧化还原状态的影响，分别用弱启动子 P_{bdhA} 和强启动子 P_{43} 控制内源生成水的 NADH 氧化酶 yodC 整合表达至 BSGN14 基因组非必需基因 skin 区域。

结果如图 5-22a 和 b 所示，敲除基因 gltAB 后，菌株几乎不能生长，细胞干重仅为 0.5 g/L，发酵液中没有检测到 GlcNAc 积累；而 glt1 原位替换 BSGN14 基因组上 gltAB（菌株 $BSGN14-P_{gltA}-glt1$），最大干重为 2.1 g/L，GlcNAc 产量为 3.5 g/L，尽管细胞干重和 GlcNAc 产量均低于对照菌株 BSGN14，但表明 glt1 已成功表达。当将 $P_{gltA}-glt1$ 表达框整合至非必需基因 skin 位点（菌株 BSGN15）后，细胞干重和 GlcNAc 产量分别为 4.0 g/L 和 6.2 g/L，相比对照菌株 BSGN14 分别提高了 74% 和 51%。而弱启动子 P_{bdhA} 控制下 glt1 的表达则对细胞生长和 GlcNAc 积累没有明显影响。尽管内源 NADH 氧化酶 YodC 的表达也促进了细胞生长和 GlcNAc 积累，P_{bdhA} 和 P_{43} 控制下 YodC 的表达分别使得细胞干重增加到 3.3 g/L 和 3.6 g/L，GlcNAc 产量分别增加到 4.9 g/L 和 4.5 g/L，但是相比菌株 BSGN15 而言，效果略差，也许是因为简单地将 NADH 氧化造成 NADH 的浪费，不符合细胞代谢经济性原则（图 5-22c 和 d）。

进一步对胞内氧化还原状态分析表明，glt1 原位替换 BSGN14 基因组上 gltAB（菌株 $BSGN14-P_{gltA}-glt1$）后，由于胞内谷氨酸的合成需要消耗大量的 NADH，因此胞内原本积累的 NADH 得到再生，NADH 水平降低了 70%，同时胞内 NADPH 水平相比菌株 BSGN14 提高了 55%，也许胞内 NADH 水平过低或者 NADPH 水平过高是限制菌株 $BSGN14-P_{gltA}-glt1$ 高产 GlcNAc 的原因。相比较而言，将 $P_{gltA}-glt1$

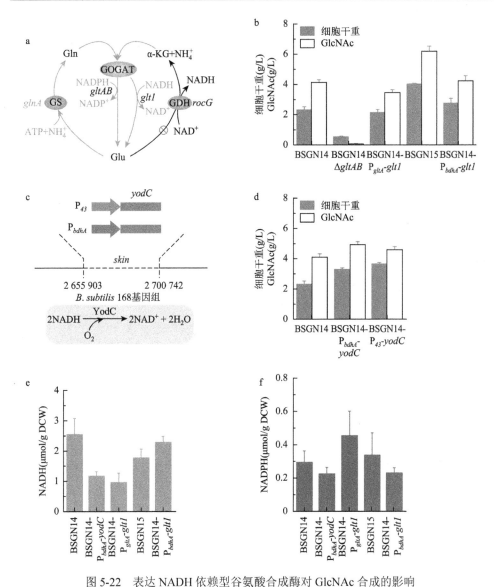

图 5-22　表达 NADH 依赖型谷氨酸合成酶对 GlcNAc 合成的影响

（a）S. cerevisiae 来源的谷氨酸合成酶表达示意图；（b）异源表达 S. cerevisiae 来源的谷氨酸合成酶对细胞干重与 GlcNAc 产量的影响；（c）内源 NADH 氧化酶（YodC）表达调控示意图；（d）内源 NADH 氧化酶（YodC）表达对细胞干重与 GlcNAc 产量的影响；（e）和（f）内源 NADH 氧化酶表达和 S. cerevisiae 来源的谷氨酸合成酶表达对胞内 NADH 与 NADPH 水平的影响

表达框整合至非必需基因 skin 位点（菌株 BSGN15），GOGAT^{gltl} 和 GOGAT^{gltAB} 共同供给胞内谷氨酸，都受氮代谢转录调控因子 TnrA、GlnR 等的调节，不会对谷氨酸代谢平衡造成较大的干扰，同时 GOGAT^{gltl} 的表达可以再生氧化型辅因子 NAD$^+$，使得胞内 NADH 水平降低 28%；由于胞内谷氨酸代谢平衡处于精确的调控下，

GOGAT^{glt1} 的表达提供了适量的谷氨酸，相应减弱了 GOGAT^{gltAB} 的表达，导致 NADPH 水平升高了 17%。NADH 的适当再生和 NADPH 的适当积累，也许是菌株 BSGN15 高产 GlcNAc 的原因（图 5-22e 和 f）。

在上述氮代谢平衡中，谷氨酸合成酶（GOGAT）催化谷氨酸与 α-酮戊二酸之间的转化，建立起中心碳代谢与中心氮代谢之间的关联；而 GOGAT 以 NADPH 或者 NADH 为辅因子，NADPH 通常由磷酸戊糖途径供给，NADH 通常由糖酵解途径供给，GOGAT 的辅因子偏好性将氮代谢与碳代谢之间的关联变得更加紧密。除此之外，GOGAT 的表达还受 CcpA 的正向调控，CcpA 敲除菌株在以葡萄糖为碳源、铵盐为氮源的合成培养基中无法生长，主要是因为敲除 CcpA 后，GOGAT 表达水平极低，不能为细胞生长提供充足的谷氨酸。谷氨酸代谢与碳代谢之间的紧密关系，使得要想促进合成培养基中细胞生长和 GlcNAc 合成，必须协同优化碳代谢和氮代谢，平衡两者之间的关系。

在之前的研究中，阻断了中心碳代谢副产物乳酸、乙偶姻和乙酸的合成后，在物质代谢上，虽然通过途径酶工程强化了 GlcNAc 合成途径中关键酶 CeGNA1 和 EcGlmS 的表达，将碳代谢流拉向了 GlcNAc 合成途径，促进了 GlcNAc 积累[55, 82]；但是忽略了辅因子平衡，由于乳酸和乙偶姻合成途径均参与氧化型辅因子 NAD$^+$ 再生，因此阻断乳酸和乙偶姻的合成可能会导致胞内 NADH 积累，从而抑制糖酵解途径和丙酮酸氧化，不利于 GlcNAc 合成。本研究中，通过选用 S. cerevisiae 来源的 NADH 依赖型 GOGAT^{glt1}，使用内源启动子控制其表达，在不会对谷氨酸代谢平衡造成较大干扰的前提下，强化胞内谷氨酸供给的同时，再生氧化型 NAD$^+$，平衡胞内氧化还原状态，促进了细胞生长，使得合成培养基中 GlcNAc 产量提高到 6.2 g/L，为进一步强化合成培养基中 GlcNAc 生产奠定了基础。

5.5　展　　望

乙酰 CoA 作为供体直接参与胞内蛋白酰化修饰，从而调控多种重要的生物学功能，如乙酸利用、DNA 复制和细胞壁生长等。本研究中，乙酰 CoA 一直被认为是 GlcNAc 合成的重要前体，然而对其作为酰化修饰供体调控碳代谢和细胞生长作用的认知明显不足。高浓度乙酰 CoA 的积累在有助于补充产物合成前体的同时，也会造成蛋白酰化修饰引起的反馈调控，导致关键酶或细胞生长受到抑制并影响产物产率。所以，通过蛋白质组学技术系统性解析阻断中心碳代谢副产物乙偶姻和乙酸溢流后的蛋白酰化修饰，可以加深对胞内碳流"过载"压力响应机制的认识，并为下一步代谢工程改造提供全新的翻译后修饰水平调控策略。

GlcNAc 合成途径关键酶 GlmS 催化底物果糖-6-磷酸与谷氨酰胺反应的过程中，需先将果糖-6-磷酸转化为葡萄糖-6-磷酸，然后葡萄糖-6-磷酸才能与谷氨酰胺反应。基于结构指导的蛋白工程策略，通过突变围绕在底物果糖-6-磷酸周围组成结合口袋的残基，改造关键酶 GlmS 的底物特异性，使其可以直接催化葡萄糖-6-磷酸与谷氨酰胺反应，有利于缩短 GlcNAc 合成途径，也许更有利于 GlcNAc 合成。

尽管前期的研究阻断了胞内 GlcNAc-6-P 降解途径，但是 GlcNAc 合成前体 GlcN-6-P 可以依次被磷酸葡萄糖胺变位酶（GlmM）和氨基葡萄糖-1-磷酸乙酰基转移酶（GlmU）转化为 GlcN-1P、GlcNAc-1P 和 UDP-GlcNAc，参与细胞壁中肽聚糖的合成；由于细胞壁对于维持细胞形态、保护细胞起着重要的功能，推测抑制 GlmM 和 GlmU 活性，减少前体 GlcN-6-P 消耗，可进一步促进 GlcNAc 积累；另外，促进胞内 GlcNAc-6-P 去磷酸化并输出到胞外的磷酸酶和转运蛋白仍然未知，需要进一步鉴定。

精确调控基因表达，往往需要综合考虑转录、翻译及 mRNA 稳定性等多重因素。采用无偏见的实验设计方法，精确设计大量 mRNA 5′端序列，测定每个 mRNA 5′端序列对应报告基因的转录丰度和衰减程度、蛋白合成和细胞生长速率，综合评价核苷酸序列、二级结构、密码子和氨基酸特性对基因表达的影响，以进一步完善 mRNA 5′端融合工程，也许有利于揭示枯草芽孢杆菌翻译优化原则，为更理性、精确调控基因表达奠定基础。

枯草芽孢杆菌胞内的谷氨酸-谷氨酰胺代谢平衡受转录调控因子 CcpA、TnrA、GlnR 和 GltC，途径酶 GDH、GS，以及胞内代谢物果糖-1,6-二磷酸、谷氨酰胺、谷氨酸、ATP、AMP 等多层次、多水平的精确调控，需要在进一步深入认识其氮代谢调控网络及氮代谢与碳代谢之间关系的基础上，构建一株可以高效利用无机氮源的底盘微生物，以降低生产成本，为实现利用微生物发酵法工业化生产 GlcNAc 奠定基础。

参 考 文 献

[1] Azam M S, Kim E J, Yang H S, et al. High antioxidant and DNA protection activities of N-acetylglucosamine (GlcNAc) and chitobiose produced by exolytic chitinase from Bacillus cereus EW5[J]. Springerplus, 2014, 3: 11.

[2] Xu W H, Jiang C Q, Kong X Y, et al. Chitooligosaccharides and N-acetyl-D-glucosamine stimulate peripheral blood mononuclear cell-mediated antitumor immune responses[J]. Molecular Medicine Reports, 2012, 6 (2): 385-390.

[3] Kumar V S, Shanmugarajan T S, Navaratnam V, et al. Dexamethasone provoked mitochondrial perturbations in thymus: possible role of N-acetylglucosamine in restoration of mitochondrial function[J]. Biomedicine & Pharmacotherapy, 2016, 83: 1485-1492.

[4] Chang N J, Lin Y T, Lin C C, et al. The repair of full-thickness articular cartilage defect using intra-articular administration of N-acetyl-D-glucosamine in the rabbit knee: randomized controlled trial[J]. Biomedical Engineering Online, 2015, 14: 11.

[5] Johswich A, Longuet C, Pawling J, et al. N-glycan remodeling on glucagon receptor is an effector of nutrient sensing by the hexosamine biosynthesis pathway[J]. Journal of Biological Chemistry, 2014, 289 (23): 15927-15941.

[6]   Longo D L, Moustaghfir F Z, Zerbo A, et al. EXCI-CEST: exploiting pharmaceutical excipients as MRI-CEST contrast agents for tumor imaging[J]. International Journal of Pharmaceutics, 2017, 525 (1): 275-281.

[7]   Kumar P, Tambe P, Paknikar K M, et al. Folate/N-acetyl glucosamine conjugated mesoporous silica nanoparticles for targeting breast cancer cells: a comparative study[J]. Colloids and Surfaces B-Biointerfaces, 2017, 156: 203-212.

[8]   Sashiwa H, Fujishima S, Yamano N, et al. Production of N-acetyl-D-glucosamine from beta-chitin by enzymatic hydrolysis[J]. Chemistry Letters, 2001, (4): 308-309.

[9]   Sashiwa H, Fujishima S, Yamano N, et al. Enzymatic production of N-acetyl-D-glucosamine from chitin. Degradation study of N-acetylchitooligosaccharide and the effect of mixing of crude enzymes[J]. Carbohydrate Polymers, 2003, 51 (4): 391-395.

[10]   du Souich P. Absorption, distribution and mechanism of action of SYSADOAS[J]. Pharmacology & Therapeutics, 2014, 142 (3): 362-374.

[11]   Eriksen P, Bartels E M, Altman R D, et al. Risk of bias and brand explain the observed: inconsistency in trials on glucosamine symptomatic relief of osteoarthritis: a meta-analysis of placebeo-controlled trials[J]. Arthritis Care & Research, 2014, 66 (12): 1844-1855.

[12]   Bottegoni C, Muzzarelli R A A, Giovannini F, et al. Oral chondroprotection with nutraceuticals made of chondroitin sulphate plus glucosamine sulphate in osteoarthritis[J]. Carbohydrate Polymers, 2014, 109: 126-138.

[13]   Pohlig F, Ulrich J, Lenze U, et al. Glucosamine sulfate suppresses the expression of matrix metalloproteinase-3 in osteosarcoma cells in vitro[J]. BMC Complement Altern Med, 2016, 16 (1): 313.

[14]   Carvalho A S, Ribeiro H, Voabil P, et al. Global mass spectrometry and transcriptomics array based drug profiling provides novel insight into glucosamine induced endoplasmic reticulum stress[J]. Molecular & Cellular Proteomics, 2014, 13 (12): 3294-3307.

[15]   Brasky T M, Lampe J W, Slatore C G, et al. Use of glucosamine and chondroitin and lung cancer risk in the VITamins and Lifestyle (VITAL) cohort[J]. Cancer Causes & Control, 2011, 22 (9): 1333-1342.

[16]   Govindaraju S, Samal M, Yun K. Superior antibacterial activity of GlcN-AuNP-GO by ultraviolet irradiation[J]. Materials Science & Engineering C-Materials for Biological Applications, 2016, 69: 366-372.

[17]   Veerapandian M, Yun K. Functionalization of biomolecules on nanoparticles: specialized for antibacterial applications[J]. Applied Microbiology and Biotechnology, 2011, 90 (5): 1655-1667.

[18]   Hochberg M C, Martel-Pelletier J, Monfort J, et al. Combined chondroitin sulfate and glucosamine for painful knee osteoarthritis: a multicentre, randomised, double-blind, non-inferiority trial versus celecoxib[J]. Annals of the Rheumatic Diseases, 2016, 75 (1): 37-44.

[19]   Calvert M B, Mayer C, Titz A. An efficient synthesis of 1,6-anhydro-N-acetylmuramic acid from N-acetylglucosamine[J]. Beilstein Journal of Organic Chemistry, 2017, 13: 2631-2636.

[20]   Lee S W, Oh M K. Improved production of N-acetylglucosamine in Saccharomyces cerevisiae by reducing glycolytic flux[J]. Biotechnol Bioeng, 2016, 113 (11): 2524-2528.

[21]   Zhang A L, Gao C, Wang J, et al. An efficient enzymatic production of N-acetyl-D-glucosamine from crude chitin powders[J]. Green Chemistry, 2016, 18 (7): 2147-2154.

[22]   Lv Y M, Laborda P, Huang K, et al. Highly efficient and selective biocatalytic production of glucosamine from chitin[J]. Green Chemistry, 2017, 19 (2): 527-535.

[23]   Fu X, Yan Q J, Yang S Q, et al. An acidic, thermostable exochitinase with beta-N-acetylglucosaminidase activity from Paenibacillus barengoltzii converting chitin to N-acetyl glucosamine[J]. Biotechnology for Biofuels, 2014, 7: 174.

[24]　Nhung N T, Doucet N. Combining chitinase C and N-acetylhexosaminidase from *Streptomyces coelicolor* A3 (2) provides an efficient way to synthesize N-acetylglucosamine from crystalline chitin[J]. Journal of Biotechnology, 2016, 220: 25-32.

[25]　Zhu W X, Wang D, Liu T, et al. Production of N-acetyl-D-glucosamine from mycelial waste by a combination of bacterial chitinases and an insect N-acetyl-D-glucosaminidase[J]. Journal of Agricultural and Food Chemistry, 2016, 64 (35): 6738-6744.

[26]　Chen X L, Gao C, Guo L, et al. DCEO biotechnology: tools to design, construct, evaluate, and optimize the metabolic pathway for biosynthesis of chemicals[J]. Chemical Reviews, 2018, 118 (1): 4-72.

[27]　Deng M D, Severson D K, Grund A D, et al. Metabolic engineering of *Escherichia coli* for industrial production of glucosamine and N-acetylglucosamine[J]. Metabolic Engineering, 2005, 7 (3): 201-214.

[28]　Liu Y F, Liu L, Shin H D, et al. Pathway engineering of *Bacillus subtilis* for microbial production of N-acetylglucosamine[J]. Metabolic Engineering, 2013, 19: 107-115.

[29]　Liu Y F, Zhu Y Q, Li J H, et al. Modular pathway engineering of *Bacillus subtilis* for improved N-acetylglucosamine production[J]. Metabolic Engineering, 2014, 23: 42-52.

[30]　Liu Y F, Zhu Y Q, Ma W L, et al. Spatial modulation of key pathway enzymes by DNA-guided scaffold system and respiration chain engineering for improved N-acetylglucosamine production by *Bacillus subtilis*[J]. Metabolic Engineering, 2014, 24: 61-69.

[31]　Ramos H C, Hoffmann T, Marino M, et al. Fermentative metabolism of *Bacillus subtilis*: physiology and regulation of gene expression[J]. Journal of Bacteriology, 2000, 182 (11): 3072-3080.

[32]　Fradrich C, March A, Fiege K, et al. The transcription factor AlsR binds and regulates the promoter of the alsSD operon responsible for acetoin formation in *Bacillus subtilis*[J]. J Bacteriol, 2012, 194 (5): 1100-1112.

[33]　Toya Y, Hirasawa T, Ishikawa S, et al. Enhanced dipicolinic acid production during the stationary phase in *Bacillus subtilis* by blocking acetoin synthesis[J]. Bioscience Biotechnology and Biochemistry, 2015, 79 (12): 2073-2080.

[34]　Renna M C, Najimudin N, Winik L R, et al. Regulation of the *Bacillus subtilis* alss, alsd, and alsr genes involved in post-exponential-phase production of acetoin[J]. Journal of Bacteriology, 1993, 175 (12): 3863-3875.

[35]　Russell J B, DiezGonzalez F. The effects of fermentation acids on bacterial growth[M]. In: Poole R K. Advances in Microbial Physiology. London: Advances in Microbial Physiology, 1998: 205-234.

[36]　De Anda R, Lara A R, Hernandez V, et al. Replacement of the glucose phosphotransferase transport system by galactose permease reduces acetate accumulation and improves process performance of *Escherichia coli* for recombinant protein production without impairment of growth rate[J]. Metabolic Engineering, 2006, 8 (3): 281-290.

[37]　Goel A, Lee J, Domach M M, et al. Metabolic fluxes, pools, and enzyme measurements suggest a tighter coupling of energetics and biosynthetic reactions associated with reduced pyruvate kinase flux[J]. Biotechnology and Bioengineering, 1999, 64 (2): 129-134.

[38]　Ali N O, Bignon J, Rapoport G, et al. Regulation of the acetoin catabolic pathway is controlled by sigma L in *Bacillus subtilis*[J]. J Bacteriol, 2001, 183 (8): 2497-2504.

[39]　Schilling O, Frick O, Herzberg C, et al. Transcriptional and metabolic responses of *Bacillus subtilis* to the availability of organic acids: transcription regulation is important but not sufficient to account for metabolic adaptation[J]. Applied and Environmental Microbiology, 2007, 73 (2): 499-507.

[40]　Salek S S, van Turnhout A G, Kleerebezem R, et al. pH control in biological systems using calcium carbonate[J]. Biotechnology and Bioengineering, 2015, 112 (5): 905-913.

[41]　Han B, Ujor V, Lai L B, et al. Use of proteomic analysis to elucidate the role of calcium in acetone-butanol-ethanol

fermentation by *Clostridium beijerinckii* NCIMB 8052[J]. Applied and Environmental Microbiology, 2013, 79 (1): 282-293.

[42]   Christensen D G, Orr J S, Rao C V, et al. Increasing growth yield and decreasing acetylation in *Escherichia coli* by optimizing the carbon-to-magnesium ratio in peptide-based media[J]. Applied and Environmental Microbiology, 2017, 83 (6): 13.

[43]   Chang D E, Shin S, Rhee J S, et al. Acetate metabolism in a pta mutant of *Escherichia coli* W3110: importance of maintaining acetyl coenzyme a flux for growth and survival[J]. Journal of Bacteriology, 1999, 181 (21): 6656-6663.

[44]   Nakayasu E S, Burnet M C, Walukiewicz H E, et al. Ancient regulatory role of lysine acetylation in central metabolism [J]. mBio, 2017, 8 (6): 12.

[45]   Westfall C S, Levin P A. Comprehensive analysis of central carbon metabolism illuminates connections between nutrient availability, growth rate, and cell morphology in *Escherichia coli*[J]. PLoS Genetics, 2018, 14 (2): 25.

[46]   Grundy F J, Waters D A, Takova T Y, et al. Identification of genes involved in utilization of acetate and acetoin in *Bacillus subtilis*[J]. Mol Microbiol, 1993, 10 (2): 259-271.

[47]   Deutscher J, Ake F M D, Derkaoui M, et al. The bacterial phosphoenolpyruvate: carbohydrate phosphotransferase system: regulation by protein phosphorylation and phosphorylation-dependent protein-protein interactions[J]. Microbiology and Molecular Biology Reviews, 2014, 78 (2): 231-256.

[48]   Himmel S, Zschiedrich C P, Becker S, et al. Determinants of interaction specificity of the *Bacillus subtilis* GlcT antitermination protein-functionality and phosphorylation specificity depend on the arrangement of the regulatory domains[J]. Journal of Biological Chemistry, 2012, 287 (33): 27731-27742.

[49]   Sonenshein A L. Control of key metabolic intersections in *Bacillus subtilis*[J]. Nature Reviews Microbiology, 2007, 5 (12): 917-927.

[50]   Wolfe A J. The acetate switch[J]. Microbiology and Molecular Biology Reviews, 2005, 69 (1): 12.

[51]   Borujeni A E, Cetnar D, Farasat I, et al. Precise quantification of translation inhibition by mRNA structures that overlap with the ribosomal footprint in *N*-terminal coding sequences[J]. Nucleic Acids Research, 2017, 45 (9): 5437-5448.

[52]   Salis H M, Mirsky E A, Voigt C A. Automated design of synthetic ribosome binding sites to control protein expression[J]. Nature Biotechnology, 2009, 27 (10): 946-1112.

[53]   Norholm M H H, Toddo S, Virkki M T I, et al. Improved production of membrane proteins in *Escherichia coli* by selective codon substitutions[J]. Febs Letters, 2013, 587 (15): 2352-2358.

[54]   Zuker M. Mfold web server for nucleic acid folding and hybridization prediction[J]. Nucleic Acids Research, 2003, 31 (13): 3406-3415.

[55]   Ma W, Liu Y, Shin H, et al. Metabolic engineering of carbon overflow metabolism of *Bacillus subtilis* for improved *N*-acetyl-glucosamine production[J]. Bioresource Technology, 2018, 250: 642-649.

[56]   Laalami S, Zig L, Putzer H. Initiation of mRNA decay in bacteria[J]. Cellular and Molecular Life Sciences, 2014, 71 (10): 1799-1828.

[57]   Mars R A T, Nicolas P, Denham E L, et al. Regulatory RNAs in *Bacillus subtilis*: a gram-positive perspective on bacterial RNA-Mediated regulation of gene expression[J]. Microbiology and Molecular Biology Reviews, 2016, 80 (4): 1029-1057.

[58]   Sharp J S, Bechhofer D H. Effect of translational signals on mRNA decay in *Bacillus subtilis*[J]. Journal of Bacteriology, 2003, 185 (18): 5372-5379.

[59]   Yao S, Blaustein J B, Bechhofer D H. Erythromycin-induced ribosome stalling and RNase J1-mediated mRNA

processing in *Bacillus subtilis*[J]. Molecular Microbiology, 2008, 69 (6): 1439-1449.

[60] Hambraeus G, Karhumaa K, Rutberg B. A 5' stem-loop and ribosome binding but not translation are important for the stability of *Bacillus subtilis* aprE leader mRNA[J]. Microbiology-Sgm, 2002, 148: 1795-1803.

[61] Sharp J S, Bechhofer D H. Effect of 5'-proximal elements on decay of a model mRNA in *Bacillus subtilis*[J]. Molecular Microbiology, 2005, 57 (2): 484-495.

[62] Braun F, Durand S, Condon C. Initiating ribosomes and a 5'/3'-UTR interaction control ribonuclease action to tightly couple *B. subtilis* hbs mRNA stability with translation[J]. Nucleic Acids Research, 2017, 45 (19): 11386-11400.

[63] Radhakrishnan A, Green R. Connections underlying translation and mRNA stability[J]. Journal of Molecular Biology, 2016, 428 (18): 3558-3564.

[64] Chen Y, Xiao W H, Wang Y, et al. Lycopene overproduction in *Saccharomyces cerevisiae* through combining pathway engineering with host engineering[J]. Microbial Cell Factories, 2016, 15: 13.

[65] Li R, Wijma H J, Song L, et al. Computational redesign of enzymes for regio- and enantioselective hydroamination[J]. Nature Chemical Biology, 2018, 14 (7): 664.

[66] Dorfmueller H C, Fang W, Rao F V, et al. Structural and biochemical characterization of a trapped coenzyme a adduct of *Caenorhabditis elegans* glucosamine-6-phosphate *N*-acetyltransferase 1[J]. Acta Crystallogr D Biol Crystallogr, 2012, 68 (Pt 8): 1019-1029.

[67] Yang S, Du G C, Chen J, et al. Characterization and application of endogenous phase-dependent promoters in *Bacillus subtilis*[J]. Applied Microbiology and Biotechnology, 2017, 101 (10): 4151-4161.

[68] Suzuki A, Knaff D B. Glutamate synthase: structural, mechanistic and regulatory properties, and role in the amino acid metabolism[J]. Photosynthesis Research, 2005, 83 (2): 191-217.

[69] Gu Y, Lv X, Liu Y, et al. Synthetic redesign of central carbon and redox metabolism for high yield production of *N*-acetylglucosamine in *Bacillus subtilis*[J]. Metabolic Engineering, 2018, 51: 59-69.

[70] Commichau F M, Wacker I, Schleider J, et al. Characterization of *Bacillus subtilis* mutants with carbon source-independent glutamate biosynthesis[J]. Journal of Molecular Microbiology and Biotechnology, 2007, 12 (1-2): 106-113.

[71] Commichau F M, Gunka K, Landmann J J, et al. Glutamate metabolism in *Bacillus subtilis*: gene expression and enzyme activities evolved to avoid futile cycles and to allow rapid responses to perturbations of the system[J]. Journal of Bacteriology, 2008, 190 (10): 3557-3564.

[72] Manabe K, Kageyama Y, Morimoto T, et al. Combined effect of improved cell yield and increased specific productivity enhances recombinant enzyme production in genome-reduced *Bacillus subtilis* strain MGB874[J]. Applied and Environmental Microbiology, 2011, 77 (23): 8370-8381.

[73] Stannek L, Thiele M J, Ischebeck T, et al. Evidence for synergistic control of glutamate biosynthesis by glutamate dehydrogenases and glutamate in *Bacillus subtilis*[J]. Environmental Microbiology, 2015, 17 (9): 3379-3390.

[74] Gunka K, Commichau F M. Control of glutamate homeostasis in *Bacillus subtilis*: a complex interplay between ammonium assimilation, glutamate biosynthesis and degradation[J]. Molecular Microbiology, 2012, 85 (2): 213-224.

[75] Khan M I H, Ito K, Kim H, et al. Molecular properties and enhancement of thermostability by random mutagenesis of glutamate dehydrogenase from *Bacillus subtilis*[J]. Bioscience Biotechnology and Biochemistry, 2005, 69 (10): 1861-1870.

[76] Gunka K, Stannek L, Care R A, et al. Selection-driven accumulation of suppressor mutants in *Bacillus subtilis*: the apparent high mutation frequency of the cryptic gudB gene and the rapid clonal expansion of gudB (+) suppressors are due to growth under selection[J]. PLoS ONE, 2013, 8 (6): e66120.

[77] Wu Y K, Chen T, Liu Y, et al. CRISPRi allows optimal temporal control of *N*-acetylglucosamine bioproduction by a dynamic coordination of glucose and xylose metabolism in *Bacillus subtilis*[J]. Metabolic Engineering, 2018, 49: 232-241.

[78] Pagliardini J, Hubmann G, Alfenore S, et al. The metabolic costs of improving ethanol yield by reducing glycerol formation capacity under anaerobic conditions in *Saccharomyces cerevisiae*[J]. Microbial Cell Factories, 2013, 12: 14.

[79] Dikicioglu D, Pir P, Onsan Z I, et al. Integration of metabolic modeling and phenotypic data in evaluation and improvement of ethanol production using respiration-deficient mutants of *Saccharomyces cerevisiae*[J]. Applied and Environmental Microbiology, 2008, 74 (18): 5809-5816.

[80] Westers H, Dorenbos R, van Dijl J M, et al. Genome engineering reveals large dispensable regions in *Bacillus subtilis*[J]. Molecular Biology and Evolution, 2003, 20 (12): 2076-2090.

[81] Picossi S, Belitsky B R, Sonenshein A L. Molecular mechanism of the regulation of *Bacillus subtilis* gltAB expression by GltC[J]. Journal of Molecular Biology, 2007, 365 (5): 1298-1313.

[82] Ma W, Liu Y, Wang Y, et al. Combinatorial fine-tuning of GNA1 and GlmS expression by 5'-terminus fusion engineering leads to overproduction of *N*-acetylglucosamine in *Bacillus subtilis*[J]. Biotechnology Journal, 2018, e1800264.

第6章　枯草芽孢杆菌细胞工厂合成人乳寡糖

6.1　人乳寡糖与人类健康

人乳是婴幼儿理想的营养来源。天然人乳中含有乳糖、脂肪、寡糖和蛋白等生物分子，为婴幼儿的发育提供了各种营养物质和能量。人乳寡糖（human milk oligosaccharide，HMO）特指人乳中独特的寡糖种类，人乳中的 HMO 是除乳糖和脂肪之外含量第三丰富的固体营养物质。HMO 由成分复杂的碳水化合物组成，与人乳不同的是，牛乳中寡糖的浓度要低得多。自然界人初乳中 HMO 含量为 20～25 g/L，成熟人乳中为 10～15 g/L[1]。牛初乳中为 0.7～1 g/L，成熟牛乳中仅为微量[2]。另外，牛乳寡糖比人乳寡糖复杂性低得多，牛乳中仅发现了 8 种中性的和 10 种唾液酸化的寡糖[3]，而人乳中目前已经发现了 200 多种不同的寡糖，其中 100 多种 HMO 的结构已经被鉴定出。

人乳中主要的寡糖大约有 20 种[4]，可以大致分为三类，包括岩藻糖基寡糖（FO）、唾液酸化寡糖（SO）和其他种类寡糖（图 6-1b）。HMO 主要由以下单糖组成：葡萄糖（glucose）、半乳糖（galactose）、N-乙酰氨基葡萄糖（GlcNAc）、L-岩藻糖（fucose）和唾液酸 N-乙酰神经氨酸（Neu5Ac）（图 6-1c）。HMO 的结构中通常含有乳糖，且主链或支链的单糖装饰有岩藻糖和/或唾液酸残基。HMO 的核心部分由两种类型的二糖——乳酸-N-二糖（lacto-N-biose）或 N-乙酰乳糖胺（N-acetyllactosamine）通过主链或支链结构建立。人乳寡糖不同种类在个体之间和整个泌乳过程中其数量和组成都存在差异[4, 5]，采用含有 FUT3 或 Lewis 基因及 FUT2 基因的 Lewis 抗原系统可以将哺乳期女性分为 4 类（图 6-1a），大约 80% 的

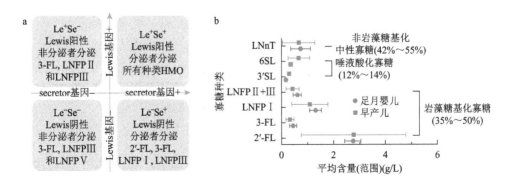

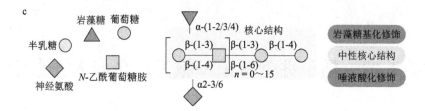

图 6-1　人乳寡糖的种类、含量及结构

（a）以 secretor 基因和 Lewis 抗原将哺乳期母亲分为 4 类；（b）主要人乳寡糖的种类和相对含量；
（c）人乳寡糖的结构

欧美妇女是"分泌者"（secretor），分泌者分泌的母乳中包括 70%的 Lewis 阳性分泌物（Le$^+$ Se$^+$）和 5%～10%的 Lewis 阴性分泌物（Se$^+$ Le$^-$）[6,7]。

　　HMO 从 20 世纪 30 年代开始被确定为母乳中最重要的益生物质。在 1900 年左右，有研究注意到奶粉喂养的婴儿和母乳喂养的婴儿死亡率（每 1000 例新生儿出生后第一年的死亡率）有所不同，奶粉喂养的婴儿死亡率比母乳喂养的婴儿高 7 倍[8]。自 20 世纪 30 年代以来，HMO 的益生作用已得到认可，被确定为母乳中促进双歧杆菌生长的最重要的营养物质。HMO 在结肠中扮演着益生元的角色[9]。一些特殊的有益健康的微生物，如长双歧杆菌亚种（*Bifidobacterium longum* subsp. *infantis*）可以代谢 HMO 或其中的某些成分，因此能在含有 HMO 的环境中茁壮成长，而其他有害微生物不能利用 HMO，生长受到抑制[10,11]。许多病原体（包括病毒、细菌和原生动物）的致病过程，都以上皮细胞表面的糖缀合物为目标进行附着侵入。人类上皮的寡糖结构与红细胞 ABO 和 Lewis 血型决定因素有关，ABO 和 Lewis 抗原是结合在细胞表面蛋白或脂质上的碳水化合物结构，而 HMO 在可溶性形式下具有类似于上述结构。因此，HMO 除了作为益生元，还可作为病原体的可溶性诱饵，"诱骗"病原体与其结合，从而使病原体失去入侵正常细胞的能力。由于病原体在肠道中没有附着在上皮细胞上，而是附着在 HMO 上，随后被冲出肠道。研究表明，HMO 对空肠弯曲菌（*Campylobacter jejuni*）、肠致病性大肠杆菌（*Escherichia coli*）和痢疾阿米巴（*Entamoeba histolytica*）的感染均有保护作用[12]。实验表明，用两种 HMO（2′-岩藻糖基乳糖和 3′-岩藻糖基乳糖）处理的人类细胞系也显示出了对病原体的抗黏附作用[11]。岩藻糖基化或唾液酸基化修饰不仅使获得的 HMO 具有抵抗上消化道中消化酶的能力，而且可以促使这些 HMO 参与免疫过程[13]。

　　除在肠道中防止病原体黏附以外，HMO 在人类健康方面还具有非常大的作用。HMO 被发现具有直接的抑菌作用[1]和抗真菌作用[14]。此外，HMO 还可以进入人体循环，在血浆和尿液中都可检测到少量 HMO[6]。基于此有人提出，HMO 通过改变免疫反应和增加对泌尿系统病原体的抵抗力来参与保护新生儿。岩藻糖基化 HMO 类似于 Lewis 抗原聚糖结构,在炎症和肿瘤转移中发挥重要作用。唾液酸基化修饰的 Lewis 结构在白细胞上表达,有助于白细胞黏附炎症部位。肿瘤细胞劫持并获得这些结构来发生转移[15]。近些年,岩藻糖基化 HMO 在炎症和癌症的基础研究与治疗试验中非常受欢迎。

总的来说,由于 HMO 对人类健康的各种有益影响,其具有非常高的研究和应用价值。HMO 的应用包括新生儿配方奶粉、益生元、抗粘连剂、特异性靶向病原体的疫苗、炎症介质或肿瘤标志物/阻遏物等领域。

6.2　枯草芽孢杆菌细胞工厂合成 2′-岩藻糖基乳糖

6.2.1　2′-岩藻糖基乳糖及其生产简介

1. 2′-岩藻糖基乳糖简介

2′-岩藻糖基乳糖(2′-fucosyllactose,2′-FL)是一种由三个单糖分子组成的 HMO,并且是人乳中含量最高的 HMO[16]。2′-FL 是第一种被确定结构的 HMO,也是学术界和工业界实现合成的第一种 HMO[17]。体外和临床试验证明,2′-FL 可以通过抑制病原体与上皮细胞表面特定受体的黏附来降低婴儿感染病原体的风险,从而作为可溶性的益生元促进肠道中有益微生物的生长[18]。2′-FL 通常被认为是安全的(GRAS 通告 650),德国 Jennewein Biotechnologie 公司以生物技术于 2015 年 11 月合成的 2′-FL 在美国获得监管部门批准,在 2016 年被欧盟批准作为新食品成分使用。2018 年,Glycosyn/Friesland Campina Domo 和 Inbiose/DuPont 被授权加入了提供 2′-FL 添加剂的生产商名单[19]。欧洲食品安全局(EFSA)认为,将 2′-FL 添加到婴儿及其后续配方食品中对于 1 岁以下的婴儿是安全的(EFSA-Q-2015-00052,EFSA Journal 2015)[16]。随着婴儿配方奶粉的全球性需求增长,2′-FL 将迎来更广阔的市场前景。

2. 微生物生产 2′-岩藻糖基乳糖

如前所述,人乳中 HMO 在浓度和结构上与牛、山羊等其他来源的乳中寡糖不同。因此,从动物奶或乳清中提取 HMO 的方案效率低,不能满足工业化生产的需求[17]。采用化学法合成 HMO 的过程中,由于糖苷键的立体区域选择性,制备 HMO 需要添加保护基,从而提高了生产成本[20]。相比于传统的提取方法与化学法,酶催化和微生物发酵制备 HMO 在成本与安全性上具有显著优势。针对 2′-FL 的合成,酶催化法可以选取合适的宿主细胞进行重构,以获得纯化的岩藻糖基转移酶(FucT),然后以鸟苷二磷酸(GDP)-L-岩藻糖和乳糖为底物生产 2′-FL。然而，酶催化法以 GDP-L-岩藻糖作为底物投入成本高，并且大规模制备、纯化岩藻糖基转移酶的难度较大、成本较高，限制了 2′-FL 的大规模生产。

微生物中已知有两条 2′-FL 合成途径：从头合成途径或回补合成途径（图 6-2）。从头合成途径以葡萄糖、甘油等廉价碳源为底物，经过磷酸转移酶系统（phosphotransferase system，PTS）或磷酸戊糖途径获得葡萄糖-6-磷酸（glucose-6-phosphate，G-6-P）后，通过磷酸葡糖异构酶（Pgi）催化得葡萄糖-1-磷酸（glucose-1- phosphate，G-1-P），然后在甘露糖-6-磷酸异构酶（ManA）催化下得到甘露糖-6-磷酸（mannose-6-phosphate，Man-1-P），Man-1-P 在磷酸甘露糖变异酶（ManB）的催化下得到甘露糖-1-磷酸（mannose-1-phosphate，Man-1-P），后者在甘露糖-1-磷酸鸟苷酸转移酶（ManC）的催化下得到鸟苷二磷酸甘露糖（guanosine 5′-diphosphate- D-mannose，GDP-Man），其在 GDP-甘露糖-4,6-脱水酶（Gmd）的催化下得到鸟苷二磷酸-4-脱氢-6-脱氧-D-甘露糖（GDP-4-keto-6-deoxymannose，GDP-KDM），GDP-KDM 在 GDP-L-岩藻糖合酶（WcaG）的催化下得到鸟苷二磷酸岩藻糖（GDP- L-岩藻糖）[21]。回补合成途径以岩藻糖为底物，经过 L-岩藻糖激酶（FKP）的催化得到岩藻糖-1-磷酸后，再经过岩藻糖-1-磷酸鸟苷酸转移酶（FKP）的催化得到 GDP-L-岩藻糖。GDP-L-岩藻糖在胞内生成后，可以作为岩藻糖基的供体，在 α-1,2-岩藻糖基转移酶（FucT2）的催化下将胞内的乳糖岩藻糖基化最终获得 2′-FL。

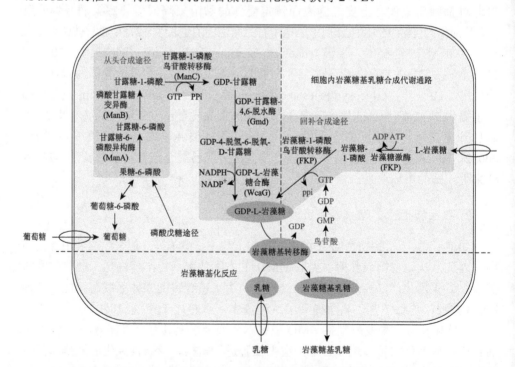

图 6-2　2′-FL 的两条生物合成途径

　　目前尚未发现野生型微生物中具有完整的 2′-FL 合成途径。在 *B. subtilis* 168 中构建从头合成途径合成 2′-FL 需要额外引入 5 种催化酶：ManB、ManC、Gmd、WcaG 和 FucT2。其中，ManB、ManC、Gmd 和 WcaG 常常属于同一基因簇，这一基因簇存在于多种微生物中，包括 *E. coli* JM109、*E. coli* BL21（DE3）[21]、酿酒酵母（*Saccharomyces cerevisiae*）和解脂假丝酵母（*Yarrowia lipolytica*）[22] 和高山被孢霉（*Mortierella alpina*）[23]。另外，在 *B. subtilis* 168 中构建回补合成途径合成 2′-FL 需要额外引入两种催化酶：FKP（L-岩藻糖激酶/GDP-L-岩藻糖磷酸化酶）和 FucT2。从头合成途径以葡萄糖或甘油等普通碳源为底物，所以成本更低，但是催化步骤比较多，需要引入的外源基因更多。回补合成途径以 L-岩藻糖为底物，所需成本较高，但是催化途径短，转化率较高。

　　目前，已有一些文献报道了微生物发酵法制备 2′-FL（表 6-1）。2012 年，Lee 等首先通过 *E. coli* 重组菌的高密度细胞培养利用分批补料发酵来生产 2′-FL，并通过液相色谱-质谱（LC-MS）鉴定了微生物合成的 2′-FL[22]。Baumgärtner 等在 *E. coli* 中首先过表达了来自幽门螺杆菌 *Helicobacter pylori* 26695 的 FucT2 之后，过表达内源 *manB*、*manC*、*gmd* 和 *wcaG* 四个从头合成途径所需基因，并且将来源于脆弱拟杆菌（*Bacteroides fragilis*）的回补合成途径引入 *E. coli* 工程菌中[25]。2017 年，Huang 等系统地整合了 2′-FL 从头合成途径中的策略，并使用了其他包括调整全局监管机构的表达方式和改善辅因子转化等策略，获得了 2′-FL 和 3′-岩藻糖基乳糖（3′-FL）高效合成菌株。Chin 等为了进一步提高从头和回补所需途径中 2′-FL 的产量，在敲除岩藻糖分解代谢途径基因 *fucI* 和 *fucK* 的基础上，筛选了 11 个 FucT2 候选基因[26]。2019 年，Chin 等通过敲除 *fucI* 和 *fucK* 及编码阿拉伯糖异构酶（AraA）和鼠李糖异构酶（RhaA）的基因，利用重组 *E. coli* 合成了 47.0 g/L 2′-FL[27]。Jennewein Biotechnologie 公司通过对 *E. coli* 合成途径的改造，以蔗糖为碳源获得了 60 g/L 的 2′-FL 产量[28]。

表 6-1　近年来 2′-FL 的微生物合成报道

微生物宿主	年份	生物合成方法	GDP-L-岩藻糖合成	产物	产量	参考文献
E. coli JM107（DE3）	2012	补料分批发酵（高密度培养）	从头合成途径	2′-FL，乳糖-*N*-新四糖（LNnT）和乳糖-*N*-新岩藻五糖（LNnF I）	14 g/L[a、b]	[31]
E. coli JM109（DE3）	2013	补料分批发酵（13 L 发酵罐）	从头合成途径和回补合成途径	2′-FL	20.28 g/L	[25]
E. coli BL21（DE3）	2015	补料分批发酵	从头合成途径	2′-FL	6.4 g/L	[35]
E. coli BL21（DE3）	2016	补料分批发酵	回补合成途径	2′-FL	23.1 g/L	[36]

续表

微生物宿主	年份	生物合成方法	GDP-L-岩藻糖合成	产物	产量	参考文献
E. coli	2017	补料分批发酵（75 L 发酵罐）	从头合成途径	2'-FL	15.4 g/L	[26]
E. coli BL21（DE3）	2017	摇瓶培养	从头合成途径	2'-FL 和 3'-FL	9.1 g/L[a] 2'-FL 和 12.43 g/L[a] 3'-FL	[21]
E. coli	2019	全细胞生物合成	从头合成途径	2'-FL	0.49 g/L	[37]
E. coli	2019	补料分批发酵	回补合成途径	2'-FL	47.0 g/L	[27]
C. glutamicum	2018	补料分批发酵	从头合成途径[c]	2'-FL	8.1 g/L	[32]
S. cerevisiae	2018	补料分批发酵	回补合成途径	2'-FL	503 mg/L	[33]
S. cerevisiae	2018	补料分批发酵	从头合成途径	2'-FL	0.42 g/L（0.56 g/L，细胞裂解后）	[34]
S. cerevisiae 和 Y. lipolytica	2019	补料分批发酵（2 L 发酵罐）	从头合成途径	2'-FL	15 g/L（S. cerevisiae HS07）；24 g/L（Y. lipolytica HY28）	[22]

a 此浓度是细胞内和细胞外 2'-FL 的总和；b 该浓度是微生物产生的几种 HMO 的总和；c 信息未直接提供，本书从文献的其他描述中做出此假设

2'-FL 合成涉及两个步骤，即产生关键中间代谢物 GDP-L-岩藻糖和乳糖的岩藻糖基化。GDP-L-岩藻糖可以通过两种途径产生，即回补合成途径和从头合成途径[29]。这两种途径都发生在细胞质中，回补合成途径首先在哺乳动物中发现，随后在 B. fragilis 9343 中发现，这也是迄今为止唯一发现回补合成途径的微生物[30]。在回补合成途径中，L-岩藻糖通过双功能酶——岩藻糖-1-磷酸鸟苷酸转移酶（FKP）的催化转化为 GDP-L-岩藻糖，其间由辅因子 ATP 和 GTP 提供能量与 GDP供体。从头合成途径在许多微生物中发现，通常属于果糖和甘露糖代谢的一部分，起始于果糖-6-磷酸，随后 ManA 催化果糖-6-磷酸生成甘露糖-6-磷酸；甘露糖-6-磷酸被 4 种酶催化：ManB、ManC、Gmd 和 GDP-L-WcaG，最终得到 GDP-L-岩藻糖。在此过程中，需要 GTP 和 NADPH 作为辅因子。然后，GDP-L-岩藻糖作为岩藻糖基供体参与乳糖的岩藻糖基化反应，并被 FucT2 催化生成 2'-FL。这些过程可以在体内或体外进行，但是细胞裂解后 FuctT2 高度不稳定，这使活细胞的细胞质成为更适合生产 2'-FL 的环境[31]。

微生物合成 2'-FL 之后经过反向分解可以获得 L-岩藻糖，L-岩藻糖是回补合成途径的底物，与 2'-FL 同样属于高附加值的产品。目前工业化生产 L-岩藻糖的技术仍为传统的海藻提取分离。通过从头合成途径以廉价的糖类为底物获得的 2'-FL可以通过岩藻糖苷酶分解为岩藻糖和乳糖，这为生物合成 L-岩藻糖提供了新思路。应用这一策略构建的重组 E. coli 和 S. cerevisiae 分别合成了 16.7 g/L 和 0.41 g/L 的L-岩藻糖[32]。

从 2018 年开始，除了 *E. coli* 之外的其他宿主也被应用于 2′-FL 的生物合成中。Jin 等通过强化从头合成途径和乳糖转运，将谷氨酸棒杆菌（*Corynebacterium glutamicum*）改造成 2′-FL 生产菌，并获得了 8.1 g/L 的产量[32]。Yu 等将回补合成途径与来自乳酸克鲁维酵母（*Kluyveromyces lactis*）的乳糖通透酶 LAC12 一起引入 *S. cerevisiae*，最终获得 2′-FL 的产量为 503 mg/L[33]。Hollands 等在 *S. cerevisiae* 和 *Y. lipolytica* 中构建了从头合成途径合成 2′-FL，最终的发酵产量分别达到 15 g/L（*S. cerevisiae*）和 24 g/L（*Y. lipolytica*）[22, 34]。

6.2.2　枯草芽孢杆菌中 GDP-L-岩藻糖从头合成途径的构建

B. subtilis 168 中不具有 GDP-L-岩藻糖的合成途径，因此，构建 GDP-L-岩藻糖合成途径需要表达从头合成途径或回补合成途径中的异源蛋白。研究人员首先以 pP$_{43}$NMK 质粒（pUB110 的衍生质粒）为载体，将来源于 *E. coli* 的 4 种从头合成途径关键蛋白的编码基因 *manB*、*manC*、*gmd* 和 *wcaG* 以 P$_{43}$ 启动子连接在载体 pBCGW 上（图 6-3a）。将重组质粒在 BP0 菌株中表达，构建含有 GDP-L-岩藻糖从头合成途径的重组菌株 BP0-BCGW。带有质粒 pBCGW 的重组 *B. subtilis* 菌株 BP0-BCGW 在胞内产生了 0.94 mg/L 的 GDP-L-岩藻糖（图 6-3b）。

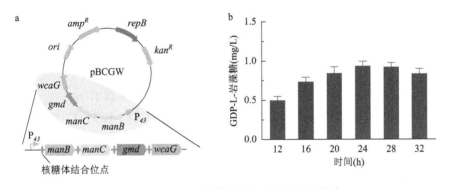

图 6-3　GDP-L-岩藻糖的从头合成途径和浓度

（a）表达外源基因的质粒图谱；（b）从头合成途径胞内 GDP-L-岩藻糖的浓度

6.2.3　枯草芽孢杆菌中 GDP-L-岩藻糖回补合成途径的构建

与从头合成途径一样，*B. subtilis* 同样不具有回补合成途径中的 L-岩藻糖激酶/岩藻糖-1-磷酸鸟苷酸转移酶。因此，研究人员通过将来源于脆弱拟杆菌 9343（GenBank：AY849806.1）的 FKP 编码基因 *fkp* 经过密码子优化后替换 pP$_{43}$NMK 质粒上的 *mpd* 片段，构建了重组质粒 pFKP（图 6-4a）。随后将质粒 pFKP 转化到

BP0 细胞，获得重组菌 BP0-FKP，摇瓶培养收集菌体，经过破碎后测量胞内 GDP-L-岩藻糖，GDP-L-岩藻糖浓度最高可达 1.40 mg/L（图 6-4b）。

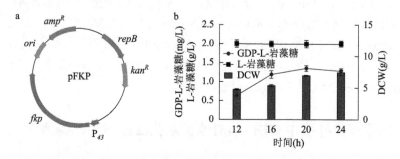

图 6-4　GDP-L-岩藻糖的回补合成途径及各指标变化

（a）表达外源基因的质粒图谱；（b）回补合成途径重组菌 BP0-FKP 培养期间 DCW、GDP-L-岩藻糖和岩藻糖浓度的时间曲线

6.2.4　GDP-L-岩藻糖合成培养基的筛选

在 2′-FL 的合成途径中，乳糖是必要的底物之一，但是乳糖不是 *B. subtilis* 发酵中使用的常规碳源，且乳糖与其他碳源同时存在可能会影响目的基因的表达水平和细胞的生长[38]。因此，为了研究使用不同培养基对 BP0-FKP 菌株中 FKP 蛋白的表达水平和细胞内 GDP-L-岩藻糖浓度的影响，研究人员在 LB 或 OSF 培养基中分别添加葡萄糖、乳糖或甘油作为碳源。在含有 20 g/L 葡萄糖和甘油的 LB 培养基中培养 BP0-FKP 时，GDP-L-岩藻糖浓度分别为 1.4 mg/L 和 2.0 mg/L，而在含有 20 g/L 乳糖的 LB 中培养 BP0-FKP 时，细胞内未检测到 GDP-L-岩藻糖；在含有 20 g/L 葡萄糖、乳糖和甘油的 OSF 培养基中培养 BP0-FKP 时，GDP-L-岩藻糖浓度分别达到 3.4 mg/L、1.2 mg/L 和 4.0 mg/L（图 6-5a）。同时，通过 SDS-PAGE 比较 FKP 在以葡萄糖、乳糖或甘油为碳源的发酵培养基中的表达，确认了 FKP 在以甘油为碳源的培养基中表达量较高（图 6-5b）。

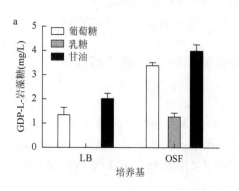 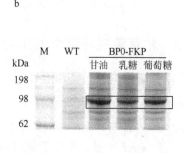

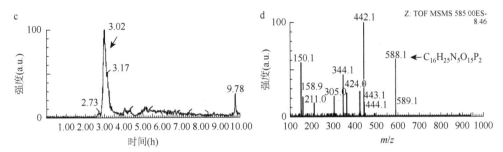

图 6-5　GDP-L-岩藻糖合成中培养基的优化及关键中间产物 GDP-L-岩藻糖的 LC-MS 鉴定

（a）在含有 20 g/L 葡萄糖、乳糖或甘油的 LB 或 OSF 培养基中培养 BP0-FKP 时的 GDP-L-岩藻糖浓度；（b）对以葡萄糖、乳糖和甘油为碳源培养的 BP0-FKP 细胞提取物进行 SDS-PAGE 分析，矩形框表示细胞破裂后上清液中的 FKP 蛋白；（c）和（d）LC-MS 鉴定细胞中合成的 GDP-L-岩藻糖

以上结果表明，在发酵培养基中培养时，BP0-FKP 中 GDP-L-岩藻糖的胞内浓度相比在 LB 培养基中培养的菌株更高，且甘油为优势碳源。将摇瓶培养的 BP0-FKP 细胞收集后破碎，取细胞提取物上清液进行 LC-MS 分析，确认了 GDP-L-岩藻糖在 B. subtilis 中成功合成（图 6-5c 和 d）。

在 GDP-L-岩藻糖的两个生物合成途径中，回补合成途径包含 L-岩藻糖激酶和岩藻糖-1-磷酸鸟苷酸转移酶催化的两步反应（以岩藻糖为底物），而从头合成途径包含从葡萄糖开始的 7 步催化反应。使用葡萄糖或甘油作为底物要便宜得多，但最终产量和得率相对较低，这是由于从头合成途径中包含了多步催化反应，底物在转化过程中损失较多，因此催化效率较低。回补合成途径合成的 GDP-L-岩藻糖浓度较高，是有效供应前体 GDP-L-岩藻糖的首选方案。上述结果表明，双功能酶 FKP 可以在 B. subtilis 中以可溶性的形式高效表达，这在岩藻糖基供体 GDP-L-岩藻糖的合成及岩藻糖基寡糖的生物合成方面是一个优势。

6.2.5　2′-岩藻糖基乳糖的合成与外源岩藻糖基化酶的筛选

为了在 BP0-FKP 菌株以乳糖和 GDP-L-岩藻糖为底物合成 2′-FL，研究人员筛选并在 B. subtilis 中表达了 8 种来自不同微生物的 FucT2 编码基因，包括来自 H. pylori 的 futC（GenBank：KY499613），来自 H. pylori 的 futL，来自 E. coli O128 的 wbsJ，来自 E. coli O126 的 wbgL，来自普通拟杆菌（Bacteroides vulgatus）的 futN，来自加氏乳杆菌（Lactobacillus gasseri）的 futLga，来自梭状芽孢杆菌（Clostridium bolteae）的 futCbo 和来自 B. fragilis 的 wcfW，相应的构建了菌株 BP0-DF、BP0-DL、BP0-DJ、BP0-DB、BP0-DN、BP0-DG、BP0-DC 和 BP0-DW。在体外显色反应中，表达 futC 的 BP0-DF 菌株显示最高吸收值，表达 wbsJ 的 BP0-DJ 菌株显示第二高吸收值，为 BP0-DF 的 91.5%，而表达 wcfW 的 BP0-DW 菌株显示最低吸收值，为 BP0-DF 的 25.7%（图 6-6a）。在摇瓶发酵中，表达 futC 的回补合成途径

重组菌株 BP0-DF 产生的 2′-FL 浓度为 24.7 mg/L，而在表达 *futC* 的从头合成途径重组菌株 BP0-FBCGW 发酵上清液中没有检测到 2′-FL（图 6-6b）。以上结果表明，在 *B. subtilis* 中回补合成途径比从头合成途径合成中间产物 GDP-L-岩藻糖和最终产物 2′-FL 的效率更高。将 2′-FL 标准品和摇瓶培养的 BP0-DF 发酵液进行了 LC-MS 分析，确认了 2′-FL 在 *B. subtilis* 中成功合成（图 6-7a~d）。

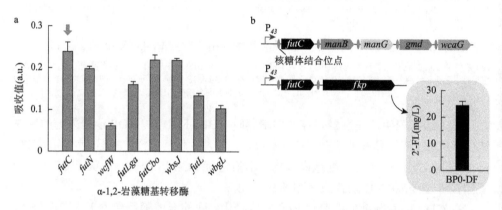

图 6-6　通过引入不同来源的 FucT2 来生产 2′-FL

（a）通过提取粗酶液并进行酶促反应筛选不同来源的 FucT2，将表达 *futC* 的菌株的相对产量设定为 100%，箭头代表最高的 FucT2 酶活；（b）从头和回补合成途径的示意图及 2′-FL 的合成情况

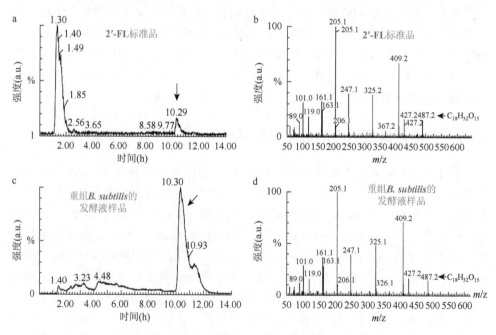

图 6-7　通过 LC-MS 确认重组 *B. subtilis* 摇瓶发酵液中合成的 2′-FL

（a）和（b）2′-FL 标准品的检测结果；（c）和（d）重组 *B. subtilis* 发酵上清液的检测结果

6.2.6　胞内底物运输及辅因子合成的强化

作为细胞中糖类催化或分解代谢的第一步，底物特异性转运蛋白通过主动转运和促进扩散在糖通过质膜进入细胞质的过程中起决定性作用。葡萄糖是最常见的碳源之一，在 *B. subtilis* 中，有三种可能的葡萄糖摄取途径：一种是葡萄糖依赖型磷酸转移酶系统（PTS），这是最主要的葡萄糖摄取途径，另外两种葡萄糖摄取途径依赖两个非 PTS 型转运蛋白 GlcP 和 GlcU[39]。GlcP（编码基因 *glcP*）转运蛋白是葡萄糖/甘露糖：H+ 共转运蛋白，是主要促进子超家族（major facilitator superfamily，MFS）中岩藻糖/葡萄糖/半乳糖家族的转运蛋白，*glcP* 的表达是由葡萄糖诱导的，并且诱导取决于 PTS 系统的完整性。强化 *glcP* 基因的表达可以加强非PTS 途径中葡萄糖的运输，从而提高以葡萄糖为底物的代谢途径的效率[40]。GlcP 转运蛋白与大肠杆菌的岩藻糖：H+ 转运蛋白表现出最大的序列相似性，但是其在岩藻糖运输中的作用尚未在实验中证明。

乳糖的转运蛋白在包括大肠杆菌和 *K. lactis* 的多种微生物中鉴定出。乳糖通透酶 LacY 存在于大肠杆菌的细胞质膜中，并以 1:1 的化学计量比将乳糖和 H+ 共转运到细菌细胞质中。向内的 H+ 电化学梯度为乳糖的主动积累提供了驱动力。*K. lactis* 中，*lac12* 基因编码具有乳糖/半乳糖通透酶活性的含 422 个氨基酸的完整膜蛋白，且其与其他表征良好的乳糖通透酶（如 *E. coli* 和克雷伯菌）没有明显相似性。

GDP-L-岩藻糖是岩藻糖基寡糖生物合成的重要底物，其生物合成需要辅因子 GTP 的供应。鸟苷-5′-单磷酸（GMP）、鸟苷-5′-二磷酸（GDP）和 GTP 等鸟苷核苷是细胞生长及 DNA 与 RNA 生物合成必不可少的材料。鸟嘌呤核苷酸是嘌呤核苷酸生物合成的终产物，它们通过细胞内的几种反应相互转化。GMP 是 GDP 和 GTP 合成的前体，为了有效生产 GDP-L-岩藻糖，可能有必要增加鸟嘌呤核苷酸（包括 GMP）的细胞内水平。

在前面章节中，已介绍了将回补合成途径引入 *B. subtilis* 获得具有 2′-FL 合成能力的重组菌，但底物 L-岩藻糖和乳糖的利用效率较低，且中间产物 GDP-L-岩藻糖的浓度较低，最终产物 2′-FL 的产量和转化率较低。本节将介绍通过设计底物转运和辅因子鸟苷-5′-三磷酸（GTP）再生系统，将 *B. subtilis* 设计为高效的 2′-FL 生产菌株。

1. 过表达 *fucP* 和 *glcP* 加强 L-岩藻糖运输

如前所述，使用 OSF 培养基发酵过程中岩藻糖消耗量很低（不到总量的 0.2%），表明岩藻糖的运输可能受到了限制，将制约 2′-FL 生产过程中中间产物 GDP-L-岩藻糖的合成,并最终影响 2′-FL 的合成效率。为了提高效率,在 BP0-FKP 的 *amyE* 位点,引入由组成型启动子 P_{43} 表达的来自 *E. coli* 的 L-岩藻糖通透酶编码基因 *fucP*, 获得重组菌株 BPF-FKP。此外,通过 BLAST 工具(basic local alignment search tool) 将 *B. subtilis* 168 的基因组与来自 *E. coli* 的 *fucP* 保守蛋白域家族比对,确认了 *B. subtilis* 内源编码糖类通透酶的 *glcP* 基因(*E* 值 = 3.13E−95)具有岩藻糖通透酶 的同源区域。通过在菌株 BP0-DF 中 *glcP* 位点的上游插入组成型强启动子 P_{43} 获 得重组菌株 BPG-FKP。如图 6-8a 所示,引入外源岩藻糖通透酶编码基因 *fucP* 后, 重组菌株 BPF-FKP 能够产生 29.8 mg/L 的 GDP-L-岩藻糖,是对照菌株 BP0-FKP 的 7.51 倍;过表达内源糖类转运蛋白编码基因 *glcP* 后,重组菌株 BPG-FKP 能够 产生 36.3 mg/L 的 GDP-L-岩藻糖,是对照菌株 BP0-FKP 的 9.14 倍。BPF-FKP 和 BPG-FKP 的 DCW 与对照菌株 BP0-FKP 几乎相同,这表明重组菌株的生长不受 *fucP* 和 *glcP* 基因过表达的影响。

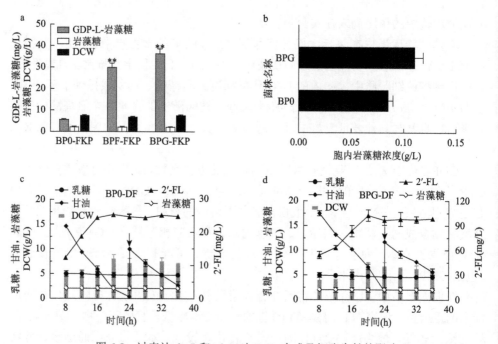

图 6-8　过表达 *fucP* 和 *glcP* 对 2′-FL 合成及细胞生长的影响

(a) BP0-FKP、BPF-FKP 和 BPG-FKP 的 GDP-L-岩藻糖、岩藻糖浓度与 DCW;(b) BP0(对照菌)和 BPG(过 表达 *glcP*)细胞内岩藻糖的浓度;(c) 菌株 BP0-DF 摇瓶培养参数曲线;(d) 菌株 BPG-DF 摇瓶培养参数曲线

摇瓶发酵验证 BP0 和 BPG 对岩藻糖的运输能力,结果显示 BPG 中的岩藻糖 浓度比 BP0 高 30.5%(图 6-8b)。验证过表达 GlcP 对重组菌株生长、底物消耗、 碳源消耗及 2′-FL 合成的影响,图 6-8c 和 d 分别显示了 BP0-DF 和 BPG-DF 的摇

瓶发酵参数，箭头代表甘油的添加时间。在发酵结束时，BP0-DF 中 2′-FL 的产量为 24.7 mg/L，强化表达 GlcP 的菌株 BPG-DF 中 2′-FL 的产量为 102.4 mg/L，是 BP0-DF 的 4.15 倍。BPG-DF 的 DCW 在 8～12 h 时比对照菌株 BP0-DF 低，但是在发酵结束时两株重组菌株的 DCW 大致相同。这一结果证明，底物岩藻糖运输的强化对 GDP-L-岩藻糖的积累及 2′-FL 的合成有非常重要的作用，且对细胞生长没有明显的影响。

2. 引入异源乳糖通透酶和敲除 yesZ

除了岩藻糖之外，2′-FL 的生物合成中还使用乳糖作为底物，为了进一步通过提高乳糖运输效率来提高 2′-FL 的产量，本节将在重组菌株 BPG-DF 中表达来自 E. coli（LacY）和 K. lactis（LAC12）的乳糖通透酶。通过在 BPG-DF 基因组的 ganA 位点插入启动子 P43 和终止子 trp 分别表达 LacY 和 LAC12，获得了重组菌株 BPG1-DF 和 BPG2-DF（图 6-9a），以验证引入乳糖通透酶对重组菌株生长、底物消耗、碳源消耗及 2′-FL 合成的影响，图 6-9b 和 c 展示了 BPG1-DF 及 BPG2-DF 的摇瓶发酵参数，箭头表示向培养物中添加甘油，BPG1-DF 和 BPG2-DF 的 2′-FL 最高产

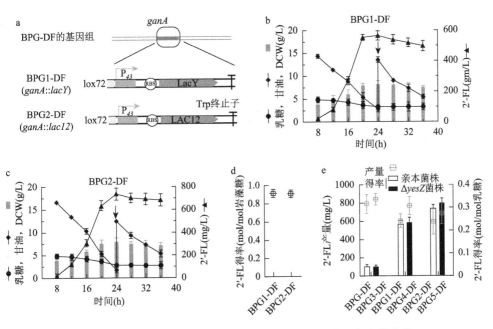

图 6-9　引入来源于 E. coli 和 K. lactis 的乳糖通透酶及各参数变化

（a）乳糖通透酶编码基因 lacY 和 lac12 与 trp 终止子一起插入 BPG-DF 的 ganA 位点；（b）菌株 BPG1-DF（表达 lacY）摇瓶培养的参数曲线；（c）菌株 BPG2-DF 摇瓶培养的参数曲线；（d）2′-FL 的得率；（e）敲除基因 yesZ 对 2′-FL 产量及得率的影响（敲除基因 yesZ 的菌株：BPG3-DF、BPG4-DF 和 BPG5-DF；未敲除 yesZ 的菌株：BPG-DF、BPG1-DF 和 BPG2-DF）

量分别为 566 mg/L 和 737 mg/L，分别是 BPG-DF 的 5.53 倍和 7.20 倍。重组菌株 BPG1-DF 和 BPG2-DF 的 DCW 与亲本菌株 BPG-DF 基本相同，这表明细胞生长不受异源乳糖通透酶表达的影响。在 BPG1-DF（表达来源于 *E. coli* 的 *lacY*）和 BPG2-DF（表达来源于 *K. lactis* 的 *lac12*）中，发酵至 36 h 2′-FL 的得率分别达到 0.92 mol/mol 岩藻糖和 0.90 mol/mol 岩藻糖（图 6-9d）。但是，当在重组菌株中表达两种异源乳糖通透酶时，2′-FL 的得率从 0.32 mol/mol 乳糖（BPG-DF）降至 0.24 mol/mol 乳糖（BPG1-DF）和 0.24 mol/mol 乳糖（BPG2-DF）（图 6-9e）。2′-FL 对乳糖的得率下降的原因可能是乳糖运输增强后，内源性 β-半乳糖苷酶（由 *yesZ* 编码）分解乳糖的效率提高，非产物合成途径中乳糖的消耗提高。

进一步敲除 *yesZ* 以阻止胞内乳糖的降解，获得了重组菌株 BPG3-DF、BPG4-DF 和 BPG5-DF。如图 6-9e 所示，敲除 *yesZ* 的菌株 BPG4-DF 和 BPG5-DF 中 2′-FL 的产量得到了提高，分别达到 587 mg/L 和 797 mg/L。BPG4-DF 和 BPG5-DF 菌株中 2′-FL 的得率分别为 0.27 mol/mol 乳糖和 0.31 mol/mol 乳糖，比对照菌株 BPG1-DF 和 BPG2-DF 分别高 27.2% 和 15.2%。然而，BPG3-DF 的 2′-FL 产量与对照菌株 BPG-DF 大致相同，这可能是由于在 BPG-DF 和 BPG3-DF 中均未引入乳糖通透酶，当乳糖运输均未增强时，β-半乳糖苷酶水解乳糖的效率相对较低，敲除 *yesZ* 基因对 2′-FL 合成效率的影响较小。上述结果表明，乳糖的运输效率低可能是 *B. subtilis* 合成 2′-FL 的瓶颈之一。

3. 辅因子合成再生模块的设计

在 2′-FL 生物合成过程中 GTP 为 GDP-L-岩藻糖合成提供·GDP 供体和能源。为了提高 GTP 的供给以提高 GDP-L-岩藻糖的合成效率和 2′-FL 的产量，通过调节 *guaA*、*guaC*、*gmk*、*ndk*、*ykfN*、*xpt* 和 *deoD*（分别编码 GMP 合酶、GMP 还原酶、鸟苷酸激酶、核苷二磷酸激酶、核苷酸磷酸酯酶、黄嘌呤磷酸核糖基转移酶和嘌呤核苷磷酸化酶）的表达来增强 GTP 的合成和再生模块（图 6-10a）。如图 6-10b 所示，将 BPG5-DF 用作亲本菌株，通过过表达 *xpt*、*guaA*、*gmk*、*ndk* 和 *deoD*，分别获得了 BPG6-DF、BPG7-DF、BPG8-DF、BPG9-DF 和 BPG15-DF 菌株；通过敲除 *yfkN* 和 *guaC* 并用 lox72 位点代替，分别获得菌株 BPG13-DF 和 BPG17-DF（图 6-10b 和 c）。如图 6-10c 所示，以 BPG5-DF 作为对照，*ndk* 过表达菌株 BPG9-DF 中的 GDP-L-岩藻糖浓度为 62.8 mg/L，是对照菌株 BPG5-DF 的 1.74 倍。基因 *guaA*（BPG7-DF）、*gmk*（BPG8-DF）和 *xpt*（BPG6-DF）的过表达也可以使重组菌株获得较高的胞内 GDP-L-岩藻糖浓度，分别是对照菌株 BPG5-DF 的 1.20 倍、1.48 倍和 1.21 倍。相比之下，*deoD* 过表达菌株（BPG15-DF）、*guaC* 敲除菌株（BPG17-DF）或 *yfkN* 敲除菌株（BPG13-DF）分别合成了 18.2 mg/L、13.4 mg/L 和 15.5 mg/L 的 GDP-L-岩藻糖，分别是对照菌株 BPG5-DF 的 51%、37% 和 43%。

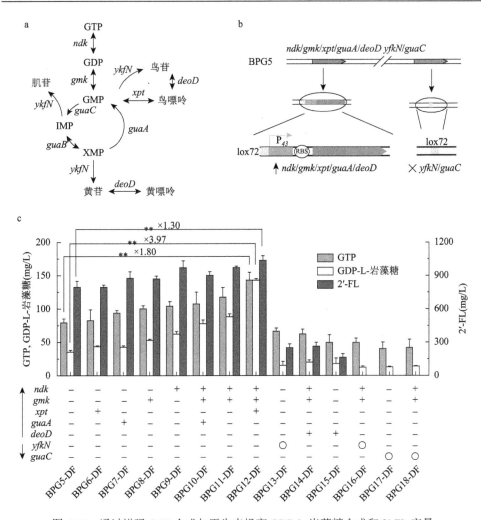

图 6-10　通过增强 GTP 合成与再生来提高 GDP-L-岩藻糖合成和 2′-FL 产量

（a）枯草芽孢杆菌中 GTP 合成和再生的代谢途径；（b）基因组上进行基因表达改造的示意图；（c）重组菌株细胞
内 GTP、GDP-L-岩藻糖和 2′-FL 的浓度；"+"表示增强表达，"–"表示未修改，"○"表示基因敲除

　　此外，通过组合过表达 *ndk*、*gmd* 和 *xpt* 基因构建的 BPG12-DF 菌株，其胞内的
GDP-L-岩藻糖浓度显著增加至 143.2 mg/L，是 BPG5-DF 菌株的 3.97 倍。BPG12-
DF 菌株的 GDP-L-岩藻糖利用率提高，导致 2′-FL 产量提高到 1035 mg/L（图 6-10c），
是 BPG5-DF 的 1.30 倍。此外，其他基因或基因组合的过表达也有利于 2′-FL 的合
成（BPG7-DF、BPG8-DF、BPG9-DF、BPG10-DF 和 BPG11-DF），与对照菌株
BPG5-DF 相比，2′-FL 的产量提高幅度为 9.76%（BPG7-DF）～21.8%（BPG11-DF）。
BPG12-DF 胞内的 GTP 浓度为 143.1 mg/L，是 BPG5-DF 的 1.80 倍，在其他 12 个
工程菌株中，GTP 浓度范围为 40.6（BPG17-DF）～117.7（BPG11-DF）mg/L，是

BPG5-DF 的 0.51～1.48 倍（图 6-10c）。这些结果证实了 GTP 合成再生途径中的基因，如 *guaA*、*guaC*、*gmk*、*ndk*、*ykfN*、*xpt* 和 *deoD*，对于 GDP-L-岩藻糖和 2′-FL 合成很重要。

在 GTP 的合成和再生模块中，*xpt* 和 *guaA* 编码的蛋白催化 GMP 合成，*ykfN* 和 *guaC* 编码的蛋白催化 GMP 转化为其他代谢物的途径。通过启动子替换增强了 *xpt* 和 *guaA* 的表达，同时对 *ykfN* 和 *guaC* 进行了敲除，*xpt* 和 *guaA* 的强化表达均导致了胞内 GTP 合成水平的提高，而 *ykfN* 和 *guaC* 的敲除均弱化了 GDP-L-岩藻糖的合成，表明低强度的 GMP-鸟苷酸-鸟嘌呤循环可能导致胞内更低浓度的 GTP，这降低了 GDP-L-岩藻糖的合成效率。GMP 和 GTP 之间的平衡由 *ndk* 和 *gmk* 编码的双向催化酶维持，实验结果表明，*ndk* 或 *gmk* 表达的增强都导致胞内 GDP-L-岩藻糖浓度的显著增加，这表明双向催化酶 NDK 和 GMK 的表达水平相对较低，通过增强 *ndk* 和 *gmk* 的表达可以有效地提高 GMP 和 GTP 之间的平衡效率，实现反应平衡向合成 GTP 的方向移动，从而实现胞内 GDP-L-岩藻糖的高效合成。

6.2.7　内源乳糖转运蛋白强化、膜合成蛋白调控和途径酶融合

在 *B. subtilis* 中，一些物质的跨膜运输与细胞膜的组成有关。*B. subtilis* 细胞膜的脂质组成包括 20%～50% 的磷脂酰乙醇胺（phosphatidylethanolamine，PE）、15%～45% 的磷脂酰甘油（phosphatidylglycerol，PG）、2%～15% 的赖氨酰磷脂酰甘油、2%～25% 的心磷脂（cardiolipin，CL）和 10%～30% 的中性糖脂（neutral glycolipid，GL）。*B. subtilis* 中心磷脂合成酶（ClsA）、磷脂酰甘油磷酸合成酶（PgsA）、磷脂酰丝氨酸合酶（PssA）和 UDP-葡萄糖二酰基甘油转移酶（UgtP）分别负责 4 种主要膜磷脂 PE、PG、CL 和 GL 的合成[41]。Cao 等证实敲除 *B. subtilis* 基因组上的 *clsA* 和 *pssA* 可以改变膜磷脂双层的特性，从而影响细胞表面之间的相互作用，从而促进 α-淀粉酶的分泌[42]。此外，*pgsA* 和 *clsA* 的过表达可能会增加膜的 CL 含量，从而使透明质酸（一种糖胺聚糖）的产量得到提高[41]。

融合蛋白是一类将两个或多个不同的蛋白结构域整合到一个分子中形成的蛋白。重组融合蛋白由于具有多个蛋白功能域，因此可以直接进行多步骤的催化，促进代谢途径中间产物的转化，降低中间代谢物的积累。融合蛋白广泛存在于自然界中，通常被认为是一种重要的进化现象。例如，一些由染色体重排产生的融合蛋白与人类疾病特别相关，如慢性粒细胞白血病。通过重组 DNA 的技术可以合成人造融合蛋白，在目的蛋白的基础上加以修饰，达到标记、提高表达或提高可溶性的目的。例如，在目的蛋白的 N 端或者 C 端添加组氨酸标签（polyHis），通过固定化金属亲和色谱法（IMAC）进行纯化。通过在目的蛋白的 N 端融合非常

易溶的大分子蛋白或蛋白结构域或标签,可以增加目的蛋白的溶解度甚至表达量,如 NusA(N-utilization substance A)和 SUMO(small ubiquitin-related modifier)。有一类标签蛋白除了能增加目的蛋白溶解度和表达量之外,还能作为纯化标记,如麦芽糖结合蛋白(maltose-binding protein,MBP)和谷胱甘肽 S-转移酶(glutathione S-transferase,GST)。这一技术应用在酶工程领域时,可以通过构建多种蛋白的融合体提高连续的酶促反应的效率;应用在生物传感器领域时,荧光蛋白可以作为视觉标记与目标蛋白融合,作为监测信号分子的生物传感器,如绿色荧光蛋白基因用作生物成像的报告基因,以揭示靶蛋白的表达水平;在合成生物学领域应用时,人工融合蛋白被构建为新型的蛋白开关;在代谢工程领域应用时,在 N 端融合蛋白标签可以调节 GNA1 和 GlmS 的表达,以提高 B. subtilis 中代谢物 GlcNAc 的产量。

1. 强化内源乳糖运输蛋白、调控膜合成蛋白

为了提高乳糖的运输效率,首先通过用乳糖通透酶 LacY 和 LAC12 的氨基酸序列与 B. subtilis 基因组编码蛋白的序列比对来筛选 B. subtilis 中的天然乳糖通透酶,获得的两个候选基因如表 6-2 所示,分别为 ywtG(NCBI Gene ID:936832)和 ywbF(NCBI Gene ID:937325)。为了增强这些转运蛋白的表达,在 BPG12-DF 菌株的基础上,使用强启动子 P_{srfa} 取代了 ywtG 和 ywbF 原本的启动子,构建了重组菌株 BPH1(BPG12-P_{srfa}-ywtG)和 BPH2(BPG12-P_{srfa}-ywbF)(图 6-11a)。随

表 6-2　同源乳糖转运蛋白基因的鉴定

参照基因		比对基因		E 值	查询长度
微生物	基因	微生物	基因		
K. lactis	lac12	B. subtilis	ywtG	2E−26	76%
E. coli	lacY	B. subtilis	ywbF	2E−05	64%

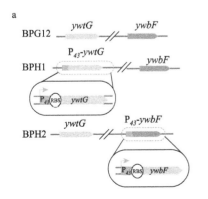
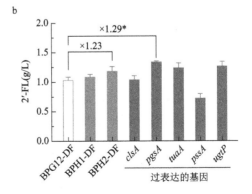

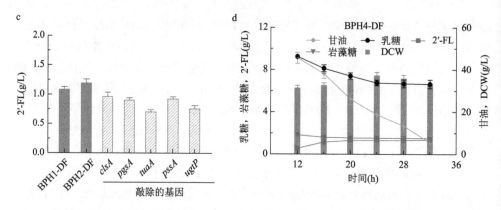

图 6-11　过表达内源乳糖转运蛋白和调控膜合成蛋白及各参数变化

（a）通过替换编码基因的启动子来过表达比对到的内源乳糖转运蛋白 YwtG 和 YwbF；（b）BPG12-DF、
BPH1-DF 和 BPH2-DF 的 2'-FL 产量，上调膜合成蛋白的菌株中 2'-FL 的产量（分别强化表达了 clsA、pgsA、
tuaA、pssA 和 ugtP）；（c）下调膜合成蛋白的菌株中 2'-FL 的产量（分别敲除了 clsA、pgsA、tuaA、pssA 和 ugtP）；
（d）BPH4-DF 菌株在摇瓶培养期间各参数的时间曲线

后将质粒 pDF（表达 FKP 和 FutC）转化进入 BPH1 和 BPH2，产生菌株 BPH1-DF
和 BPH2-DF，分别得到 1.08 g/L 和 1.19 g/L 的 2'-FL，是 BPG12-DF（1.04 g/L）
的 1.04 倍和 1.14 倍，这一结果表明 YwbF 是有效的乳糖转运蛋白（图 6-11b）。

　　为了增强 clsA、pgsA、tuaA、pssA 和 ugtP 的表达，在菌株 BPH2 中使用强启
动子 P_{43} 替换了 clsA、pgsA、tuaA、pssA 和 ugtP 的内源启动子，产生了菌株 BPH3、
BPH4、BPH5、BPH6 和 BPH7。此外，在菌株 BPH2 中通过分别敲除 clsA、pgsA、
tuaA、pssA 和 ugtP，生成了菌株 BPH8、BPH9、BPH10、BPH11 和 BPH12。然后
将质粒 pDF 转化到上述 10 个菌株中，获得了菌株 BPH3-DF、BPH4-DF、BPH5-DF、
BPH6-DF、BPH7-DF、BPH8-DF、BPH9-DF、BPH10-DF、BPH11-DF 和 BPH12-DF。
在摇瓶培养中，强化表达 pgsA 的菌株 BPH4-DF 产生最高的 2'-FL 产量，达到 1.34 g/L，
分别是 BPG12-DF 的 1.29 倍和 BPH2-DF 的 1.13 倍（图 6-11b）。BPH4-DF 菌株的
DCW 达到 7.49 g/L（图 6-11d）。但是如图 6-11c 所示，clsA、pgsA、tuaA、pssA
和 ugtP 基因缺失的重组菌株合成了较低产量的 2'-FL，这表明这些基因的缺失可
能不利于乳糖运输和细胞生长。

2. 组装 FKP-FutC 多功能蛋白

　　融合蛋白可以生成双功能酶，减少连续的酶促反应之间的物理距离，提高反
应催化速度，降低中间代谢物积累，从而提高多步生物催化反应的效率。为了组
装 2'-FL 合成途径中的两个途径酶 FKP 和 FutC，构建了 FKP-FutC 复合物，并
使用 8 种 linker 将 FKP 和 FutC 蛋白融合在一起，包括 GS1、GS2、GS3、EK1、
EK2、EK3、P2A 和 T2A（图 6-12a），并获得了重组质粒 pGS1、pGS2、pGS3、

pEK1、pEK2、pEK3、pP2A 和 pT2A。此外，将这些质粒转化进入 BPH4 菌株，获得菌株 BPH4-GS1、BPH4-GS2、BPH4-GS3、BPH4-EK1、BPH4-EK2、BPH4-EK3、BPH4-P2A 和 BPH4-T2A。构建质粒 pFuP 并插入了基因 *fkp-futC* 编码的无 linker 的 FKP-FutC 融合蛋白。通过 SDS-PAGE 分析证实了融合蛋白的表达，黑色箭头所指的是目标条带（图 6-12b）。酶促测定表明，在 FKP-FutC 融合蛋白中 FutC 的催化活性几乎与 BPH4-DF 相同，这表明两种蛋白的融合对 FutC 的活性没有影响（图 6-12c）。与酶促测定结果一致，含有 FKP-FutC（EK2）（由 EK2 连接的 FKP-FutC 融合蛋白）的菌株产生的最高 2'-FL 产量为 1.87 g/L，是 BPH4-DF 的 1.40 倍，是 BPH4-FuP（表达不含 linker 的 FKP-FutC）的 1.27 倍（图 6-12d）。通过 GS1、GS2、GS3、EK1、EK3、T2A 和 P2A linker 连接的表达 FKP-FutC 融合蛋白的菌株的 2'-FL 产量也比 BPH4-DF 高 14.9%（GS1）～32.8%（P2A）。但是，BPH4-FuP 和

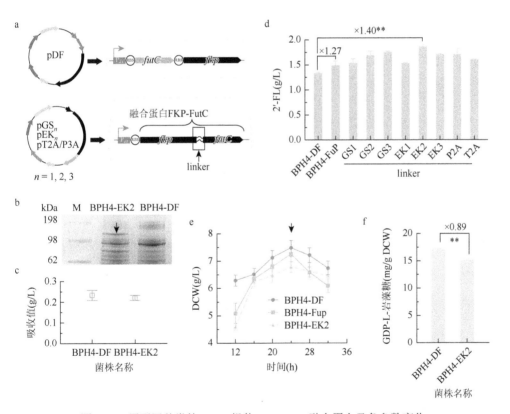

图 6-12　用不同种类的 linker 组装 FKP-FutC 融合蛋白及各参数变化

（a）主链质粒和重建质粒 pGS$_n$、pEK$_n$、pT2A 与 pP2A 的结构图（$n=1$, 2, 3）；（b）BPH4-EK2 菌株中融合蛋白 FKP-FutC（EK2）的 SDS-PAGE 分析；（c）BPH4-DF 和 BPH4-EK2 的催化活性；（d）BPH4-DF、BPH4-Fup、BPH4-GS1、BPH4-GS2、BPH4-GS3、BPH4-EK1、BPH4-EK2、BPH4-EK3、BPH4-P2A 和 BPH4-T2A 的 2'-FL 产量；（e）BPH4-DF、BPH4-Fup 和 BPH4-EK2 的 DCW；（f）菌株 BPH4-DF 和 BPH4-EK2 细胞内 GDP-L-岩藻糖的浓度

BPH4-EK2 的 DCW（黑色箭头指向）分别比 BPH4-DF 低 19.4% 和 24.4%（图 6-12e），这可能是由于融合蛋白表达带来的代谢负担使细胞生长受到了影响。

为了考察融合 FutC 和 FKP 对 GDP-L-岩藻糖积累的影响，测量了细胞内 GDP-L-岩藻糖的浓度。重组菌株 BPH4-EK2 的细胞内 GDP-L-岩藻糖浓度是 BPH4-EK2 的 89%（图 6-12f），这可能是由于岩藻糖基化效率提高，因此中间代谢物积累减少。

3. 融合 N 端标签

在很多条件下，N 端结构对于蛋白表达至关重要。N 端标签可以增强目标蛋白的溶解度甚至表达量，这是最常用的溶解度增强标签，包括 N 利用物质 A（NusA）、麦芽糖结合蛋白（MBP）和谷胱甘肽 S-转移酶（GST）。在 N 端融合三分子天冬氨酸（D3）标签，可在 *E. coli* 中促进南极假丝酵母脂肪酶 B 的细胞内表达。其中，GST 和 MBP 已用于提高 *E. coli* 中 α-1,2（3）-岩藻糖基转移酶的活性。为此，在融合蛋白 FKP-FutC 的 N 端插入了 D3、NusA、GST 和 MBP 四个标签的序列，得到了质粒 pEK2-D、pEK2-N、pEK2-G 和 pEK2-M。然后将这些质粒转化进入菌株 BPH4，分别得到 BPH4-EK2-D、BPH4-EK2-N、BPH4-EK2-G 和 BPH4-EK2-M。如图 6-13a 所示，通过在融合蛋白 FKP-FutC 的 N 端添加一个三分子天冬氨酸标签得到菌株 BPH4-EK2-D，其在摇瓶中以 10 g/L 乳糖为底物合成了 2.48 g/L 的 2′-FL，是 BPH4-EK2 的 1.32 倍，这一结果表明 D3 是提高融合蛋白 FKP-FutC（EK2）催化活性的最有效的 N 端标签。在 BPH4-EK2-D 中，2′-FL 对岩藻糖和乳糖的得率分别为 0.92 mol/mol 和 0.36 mol/mol，分别是 BPH4-DF 的 1.05 倍和 1.28 倍（图 6-13b）。BPH4-EK2-D 在摇瓶发酵中 DCW 为 6.48 g/L（图 6-13c），与 BPH4-EK2 的 DCW（6.80 g/L）相似，表明 D3 标记的 FKP-FutC 融合蛋白表达对细胞生长没有影响。

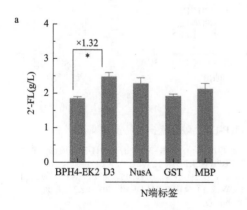
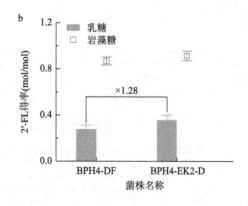

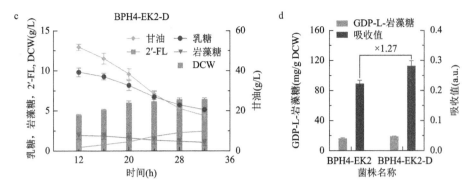

图 6-13　通过插入 N 端标签增强 FKP-FutC 融合蛋白的表达及各参数变化

（a）BPH4-EK2 和其他 4 个表达含 N 端标签的 FKP-FutC 融合蛋白的菌株的 2′-FL 产量；（b）从岩藻糖和乳糖到 2′-FL 的得率；（c）BPH4-EK2-D 摇瓶发酵中 DCW、乳糖、岩藻糖、2′-FL 和甘油的时间曲线；（d）菌株 BPH4-EK2 和 BPH4-EK2-D 细胞内 GDP-L-岩藻糖的浓度与 FutC 的催化活性

为了验证 D3 标签对 FKP 和 FutC 表达的影响，检测了 BPH4-DF 和 BPH4-EK2-D 菌株的胞内 GDP-L-岩藻糖浓度与 FutC 催化活性。结果显示，BPH4-EK-D 的细胞内 GDP-L-岩藻糖为 17.0 mg/g DCW，是 BPH4-EK2 的 1.14 倍，而菌株 BPH4-EK2-D 中 FutC 蛋白的酶活是 BPH4-EK2 的 1.27 倍（图 6-13d）。

4. BPH4-EK2-D 在 3 L 发酵罐中生产 2′-FL

在 3 L 发酵罐中对工程菌株 BPG4-EK2-D 进行了发酵，从发酵 12 h 开始，加入含有 800 g/L 甘油和 20 g/L $MgSO_4 \cdot 7H_2O$ 的进料溶液，然后通过添加 5 g/L 岩藻糖和 30 g/L 乳糖到发酵罐中开始合成 2′-FL。如图 6-14a 和 b 所示，在发酵结束时 2′-FL 产量达到 6.12 g/L，是摇瓶的 2.47 倍。2′-FL 对岩藻糖和乳糖的得率分别为 0.91 mol/mol 和 0.31 mol/mol，生得率为 0.13 g/(L·h)，DCW 达到 10.23 g/L。在这项工作中，最高的 2′-FL 产量为 6.12 g/L，高于第 5 章研究中工程化 *B. subtilis* 的

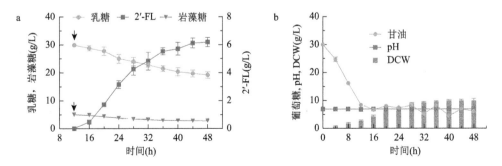

图 6-14　重组菌株 BPH4-EK2-D 在 3 L 发酵罐发酵期间各参数的变化

（a）发酵过程中的岩藻糖、乳糖和 2′-FL 浓度；（b）发酵期间甘油及 DCW 和 pH 的时间曲线

2′-FL 产量（5.01 g/L）。此外，2′-FL 的得率与第 5 章的结果相比有提高，以岩藻糖计算的得率从 0.85 mol/mol 增加到 0.91 mol/mol，以乳糖计算的得率从 0.27 mol/mol 增加到 0.40 mol/mol。

6.3　枯草芽孢杆菌细胞工厂合成乳酰-*N*-新四糖

6.3.1　乳酰-*N*-新四糖概述

1. 乳酰-*N*-新四糖的功能和应用

乳酰-*N*-新四糖（LNnT）是由 D-半乳糖、*N*-乙酰氨基葡萄糖、D-半乳糖和 D-葡萄糖以 β-(1-4)、β-(1-3)和 β-(1-4)糖苷键连接组成的线性四糖（Galβ1-4GlcNAcβ1-3Galβ1-4Glc），相对分子质量为 707.63，分子式为 $C_{26}H_{45}NO_{21}$，结构式如图 6-15 所示。

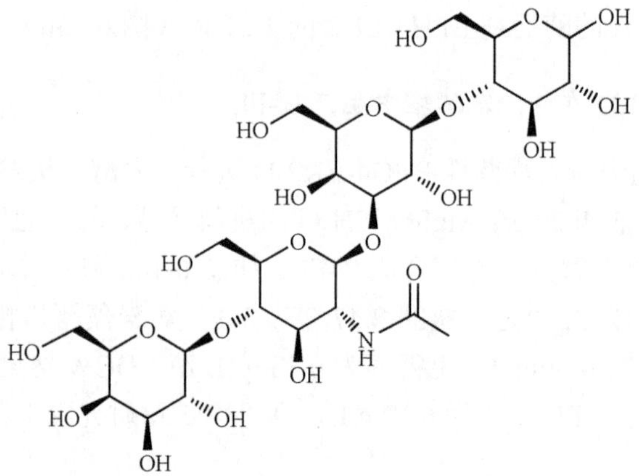

图 6-15　LNnT 的化学结构式

LNnT 作为人乳寡糖中的一种重要寡糖，具有增强人体免疫力、调节肠道菌群、促进细胞成熟和加速伤口愈合等生物学功能[16, 43]。LNnT 塑造肠道微生物菌群能力和促进胃肠道细胞成熟的相关研究证明，成人连续两周补充一定剂量的2′-FL 与 LNnT 能够对肠道微生物菌群进行特异性修饰，肠道内放线菌和双歧杆菌的相对丰度显著增加[44]。通过阻断病原体与上皮细胞表面聚糖或受体的结合，LNnT 可以显著降低气道上皮细胞中的甲型流感病毒载量，提高上皮细胞的免疫调节功能。多数的肿瘤细胞中会高表达一些具有 Le^x 结构的五糖和具有 sLe^x 结构的六糖的 LNnT 衍生物,这些衍生物可以作为肿瘤相关糖抗原,用于研究肿瘤抗原的糖疫苗。

2015 年 6 月欧洲食品安全局(EFSA)根据相关的科学和技术支持,认定添加浓度 1.2 g/L 的 2′-FL 和 0.6 g/L 的 LNnT,即其在配方中的比例为 2∶1 时对幼儿(年龄大于 1 岁)是安全的,适宜添加于幼儿配方奶粉。2016 年 3 月欧盟将 HMO 中的 2′-FL 和 LNnT 认定为新型食品,同时规定了这两种物质的特性、微生物标准、最大使用量等。美国 FDA 认为食品中添加 2′-FL 和 LNnT 是安全的,并且批准可以添加其到食品中。2019 年 7 月,澳新食品标准局(FSANZ)批准可以在婴儿配方奶粉中添加 LNnT,含量不能超过 24 mg/100 kJ。虽然目前我国未批准 LNnT 作为营养强化剂添加使用,但是相信不久的将来 LNnT 可以被批准作为一种食品添加剂添加到食品中。

2. 乳酰-N-新四糖及其衍生物的生产

天然的人乳所含寡糖种类众多,结构复杂,而且来源较少,难以获得单一的寡糖物质,不能满足巨大的市场需求和进行更深入的功能研究。因此获得大量单一结构的 LNnT 显得极为重要。目前报道的合成方法主要包括三种,分别是化学法、酶法和发酵法[19, 44, 46]。

(1)化学法

最早 Schmidt 等首次实现 LNnT 的化学合成,采用的合成模式是"2 + 2"双糖构建模块,但反应路径较长,产率极低,不适用于大规模生产[47]。Huang 等采用"一锅法"合成策略成功获得岩藻糖基化修饰的 LNnT。以被选择性保护的乳糖和 3 个被保护的单糖为原料,利用各模块之间的活性差值先经过两步糖苷化进行 3 个单糖的组装,再进一步将乳糖的硫苷作为糖基给体进行糖苷化合成岩藻糖基化修饰的五糖结构产物,最终收率达到 40%~60%[48]。"一锅法"的优势是省去中间体的纯化步骤,从而提高产物的总体收率。然而,考虑到化学法需要对目的产物进行一系列烦琐的脱保护工作,导致整体的合成效率较低,制备成本较高,同时在反应过程中用到许多对环境污染较大的有毒试剂,因此,从长远来看,化学法并不适合用于复杂寡糖的大规模生产。

(2)酶法

酶法合成主要是在体外通过特定酶的催化实现的。合成寡糖链的酶一般有两类:一类是糖苷酶(glycosidase),另一类是糖基转移酶(glycosyltransferase)。糖基转移酶催化的反应是将酶专一对应的核苷酸糖供体中的单糖转移到相应受体上,因此多用于合成便于分离纯化的单一结构的寡糖。

Johnson 描述了利用酶法合成乳酸-N-三糖 II(lacto-N-triose II,LNT II)和 LNnT。首先以乳糖和尿苷二磷酸乙酰氨基葡萄糖(UDP-N-acetylglucosamine,

UDP-GlcNAc）为底物，在大肠杆菌异源表达的 LgtA 催化下，实现 LNT II 的合成。然后以 LNT II 和尿苷二磷酸半乳糖（UDP-galactose，UDP-Gal）为底物，在异源表达的 LgtB 作用下，获得产率大于 85%的 LNnT[49]。Blixt 等将来自脑膜炎奈瑟菌的 lgtB 与来自嗜热链球菌的 galE 基因进行融合获得融合蛋白，同时使用 LgtA 催化反应，最后获得 82%收率的 LNnT[50]。Chen 等采用一锅多酶体系合成 LNnT 及岩藻糖基化和唾液酸化的 LNnT，其优点是选用廉价的乙酰氨基葡萄糖作为原料，在 N-乙酰氨基葡萄糖激酶的作用下，变成 N-乙酰氨基葡萄糖-1-磷酸，继续活化形成 UDP-N-乙酰氨基葡萄糖，大大降低了 LNnT 合成的成本，且收率达到 82%[51]。由于酶法存在酶的来源有限、性质不稳定，大部分的反应前体必须是核苷活化的糖等问题，限制了其广泛应用。

（3）发酵法

LNnT 在人体的合成是从乳腺中的高尔基体开始的，首先将葡萄糖和半乳糖连接合成乳糖，再将 N-乙酰乳糖胺作为延伸残基对乳糖进行功能化，从而生成线性的 LNnT。在自然界的微生物中脑膜炎奈瑟菌（Neisseria meningitidis）存在天然的 LNnT 合成途径，但是致病性其不能用于合成食品添加剂[52]。通过在模式菌株中表达外源糖基转移酶，并结合高密度发酵技术，可以实现寡糖的合成制备[19]。

在微生物内 LNnT 的合成前体包括胞内自身合成的核苷酸糖尿苷二磷酸乙酰氨基葡萄糖（UDP-GlcNAc）、尿苷二磷酸半乳糖（UDP-Gal）及外源添加的乳糖。其合成过程是，首先胞外乳糖被 β-半乳糖苷通透酶（LacY）转运至胞内，然后和胞内 UDP-GlcNAc 在异源表达的 β-1,3-N-乙酰氨基葡萄糖氨基转移酶 LgtA 催化下生成 LNT II。LNT II 和 UDP-Gal 继续被异源表达的 β-1,4-半乳糖基转移酶 LgtB 催化生成 LNnT。现有研究多为在模式菌株大肠杆菌中构建及优化 LNnT 的合成途径。在 E.coli 中，通过表达异源基因并利用胞内可再生的核苷酸糖为前体可以实现 LNnT 的生物合成。Priem 等通过在大肠杆菌中敲除 lacZ 基因和过表达 lgtA，在以甘油为碳源的 2 L 发酵罐中获得大约 6 g/L 的三糖 LNT II。继续在此基础上过表达 LgtB 后，以葡萄糖为碳源，最后获得 LNnT 及其衍生物大约 5 g/L[53]。Bosso 等在重组大肠杆菌中实现了 LNnT 及其岩藻糖基化衍生物的合成，以胞外的乳糖和胞内的 UDP-GlcNAc 和 UDP-Gal 为前体，通过异源表达来自脑膜炎奈瑟菌的 β-1,3-N-乙酰氨基葡萄糖氨基转移酶 LgtA 和 β-1,4-半乳糖基转移酶 LgtB 合成 LNnT，同时异源表达了来自幽门螺杆菌的岩藻糖基转移酶，以鸟苷二磷酸岩藻糖为糖基供体最终能够获得大约 3 g/L 的岩藻糖基 LNnT[54]。丹麦的 Glycom A/S 公司以 E. coli K12 DH1 为宿主，通过对糖类代谢相关的 7 个基因进行修饰合成 LNnT，与其他生物法合成 LNnT 不同的是，这里过表达来自幽门螺杆菌的 β-1,4-半乳糖基转移酶 GalT。与酶法需使用昂贵的前体相比较，发酵法直接以廉价的甘油、葡萄糖为底物，在胞内可再生的尿苷三磷酸（uridine triphosphate，UTP）的参与下，通过胞内多种自身表达酶的催化作用生成 UDP-GlcNAc 和 UDP-Gal。整个合成过程均在构建的细胞工厂中进行，操作简便。因此，发酵法具有生产成本低、生产方式污染小的优势，但是 LNnT 是一种添加在奶粉中的食品添加剂，生产宿主是非食品安全级的 *E.coli* 会一定程度限制其应用范围。

6.3.2　枯草芽孢杆菌中 LNnT 异源合成途径的构建

目前，市场上 LNnT 主要通过化学合成和生物合成两种方法进行大规模商业化生产。但是由于化学合成操作烦琐，影响整体合成效率，因此其应用成本较高。与化学合成相比，生物合成仅需要利用廉价的碳源和细胞内可再生供体为原料，而且采用的是环境友好的生产方式。因此，LNnT 的生物合成具有更广阔的应用前景。虽然先前的研究已经在模式菌株大肠杆菌中实现 LNnT 的合成，但是由于分泌内毒素，大肠杆菌并不是生产婴儿配方食品添加剂的理想宿主。因此，在食品安全级菌株枯草芽孢杆菌中实现 LNnT 的合成尤为重要。

在枯草芽孢杆菌中合成 LNnT 需要以细胞内的核苷酸糖尿苷二磷酸乙酰氨基葡萄糖（UDP-GlcNAc）和尿苷二磷酸半乳糖（UDP-Gal）为前体，其代谢途径如图 6-16 所示。①UDP-GlcNAc 合成途径：G-6-P 在磷酸葡糖异构酶（Pgi）作用下生成 Fru-6-P，再在谷氨酰胺-果糖-6-磷酸氨基转移酶（GlmS）的作用下生成

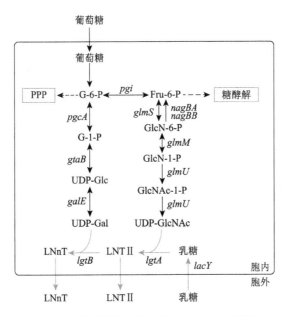

图 6-16　重组枯草芽孢杆菌中 LNnT 合成途径

GlcN-6-P，磷酸葡萄糖胺变位酶（GlmM）将其催化成 GlcN-1-P，之后再被 N-乙酰氨基葡萄糖-1-磷酸尿酸基转移酶/氨基葡萄糖-1-磷酸乙酰基转移酶催化生成 GlcNAc-1-P，并最终生成 UDP-GlcNAc。②UDP-Gal 合成途径：G-6-P 在磷酸葡萄糖变位酶（PgcA）作用下转化为 Glc-1-P，然后在 UTP-葡萄糖-1-磷酸尿苷酰转移酶（GtaB）的催化作用下生成 UDP-Glc，UDP-葡萄糖差向异构酶 GalE 进一步将其转化为 UDP-Gal。

在胞内 UDP-GlcNAc 和乳糖被异源表达的 β-1,3-N-乙酰氨基葡萄糖氨基转移酶（LgtA）催化生成 LNT II，然后 LNT II 和 UDP-Gal 继续被异源表达的 β-1,4-半乳糖基转移酶（LgtB）催化生成 LNnT。

具体而言，通过共表达分别来自大肠杆菌 K12 的 β-半乳糖苷通透酶（LacY）和来自脑膜炎奈瑟菌 MC58 的 β-1,3-N-乙酰氨基葡萄糖氨基转移酶（LgtA）、β-1,4-半乳糖基转移酶（LgtB），首次实现 LNnT 在枯草芽孢杆菌胞内的合成。首先，依靠 β-1,4-半乳糖基转移酶（LgtB）催化 UDP-Gal 和葡萄糖实现乳糖的供给，仅在宿主中共表达 β-1,3-N-乙酰氨基葡萄糖氨基转移酶（LgtA）和 β-1,4-半乳糖基转移酶（LgtB），构建了 LNnT 的从头合成途径，胞外积累量达到 0.14 g/L。接下来为了提高胞内乳糖的供给，过表达了 β-半乳糖苷通透酶（LacY），将胞外乳糖转运至胞内，LNnT 产量提高到 0.61 g/L。此外，进一步通过优化关键酶 LgtA 和 LgtB 的表达量，缓解过表达外源蛋白导致的细胞代谢压力，并在此基础上通过提高 LgtB 的表达量，解除 LNT II 转化成 LNnT 的限速步骤，有效地提高 LNnT 的合成效率。

1. LNnT 从头合成途径在 *B. subtilis* 中的构建

β-1,3-N-乙酰氨基葡萄糖氨基转移酶（LgtA）催化 UDP-GlcNAc 和乳糖生成 LNT II，然后其与 UDP-Gal 被 β-1,4-半乳糖基转移酶（LgtB）催化生成 LNnT。UDP-GlcNAc 和 UDP-Gal 是枯草芽孢杆菌自身存在的胞内代谢物。目前尚未发现在 *B. subtilis* 中存在能够合成乳糖的天然途径。因此，乳糖需要从胞外获得或者通过在胞内构建乳糖的异源合成途径获得。

如图 6-17a 所示，催化 LNT II 和 UDP-Gal 合成 LNnT 的 β-1,4-半乳糖基转移酶（LgtB）同样可以催化葡萄糖与 UDP-Gal 生成乳糖[55]。当培养基中乳糖浓度过高时，会调控枯草芽孢杆菌胞内某些基因的上调，产生不可知的后果[56]，因此我们首先尝试了以葡萄糖为单一碳源且不添加底物乳糖的 LNnT 从头合成途径的构建，以避免可能存在的未知调控。克隆密码子已经优化的来自 *N. meningitidis* MC58 的 *lgtA*、*lgtB* 基因，同时整合至基因组表达，获得重组菌株 *B. subtilis* 168-P_{43}-*lgtA*-*lgtB*；或者克隆于 pP$_{43}$NMK 质粒进行游离表达，获得重组菌株 *B. subtilis* 168-pP$_{43}$NMK-*lgtA*-*lgtB*（图 6-17b）。目前的文献中尚未发现有关人乳寡糖 LNnT

转运蛋白的研究和报道，我们在本书中仅检测发酵液上清中目的产物的含量。通过 LC-MS 对 *B. subtilis* 168-pP$_{43}$NMK-*lgtA-lgtB* 发酵液上清分析，确认获得的产物为 LNnT，即质谱图中的离子峰 *m/z* 730.4（图 6-17c）。说明 LNnT 的从头合成途径构建成功，并且其可以从枯草芽孢杆菌胞内分泌到胞外。通过配有脉冲电流检测器的高效阴离子交换色谱（HPEAC-PAD）进行定量检测，在以葡萄糖为唯一碳源的发酵培养基中，重组菌株 *B. subtilis* 168-pP$_{43}$NMK-*lgtA-lgtB* 的 LNnT 产量达到 0.14 g/L，重组菌株 *B. subtilis* 168-P$_{43}$-*lgtA-lgtB* 的 LNnT 产量低于检测限（图 6-17d）。同时在两个重组菌株的发酵液中均未检测到中间产物 LNT Ⅱ，我们推测可能是由于胞内合成的乳糖含量较低，不能满足高效合成 LNnT 的需求。同时能够看出，在质粒上游离表达途径关键基因比在基因组上整合表达的重组菌株的 LNnT 产量高，说明 *lgtA* 和 *lgtB* 基因的高水平表达有利于 LNnT 的合成。

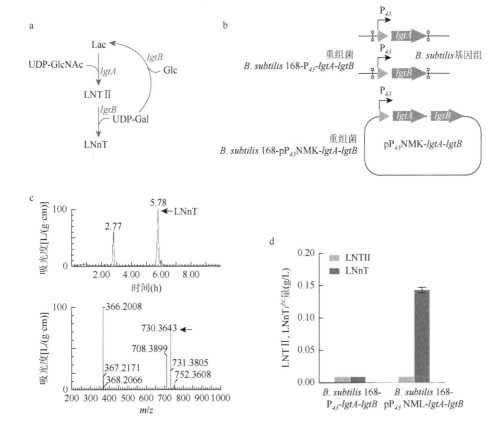

图 6-17　LNnT 从头合成途径的构建及各参数变化

（a）重组菌株中 LNnT 的从头合成途径；（b）两种表达不同异源糖基转移酶 LgtA 和 LgtB 系统的示意图；
（c）LC-MS 定性分析合成 LNnT 重组菌株的发酵上清液；（d）*B. subtilis* 168-P$_{43}$-*lgtA-lgtB* 和
B. subtilis 168-pP$_{43}$NMK-*lgtA-lgtB* 的 LNT Ⅱ 与 LNnT 产量

2. 过表达 *lacY* 基因、敲除 *yesZ* 基因对 LNnT 合成的影响

尽管在重组菌株 *B. subtilis* 168-pP₄₃NMK-*lgtA-lgtB* 中已经验证了通过过表达 *lgtA* 和 *lgtB* 基因能够实现 LNnT 的从头合成，但是由于 LgtB 催化合成的胞内乳糖浓度过低，因此积累的目的产物较少。所以，首先需要解决胞内乳糖浓度过低的问题。有文献报道通过将大肠杆菌中 β-半乳糖苷通透酶 *lacY* 基因的启动子替换，解除乳糖存在时乳糖操纵子对 *lacY* 基因表达的调控，可强化乳糖向胞内的转运，并继续敲除具有分解乳糖功能的 β-半乳糖苷酶的基因 *lacZ*。在 *B. subtilis* 宿主中，我们同样采取过表达 β-半乳糖苷通透酶的方法尝试提高前体乳糖的含量。在重组菌株 *B. subtilis* 168-P₄₃-*lgtA-lgtB* 和 *B. subtilis* 168-pP₄₃NMK-*lgtA-lgtB* 的基础上，整合过表达来自 *Escherichia coli* K12 的 β-半乳糖苷通透酶 LacY（图 6-18a），分别获得重组菌株 BY01 和 BY02，采用葡萄糖和乳糖双碳源的发酵培养基进行摇瓶培养。如图 6-18b 所示，在 *B. subtilis* 168-P₄₃-*lgtA-lgtB* 基础上过表达 *lacY*，并且在发酵培养基中添加 5 g/L 乳糖作为第二碳源后，重组菌株 BY01 中 LNnT 的产量从低于检测限提高到 0.05 g/L，重组菌株 BY02 的 LNnT 产量提高到 0.61 g/L，与未过表达 *lacY* 的 *B. subtilis* 168-pP₄₃NMK-*lgtA-lgtB* 相比较，BY02 的 LNnT 产量显著提高了 4.4 倍。以上数据说明，提高胞内乳糖的供给确实有效地增加了 LNnT 的合成。通过在 KEGG 数据库查询，发现了在 *B. subtilis* 168 中有能够分解乳糖为半乳糖和葡萄糖的 β-半乳糖苷酶 YesZ，考虑到将更多的乳糖用于与 UDP-GlcNAc 反应生成中间产物 LNT Ⅱ，在 BY02 的基础上，敲除 *yesZ* 基因，获得重组菌株 BY02-Δ*yesZ*。结果如图 6-18c 所示，通过敲除 *yesZ* 基因阻断乳糖的分解途径后，LNnT 的产量反而降低至 0.46 g/L，比对照菌株的产量降低了 27%。在大肠杆菌的 LNnT 相关研究中，均以已敲除 *lacZ* 基因阻断乳糖降解途径的菌株为出发菌株，因此未能了解在大肠杆菌中是否会出现类似的结果。推测可能是 *B. subtilis* 168 中的 β-半乳糖苷酶 YesZ 存在未解析的功能，而这些功能的消除影响了细胞正常的

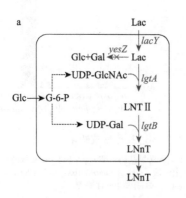

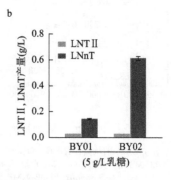

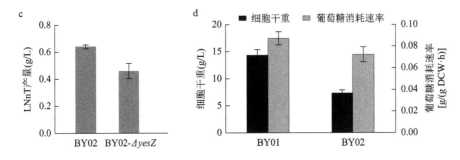

图 6-18　以外源添加的乳糖作为前体的 LNnT 合成及各参数变化

（a）表达异源基因 *lacY*、*lgtA* 和 *lgtB* 构建 LNnT 合成途径；（b）验证外源添加 5 g/L 乳糖对 BY01、BY02 重组菌株 LNT Ⅱ、LNnT 产量的影响；（c）敲除 *yesZ* 基因对 LNnT 产量的影响；（d）BY01、BY02 重组菌株的细胞干重和葡萄糖消耗速率对比

代谢。虽然我们尚未清楚出现该结果的具体原因，但是所得数据可以说明在合成 LNnT 的工程菌中敲除 *yesZ* 基因不利于产物的合成。

　　合成途径中关键酶的高水平表达有利于产物的高效合成。重组菌株 *B. subtilis* 168-pP$_{43}$NMK-*lgtA*-*lgtB* 的 LNnT 产量比 *B. subtilis* 168-P$_{43}$-*lgtA*-*lgtB* 高，而 BY02 的 LNnT 产量更是比 BY01 高 12.2 倍。但是异源基因的过度表达也可能会导致细胞生长受到抑制，从而影响细胞的生理性能[57]。如图 6-18d 所示，与重组菌株 BY01 [细胞干重 = 14.35 g/L，葡萄糖消耗速率 = 0.087 g/(g DCW·h)]相比较，BY02 的细胞干重和葡萄糖消耗速率仅为 7.35 g/L 和 0.073 g/(g DCW·h)，分别降低了 48.8% 和 16.1%，可能是共同过表达异源蛋白 LgtA 和 LgtB 影响了细胞的正常生长。这与之前报道在大肠杆菌中双质粒表达 *lgtAB* 后，重组菌株不能在含甘油的培养基上正常生长的原因可能相同[53]。因此，有必要对异源蛋白表达量进行优化，从而获得最佳的表达量。

3. 优化关键基因 *lgtA* 和 *lgtB* 对 LNnT 产量的影响

　　在 LNnT 的合成途径中，LgtA 催化乳糖和 UDP-GlcNAc 合成中间产物 LNT Ⅱ。BY01 菌株的 *lgtA* 整合在基因组表达，BY02 菌株的 *lgtA* 在高拷贝质粒上游离表达，但是在重组菌株 BY01 和 BY02 发酵液上清中中间产物 LNT Ⅱ 含量均低于检测限（图 6-18b），这表明利用高水平表达 LgtA 合成的 LNT Ⅱ 量仍然不满足 LNnT 的合成需求。因此需要的关键酶 LgtA 表达水平较高，在这里我们选择将 *lgtA* 基因在高拷贝 pP$_{43}$NMK 质粒上表达。在此前提下，优化另一个关键基因 *lgtB* 的表达水平。通过在基因组上依次整合不同拷贝数的 P$_{43}$ 启动子控制的 *lgtB* 表达框，获得不同表达水平的 LgtB。

　　如图 6-19a 所示，重组菌株 BY04、BY05、BY06 和 BY07 的基因组分别整合 1 个、2 个、3 个、4 个拷贝的 *lgtB*，并转化 pP$_{43}$NMK-*lgtA* 质粒。如图 6-19b 所示，

与重组菌株 BY02 相比，重组菌株 BY04 中 LNT II 的含量从低于检测限显著增加到 1.05 g/L，LNnT 的含量从 0.61 g/L 提高到 0.76 g/L。同时，BY04 的细胞干重达到 12 g/L，相较于 BY02 提高了 63.2%。BY02 中 *lgtB* 在高拷贝质粒上游离表达，而 BY04 基因组中只整合了一个拷贝的 *lgtB*，说明降低 *lgtB* 的表达水平可解除其对细胞生长的抑制，同时提高产物的合成能力。而中间产物 LNT II 在 BY04 中的积累表明 LgtB 可能是合成途径中的限速步骤。基因组上整合 2 个拷贝的 *lgtB* 基因的 BY05 中 LNT II 产量降低到 0.52 g/L，LNnT 产量提高到 1.09 g/L。在基因组整合 3 个拷贝的 *lgtB* 时，重组菌株 BY06 的 LNnT 产量提高到 1.31 g/L，而 LNT II 含量低于检测限。当继续增加 *lgtB* 基因拷贝数至 4 个时，LNnT 的产量没有进一步增加反而略有降低，达到 1.27 g/L。同时从图 6-19b 中可以看出，随着 *lgtB* 基因的拷贝数增加，细胞干重逐渐降低，BY07 的细胞干重比 BY04 的降低了 19.6%。

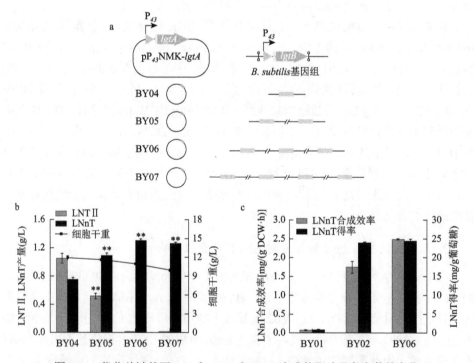

图 6-19 优化关键基因 *lgtA* 和 *lgtB* 对 LNnT 合成的影响及各参数的变化

（a）重组菌株 BY04~BY07 基因型示意图；（b）重组菌株 BY04~BY07 的 LNT II、LNnT 产量和细胞干重；（c）对比 BY01、BY02 和 BY06 的 LNnT 合成效率和得率

通过优化关键基因 *lgtA* 和 *lgtB* 的表达量，LNnT 的产量最终增加到 1.31 g/L（BY06），比重组菌株 BY02 提高了 114.8%，而且细胞干重从 7.35 g/L 提高到 11 g/L

（BY06）。此外，BY06 菌株的 LNnT 得率达到 24.4 mg/g 葡萄糖和 LNnT 合成效率达到 2.5 mg/(g DCW·h)，均高于重组菌 BY01 和 BY02。通过本研究进一步说明，优化异源蛋白至合适的表达水平有利于目的产物的有效合成。

4. 强化 ndk 基因对 LNnT 合成的影响

LNnT 的前体 UDP-Gal 和 UDP-GlcNAc 在合成途径中都会消耗尿苷三磷酸（UTP）。UDP-GlcNAc 的合成是由中间产物 GlcNAc-1-P 与 UTP 在 N-乙酰氨基葡萄糖-1-磷酸尿酸基转移酶/氨基葡萄糖-1-磷酸乙酰基转移酶（GlmU）的作用下消耗 UTP 实现的。UDP-Gal 的合成途径是 G-1-P 与 UTP 在 UTP-葡萄糖-1-磷酸尿苷酰转移酶（GtaB）的作用下生成 UDP-Glc，然后后者在 UDP-葡萄糖差向异构酶（GalE）的作用下生成 UDP-Gal。UDP-Gal 和 UDP-GlcNAc 在 LNnT 合成途径中均作为糖基供体将单糖转移给供体后产生 UDP，因此最终生成一分子的 LNnT 会消耗两分子的 UTP，产生两分子的 UDP（图 6-20a）。同时有关于 β-1,3-N-乙酰氨基葡萄糖氨基转移酶（LgtA）酶学性质的研究报道，称 UDP 的积累会一定程度抑制 LgtA 的催化活性[58]。在以 UDP-葡萄糖为产物合成前体的相关研究中，通过

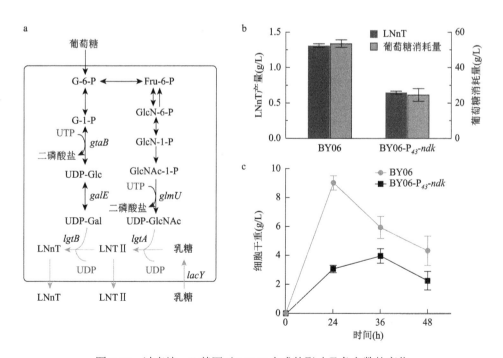

图 6-20　过表达 ndk 基因对 LNnT 合成的影响及各参数的变化

（a）LNnT 的合成过程消耗 UTP 生成 UDP 的代谢图；（b）BY06 与 BY06-P$_{43}$-ndk 重组菌株的 LNnT 产量与葡萄糖消耗量比较；（c）过表达 ndk 基因对细胞干重的影响

58 ·

枯草芽孢杆菌细胞工厂创制及应用

提高催化 UDP 生成 UTP 的核苷二磷酸激酶（NDK）表达水平的代谢工程策略来提高细胞胞内 UDP-葡萄糖前体的浓度，可有效提高目的产物的产量。

我们推测在枯草芽孢杆菌中通过相同的代谢改造策略可以改善辅因子的循环，从而提高 LNnT 的合成。因此，在重组菌株中提高能够催化 UDP 生成 UTP 的核苷二磷酸激酶（NDK）的表达水平，以加快胞内 UDP 向 UTP 的转化。在 BY06 重组菌株的基础上通过在基因组 *yclG* 和 *yczF* 位点中间插入由组成型启动子 P$_{43}$ 控制的 *ndk* 基因表达框，获得 BY06-P$_{43}$-*ndk* 菌株。结果如图 6-20b 所示，提高 Ndk 的表达量后 BY06-P$_{43}$-*ndk* 的 LNnT 产量只有 0.65 g/L，比对照菌株 BY06 降低了近 50%，以及葡萄糖的消耗被抑制，在整个发酵期间葡萄糖消耗量从 54 g/L 降低到 25 g/L。过表达 Ndk 导致细胞的生长受到抑制（图 6-20c），可能是由于过表达 *ndk* 基因后，胞内某些或者某个中间代谢物的含量提高到对细胞产生毒性的范围，从而抑制细胞的正常代谢和生长。我们推测是胞内 UDP-Gal 的含量提升导致的，已有相关研究证明在枯草芽孢杆菌中 UDP-Gal 在胞内的过度积累会对细胞产生毒性和造成细胞裂解[59]。因此，通过提高 Ndk 的表达水平来促进 LNnT 的有效合成并不可行。

6.3.3 模块化途径工程优化 LNnT 合成代谢网络

在微生物中合成结构复杂的化合物时，一般都需要较长的或者多条并存的代谢途径。为了提高细胞合成产物的代谢通量，通常要先鉴定和消除途径中的瓶颈步骤。当合成途径较长且复杂时，则往往存在多个限速步骤，利用传统的代谢工程策略消除这些限制因素则变得比较困难，而且当解除途径中的某个步骤或者多个限速步骤时，有时也会引入新的限速步骤。为了解决这个问题，研究者提出了模块化途径工程，使得人们可以系统地优化整个合成途径[60]。具体而言，合成途径被划分为不同的模块，然后分别鉴定并解决各模块中的限速步骤，采用代谢改造获得具有不同强度的模块。通过进一步组装不同强度的模块，获得模块间具有不同代谢通量的重组菌，筛选到最适产物合成的强度组合。模块化途径工程已被成功运用于优化生产 *N*-乙酰氨基葡萄糖、唾液酸、聚-γ-谷氨酸、黄酮类化合物等[61]。

1. 关键前体 UDP-GlcNAc 模块的关键酶验证

通过在 P$_{43}$ 启动子控制下于基因组中添加一个拷贝来增强相关基因的表达或阻断前体合成途径中分支途径关键基因的表达，验证 UDP-GlcNAc 和 UDP-Gal 合成途径中对合成 LNnT 有正向作用的关键酶。其中，通过在基因组上别的位点插入一个拷贝来提高相关基因的表达量，而不是直接替换原始基因的启动子，能更显著地提高基因的表达水平，除了 glmS 基因的启动子直接替换为 P_{43} 启动子。如图 6-21a 和 b 所示，利用 Cre/lox 系统通过同源重组的方式进行基因的插入或者敲除。

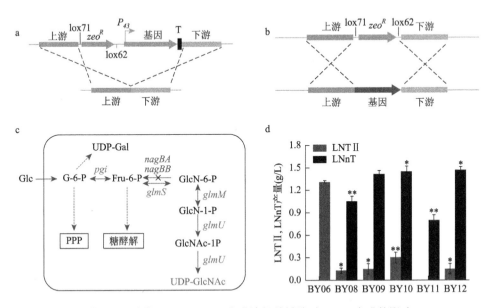

图 6-21 前体 UDP-GlcNAc 合成途径关键酶对 LNnT 合成的影响

（a）强化基因表达框整合至基因组示意图；（b）敲除基因表达框整合至基因组示意图；（c）B. subtilis 中 UDP-GlcNAc 合成途径的关键基因；（d）验证途径关键基因对 LNT Ⅱ 和 LNnT 产量的影响

为了能更好地验证 UDP-GlcNAc 模块的关键酶，选择胞内前体 UDP-GlcNAc 可能合成不足的重组菌株 BY06 为出发菌株。如图 6-21c 所示，UDP-GlcNAc 模块的关键酶验证包括强化磷酸葡糖异构酶（Pgi，BY08）、谷氨酰胺-果糖-6-磷酸氨基转移酶（GlmS，BY09）、磷酸葡萄糖胺变位酶（GlmM，BY10）、N-乙酰氨基葡萄糖-1-磷酸尿酸基转移酶/氨基葡萄糖-1-磷酸乙酰基转移酶（GlmU，BY11），同时敲除氨基葡萄糖-6-磷酸脱氨酶 2 基因 nagBB 和氨基葡萄糖-6-磷酸脱氨酶 1 基因 nagBA，阻断 GlcN-6-P 向 Fru-6-P 的转化（BY12）。LNnT 的含量从 1.31 g/L（BY06）分别提高到 1.42 g/L（BY09，过表达 glmS）、1.45 g/L（BY10，过表达 glmM）和 1.47 g/L（BY12，敲除 nagBA 和 nagBB）。glmS 表达量上调和同时敲除 nagBA 和 nagBB 能够有效地提高 LNnT 的产量，表明 Fru-6-P 转化成 GlcN-6-P 是合成过程中的限速步骤。相同的，LNnT 的产量在提高 GlmM 表达量的工程菌中明显增加，说明 GlcN-6-P 再转化为 GlcN-1-P 也是途径中的一个限速步骤。在 BY08（pgi 基因过表达）中 LNT Ⅱ 的含量增加到 0.13 g/L，而 LNnT 的含量降低到 1.05 g/L。上述结果表明，Pgi 表达量上调后 G-6-P 更多地用于合成 Fru-6-P，葡萄糖流向 UDP-GlcNAc 合成途径的通量增加，流向 UDP-Gal 合成途径的通量降低，从而导致 LNT Ⅱ 含量的增加和 LNnT 含量的降低。与对照菌株 BY06 相比较，重组菌株 BY11（过表达 *glmU*）中的 LNnT 产量降低了 38.9%，因此 *glmU* 的过表达不利于提高 LNnT 的合成。

2. 关键前体 UDP-Gal 模块的关键酶验证

由于 Pgi 是一种双向酶，还可以将 Fru-6-P 转化为 G-6-P，因此我们同样在 UDP-Gal 模块中验证了 Pgi 是否为关键酶（BY13）。如图 6-22a 所示，UDP-Gal 模块的关键酶验证包括强化磷酸葡萄糖变位酶（PgcA，BY14）、UTP-葡萄糖-1-磷酸尿苷酰转移酶（GtaB，BY15）和 UDP-葡萄糖差向异构酶（GalE，BY16），以及敲除 UDP-葡萄糖脱氢酶（TuaD，BY17）。

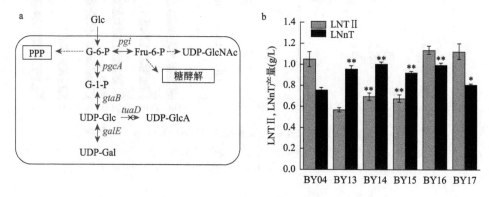

图 6-22　前体 UDP-Gal 合成途径关键酶对 LNnT 合成的影响

（a）*B. subtilis* 中 UDP-Gal 合成途径的关键基因；（b）验证途径关键基因对 LNT Ⅱ 和 LNnT 产量的影响

选择 BY04 菌株为宿主来确定 UDP-Gal 模块中的关键酶。这是因为 LNT Ⅱ 和 UDP-Gal 在 LgtB 的催化下生成 LNnT，当 LNT Ⅱ 的前体供给充足，提高 UDP-Gal 的供给才能够明显地提高 LNnT 的产量。如图 6-22b 所示，LNnT 的产量从 0.76 g/L（BY04）提高到 1.01 g/L（BY14，过表达 *pgcA*）、0.92 g/L（BY15，过表达 *gtaB*）、1.0 g/L（BY16，敲除 *tuaD*）和 0.81 g/L（BY17，过表达 *galE*）。说明 PgcA、GtaB 和 GalE 均是 UDP-Gal 合成途径中的关键酶，敲除 *tuaD* 基因可以完全阻断 UDP-Glc 向 UDP-GlcA 的转化，导致整个 LNnT 合成途径的葡萄糖通量增加，从而明显提高 LNT Ⅱ 和 LNnT 的产量。在 BY13 菌株中（过表达 *pgi*），与对照菌株 BY04 相比，LNnT 的产量提高了 26.3%（0.96 g/L），说明 Pgi 是 LNnT 合成途径中的关键酶。由以上结果可以得出，两个胞内前体供应不足确实是 LNnT 合成中的限速步骤，并且过表达生物合成途径中的关键酶或阻断分支途径能够提高 LNnT 的产量。

3. 不同强度两个前体模块的组装对 LNnT 合成的影响

通过上一节分别对前体 UDP-GlcNAc 和 UDP-Gal 合成途径中关键酶进行验证，我们选择 UDP-GlcNAc 合成途径中的 *pgi*、*glmS*、*glmM*、*nagBA* 和 *nagBB* 基因，以及 UDP-Gal 合成途径中的 *pgcA*、*gtaB*、*tuaD* 和 *galE* 基因进行模块化途径工程设计，以提高 LNnT 的合成。依照途径中有效关键酶的组合个数将设计的模块分为低等（1 个）、中等（2 个）、中⁺等（3 个）及高等（4 个）不同的 4 个强度。如图 6-23a 所示，通过组合过表达 *pgi*、*glmS*、*glmM* 和敲除 *nagBA*、*nagBB*，获得 4 个不同强度的 UDP-GlcNAc 模块。同时，通过组合过表达 *pgcA*、*gtaB*、

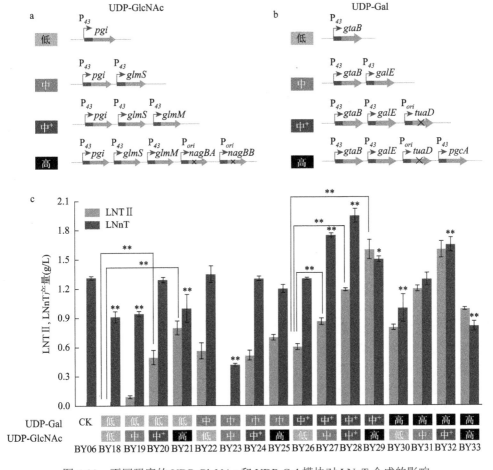

图 6-23 不同强度的 UDP-GlcNAc 和 UDP-Gal 模块对 LNnT 合成的影响

（a）UDP-GlcNAc 供给模块的 4 个强度；（b）UDP-Gal 供给模块的 4 个强度；（c）模块化途径工程对 LNT Ⅱ 和 LNnT 产量的影响

galE 和敲除 *tuaD* 将 UDP-Gal 模块设计成 4 个不同的强度（图 6-23b）。如图 6-23c 所示，组装各种强度的 UDP-Gal 和 UDP-GlcNAc 模块获得 16 个重组菌株 BY18~BY33。

如图 6-23c 所示，当 UDP-Gal 模块保持在低等强度时，将 UDP-GlcNAc 模块的强度从低等依次提高至中等、中$^+$等、高等三个强度，结果 LNT II 产量从低于检测限分别增加到 0.1 g/L、0.5 g/L 和 0.8 g/L（重组菌株 BY19、BY20 和 BY21）。同样的，当 UDP-Gal 模块控制在中$^+$等强度时，UDP-GlcNAc 模块的强度从低等增加到中等、中$^+$等、高等三个强度，LNT II 的产量分别增加 43.3%（0.86 g/L）、98.3%（1.19 g/L）和 166.7%（1.6 g/L）（重组菌株 BY27、BY28 和 BY29）。这些结果表明，当细胞内 UDP-GlcNAc 的含量保持在较低水平而导致 UDP-GlcNAc 的供应不足时，增强 UDP-GlcNAc 模块的强度可以有效地促进 LNT II 的合成。当控制 UDP-GlcNAc 在中$^+$等水平时，UDP-Gal 模块在低等水平，重组菌株 BY20 的 LNnT 产量是 1.29 g/L。而将 UDP-Gal 模块的强度增加到中等和中$^+$等时，LNnT 的产量分别提高 2.3% 和 51.2%（1.32 g/L，BY24 和 1.95 g/L，BY28）。可以得出，当 UDP-Gal 模块保持在低等水平时，胞内的 UDP-Gal 浓度较低。

当 UDP-Gal 模块的强度控制在中等和 UDP-GlcNAc 模块的强度控制在低等时，重组菌株 BY22 的 LNT II 和 LNnT 产量分别是 0.56 g/L 和 1.35 g/L。可以看出在 BY22 菌株中 LNT II 是过量的，考虑在此基础上提高 UDP-Gal 模块的强度，从而提高 UDP-Gal 的供给水平以合成更多的 LNnT。在重组菌株 BY26 中将 UDP-Gal 模块提高到中$^+$等强度时，LNnT 的含量反而降低约 3.7%（1.30 g/L）。当将 UDP-Gal 模块进一步提高到高等水平时，导致 LNnT 产量明显降低 23.1%（1.0 g/L，BY30）。由结果可以看出，利用传统的代谢工程策略解除某个限制因素时比较困难，有时也会引入新的限速步骤。同样可以得出在重组菌株 BY26 中 UDP-Gal 的供应不是一个限速步骤，所以当 UDP-Gal 模块强度进一步加强时，两个前体模块的不平衡导致 LNnT 产量降低。在 BY26 菌株的基础上，提高 UDP-GlcNAc 的模块强度至中等获得重组菌 BY27，LNT II 的产量增加 53.6%（0.86 g/L），LNnT 的产量增加 29.6%（1.75 g/L）。因此，UDP-GlcNAc 和 UDP-Gal 的供给平衡对于有效合成 LNnT 是非常重要的。

如图 6-24a 所示，与对照菌株 BY06 相比，将 UDP-Gal 和 UDP-GlcNAc 模块控制在中等以上水平（BY28），LNnT 产量得到了显著提高，LNnT 得率和 LNnT 合成效率分别提高 33.2%（32.5 mg/g 葡萄糖）和 23.3%[3.07 mg/(g DCW·h)]，在 48 h 时 LNnT 最高产量达到 1.95 g/L。增强两种前体的合成途径后，菌株 BY28 的细胞干重增加到 13.2 g/L，比菌株 BY06 高 20%（图 6-24b）。这些结果表明，通过模块化途径工程提高和平衡两种前体的供给对于有效生产 LNnT 至关重要。

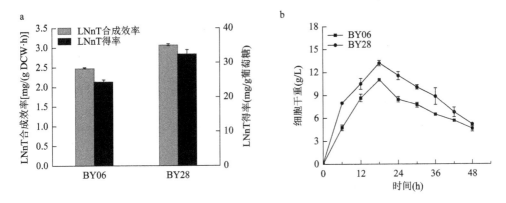

图 6-24　模块化途径工程对 LNnT 合成的影响

4. 3 L 罐间歇补料发酵及连续补料发酵对 LNnT 合成的影响

根据模块化途径工程的结果，选择重组菌株 BY28 在 3 L 罐发酵优化生产 LNnT。通过两种补料策略进行操作，分别是间歇补料发酵和连续补料发酵。如图 6-25a 所示，在间歇补料发酵中，在培养 72 h 内，向 3 L 发酵罐中添加了 220 mL 的葡萄糖和乳糖补料溶液，DCW 为 14.5 g/L±0.22 g/L，LNnT 和 LNT Ⅱ 产量分别为 3.68 g/L±0.15 g/L 和 1.77 g/L±0.11 g/L。LNnT 得率和合成效率分别为 40.4 mg/g±0.13 mg/g 和 3.52 mg/(g DCW·h)±0.061 mg/(g DCW·h)。如图 6-25b 所示，在连续补料发酵中，总共 310 mL 葡萄糖和乳糖补料添加到 3 L 发酵罐，DCW 为 14.7 g/L±0.31 g/L，LNnT 和 LNT Ⅱ 产量分别为 4.52 g/L±0.21 g/L 和 2.64 g/L± 0.15 g/L。LNnT 得率和合成效率分别为 41.9 mg/g±0.17 mg/g 和 4.27 mg/(g DCW·h)± 0.055 mg/(g DCW·h)。这些结果表明，当发酵液中葡萄糖和乳糖浓度较高时，会导致 LNnT 的合成效率降低。因此，连续补料发酵策略更适合 LNnT 生产。

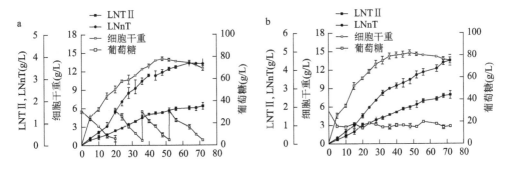

图 6-25　3 L 罐中两种发酵方式对 BY28 重组菌株 LNnT 合成的影响

（a）BY28 重组菌株在 3 L 罐中间歇补料发酵过程曲线；（b）BY28 重组菌中在 3 L 罐中连续补料发酵过程曲线

重组菌株 BY28 在 3 L 罐中 LNnT（4.52 g/L）和 LNT Ⅱ（2.64 g/L）总的产量是 7.16 g/L，高于已知报道中在 2 L 发酵罐中 E. coli JM109 工程菌 LNnT 及其衍生物的 5 g/L 产量。此外，LNnT 可以被 B. subtilis 释放到胞外的培养基中。相反，在 E. coli JM109 中，由于 LNnT 的链条太长，不能被分泌到胞外。但是 Glycom A/S 公司以 E. coli K 12 DH1 菌株进行生产时，LNnT 可以被分泌到胞外。总的来说，作为食品安全级宿主，枯草芽孢杆菌比大肠杆菌更适合生产奶粉中的食品添加剂 LNnT。

6.3.4　CRISPRi 动态调控策略提高 LNnT 的合成

CRISPR（clustered regularly interspaced short palindromic repeat）是成簇的规律间隔的短回文重复序列[62]。现在最常用的基因组编辑系统是 Ⅱ 型 CRISPR 系统，而且经人工改造后主要包括两部分：Cas9 核酸酶和能够与 Cas9 连接且能将连接的复合物引导至目的基因的 sgRNA[63]，Cas9 在 sgRNA 的导向下和与靶基因相邻的 PAM 序列结合并发挥剪切作用[64]。

随着对 Cas9 蛋白结构和功能的深入研究，研究者发现两个结构域 RUVC1 和 HNH 均失活的 Cas9 蛋白失去了切割基因的功能，因此称作 dCas9（deactivated Cas9）[65]。这种形式的 Cas9 蛋白仍具有结合 DNA 的能力，和 sgRNA 结合成复合物结合在特定的 DNA 靶点，并且由于转录机制的空间阻遏效应，会引起基因表达的下调[63]（图 6-26a）。因为只是对基因的转录进行抑制而没有造成永久的序列突变，因此这种基因下调表达也称作 CRISPR 干扰（CRISPR interference，CRISPRi）[66]。通过设计 sgRNA 序列，CRISPRi 可以调控任意基因的转录水平，也可以同时调控多个基因的转录。有研究人员利用 CRISPRi 技术敲低枯草芽孢杆菌中每个必需基因，从而可以快速、高效地研究它们的表型。Westbrook 等通过设计细胞内多个靶基因的 sgRNA 序列，下调竞争途径基因的表达水平，从而降低其代谢流，可以有效地提高透明质酸的产量。Wu 等在大肠杆菌中验证了运用 CRISPRi 技术下调中心代谢途径可以有效地提高胞内丙二酰辅酶 A 的含量。目前

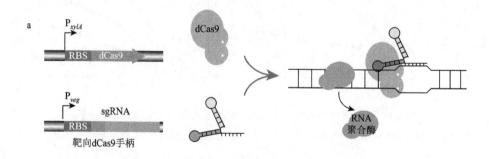

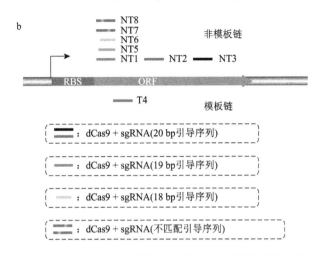

图 6-26　构建 CRISPRi 系统下调竞争途径的基因表达水平

（a）dCas9 蛋白和 sgRNA 构成 CRISPRi；（b）sgRNA 在非模板链（NT1、NT2、NT3、NT5～NT8）和模板链（T4）上的不同靶向位点；NT5、NT6 分别具有 19 bp 和 18 bp 的 sgRNA 特异性结合序列；分别在 NT7 和 NT8 的 sgRNA 特异性结合序列的 6 bp 和 11 bp 位置引入单个错配

CRISPRi 技术已成功应用于大肠杆菌、谷氨酸棒杆菌、分枝杆菌及枯草芽孢杆菌等多个宿主中以提高目的产物的合成。

1. 利用 CRISPRi 系统抑制竞争途径中的单个基因对 LNnT 合成的影响

如前所述，已获得了能够产生 1.32 g/L LNnT 的枯草芽孢杆菌菌株（BY24），此处选择 BY24 菌株作为宿主菌株。UDP-Gal 和 UDP-GlcNAc 的前体分别为 G-6-P 和 Fru-6-P，因此 LNnT 的合成与中心代谢途径存在代谢流竞争关系。同时，UDP-GlcNAc 也是细胞壁组成成分磷壁酸的前体物质，也需要降低流向磷壁酸合成途径的碳通量，将更多的碳通量用于 LNnT 合成。

为了构建 CRISPRi 系统，首先在 BY24 基因组中整合木糖诱导的 dCas9 蛋白表达框，获得重组菌株 BN0。

选择 EMP 的 *pfkA* 和 *pyk* 基因，HMP 的 *zwf* 基因，以及磷壁酸合成途径的 *mnaA* 基因作为靶基因进行不同程度的下调。关于下调靶基因至不同表达强度的 sgRNA 序列设计已有较多结论。例如，当 dCas9 和 sgRNA 复合物靶向编码序列时，靶向非模板 DNA 链可以有效地沉默基因，而靶向模板链的作用相对较小。抑制水平和 PAM 位点与目标 ORF 起始密码子之间的距离大致成反比。同时 PAM 序列中引入单碱基错配会降低相对抑制效率，但是很难预测具体的降低倍数。因此我们选择直接设计一系列具不同抑制位点的 sgRNA 将每个基因的表达下调至 8 种不同的强度，主要通过在碱基配对区域引入错配实现，设计距起始密码子不同距离的 PAM 位点或设计靶向模板链或非模板链的 sgRNA（图 6-26b）。在 BN0 的基础上，分别整合 *pfkA* 的 8 种不同线性化 sgRNA 表达框，获得重组菌 NA1～NA8；整合 *pyk* 的 8 种不同线性化 sgRNA 表达框，获得重组菌 NB1～NB8；整合 *zwf* 的 8 种不同线性化 sgRNA 表达框，获得重组菌 NC1～NC8；转化 *mnaA* 的 8 种不同线性化 sgRNA 表达框，获得重组菌 ND1～ND8。

　　如图 6-27a 所示，*pfkA* 基因表达受到抑制的菌株（NA1～NA8）LNnT 产量没有显著提高。其中重组菌株 NA6 和 NA7 的中间产物 LNT Ⅱ 产量分别从 0.50 g/L 提高 50.0%至 0.75 g/L 和提高 38.0%至 0.69 g/L。NA6 和 NA7 的细胞干重分别从对照菌株 BN0 的 12.5 g/L 降低 27.2%至 9.1 g/L 和降低 33.6%至 8.3 g/L（图 6-27e）。结果表明通过适当地减少 *pfkA* 基因的表达量，葡萄糖代谢通量会更多地流向中间产物 LNT Ⅱ 的合成途径。NA6 和 NA7 重组菌株的 LNnT 得率分别从 21.8 mg/g 葡萄糖（BN0）增加到 24.3 mg/g 葡萄糖和 22.7 mg/g 葡萄糖。如图 6-27b 所示，在 *pyk* 基因表达受到抑制的菌株（NB1～NB8）中，LNnT 的产量略有降低。在 NB2 菌株中，LNnT 的得率增加至 23.4 mg/g 葡萄糖。此外，NB1 的 LNT Ⅱ 产量从 0.50 g/L 提高 46%至 0.73 g/L。*pfkA* 或 *pyk* 抑制表达菌株中 LNT Ⅱ 产量的增加可能是由于 *pfkA* 和 *pyk* 基因转录水平降低，导致相应的表达量降低，降低了 EMP 模块的代谢通量，使更多的 Fru-6-P 流向前体物质 UDP-GlcNAc 合成途径。如图 6-27c 所示，对 HMP 的 *zwf* 基因表达进行不同程度的下调后，LNnT 的产量均有降低。但是在 NC1 和 NC4 菌株中 LNnT 的得率分别增加到 30.6 mg/g 葡萄糖和 30.0 mg/g 葡萄糖，这是因为 NC1～NC8 菌株的葡萄糖消耗均显著降低，特别是 NC7 菌株在发酵过程中的葡萄糖消耗量减少了 38.0%（图 6-27f）。与其他细菌相比较，枯草芽孢杆菌中 HMP 的葡萄糖代谢通量所占比例较大，这与之前相关文献报道的结果是一致的。因此，对该途径的关键基因 *zwf* 进行下调后，显著地影响了葡萄糖的消耗。如图 6-27d 所示，除了重组菌株 ND2 中 LNT Ⅱ 的产量（0.61 g/L）和 LNnT 的产量（1.30 g/L）略有增加，其他 *mnaA* 表达下调的菌株 LNT Ⅱ 和 LNnT 产量均不同程度降低，而且 ND2 的 LNnT 得率提高了 35.8%，达到 29.6 mg/g 葡萄糖。

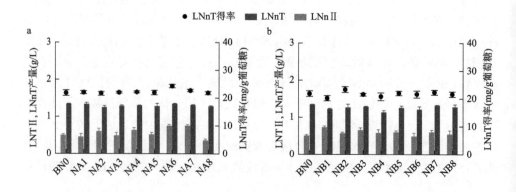

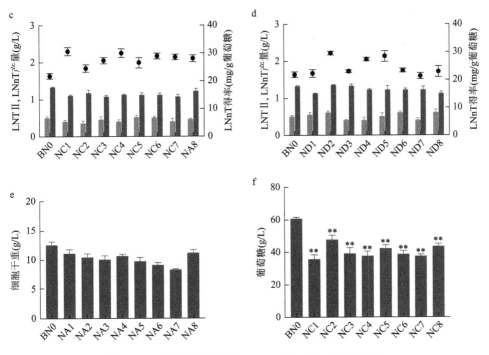

图 6-27　不同抑制效率的 sgRNA 对 LNnT 产生的影响

（a）～（d）不同抑制效率下调 *pfkA* 基因（a）、*pyk* 基因（b）、*zwf* 基因（c）、*mnaA* 基因（d）的表达分别获得重组菌株 NA1～NA8、NB1～NB8、NC1～NC8、ND1～ND8，通过对比不同重组菌株的 LNT Ⅱ 和 LNnT 产量及得率鉴定出最佳 sgRNA；（e）不同抑制效率下调 *pyk* 基因的表达对重组菌株 NA1～NA8 细胞干重的影响；（f）不同抑制效率下调 *zwf* 基因的表达对重组菌株 NC1～NC8 葡萄糖消耗的影响

尽管通过降低单个基因的表达量并没有显著提高 LNnT 产量，但是竞争途径 EMP、HMP 或者磷壁酸合成的代谢通量降低，导致 LNT Ⅱ 产量或者 LNnT 得率增加。EMP 模块中靶基因 *pfkA* 的 sgRNA-*pfkA*6、sgRNA-*pfkA*7 和靶基因 *pyk* 的 sgRNA-*pyk*1、sgRNA-*pyk*2，HMP 模块中靶基因 *zwf* 的 sgRNA-*zwf*1、sgRNA-*zwf*4，以及磷壁酸合成模块中靶基因 *mnaA* 的 sgRNA-*mnaA*2，对靶基因的抑制可以有效提高 LNnT 合成途径的代谢通量。

2. 多基因抑制对 LNnT 合成的影响

在上节中通过分别对每个竞争途径的关键基因进行抑制提高了中间产物 LNT Ⅱ 的产量和终产物 LNnT 的得率，却导致了 LNnT 产量的降低。已知对竞争途径中的关键基因进行多重抑制可进一步提高目的产物的产量，因此，我们接下来研究了多重抑制 LNnT 竞争途径中 EMP 模块的 *pfkA*、*pyk*，HMP 模块的 *zwf* 和磷壁酸合成模块的 *mnaA* 基因对 LNnT 合成的影响。首先研究了 *pfkA*、*pyk* 和 *zwf* 基因表达的同时下调对 LNnT 产量的影响，选择上节筛选出的对目的产物的合成能有效抑制的 sgRNA 进行 Goden Gate 组装，即 *pfkA* 基因（EMP）的 sgRNA-*pfkA*6、sgRNA-*pfkA*7，*pyk* 基因（EMP）的 sgRNA-*pyk*1、sgRNA-*pyk*2 和 *zwf* 基因（HMP）的 sgRNA-*zwf*1、sgRNA-*zwf*4，获得 8 个重组质粒（pXM3301～pXM3308），将其线性化并整合至 BN0，产生相应的 8 个菌株 BN01～BN08（图 6-28a）。

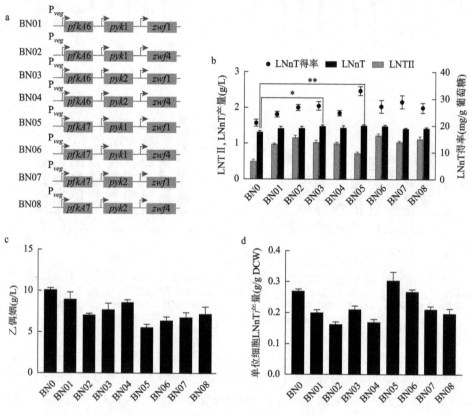

图 6-28　通过同时下调 *pfkA*、*pyk*、*zwf* 和 *mnaA* 基因提高 LNnT 的产量

（a）重组菌株 BN01～BN08 的不同 sgRNA 组合表达框；（b）对照菌株与 BN01～BN08 的 LNT Ⅱ、LNnT 产量比较；（c）对照菌株与 BN01～BN08 的副产物乙偶姻产量比较；（d）对照菌株与 BN01～BN08 的单位细胞产量比较

　　如图 6-28b 所示，与对照菌株 BN0 相比，重组菌株 BN01～BN08 的 LNnT 产量均有不同程度的提高，特别是重组菌株 BN03 和 BN05 的 LNnT 产量分别提高到 1.44 g/L 和 1.52 g/L。此外，BN05 的 LNnT 得率提高了 51.4%，达到 33.0 mg/g 葡萄糖。BN05 菌株中副产物乙偶姻（5.6 g/L）的产量比 BN0 菌株（10.1 g/L）降低 44.6%（图 6-28c），单位细胞 LNnT 产量提高了 42.8%，达到 0.30 g/g DCW（图 6-28d）。将线性化 sgRNA-*mnaA*2 插入 BN05 菌株基因组的 *hemZ* 和 *yhaU* 位点中间，产生 BN09 菌株。

如图 6-29a 所示，BN09 中的 LNT Ⅱ 产量达到 0.83 g/L，比 BN05（0.75 g/L）提高了 10.7%，LNnT 产量提高至 1.55 g/L。因此，适当地下调竞争模块中关键基因的表达量是一种有效的代谢工程策略，可以将细胞内的代谢通量重新定向至目的产物的合成途径。我们通过实时荧光定量 PCR（qPCR）进一步评估了 BN09 菌株和对照菌株（BN0）中 *pfkA*、*pyk*、*zwf* 和 *mnaA* 基因的转录水平。如图 6-29b 所示，sgRNA 与 dCas9 蛋白结合在靶基因上确实有效地抑制了靶基因的转录，特别是 BN09 菌株中 *pyk* 基因和 *zwf* 基因的转录水平均显著降低。这些结果表明，在 BN09 菌株中，EMP、HMP 和磷壁酸合成模块中的葡萄糖代谢通量由于关键基因表达水平的降低被更多地引流至 LNnT 合成模块。与 BN0 菌株相比，BN09 菌株 LNnT 的得率（34.7 mg/g 葡萄糖）提高了 59.2%，LNnT 的产量（1.55 g/L）提高了 17.4%。

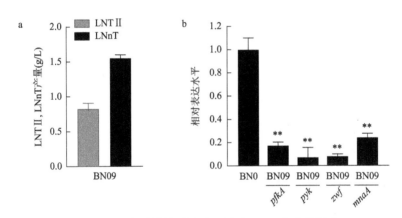

图 6-29　4 个关键基因同时下调对 LNnT 合成的影响

（a）BN09 菌株中 LNT Ⅱ 和 LNnT 的产量；（b）qPCR 对比 BN09 重组菌株和对照菌株 *pfkA*、*pyk*、*zwf* 和 *mnaA* 基因之间的转录水平

3. 解除 LNT Ⅱ 转化为 LNnT 过程中的限速步骤

在菌株 BN09 的发酵上清液中检测到约 0.83 g/L 的中间产物 LNT Ⅱ。LNT Ⅱ 的积累说明 LNT Ⅱ 转化成 LNnT 的过程中存在限速步骤，其中包括前体 UDP-Gal 供应不足或 LgtB 催化效率不够。重组菌株 BN09 的 UDP-Gal 合成途径中，编码 UTP-葡萄糖-1-磷酸尿苷酰转移酶的 *gtaB* 基因和编码 UDP-葡萄糖-4-差向异构酶的 *galE* 基因已经通过在组成型启动子 P₄₃ 的控制下整合一个拷贝到基因组中而过表达。在此基础上，我们通过敲除编码 UDP-葡萄糖脱氢酶的 *tuaD* 基因来阻断分支途径，从而进一步提高 UDP-Gal 的供给，该基因催化 UDP-Glc 向 UDP-GlcA 的转化。利用 Cre/lox 系统将 *tuaD* 敲除表达框转化至 BN09，转化子进行验证后成功获得重组菌株 BN10（图 6-30a）。在 P₄₃ 启动子的控制下，将 1 个或 2 个拷贝的

lgtB 表达框插入 BN10 菌株的基因组中（在基因组中已经具有 3 个拷贝的 *lgtB*），分别获得 BN11 和 BN12 菌株（图 6-30b）。如图 6-30c 所示，与菌株 BN09（1.55 g/L）相比，菌株 BN10（1.78 g/L）的 LNnT 产量提高了 14.8%。通过在基因组中添加一个拷贝的 *lgtB* 基因，BN11 中 LNnT 的产量进一步提高到 2.01 g/L。但是，当将两个拷贝的 *lgtB* 基因插入基因组时，LNnT 的产量降至 1.52 g/L，LNT II 的产量降至 0.35 g/L。该结果与我们先前的研究一致，即当同时过表达 LgtA 和 LgtB 会抑制正常细胞生长，并导致 LNnT 产量降低。

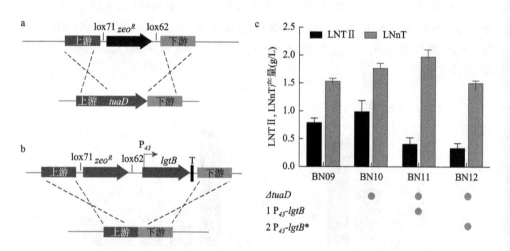

图 6-30　敲除 *tuaD* 基因和过表达 *lgtB* 对 LNnT 产量的影响

（a）敲除 *tuaD* 基因表达框通过同源重组方法整合至基因组；（b）P_{43} 启动子过表达 *lgtB* 基因表达框通过同源重组方法整合至基因组；（c）对比 BN09、BN10、BN11 和 BN12 的 LNT II、LNnT 产量，"*"表示重组菌株 BN12 在 BN09 的基础上，在基因组增加了 2 个拷贝的 *lgtB*

4. 诱导剂的添加时间和添加量对 LNnT 合成影响

CRISPRi 系统对基因的抑制效果主要取决于两个因素：一是靶基因的 sgRNA 的抑制效率，二是诱导剂的诱导条件。在本研究中 CRISPRi 介导的是和细胞生长直接相关的代谢途径，因此诱导 dCas9 蛋白的表达时间和表达量会影响菌体的正常生长。

为了在最佳的时间诱导 dCas9 蛋白表达，分别在发酵过程中的 0 h、3 h、6 h、9 h 和 12 h 加入了 15 g/L 木糖。如图 6-31a 所示，当在 6 h 以后添加木糖时，LNnT 的产量与 0 h 相比显著增加。特别是当在发酵的 9 h 和 12 h 添加木糖时，LNnT 的产量分别达到 2.06 g/L 和 2.01 g/L。当在发酵的 9 h 添加木糖诱导剂时，副产物乙偶姻的产量最低（4.9 g/L）。因此，在摇瓶中木糖的最佳添加时间为发酵的 9 h，LNnT 的得率达到 44.0 mg/g 葡萄糖。

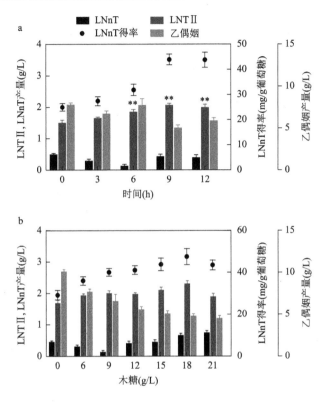

图 6-31　诱导剂木糖的添加时间和添加量对各参数的影响

（a）对比在发酵的 0 h、3 h、6 h、9 h、12 h 添加 15 g/L 木糖对各参数的影响；（b）对比在发酵的 9 h 添加 0 g/L、
6 g/L、9 g/L、12 g/L、15 g/L、18 g/L、21 g/L 木糖对各参数的影响

当细胞内 dCas9 蛋白的表达水平较高时可能会对细胞产生毒性，但是低表达水平的 dCas9 不能满足下调多个基因时 sgRNA 的结合要求。因此，需要对 dCas9 蛋白的表达量进行优化，分别在发酵的 9 h 添加 6 g/L、9 g/L、12 g/L、15 g/L、18 g/L 和 21 g/L 木糖，不添加木糖诱导剂为对照组。如图 6-31b 所示，通过添加 18 g/L 木糖，LNnT 的最高产量达到 2.30 g/L，与不添加木糖（1.69 g/L LNnT）相比，提高了 36.1%。通过本研究，我们得知最佳诱导条件是在发酵的 9 h 加入 18 g/L 的木糖（图 6-31），在此最佳条件下 LNnT 的得率增加到 47.1 mg/g 葡萄糖。这项工作证明，通过优化 dCas9 的诱导条件使得 CRISPRi 系统能够对其介导的代谢途径通量进行精细调控，从而有效提高目的产物的产量，是一种有效的代谢工程策略。

5. 重组枯草芽孢杆菌的 3 L 罐连续补料发酵对 LNnT 合成的影响

根据上节优化的最佳条件，将工程菌株 BN11 用 3 L 罐进行 LNnT 生产。图 6-32 显示了在控制葡萄糖浓度的连续补料策略下 LNnT 的发酵过程曲线。在发酵的 9 h

添加 18 g/L 的木糖，此时细胞干重约 10.0 g/L。在发酵培养的 60 h 内，将总计 200 mL 的葡萄糖和乳糖补料溶液添加到 3 L 罐中。随着发酵时间的增加，在发酵后期由于细胞的死亡率上升，细胞干重降低，但能看出发酵罐中的乙偶姻产量仍然很高，后期可以通过其他代谢工程策略降低或消除。细胞干重为 16.7 g/L± 0.25 g/L，LNnT 和 LNT Ⅱ 的产量分别为 5.41 g/L±0.11 g/L 和 2.98 g/L±0.21 g/L，LNnT 的得率和合成效率分别为的 51.0 mg/g±0.51 mg/g 和 5.39 mg/(g DCW·h)± 0.02 mg/(g DCW·h)。

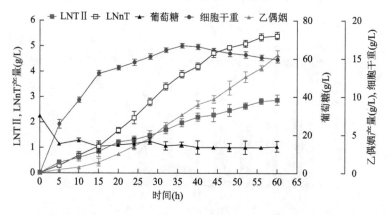

图 6-32　重组菌株 BN11 在 3 L 罐连续补料发酵的过程曲线

　　总而言之，通过同时下调中心碳模块和磷壁酸合成模块中的 *pfkA*、*pyk*、*zwf* 和 *mnaA* 基因，CRISPRi 系统被用于将代谢通量重定向至 LNnT 合成，从而导致 LNnT 得率和产量的显著增加。在 3 L 罐中，最高的 LNnT 产量达到 5.41 g/L，得率为（51.0±0.51）mg/g 葡萄糖。这项工作为将来通过代谢和工艺工程进一步增加 LNnT 产量奠定了良好的基础。

6.3.5　基于启动子工程的无质粒和芽孢 LNnT 合成菌株的构建

　　启动子作为基因的重要组成成分，是基因得到表达的关键第一步，同时是优化代谢流的重要工具。在对产物的合成途径进行优化时，关键基因的过表达可以有效地提高途径的代谢通量。但是强烈的基因过表达会产生多余的蛋白，造成物质和能量的浪费，同时会对宿主造成过多的代谢压力，从而影响胞内其他代谢物的合成[66]。要想获得理想的产物合成效率，就需要对途径中的基因与不同强度的启动子互配以达到最优的表达水平，从而获得可高效合成目的产物的宿主。例如，Nevoigt 等报道了利用中等强度启动子表达甘油醛-3-磷酸脱氢酶基因实现酵母甘油最大程度的转化，同时不影响细胞的生长[68]。产物的合成途径中往往包含多个基因，且不同基因的最优表达水平可能存在较大的差异，因此构建具有不同表达强度的启动子文库就十分必要。

迄今为止，虽然从枯草芽孢杆菌自身中发掘出了上百个内源启动子，其中很多已被改造并用于构建表达系统[69]。但是由于许多启动子存在不可知的被调控序列，因此只有很少的启动子得到广泛应用。为了实现外源基因的高效表达，应用不同的方法如易错 PCR（error-prone PCR，epPCR），构建人工启动子文库，通过随机引入突变，扩大启动子的多样性，再结合合适的高通量筛选方法获得启动子数量庞大的文库。将启动子保守序列之间的间隔区序列饱和突变，也能有效改变启动子的强度。利用 DNA Shuffling 将不同启动子保守序列进行杂交，获得新的不同强度的启动子。利用以上这些常用的启动子工程策略已成功构建出很多理想的启动子元件。

1. 基因组不同整合位点的筛选和验证

在基因组中插入外源基因时会对内源和外源基因产生不同的影响。首先，对于内源基因而言，插入位置共有 4 种不同情况。第一种，插入非必需基因的内部位置，以破坏原始基因正常表达的方式插入外源基因，如通常采用的 *amyE* 位点，但是这种插入方式受限于可用位点较少。第二种，插入基因启动子之前位置，这种情况下可能会将不存在启动子的长片段区域误判为启动子序列而导致下游基因沉默。第三种，插入相反方向两个基因启动子的间隔位置，这种情况下同样存在启动子序列识别不准确，易破坏原始启动子，从而影响两个内源基因的表达水平。第四种，插入相向方向两个基因启动子的间隔位置，这种情况虽然会影响两个基因潜在的反义阻遏效应，但是可以准确判断插入位置的序列为终止子区域，不会严重影响内源基因的表达水平。对于外源基因而言，由于菌体生长稳定期之前基因组的复制效应，靠近复制原点位置的基因表达强度高于远离复制原点位置的基因。为了获得满足代谢工程需要的基因组整合工具，我们在基因组不同位置选取了 30 个位点（图 6-33a），并通过在 LB 和发酵培养基中进行表达强度验证，弥补了前期相关研究中选取位点较少和缺失发酵条件下验证的不足。

为了高效构建基因组整合文库，我们设计了一套模块化融合 PCR 片段的方法，在降低操作成本的情况下，可提高基因组转化成功率。简言之，将融合 PCR 片段分为同源臂左臂片段（L）、抗性启动子片段（K）、目的基因片段（G）和同源臂右臂片段（R）共 4 个片段，在 L 和 K 片段，以及 G 和 R 片段之间设计添加两个不同终止子序列（T1：GAAATAAGTTAATGTCACAGAACGCCTGCGTTATTGCGCAGGCGTTTTGTAATAAAAAAAGAGCCT，T2：CTATTGCAGAATAACTTGTCAG

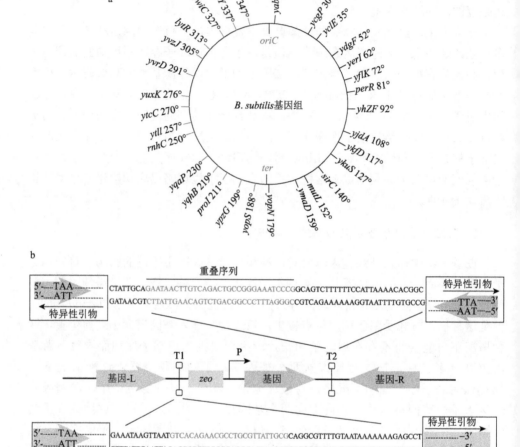

图 6-33　基因组插入位置和融合表达片段示意图

ACTGCCGGGAAATCCCGGCAGTCTTTTTTCCATTAAAACACGGC，图 6-33 中下划线区域为融合 PCR 反应中固定不变的重叠序列），阻断插入启动子对内源基因产生影响的同时，为模块化 PCR 工程提供"共享序列"。K 片段下游引物仅为特异性扩增序列，不延伸至 G 片段序列，以此保证特定启动子下可以实现模块化融合公用片段。另外，G 片段在扩增自身特异性序列的前提下，添加含有 K 片段的重叠序列。保证所涉及重叠序列 T_m 值为 62～65℃（图 6-33b）。同时，PCR 过程采用三段式策略，第一轮 PCR 扩增 4 个目的片段；第二轮 PCR 分别添加近似等摩尔浓度的 4 个片段（需纯化），不添加引物的情况下进行 11 个循环；第三轮 PCR，取上一轮扩增产物 2 μL 为模板（无须纯化），添加引物进行普通 PCR 过程。该模块化系统设计，在储备插入位点、启动子强度、目的基因不同的情况下，实现 L、K、G 和 R 片段的模块化自由组合，达到节约时间、成本和提高融合成功率的目的。

在基因组 30 个不同位点，整合以 P$_{veg}$ 启动子表达的 GFP，发酵结果表明，接近复制原点位置的 GFP 表达强度在生长前期高于远离复制原点位置的 GFP 表达强度，在 179°位置表达强度最弱，且最大表达强度差距可以达到 2 倍以上。特别的是，在发酵培养基中表达强度存在差异持续至 24 h，在发酵后期的 36 h 左右表达强度趋近于相同水平，而在 LB 培养基中 12 h 时所有位置表达强度趋近于相同水平（图 6-34）。因此，在 179°位置附近插入 LNnT 合成的关键基因 *lgtA* 和 *lgtB* 时，可以在发酵前期降低其表达水平，减缓外源蛋白对细胞的代谢压力，产生细胞生长和产物合成的错时解偶联效应。

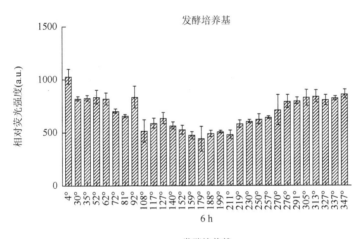

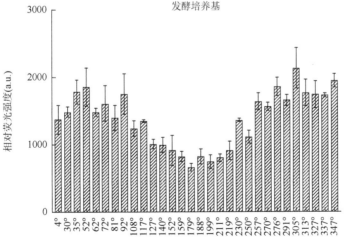

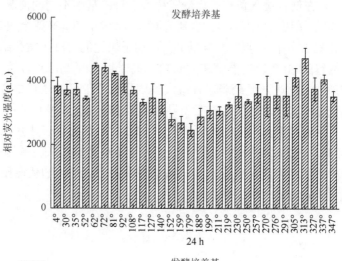

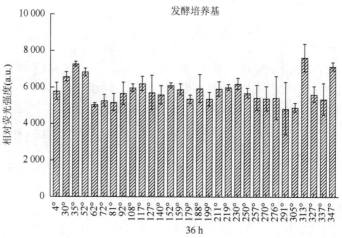

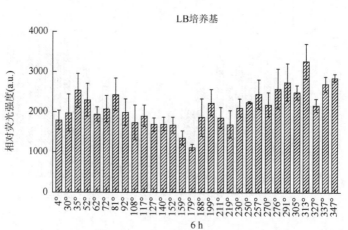

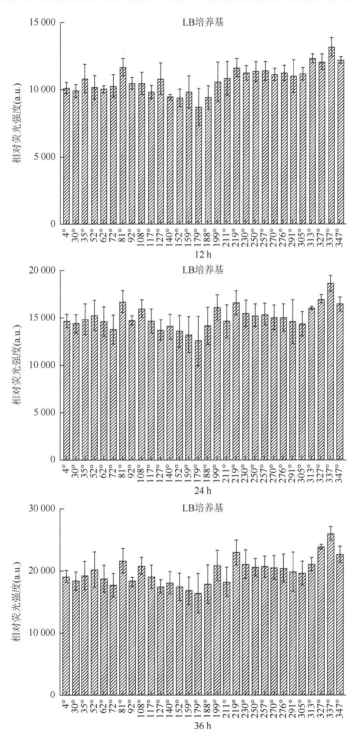

图 6-34　不同培养基条件下验证整合位点对表达强度的影响

2. 枯草芽孢杆菌高表达强度的短启动子文库的构建

高效微生物细胞工厂的构建，需要在尽量不影响细胞内源代谢的前提下，尽可能提高目的产物合成途径的强度。反之，过高的合成途径强度导致细胞生长和产物合成失衡，较低的合成途径强度则难以达到工业化生产的要求。代谢途径中基因的表达水平对于产物的高效合成至关重要，因此构建一系列不同强度的启动子，用于研究目的基因合适的表达水平，对于开展合成生物学研究是一种非常重要的手段。在前期解决了基因组插入位点选择问题的情况下，构建高效、简便的启动子文库成为构建无质粒枯草芽孢杆菌系统的另一个关键问题。构建文库后首先可以提供利用代谢工程表达不同基因时所需的不同表达强度启动子，其次 100 bp 以内的短启动子文库工程不仅可以简化基因编辑过程，而且可以避免长启动子存在过多调控序列导致的表达强度不稳定的问题。

为了提高初始启动子文库的数据质量，提高建库效率，首先，基于转录组学数据筛选枯草芽孢杆菌内源强启动子，以及验证和筛选已报道的枯草芽孢杆菌高强度启动子，构建拥有强表达潜力的第一启动子文库。其次，在启动子第一文库的基础上，将启动子截短至 80~100 bp，以获得拥有较短序列的第二启动子文库。最后，从第二启动子文库中筛选多个强启动子进行关键位点饱和突变和流式细胞术筛选，以获得具有最高强度的第三启动子文库。

基于转录组学数据分析，选取了具有较高转录水平的 $dltA$、$cggR$ 等 42 个基因的启动子，选取 300 bp 长度用于第一启动子文库构建。进一步从 Yang 等的研究中选取 P_{spoVG}、P_{odhA}、P_{hbs}、P_{veg} 和 P_{yvyD} 共 5 个强启动子，从 Lu 等的研究中选取 P_{NAR333}、P_{NAR325}、P_{NAR223}、P_{NAR323} 和 P_{NAR566} 共 5 个启动子，通过下游关联绿色荧光蛋白（GFP）进行表达强度鉴定。以枯草芽孢杆菌中常用启动子 P_{43} 作为对照启动子，并采用其原始 RBS 序列：GTAAGAGAGGAATGTACAC。其余启动子 RBS 序列：AAAGGAGGTGATAAAA。结果表明，第一启动子文库的 52 个启动子中，有 22 个启动子强度高于 P_{43} 启动子，且来自基因组中的 P_{ffh}、P_{cggR} 和 P_{hemA} 启动子表达强度较高，是 P_{43} 启动子的 2~3 倍，特别是 P_{NAR} 系列启动子强度远高于其他启动子，P_{NAR566} 启动子强度为 P_{43} 启动子的 6 倍左右（图 6-35）。

枯草芽孢杆菌中启动子通常含有各种转录调控因子的识别序列，如 SpoOA 识别激活或抑制序列，导致长启动子序列在不同环境条件下表达强度不一致的问题。尽量降低启动子长度是避免该问题的有效策略，为此，选取第一启动子文库中较强的启动子，将其截短至 90 bp 左右的长度。截短序列后，大部分启动子强度有

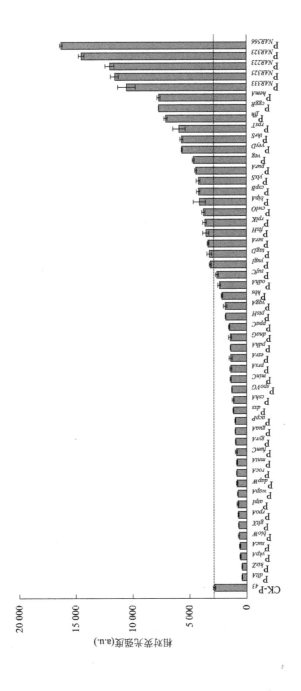

所降低，特别是 P_{rplK} 启动子，表达强度仅为长启动子的 25%左右（图 6-36）。而 P_{veg} 启动子表达强度从 4667 a.u.提高 80.9%，达到 8444 a.u.。启动子 P_{hbs} 和 P_{ylxS} 截短后表达强度未发生显著变化。启动子 P_{43} 未截短，以及 P_{sufC}、P_{purA}、P_{cspB}、P_{thrS}、P_{ffh}、P_{hemA}、P_{NAR333}、P_{NAR325}、P_{NAR223}、P_{NAR323} 和 P_{NAR566} 原本就是短启动子，所以强度并未发生变化。实验表明，启动子 P_{hemA}、P_{veg}、P_{NAR333}、P_{NAR325}、P_{NAR223}、P_{NAR323} 和 P_{NAR566} 表达强度较高。

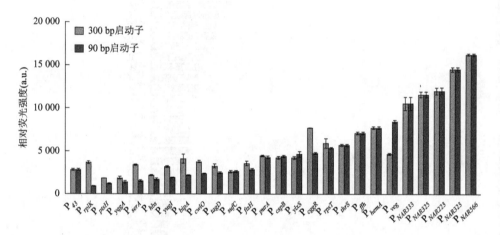

图 6-36　短序列的第二启动子文库

在第二启动子文库中，选取较强的 6 个启动子 P_{hemA}、P_{veg}、P_{NAR325}、P_{NAR223}、P_{NAR323} 和 P_{NAR566}，以各自启动子的 RBS、−10 区和−35 区为界分为 4 个区域，分别设计 4 个区域的简并引物构建启动子突变文库（图 6-37a）。为了筛选高于 P_{NAR566} 强度的启动子，以 P_{NAR566} 启动子为对照，通过流式细胞仪对突变文库进行高通量筛选。实验表明，仅有极少数突变体强度高于 P_{NAR566} 启动子，推测可能是由于该启动子自身强度已经极高。流式细胞仪设定 1 s 1800 个细胞的速率，6 个启动子 4 个区域的饱和突变文库包含 24 个突变样品，每个样品筛选 8 min，共筛选该突变文库约 2×10^{7} 个细胞，最终收集到约 2000 个强度潜在高于 P_{NAR566} 启动子的突变体。进一步经 96 孔板复筛后，最终获得 8 个强度高于 P_{NAR566} 启动子的突变体（图 6-37b）。以 P_{veg} 启动子为模板的突变体 P_{vegT}、P_{vegG}、P_{vegA} 和 P_{vegC} 强度提高 2.0～2.2 倍，强度分别达到 16 344 a.u.、16 552 a.u.、16 781 a.u.和 17 701 a.u.。以 P_{NAR325} 为模板的突变体 P_{narT} 和 P_{narC} 均提高 1.5 倍左右，强度分别达到 17 561 a.u.和 17 854 a.u.。以 P_{NAR566} 为模板的突变体 P_{narA} 强度提高到 17 410 a.u.。特别是以 P_{NAR223} 为模板的突变体 P_{narG}，强度达到 19 037 a.u.，比原始启动子强度提高约 1.5 倍，同时比目前枯草芽孢杆菌中最强启动子 P_{NAR566} 高约 1.2 倍（图 6-37b）。虽然已经获得了目前最强的启动子 P$_{narG}$，但是枯草芽孢杆菌作为优秀的酶蛋白细胞生产工厂，可能需要更强的启动子来实现酶蛋白的高效合成。然而基因组天然启动子中潜在的强启动子几乎被挖掘殆尽，且通过 DNA Shuffing 和强启动子饱和突变已经较难获得强度更高的启动子。因此，通过细胞内源分子信号激活强化启动子的表达成为较为有效的策略，如作为调控因子的 Comk 蛋白，其可以识别和强化细胞多数启动子的表达，我们在基因组上以木糖诱导型启动子表达 comk 基因，结果表明，Comk 可以大幅度强化 P$_{veg}$、P$_{NAR325}$、P$_{NAR566}$ 和 P$_{narG}$ 启动子，其中 P$_{narG}$ 启动子强度可以提高 3.3 倍，达到 61 952 a.u.，可以满足代谢工程和酶蛋白细胞工程的需要（图 6-37c）。

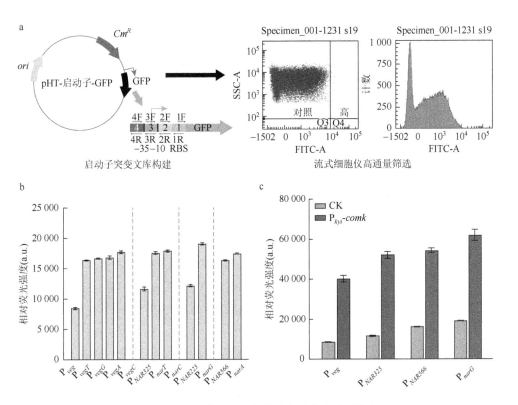

图 6-37　运用流式细胞术构建高强度启动子文库

（a）依赖流式细胞术的高通量筛选法构建强启动子文库；（b）筛选出的高强度突变启动子与原始启动子的相对荧光强度对比；（c）添加木糖对诱导型启动子相对荧光强度的影响

将 8 个正向突变体与原始启动子序列比对发现，P$_{narG}$ 启动子是 P$_{NAR223}$ 启动子的−10 区下游缺失 TTTG 这 4 个碱基所致（图 6-38a）。突变体 P$_{narC}$ 是 P$_{NAR325}$ 启动子−35 区和−10 区中间的碱基发生突变所致，P$_{narT}$ 启动子是 P$_{NAR325}$ 启动子的−35 区上游碱基发生突变所致（图 6-38b）。P$_{narA}$ 启动子是 P$_{NAR566}$ 启动子的 RBS 序列由 ATAAAA 突变为 TATTT 所致（图 6-38c）。而 P_{veg} 系列突变体均是在-35 区的上游发生突变所致（图 6-38d）。

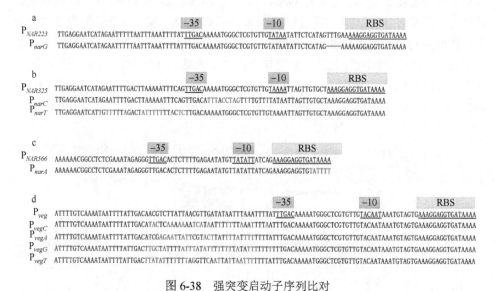

图 6-38　强突变启动子序列比对

（a）启动子 P_{NAR223} 突变体序列比对；（b）启动子 P_{NAR325} 突变体序列比对；（c）启动子 P_{NAR566} 突变体序列比对；（d）启动子 P_{veg} 突变体序列比对

从启动子文库中筛选 P_{ptsH}、P_{yugI}、P_{ftsH}、P_{purA}、P_{rpsT}、P_{hemA}、P_{veg}、P_{NAR223}、P_{NAR566} 和 P_{narG}，为直观展现其相对强度，将以上 10 个启动子按相对荧光强度依次重新命名为 P_{t1}、P_{t2}、P_{t3}、P_{t4}、P_{t5}、P_{t6}、P_{t7}、P_{t8}、P_{t9} 和 P_{t10}（图 6-39）共 10 个不同强度的短启动子，用于后续利用代谢工程优化表达 LNnT 合成关键基因。

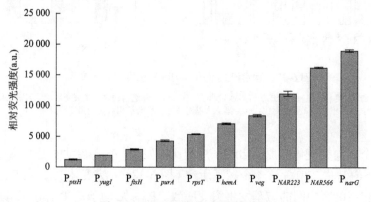

图 6-39　不同强度的短启动子文库

3. 合成 LNnT 无质粒枯草芽孢杆菌的构建

前文我们通过优化 LNnT 合成关键酶 LgtA 和 LgtB 的表达水平，显著提高了 LNnT 的合成效率。特别是 LgtA 作为催化 LNT II 合成的关键酶，直接影响 LNT II 关键前体的供给（图 6-40a）。前期研究发现 LgtA 具有较高的表达水平时，LNnT 合成效率较高。因此，我们从 P_{t1}～P_{t10} 的启动子文库中选取 P_{t1}、P_{t3}、P_{t6} 和 P_{t9} 这 4 个较强的启动子梯度优化 LgtA 的表达，并且选择在基因组的 179° 位置进行整合，以实现细胞生长与产物合成的解偶联。结果表明，随着 $lgtA$ 基因表达强度的增加，中间产物 LNT II 和终产物 LNnT 的产量呈现先增加后降低的趋势。重组菌株 BP01 中间产物 LNT II 的产量低于检测限，BP02 中间产物 LNT II 的产量为 0.41 g/L，二者 LNnT 的产量分别为 0.48 g/L 和 1.5 g/L，均低于重组菌株 BN11（$lgtA$ 基因在游离的 pP$_{43}$NMK 质粒上表达）的 LNT II 产量 0.54 g/L、LNnT 产量 1.76 g/L。当用启动子 P_{t6} 表达 $lgtA$ 时，LNT II 的产量提高到 1.11 g/L，LNnT 的产量提高到 1.81 g/L。然而，当以 P_{t9} 启动子表达 $lgtA$ 继续提高表达强度时，重组菌株 BP04 的 LNT II 和 LNnT 产量均显著降低（图 6-40b）。因此，$lgtA$ 基因的最适启动子为 P_{t9}。另外，前期研究中 BP03 菌株的基因组上已经整合了 4 个拷贝的 P_{43} 启动子以强化 $lgtB$ 基因的表达，在此基础上，我们分别选择 P_{t1}、P_{t3} 和 P_{t5} 这 3 个较低强度的梯度启动子进一步优化 $lgtB$ 的表达量。结果表明，在基因组上分别整合 P_{t1}、P_{t3} 和 P_{t5} 表达 $lgtB$ 获得的重组菌株 BP05、BP06 和 BP07 中，BP05 菌株产量最高，其中 LNT II 达到 1.04 g/L，LNnT 达到 2.07 g/L（图 6-40c）。进一步在发酵 9 h 时添加 18 g/L 的木糖，以激活木糖诱导的 CRISPRi 系统，实现 LNnT 产量达到 2.51 g/L（图 6-40d）。

4. 基于 Spo0A 启动子改造策略的无芽孢枯草芽孢杆菌的构建

枯草芽孢杆菌底盘细胞在合成食品级酶蛋白和功能性成分等方面有着重要的

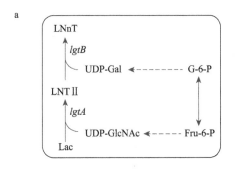

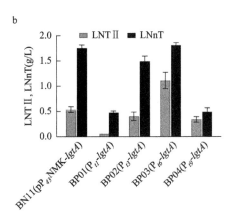

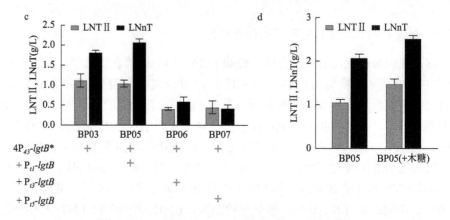

图 6-40　合成 LNnT 无质粒菌株构建及各参数变化

（a）LNnT 合成途径中的两个关键基因 *lgtA* 和 *lgtB*；（b）4 个不同强度启动子表达 *lgtA* 对 LNnT 和 LNT Ⅱ产量的影响；（c）在基因组上继续分别整合 3 个不同强度启动子控制 *lgtB* 的表达对 LNnT 和 LNT Ⅱ产量的影响，"＊"表示 BP03 菌株基因组上已经叠加 4 个拷贝的 *lgtB*；（d）在发酵 9 h 添加 18 g/L 的木糖基于 CRISPRi 调控对 LNnT 和 LNT Ⅱ产量的影响

应用价值，然而枯草芽孢杆菌在碳饥饿状态下产芽孢的特性给其工业化应用带来诸多不便。对于枯草芽孢杆菌自身而言，发酵过程中添加高浓度的葡萄糖时容易导致中心代谢溢流，从而影响目的产物的合成效率，而控制葡萄糖在低浓度极易诱导芽孢的形成而导致发酵失败，尤其是芽孢系统不可逆，无法通过及时补充碳源避免损失。特别是在目前缺乏葡萄糖在线检测电极的情况下，短时间多次取样调整补料速率，极大地增加了发酵操作工作量，不利于实现大规模自动化工业生产。同时细菌芽孢的多层结构拥有极强的保护力，使得芽孢可以存活数年，这导致芽孢成为食品保存的一大障碍和安全隐患。因此，通过基因工程改造，从根源上消除芽孢的形成是枯草芽孢杆菌大规模工业化面临的难题之一。

目前，相关报道主要通过敲除 *spo0A* 基因的方法来消除芽孢的形成，但是 Spo0A 涉及内源 120 多个基因的代谢调控，敲除后易导致宿主细胞稳定性变差，推测可能是由于敲除 *spo0A* 对细胞群体感应和胞外基质蛋白调控等造成了不利的影响。为此，通过分析枯草芽孢杆菌生理特性，提出通过 Spo0A 启动子工程改造适量降低胞内 Spo0A 浓度，在尽量不影响细胞内源代谢的前提下，消除芽孢形成的策略。

自然条件下，枯草芽孢杆菌在营养丰富的情况下主要是单个运动细胞的形式，而当营养条件轻度匮乏时，会形成基于多细胞聚集的生物膜系统形式。其主要包含三个特定成分，一是胞外多糖，可将水分保留在生物膜内并起到信号分子的作用，然而迄今为止胞外多糖的组分仍不清楚，二是负责生物膜非浸润性和结构功能的 BslA 蛋白，三是负责结构功能的 TasA 蛋白，由 *tapA-sipW-tasA* 操纵子转录翻译并在胞外形成蛋白纤维，其结合 TapA 伴侣蛋白锚定在细胞壁上形成生物膜基质的高级结构。另外，与生物膜形成相似，细胞可以通过响应 Spo0A、SinI 和 SinR 分化为拥有吸收 DNA 或其他功能的 K 状态细胞，当营养进一步消耗殆尽时，则分化为芽孢。枯草芽孢杆菌从营养单细胞到芽孢的转变过程，主要受控于胞内 Spo0A-P 浓度变化带来的基因表达差异，细胞在营养增殖期时，其 Spo0A 活性较低，而当 Spo0A 达到中等活性时，激活抗阻遏物 SinI 的表达，从而抑制阻遏物 SinR，以激活生物膜关键蛋白 TasA 和多糖的合成。当 Spo0A 活性进一步增强时，SinI 表达水平降低，而芽孢生成相关的众多基因则被激活。综上分析，由于芽孢形成涉及基因众多，单一和多个基因的沉默仍难以实现彻底消除芽孢形成的目的，而 Spo0A 作为细胞分化的重要节点和芽孢系统激活的源头，通过调控胞内 Spo0A 浓度降至芽孢系统激活所需的阈值以下，可以简便地实现彻底消除芽孢形成的目的（图 6-41a）。Spo0A 启动子较为复杂，包含基于 sigmA 的 P_v 启动子和基于 sigmH 的 P_s 启动子，Spo0A 启动子还含有 4 个调控序列，分别命名为 Operon-1、Operon-2、Operon-3 和 Operon-4，细胞生长阶段 P_v 启动子连续弱表达 Spo0A，而同时 Operon-2 负责抑制 P_s 启动子的表达；Operon-1 负责在过渡到稳态时抑制 P_v 启动子的表达，

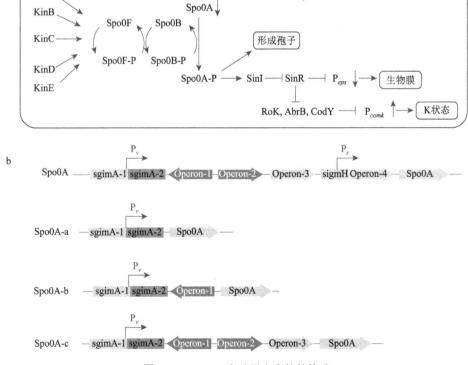

图 6-41 Spo0A 启动子突变体的构建

（a）Spo0A 蛋白调控芽孢形成机制；（b）敲除 4 个 Operon 序列和 P_s 的 Spo0A-a 突变启动子，敲除 Operon-2、Operon-3、Operon-4 和 P_s 的 Spo0A-b 突变启动子，以及敲除 P_s 的 Spo0A-c 突变启动子

Operon-3 负责在芽孢形成阶段激活 P_s 启动子；Operon-4 虽然不参与启动子性质的转换，但其响应 SpoOA 的激活，以实现 P_s 启动子的高强度表达，最终达到芽孢形成所需的阈值浓度[70]。基于 SpoOA 启动子的结构特征，我们分别设计了敲除 4 个 Operon 序列和 P_s 的 SpoOA-a 突变启动子，敲除 Operon-2、Operon-3、Operon-4 和 P_s 的 SpoOA-b 突变启动子，以及敲除 P_s 的 SpoOA-c 突变启动子，以降低 SpoOA 的表达强度，实现其浓度仅满足细胞生物膜生成和转换至 K 状态所需，而低于芽孢形成所需的目的（图 6-41b）。

　　首先，为了验证细胞生物膜对 LNnT 产量的影响，我们敲除与生物膜生成相关的关键基因 sipw、qyxM、epsAB、sinI、sinR 和 tasA，验证液体发酵中生物膜系统对 LNnT 合成的影响。结果表明敲除 sipw、qyxM、epsAB 和 tasA 时，菌株葡萄糖消耗速率和 LNnT 产量均未产生显著变化，但是敲除 sinI 和 sinR 时，目的产物产量降低约 50%，葡萄糖消耗速率也显著降低（图 6-42a），我们推测液体摇床发酵时，生物膜系统可能并没有显著意义，因此当改造 SpoOA 启动子造成生物膜相关基因表达降低时，对 LNnT 合成可能不会造成显著影响。但是 SinI 和 SinR 负责胞内复杂的代谢调控，敲除后可能影响其参与的细胞运动和自溶等过程，导致目的产物产量和葡萄糖消耗速率发生变化。其次，降低 SpoOA 可能会导致 comK 表达水平上升，因此为了验证 comK 变化对细胞的影响，我们通过木糖激活型启动子过表达 comK 基因，并添加 2%木糖诱导激活以验证其对发酵的影响。这里选择未构建 CRISPRi 系统的 BY24 菌株为对照，结果表明，强化 comK 后，菌株 BY24-P_{pxyl}-comK 的 LNnT 和 LNT II 产量没有显著变化，说明 comK 表达强度变化不会影响底盘细胞生成目的产物的能力（图 6-42b）。在此基础上，在基因组上将原始 SpoOA 启动子分别更换为 SpoOA-a、SpoOA-b 和 SpoOA-c，以获得菌株 BP05-SpoOA-a、BP05-SpoOA-b 和 BP05-SpoOA-c，发酵结果表明，改造的 3 株突变菌株，除了 BP05-SpoOA-b 菌株 LNnT 和 LNT II 产量降低，BP05-SpoOA-a 和 BP05-SpoOA-c 的 LNnT 产量未出现显著变化（图 6-42c）。

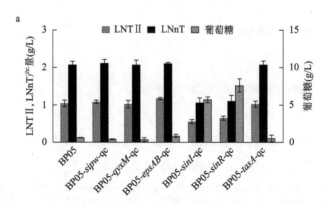

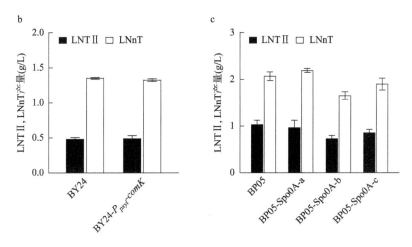

图 6-42 SpoOA 启动子工程对 LNnT 合成的影响

（a）生物膜相关基因敲除发酵验证；（b）K 状态细胞相关基因 *comK* 强化验证；（c）SpoOA 启动子改造发酵验证

进一步通过相差显微镜鉴定 SpoOA 启动子突变菌株芽孢形成状态（图 6-43），结果表明，野生型枯草芽孢杆菌在 36 h 左右仅有极少芽孢形成，其余菌株未发现芽孢。48 h 之后，野生型枯草芽孢杆菌大部分已经转化为芽孢，而 BP05 菌株在 72 h 后才出现芽孢，推测可能其为 LNnT 高产菌株，生理特性不可避免地受到部

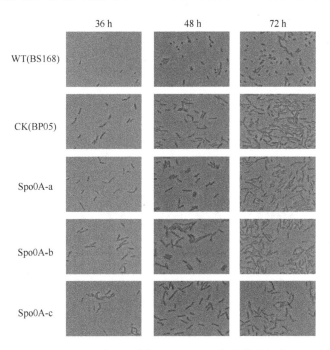

图 6-43 相差显微镜检测 SpoOA 突变体芽孢状态

分影响，导致细胞不同状态分化较慢。同时 SpoOA 改造菌株 BP05-SpoOA-a、BP05-SpoOA-b 和 BP05-SpoOA-c 在 72 h 内均未出现芽孢，表明通过改造 SpoOA 降低其激活强度的策略可以完全消除芽孢的形成。

参 考 文 献

[1]　　Bode L. Human milk oligosaccharides: every baby needs a sugar mama[J]. Glycobiology, 2012, 22 (9): 1147-1162.

[2]　　Bode L, Contractor N, Barile D, et al. Overcoming the limited availability of human milkoligosaccharides: challenges and opportunities for research and application[J]. Nutr Rev, 2016, 74 (10): 635-644.

[3]　　Holscher H D, Davis S R, Tappenden K A. Human milk oligosaccharides influence maturation of human intestinal Caco-2Bbe and HT-29 cell lines[J]. J Nutr, 2014, 144 (5): 586-591.

[4]　　Azad M B, Robertson B, Atakora F, et al. Human milk oligosaccharide concentrations are associated with multiple fixed and modifiable maternal characteristics, environmental factors, and feeding practices[J]. J Nutr, 2018, 148 (11): 1133-1142.

[5]　　Chaturvedi P, Warren C D, Altaye M, et al. Fucosylated human milk oligosaccharides vary between individuals and over the course of lactation[J]. Glycobiology, 2001, 11 (5): 365-372.

[6]　　Goehring K C, Kennedy A D, Prieto P A, et al. Direct evidence for the presence of human milk oligosaccharides in the circulation of breastfed infants[J]. PLoS ONE, 2014, 9 (7): e101692.

[7]　　Rudloff S, Kunz C. Milk oligosaccharides and metabolism in infants[J]. Adv Nutr, 2012, 3 (3): 398S-405S.

[8]　　Kunz C. Historical aspects of human milk oligosaccharides[J]. Adv Nutr, 2012, 3 (3): 430S-439S.

[9]　　Yu Z T, Chen C, Kling D E, et al. The principal fucosylated oligosaccharides of human milk exhibit prebiotic properties on cultured infant microbiota[J]. Glycobiology, 2013, 23 (2): 169-177.

[10]　Sela D A, Mills D A. Nursing our microbiota: molecular linkages between bifidobacteria and milk oligosaccharides[J]. Trends Microbio, 2010, 18 (7): 298-307.

[11]　Bode L. The functional biology of human milk oligosaccharides[J]. Early Hum Dev, 2015, 91 (11): 619-622.

[12]　Weichert S, Jennewein S, Hufner E, et al. Bioengineered 2'-fucosyllactose and 3-fucosyllactose inhibit the adhesion of Pseudomonas aeruginosa and enteric pathogens to human intestinal and respiratory cell lines[J]. Nutr Res, 2013, 33 (10): 831-838.

[13]　Engfer M B, Stahl B, Finke B, et al. Human milk oligosaccharides are resistant to enzymatic hydrolysis in the upper gastrointestinal tract[J]. The American Journal of Clinical Nutrition, 2000, 71 (6): 1589-1596.

[14]　Gonia S, Tuepker M, Heisel T, et al. Human milk oligosaccharides inhibit candida albicans invasion of human premature intestinal epithelial cells[J]. J Nutr, 2015, 145 (9): 1992-1998.

[15]　Glavey S V, Huynh D, Reagan M R, et al. The cancer glycome: carbohydrates as mediators of metastasis[J]. Blood Rev, 2015, 29 (4): 269-279.

[16]　Vandenplas Y, Berger B, Carnielli V, et al. Human milk oligosaccharides: 2'-fucosyllactose (2'-FL) and lacto-N-neotetraose (LNnT) in infant formula[J]. Nutrients, 2018, 10 (9): 1161.

[17]　Petschacher B, Nidetzky B. Biotechnological production of fucosylated human milk oligosaccharides: prokaryotic fucosyltransferases and their use in biocatalytic cascades or whole cell conversion systems[J]. J Biotechnol, 2016, 235: 61-83.

[18]　Reverri E J, Devitt A A, Kajzer J A, et al. Review of the clinical experiences of feeding infants formula containing the human milk oligosaccharide 2'-fucosyllactose[J]. Nutrients, 2018, 10 (10): 1346.

[19]　Bych K, Miks M H, Johanson T, et al. Production of HMOs using microbial hosts-from cell engineering to large scale production[J]. Current Opinion in Biotechnology, 2019, 56: 130-137.

[20]　Faijes M, Castejón-Vilatersana M, Val-Cid C, et al. Enzymatic and cell factory approaches to the production of human milk oligosaccharides[J]. Biotechnology Advances, 2019, 37 (5): 667-697.

[21]　Huang D, Yang K, Liu J, et al. Metabolic engineering of *Escherichia coli* for the production of 2'-fucosyllactose and 3-fucosyllactose through modular pathway enhancement[J]. Metab Eng, 2017, 41: 23-38.

[22]　Hollands K, Baron C M, Gibson K J, et al. Engineering two species of yeast as cell factories for 2'-fucosyllactose[J]. Metab Eng, 2019, 52: 232-242.

[23]　Wang H, Zhang C, Chen H, et al. Characterization of an fungal l-fucokinase involved in *Mortierella alpina* GDP-l-fucose salvage pathway[J]. Glycobiology, 2016, 26 (8): 880-887.

[24]　Lee W H, Shin S Y, Kim M D, et al. Modulation of guanosine nucleotides biosynthetic pathways enhanced GDP-L-fucose production in recombinant *Escherichia coli*[J]. Applied Microbiology and Biotechnology, 2012, 93 (6): 2327-2334.

[25]　Baumgärtner F, Seitz L, Sprenger G A, et al. Construction of *Escherichia coli* strains with chromosomally integrated expression cassettes for the synthesis of 2'-fucosyllactose[J]. Microb Cell Fact, 2013, 12: 40.

[26]　Chin Y W, Kim J Y, Kim J H, et al. Improved production of 2'-fucosyllactose in engineered *Escherichia coli* by expressing putative alpha-1,2-fucosyltransferase, WcfB from *Bacteroides fragilis*[J]. J Biotechnol, 2017, 257: 192-198.

[27]　Jung S M, Chin Y W, Lee Y G, et al. Enhanced production of 2'-fucosyllactose from fucose by elimination of rhamnose isomerase and arabinose isomerase in engineered *Escherichia coli*[J]. Biotechnology and Bioengineering, 2019, 116 (9): 2412-2417.

[28]　Parschat K, Schreiber S, Wartenberg D, et al. High-titer *de novo* biosynthesis of the predominant human milk oligosaccharide 2'-fucosyllactose from sucrose in *Escherichia coli*[J]. ACS Synth Biol, 2020, 9 (10): 2784-2796.

[29]　Liu T W, Ito H, Chiba Y, et al. Functional expression of L-fucokinase/guanosine 5'-diphosphate-L-fucose pyrophosphorylase from *Bacteroides fragilis* in *Saccharomyces cerevisiae* for the production of nucleotide sugars from exogenous monosaccharides[J]. Glycobiology, 2011, 21 (9): 1228-1236.

[30]　Coyne M J, Reinap B, Lee M M, et al. Human symbionts use a host-like pathway for surface fucosylation[J]. Science, 2005, 307 (5716): 1778-1781.

[31]　Drouillard S, Driguez H, Samain E. Large-scale synthesis of H-antigen oligosaccharides by expressing *Helicobacter pylori* alpha1, 2-fucosyltransferase in metabolically engineered *Escherichia coli* cells[J]. Angewandte Chemie (International ed in English), 2006, 45 (11): 1778-1780.

[32]　Liu J J, Lee J W, Yun E J, et al. L-fucose production by engineered *Escherichia coli*[J]. Biotechnol Bioeng, 2019, 116 (4): 904-911.

[33]　Yu S, Liu J J, Yun E J, et al. Production of a human milk oligosaccharide 2'-fucosyllactose by metabolically engineered *Saccharomyces cerevisiae*[J]. Microb Cell Fact, 2018, 17 (1): 101.

[34]　Liu J J, Kwak S, Pathanibul P, et al. Biosynthesis of a functional human milk oligosaccharide, 2'-fucosyllactose, and l-fucose using engineered *Saccharomyces cerevisiae*[J]. ACS Synth Biol, 2018, 7 (11): 2529-2536.

[35]　Chin Y W, Kim J Y, Lee W H, et al. Enhanced production of 2'-fucosyllactose in engineered *Escherichia coli* BL21star (DE3) by modulation of lactose metabolism and fucosyltransferase[J]. J Biotechnol, 2015, 210: 107-115.

[36]　Chin Y W, Seo N, Kim J H, et al. Metabolic engineering of *Escherichia coli* to produce 2'-fucosyllactose via salvage pathway of guanosine 5'-diphosphate (GDP)-l-fucose[J]. Biotechnology and Bioengineering, 2016, 113 (11):

2443-2452.

[37] Seydametova E, Yu J, Shin J, et al. Search for bacterial alpha1, 2-fucosyltransferases for whole-cell biosynthesis of 2'-fucosyllactose in recombinant *Escherichia coli*[J]. Microbiol Res, 2019, 222: 35-42.

[38] Zeng L, Das S, Burne R A. Utilization of lactose and galactose by *Streptococcus mutans*: transport, toxicity, and carbon catabolite repression[J]. Journal of Bacteriology, 2010, 192 (9): 2334-2344.

[39] Inaoka T, Satomura T, Fujita Y, et al. Novel gene regulation mediated by overproduction of secondary metabolite neotrehalosadiamine in *Bacillus subtilis*[J]. FEMS Microbiology Letters, 2009, 291 (2): 151-156.

[40] Gu Y, Deng J, Liu Y, et al. Rewiring the glucose transportation and central metabolic pathways for overproduction of *N*-acetylglucosamine in *Bacillus subtilis*[J]. Biotechnol J, 2017, 12 (10): 1700020.

[41] Westbrook A W, Ren X, Moo-Young M, et al. Engineering of cell membrane to enhance heterologous production of hyaluronic acid in *Bacillus subtilis*[J]. Biotechnol Bioeng, 2018, 115 (1): 216-231.

[42] Cao H, van Heel A J, Ahmed H, et al. Cell surface engineering of *Bacillus subtilis* improves production yields of heterologously expressed alpha-amylases[J]. Microb Cell Fact, 2017, 16 (1): 56.

[43] James K, Motherway M O, Bottacini F, et al. Bifidobacterium breve UCC2003 metabolises the human milk oligosaccharides lacto-*N*-tetraose and lacto-*N*-neo-tetraose through overlapping, yet distinct pathways[J]. Scientific Reports, 2016, 6: 38560.

[44] Elison E, Vigsnaes L K, Rindom Krogsgaard L, et al. Oral supplementation of healthy adults with 2'-*O*-fucosyllactose and lacto-*N*-neotetraose is well tolerated and shifts the intestinal microbiota[J]. Br J Nutr, 2016, 116 (8): 1356-1368.

[45] Han N S, Kim T J, Park Y C, et al. Biotechnological production of human milk oligosaccharides[J]. Biotechnology Advances, 2012, 30 (6): 1268-1278.

[46] Zeuner B, Teze D, Muschiol J, et al. Synthesis of human milk oligosaccharides: protein engineering strategies for improved enzymatic transglycosylation[J]. Molecules (Basel, Switzerland), 2019, 24 (11): 2033.

[47] Mohamed R E, A, Castro-Palomino J C, EI-Saged I I, et al. The dimethylmaleoyl group as amino protective group-application to the synthesis of glucosamine-containing oligosaccharides[J]. European Journal of Organic Chemistry, 1998, (11): 2305-2316.

[48] Miermont A, Zeng Y, Jing Y, et al. Syntheses of Lewis (x) and dimeric Lewis (x): construction of branched oligosaccharides by a combination of preactivation and reactivity based chemoselective one-pot glycosylations[J]. The Journal of Organic Chemistry, 2007, 72 (23): 8958-8961.

[49] Johnson K F. Synthesis of oligosaccharides by bacterial enzymes[J]. Glycoconjugate Journal, 1999, 16 (2): 141-146.

[50] Blixt O, Brown J, Schur M J, et al. Efficient preparation of natural and synthetic galactosides with a recombinant beta-1,4-galactosyltransferase-/UDP-4'-gal epimerase fusion protein[J]. The Journal of Organic Chemistry, 2001, 66 (7): 2442-2448.

[51] Chen C, Zhang Y, Xue M, et al. Sequential one-pot multienzyme (OPME) synthesis of lacto-*N*-neotetraose and its sialyl and fucosyl derivatives[J]. Chemical Communications (Cambridge, England), 2015, 51 (36): 7689-7692.

[52] Wakarchuk W, Martin A, Jennings M P, et al. Functional relationships of the genetic locus encoding the glycosyltransferase enzymes involved in expression of the lacto-*N*-neotetraose terminal lipopolysaccharide structure in *Neisseria meningitidis*[J]. The Journal of Biological Chemistry, 1996, 271 (32): 19166-19173.

[53] Priem B, Gilbert M, Wakarchuk W W, et al. A new fermentation process allows large-scale production of human milk oligosaccharides by metabolically engineered bacteria[J]. Glycobiology, 2002, 12 (4): 235-240.

[54] Dumon C, Priem B, Martin S L, et al. *In vivo* fucosylation of lacto-*N*-neotetraose and lacto-*N*-neohexaose by heterologous expression of *Helicobacter pylori* alpha-1,3 fucosyltransferase in engineered *Escherichia coli*[J]. Glycoconjugate Journal, 2001, 18 (6): 465-474.

[55] Deng C, Chen R R. A pH-sensitive assay for galactosyltransferase[J]. Analytical Biochemistry, 2004, 330 (2): 219-226.

[56] Duanis-Assaf D, Steinberg D, Chai Y, et al. The LuxS based quorum sensing governs lactose induced biofilm formation by *Bacillus subtilis*[J]. Front Microbiol, 2015, 6: 1517.

[57] Ceroni F, Boo A, Furini S, et al. Burden-driven feedback control of gene expression[J]. Nat Methods, 2018, 15 (5): 387-393.

[58] Blixt O, van Die I, Norberg T, et al. High-level expression of the *Neisseria meningitidis* lgtA gene in *Escherichia coli* and characterization of the encoded *N*-acetylglucosaminyltransferase as a useful catalyst in the synthesis of GlcNAc β1→3Gal and GalNAc β1→3Gal linkages[J]. Glycobiology, 1999, 9 (10): 1061-1071.

[59] Chai Y, Beauregard P B, Vlamakis H, et al. Galactose metabolism plays a crucial role in biofilm formation by *Bacillus subtilis*[J]. mBio, 2012, 3 (4): e00184-12.

[60] Biggs B W, De Paepe B, Santos C N, et al. Multivariate modular metabolic engineering for pathway and strain optimization[J]. Current Opinion in Biotechnology, 2014, 29: 156-162.

[61] Zhang X, Liu Y, Liu L, et al. Modular pathway engineering of key carbon-precursor supply-pathways for improved *N*-acetylneuraminic acid production in *Bacillus subtilis*[J]. Biotechnol Bioeng, 2018, 115 (9): 2217-2231.

[62] Ishino Y, Shinagawa H, Makino K, et al. Nucleotide sequence of the iap gene, responsible for alkaline phosphatase isozyme conversion in *Escherichia coli*, and identification of the gene product[J]. Journal of Bacteriology, 1987, 169 (12): 5429-5433.

[63] Horvath P, Barrangou R. CRISPR/Cas, the immune system of bacteria and archaea[J]. Science, 2010, 327 (5962): 167-170.

[64] Deveau H, Garneau J E, Moineau S. CRISPR/Cas system and its role in phage-bacteria interactions[J]. Annu Rev Microbiol, 2010, 64: 475-493.

[65] Qi L S, Larson M H, Gilbert L A, et al. Repurposing CRISPR as an RNA-guided platform for sequence-specific control of gene expression[J]. Cell, 2013, 152 (5): 1173-1183.

[66] Gilbert L A, Larson M H, Morsut L, et al. CRISPR-mediated modular RNA-guided regulation of transcription in eukaryotes[J]. Cell, 2013, 154 (2): 442-451.

[67] Keasling J D. Manufacturing molecules through metabolic engineering[J]. Science, 2010, 330 (6009): 1355-1358.

[68] Nevoigt E, Kohnke J, Fischer C R, et al. Engineering of promoter replacement cassettes for fine-tuning of gene expression in *Saccharomyces cerevisiae*[J]. Applied and Environmental Microbiology, 2006, 72 (8): 5266-5273.

[69] Li W, Li H X, Ji S Y, et al. Characterization of two temperature-inducible promoters newly isolated from *B. subtilis*[J]. Biochemical and Biophysical Research Communications, 2007, 358 (4): 1148-1153.

[70] Chastanet A, Losick R. Just-in-time control of Spo0A synthesis in *Bacillus subtilis* by multiple regulatory mechanisms[J]. Journal of Bacteriology, 2011, 193 (22): 6366-6374.

第 7 章　枯草芽孢杆菌细胞工厂合成维生素 K2

伴随着人口老龄化的日趋严重，骨质疏松和心血管硬化患者的数量明显增加[1]。这两种疾病已经严重威胁我国国民的健康，同时增加了社会经济负担[2]。因此，急需开发用于预防上述疾病的高效产品，以提高人们的生活质量。大量研究表明，羧化骨钙素在骨骼发育过程中起重要作用，而维生素 K 是骨钙素发生 γ-羧化的必要辅因子，有助于钙从血液中转移到骨骼中，进而维持骨骼健康[3]。同时，维生素 K 还能够激活血管钙化抑制剂——基质 Gla 蛋白（matrix Gla protein，MGP），从而有效防止血管硬化[4]。

维生素 K 是一类重要的脂溶性维生素，以 2-甲基-1,4-萘醌环作为骨架结构，并在其 C3 位连接不同类型的支链结构[5]。根据 C3 位支链结构的不同，可以将维生素 K 分为维生素 K1、维生素 K2、维生素 K3 和维生素 K4（图 7-1）。其中维生素 K1 和维生素 K2 是两种天然的维生素[6]。维生素 K1 又称叶绿醌，由绿色植物或藻类合成，其 C3 位的支链为单一的不饱和脂肪酸链。维生素 K2 又称甲萘醌（menaquinone，MK），其 C3 位的侧链由不同数量的异戊二烯基组成，存在一系列

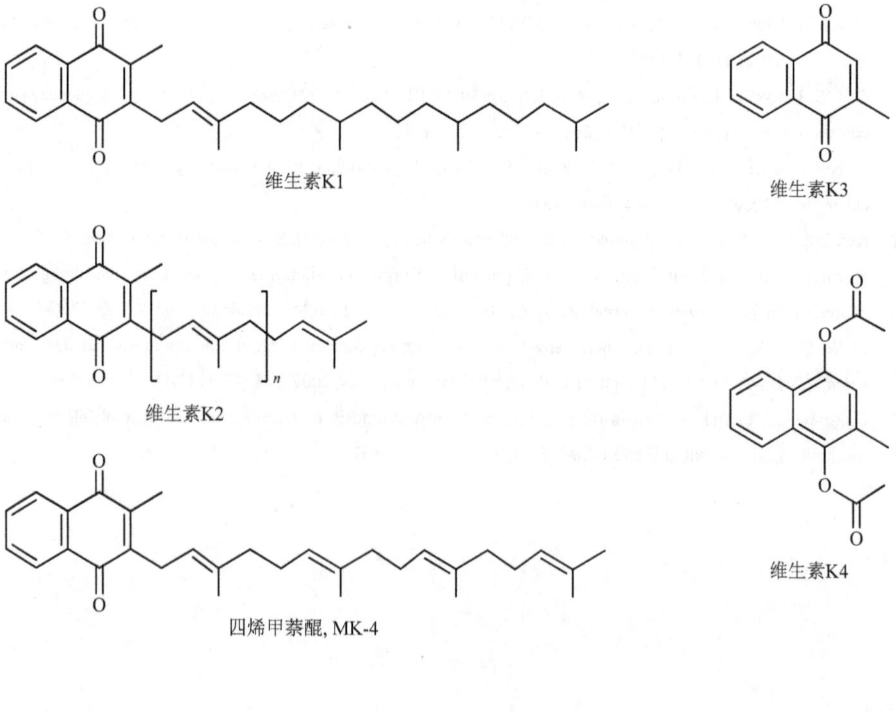

维生素K1

维生素K3

维生素K2

维生素K4

四烯甲萘醌, MK-4

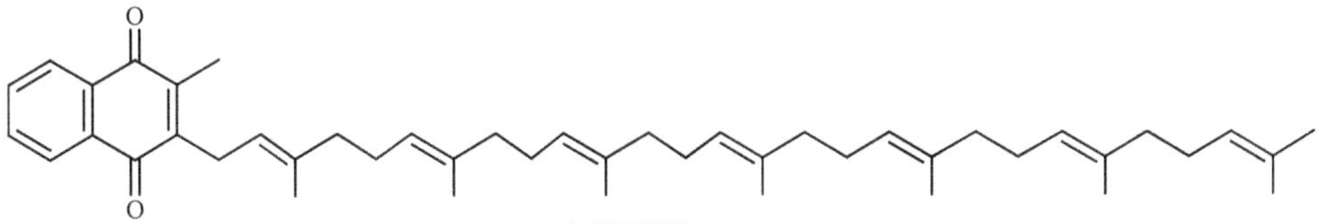

七烯甲萘醌, MK-7

图 7-1　维生素 K 的分类与结构

亚型,可记作 MK-n(n 代表异戊二烯基的个数),其中最为重要的两类亚型是 MK-4（menaquinone-4）和 MK-7（menaquinone-7）[7]。维生素 K3 和 K4 通常是由人工合成的,均为水溶性。维生素 K4 可以作为一种替代制剂,用于治疗由维生素 K 吸收障碍引起的疾病,而维生素 K3 由于会干扰谷胱甘肽的功能,目前已经不再作为维生素 K 的补充剂。

7.1　维生素 K2 合成概述

7.1.1　七烯甲萘醌

相较于其他维生素 K2,MK-7 在人体中具有半衰期长且亲缘性高的特点,在医药和功能性食品等领域备受关注[8]。近年来,MK-7 的制备和工业化已经成为研究热点。目前,MK-7 的获取方式主要有三种:①从发酵食品中直接获取;②以维生素 K3 为基础,通过化学合成在 C3 的位置添加 7 个异戊二烯基;③通过微生物以葡萄糖为底物从头合成[9]。

1. MK-7 的获取

（1）从发酵食物中获取

纳豆是利用纳豆芽孢杆菌固态发酵黄豆获得的传统食品,每 100 g 纳豆中 MK-7 的含量为 800～900 μg[10]。此外,在奶酪、蜂蜜、酸奶和乳制品等食物中也发现了微量 MK-7 的存在[11-13]。

（2）化学合成 MK-7

由于自然界中存在的 MK-7 含量非常低,研究者尝试通过各种化学合成法进行人工合成。早在 20 世纪 50 年代,Isler 和 Doebel 通过弗里德-克拉夫茨反应（Friedel-Crafts alkylation）首次实现了 MK-7 的合成,但该过程易生成多种副产物[14]。之后,Shimada 等使用乙酰乙酸乙酯作为底物合成 MK-4,该法反式异构体的选择性超过 96%[15]。Baj 等使用甲萘醌、异戊二烯和反式法尼醇作为催化底物,最终获得了纯度高达 99.9% 的 MK-7[16]。然而,化学合成法通常存在反应步骤复杂、产率低等缺点，还会产生低活性的顺式异构体，同时伴随着大量副产物的生成，容易造成环境污染。

（3）微生物合成

通过比较醌类物质在真菌和细菌中的分布，Tani 等发现细菌是甲萘醌的主要生产者，不同的菌株可以产生不同类型的甲萘醌[17]。B. subtilis 168 中主要合成以MK-7 为主的甲萘醌，其中 MK-7 在合成维生素 K2 中的比例可以达到 96%[18]。另外由于不产生内毒素，芽孢杆菌属被认定是食品安全级菌株，因此芽孢杆菌属是用于维生素 K2 生物合成最具潜力的菌株[19]。还发现一些肠道微生物，尤其是乳酸菌，如乳球菌[20]、肠球菌[21]和乳酸菌[19, 22]，它们所产生的甲萘醌种类更多，包括 MK-7、MK-8、MK-9 和 MK-10。

2. MK-7 合成途径

（1）典型的甲萘醌合成途径

自然界中，多种细菌可以利用包括葡萄糖或甘油在内的几种碳源，经过发酵产生甲萘醌。1971 年，Campbell 等首先使用同位素示踪方法初步揭示了细菌中MK-7 的生物合成途径[23]。MK-7 的合成步骤可以概括为：以甘油醛-3-磷酸与丙酮酸为底物，经过 1-脱氧-D-木糖-5-磷酸合成酶（1-deoxy-D-xylulose 5-phosphate synthase，Dxs）的催化作用生成 1-脱氧-D-木糖-5-磷酸，后者进入甲基-4-磷酸赤藓糖醇（methylerythritol 4-phosphate，MEP）途径和异戊烯基二磷酸合成途径，最终合成侧链结构七异戊二烯基焦磷酸（HDP）（图 7-2）；骨架结构 1,4-二羟基-2-萘甲酸（1,4-dihydroxy-2-naphthoic acid，DHNA）是以分支酸（chorismic acid，CHA）为底物通过甲萘醌途径合成的[24]；之后，HDP 单元通过由 menA 编码的 1,4-二羟基-2-萘酸辛二烯酯转移酶转移到萘醌环的 C3 位[25]，最终通过 ubiE/menH的甲基化作用形成 MK-7[26]。当以磷酸烯醇丙酮酸（PEP）和赤藓糖-4-磷酸（E-4-P）作为起始底物时，经过莽草酸途径生成分支酸，然后通过典型的甲萘醌合成途径生成骨架结构 DHNA[27]。而当以甘油为底物时，甘油激酶（glycerol kinase，GK）首先将甘油转化为甘油酯-3-磷酸，其再转化为甘油醛-3-磷酸，后者进入糖酵解途径生成丙酮酸，然后脱羧形成乙酰辅酶 A，进入 TCA 循环[28]。同时，丙酮酸还将与甘油醛-3-磷酸缩合形成 1-脱氧-D-木糖-5-磷酸，并进入 MEP 途径形成异戊二烯焦磷酸（IPP）。另外，3-磷酸甘油酯也进入戊糖磷酸（HMP）途径，生成重要的中间体赤藓糖-4-磷酸（E-4-P），然后与磷酸烯醇丙酮酸通过一系列脱水和脱氢反应合成分支酸。

如图 7-2 所示，典型的甲萘醌合成途径需要 7 种不同的酶进行催化，分别是异分支酸合酶（MenF）、2-琥珀酰-5-烯醇丙酮酰-6-羟基-3-环己烯-1-羧酸合成酶（MenD）、2-琥珀酰-6-羟基-2,4-环己二烯-1-羧酸合酶（YtxM）、O-琥珀酰苯甲酸合酶（MenC）、O-琥珀酰苯甲酰辅酶 A 连接酶（MenE）、1,4-二羟基-2-萘酰辅酶 A 合酶（MenB）、1,4-二羟基-2-萘酰辅酶 A 水解酶（YuxO）[29]。在 *E. coli* 和 *B. subtilis* 中，与甲萘醌合成相关的基因以 *men* 基因簇的形式在基因组上存在[30-33]。但是，*menA* 和 *menH* 并没有出现在基因簇中[34, 35]。

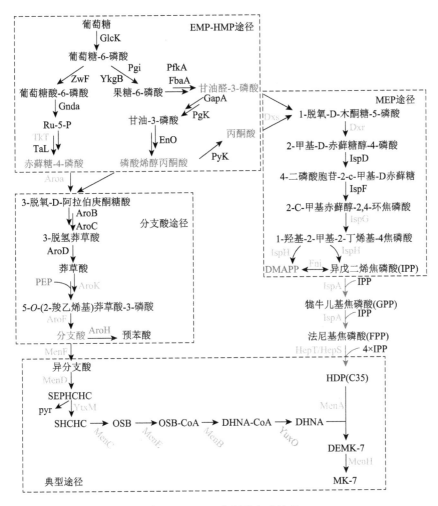

图 7-2　MK-7 典型的合成途径

SEPHCHC：2-琥珀酰-5-烯醇丙酮酰-6-羟基-3-环己烯-1-羧酸；SHCHC：2-琥珀酰-6-羟基-2,4-环己二烯-1-羧酸；
OSB：2-琥珀酰苯甲酸；OSB-CoA：2-琥珀酰苯甲酰辅酶 A；DHNA-CoA：1,4-二羟基-2-萘酰辅酶 A；
DHNA：1,4-二羟基-2-萘甲酸；DMAPP：焦磷酸二甲烯丙酯；pyr：丙酮酸

（2）可变的甲萘醌合成途径——氟他洛辛合成途径

除了以分支酸为起始的典型合成途径外，自然界中还存在着其他替代途径（图 7-3）[36]。在早期研究中，研究人员通过生物信息学在链霉菌和一些致病种

（如幽门螺杆菌、空肠弯曲菌）中无法找到 men 基因簇的同源基因，但是此类微生物同样可以合成各类甲萘醌[37]。研究人员利用 U-$^{13}C_6$ 标记的葡萄糖在天蓝色链霉菌中进行示踪实验，发现了中间代谢物 1,4-二羟基-6-萘甲酸的存在，甲萘醌的标记方式不同于经典途径，这说明在链霉菌中有可变的甲萘醌合成途径[38]。为了进一步找到可替代途径中甲萘醌合成的相关基因，研究人员将幽门螺杆菌、空肠弯曲菌、嗜热链球菌和天蓝色链霉菌的基因组与已知甲萘醌生物合成微生物（大肠杆菌、枯草芽孢杆菌、谷氨酸棒杆菌和结核分枝杆菌）的基因组进行了比较[39]，使用 BLAST（局部比对搜索工具）程序将直系同源基因设置为互为最佳匹配对，其阈值 E 值<10^{-10}，然后搜索在含有 men 基因簇的菌种不存在的基因，最终在天蓝色链霉菌 A3（2）中鉴定了约 50 个候选基因，排除公认的转录调节因子和膜蛋白基因后，剩下了 4 个候选基因：*SCO4326*、*SCO4327*、*SCO4506* 和 *SCO4550*[40]，这些基因的产物被标注为未知功能蛋白，研究人员将这个新型合成途径称为氟他洛辛途径。

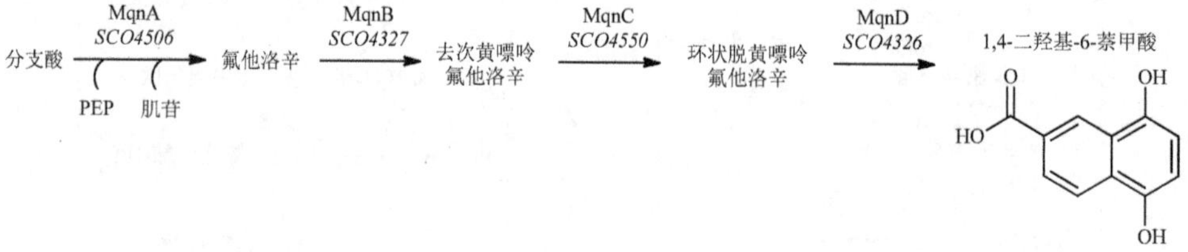

图 7-3　可替代的 MK-7 合成途径

7.1.2　传统提高 MK-7 合成的策略

为了增加 MK-7 的合成，研究者在发酵方式、优化工艺等方向开展了大量研究[9]。其中，发酵方式主要包括固态发酵[41]、液体发酵[42]和静置培养[43]，而发酵工艺的优化主要包括发酵培养基成分的优化和发酵条件的优化[44]。

1. 固态发酵优化 MK-7 合成

固态发酵是指将培养基的水分控制在 12%～80%[9]，目前固态发酵已经成功应用到次级代谢物的生产过程中，主要是因为用于次级代谢物生产的微生物，其菌丝体的形态更适合在固体培养基上生长[45]。Mahanama 等从商品纳豆食品中分离出高产 MK-7 的纳豆枯草芽孢杆菌，进一步使用固态发酵技术处理玉米渣和大豆蛋白，并通过响应曲面法（response surface methodology，RSM）和中央复合面（CCF）技术优化了发酵参数，MK-7 的最大产量为 67.01 mg/kg[41]。在另一项研究中，Singh 等使用枯草芽孢杆菌进行固态发酵，并分析了几种培养基成分对 MK-7 产量的影响,发现甘油、甘露醇、酵母提取物、麦芽提取物和氯化钙是生产 MK-7 最优的培养基成分,优化后的培养基每克最高可以生产 39.03 μg 的 MK-7[46]。

通常,影响固态发酵的主要因素是微生物菌株、发酵底物、底物预处理方式及其粒径与类型、底物水活度,以及发酵时间和温度的选择[47]。在固态发酵工艺中用于 MK-7 生产的底物主要取决于成本和可用性,因此底物的筛选是影响固态发酵的重要因素[9]。同时底物进行预处理能够明显减少发酵时间。例如,在发酵的第一阶段使用淀粉酶处理底物可以增加可利用的残糖,这对提高 MK-7 的产量是有利的。

固态发酵具有其自身的优势,生产过程中无须昂贵的有机溶剂萃取,最终产品可以直接干燥制成颗粒作为补充剂使用。然而,固态发酵的工艺参数很难控制,发酵过程中产生的代谢热难以去除,另外过高的湿度会导致基质容易聚集,如果代谢热和湿度控制不当,会极大地影响固体基质的物理性能。低湿度会导致底物膨胀,养分溶解度降低和渗透压升高;相反,高湿度会引起底物颗粒的团聚,影响微生物的发酵,从而导致 MK-7 的含量降低。此外,占地面积大、发酵时间长等特点也限制了固态发酵在大规模发酵中的应用[48]。

2. 液体发酵生产 MK-7

采用液体发酵可以改善细胞生长、缩短发酵周期并减少生物反应器的体积。在液体发酵中,通常选择甘油、麦芽糖和葡萄糖作为碳源,酵母提取物和大豆蛋白胨作为氮源。Berenjian 等分析了培养基营养对芽孢杆菌合成 MK-7 的影响,发现当培养基成分为 5%(m/V)酵母提取物、18.9%(m/V)大豆蛋白胨、5%(m/V)甘油和 0.06%(m/V)K_2HPO_4 时,MK-7 的产量最大,为 62.32 mg/L[49]。此外,Natto 等还探究了小批量(25 mL)和台式规模(3 L)发酵罐在发酵过程中分批添加甘油对 MK-7 生产的影响,研究结果表明,添加甘油可以明显提高 MK-7 的产量,特别是在发酵的第二天将 2%(m/V)甘油添加到发酵培养基中时,MK-7 便能够达到 86.48 mg/L 的最大产量[50]。

3. 生物膜形成对 MK-7 合成的影响

芽孢杆菌在静置培养的过程中可以形成生物膜,生物膜的形成会对培养基的黏度和传质效率产生负面影响。除了固态发酵和传统的液体发酵外,还开发了许多新的生物反应器用于 MK-7 的生产[43, 51]。其中较为典型的一类反应器便是生物膜反应器,也称为被动固定细胞反应器。微生物细胞能够附着在木质纤维素材料、金属合金或塑料复合物等支撑物上,从而产生大量的生物膜,借助生物膜微生物能够合成相关的代谢物[52]。Berenjian 等对生物膜形成与 MK-7 合成之间的相关性进行分析，发现两者在静态培养过程中呈现线性关系[53]。Mahdinia 等通过选择不同的培养基和载体材料为细胞附着与生物膜形成提供支持，评估了使用生物膜反应器生产 MK-7 的可能性，并且比较了 4 种不同类型的塑料复合材料支架，用来评估不同材料对生物膜生长的影响，发现塑料复合支撑物（plastic composite support，PCS）能够促进生物膜的形成[54]。此外，采用响应曲面法（RSM）优化菌株发酵培养基组分和生长条件，使 MK-7 的产量提高 2.3 倍，达到 28.7 mg/L[55]。除了 MK-7 之外，生物膜反应器还被广泛应用于抗生素、生物聚合物等其他高附加值产品的生产。

7.1.3　菌株改造高效合成 MK-7

虽然传统的发酵工程策略能够增加 MK-7 的产量，但是仅通过优化发酵过程增加产量，难以满足工业的需求。在基因水平对 MK-7 的合成途径进行改造是提高 MK-7 产量的根本途径。采用基因工程策略调控 MK-7 合成是指在基因水平对 MK-7 的合成途径进行优化，包括通过增强关键基因表达来增加 MK-7 合成的碳流量，以及通过限制竞争途径等来减少碳流量的损失。从基因水平对 MK-7 的合成进行优化能够从根本上解决 MK-7 合成效率低的问题。

1. 化学试剂诱变

菌株的性能是高效合成 MK-7 的关键，决定了最终产物的浓度和生产效率。MK-7 的生物合成途径涉及多种代谢途径（图 7-2），这些途径受到多种化合物的调节。使用化学试剂对菌株进行突变，然后使用结构类似物筛选正向突变是提高 MK-7 合成的通用方法[56]。常用的化学诱变剂主要包括 N-甲基-N-硝基-N-亚硝基胍（N-methyl-N-nitro-N-nitroso-guanidine，NTG），结构类似物有 1-羟基-2-萘甲酸（1-hydroxy-2-naphthoic acid，HNA）、二苯胺和甲萘醌（menadione）等。Sato 等首先通过 NTG 诱变 B. subtilis，然后筛选获得耐受二苯胺的突变菌株，结果发现 MK-6 的产量下降，MK-7 的产量明显增加[57]。Tani 等同样利用 NTG 作为诱变剂，筛选获得耐受 HNA 的黄杆菌（Flavobacterium），各种类型的甲萘醌总产量达到 55.6 mg/L，其中以 MK-6 和 MK-5 居多[58]。尽管化学诱变能够提升菌株合成 MK-7 的能力，但是这种突变是随机的，需要有效的筛选方法才能从大量的突变体中找到正向突变体，因此该方法的使用需要耗费大量的资源。

2. 途径改造

虽然化学诱变可以提高菌株合成 MK-7 的能力，但是突变菌株合成 MK-7 的效率仍然较低，难以实现产量的突破。菌株中 MK-7 含量低的一个关键原因是参与其生物合成的关键酶表达水平较低，因此提高关键基因的表达水平或者提高关键酶的催化活性是提高 MK-7 产量的关键。考虑到枯草芽孢杆菌（Bacillus subtilis）具有清晰的基因组注释信息和成熟的遗传操作工具，研究人员尝试通过改变 Bacillus subtilis 中的代谢途径或在其他模式微生物中构建新的途径来大幅度提高 MK-7 的生物合成量。

　　增强前体供应并抑制副产物的合成是改善菌株性能的常用手段。与 B. subtilis 相比，大肠杆菌既能合成泛醌（CoQ-8），又能合成甲萘醌（MK-8），Kong 等通过过表达与前体供应相关的关键酶，使 MK-8 的含量大大提高，进一步过表达 menA 或 menD 时，MK-8 的产量提高 5 倍[59]。另外，由于泛醌与甲萘醌共享异戊二烯焦磷酸侧链结构，因此阻断 CoQ-8 的合成途径后，MK-8 的产量进一步提高了 30%[59]。Liu 等通过定点诱变使泛醌合成途径中的关键酶 4-羟基苯甲酸酯转移酶失活，发现甲萘醌的含量增加了 130%[60]。提高 MEP 途径中限速酶 Dxr 和 MenA 的表达水平，并且向培养基中添加丙酮酸和莽草酸等前体，MK-7 的含量增加了 11 倍[26]。Ma 等在枯草芽孢杆菌中过表达限速酶 Dxs、Dxr、Idi 和 MenA，并进行不同组合，最终使重组菌株中 MK-7 的产量从 4.5 mg/L 增加到 50 mg/L[61]。模块化途径工程是另一种提高特定化学物质生物合成的有效方法。使用 B. subtilis 168 作为生产 MK-7 的出发菌株，Yang 等首先将 MK-7 生物合成途径分为 4 个模块，然后过表达甲萘醌模块中的 menA 基因、MEP 模块中的 dxs、dxr、yacM、yacN 基因和甘油模块中的 glpD 基因，最终突变菌株产生的 MK-7 达到了 69.5 mg/L，与出发菌株相比增加了 20 倍以上[28]。

7.2　增强前体供应提高 MK-7 的合成

　　枯草芽孢杆菌（Bacillus subtilis）中存在完整的 MK-7 合成途径，该合成途径由糖酵解、磷酸戊糖、分支酸、MEP 及典型的甲萘醌合成途径组成。然而，由于 MK-7 的高效合成需要多种代谢物的共同参与，以及多个模块的协同作用，但野生型 B. subtilis 中这些代谢物缺乏协同机制，因而限制了 MK-7 的产量。

　　作为合成 MK-7 的骨架结构和侧链结构的关键前体，分支酸和异戊二烯焦磷酸（IPP）的产量对 MK-7 的合成起到决定性作用。研究发现在骨架结构合成的过程中，基因 aroA 的转录水平受到终产物酪氨酸、苯丙氨酸的反馈抑制，同样莽草酸激酶（AroK）的催化能力也是分支酸途径中的限速步骤[62, 63]。另外，分支酸途径的前体磷酸烯醇丙酮酸（PEP）和赤藓糖-4-磷酸（E-4-P）也影响分支酸的合成。研究表明，B. subtilis 168 内的 PEP 大部分生成丙酮酸，碳流量进入三羧酸循环，使进入分支酸途径中的碳流量减少[64]；磷酸戊糖途径中转酮酶的表达量提高限制

E-4-P 的含量。在合成侧链七异戊二烯基焦磷酸（HDP）的过程中，IPP 的供应决定了侧链结构的产量。IPP 主要来自 MEP 途径，而 MEP 途径的限速步骤是 1-脱氧-D-木糖-5-磷酸合成酶（Dxs）、羟酸还原异构酶（Dxr）和异戊二烯焦磷酸异构酶（Fni）催化的反应。如何在 *B. subtilis* 168 中通过表达外源基因解决限速步骤，以及抑制竞争途径来增加前体分支酸和异戊二烯焦磷酸的合成是本章解决的主要问题。

　　尝试将 MK-7 的合成途径分为不同的模块，通过增强不同模块中关键基因的表达并抑制 MK-7 前体合成的竞争途径（图 7-4），进而提高 *B. subtilis* 168 合成 MK-7 的能力。具体策略如下：首先，在 *B. subtilis* 168 中异源表达异分支酸异构酶编码基因 *entC*，并通过使用强启动子过表达异分支酸合酶编码基因 *menF*、邻苯二甲酰琥珀酸辅酶 A 连接酶编码基因 *menE*、萘甲酸合酶编码基因 *menB* 来增强 *men* 基因簇的表达。然后，利用 Cre/lox 基因编辑系统敲除 PTS 系统中编码关键酶 EIICB 的基因 *ptsG*，同时使用组成型启动子表达 PEP 合酶编码基因 *ppsA*、转酮酶编码基因 *tkt*、抗产物反馈抑制的 3-脱氧-D-阿拉伯糖庚酸-7-磷酸合酶编码基因 *aroG^{fbr}*、莽草酸激酶编码基因 *aroK*，增加分支酸的积累。之后，使用组成型启动子表达 2-酮-3-脱氧-6-磷酸葡糖酸合酶编码基因 *kdpG*、1-脱氧-D-木酮-5-磷酸合酶编码基因 *dxs*、羟酸还原异构酶编码基因 *dxR*、异戊二烯焦磷酸异构酶编码基因 *fni* 和香叶基转移酶编码基因 *ispA*，增加异戊二烯焦磷酸的积累。此外，

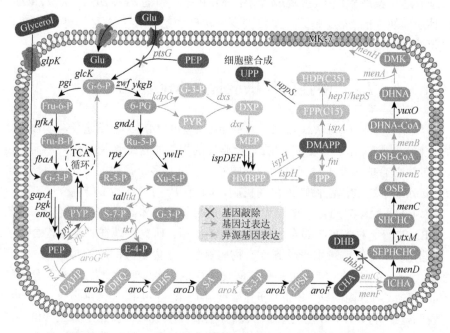

图 7-4　*B. subtilis* 的 MK-7 合成代谢途径及本章应用的工程策略

通过增加 1,4-二羟基-2-萘甲酸辛二烯酯转移酶编码基因 *menA* 的拷贝数，促进侧链结构与骨架结构 DHNA 的整合，最终获得一株 MK-7 产量明显提高的重组 *B. subtilis* 168。

7.2.1　增强甲萘醌典型合成途径对 MK-7 合成和细胞生长的影响

在 *B. subtilis* 168 中，分支酸经过典型的甲萘醌合成途径生成 MK-7 骨架结构 1,4-二羟基-2-萘甲酸，该途径共需要 7 个催化反应（图 7-5）。全基因组数据显示，典型甲萘醌合成途径中的基因属于同一个基因簇——*men* 基因簇（图 7-5a）。值得注意的是，在基因 *menF*、*menB*、*menE* 上游均存在启动子，能够生成不同的转录本。然而，目前对 *men* 基因簇的调控方式未知，未能确定基因簇受到什么类型的调控，以及响应哪些效应物。

为了消除未知的调控方式对 MK-7 合成的影响，同时增强整个合成途径的代谢通量，本节将基因簇中可能存在的启动子全部替换为组成型强启动子（图 7-5b）。首先在 *menF* 和 *menB* 基因起始密码子 ATG 之前插入启动子 P_{43}，使 *menF* 和 *menB* 基因不受原有启动子的调控，获得重组菌株 BS1。摇瓶发酵显示，与出发菌株 *B. subtilis* 168 相比，重组菌株 BS1 的细胞生长未发生明显变化，细胞干重为 13.62 g/L，进一步分析发现 MK-7 的合成并没有明显增强，在第 6 天的产量仅为 9.3 mg/L（*B. subtilis* 168 为 9 mg/L）（图 7-5c）。在 BS1 菌株 *menE* 基因起始密码子的前面插入启动子 P_{hbs}，获得重组菌株 BS2。与 BS1 相比，BS2 中 MK-7 的产量并没有提高，第 6 天的产量为 9.5 mg/L，然而细胞的生长受到了抑制，细胞干重为 10.99 g/L（图 7-5d）。上述结果说明，*men* 基因簇的调控方式并不是影响 MK-7 合成的主要因素。

为了使分支酸更多地流向甲萘醌合成途径，在 BS2 中首先使用 P_{43} 启动子异源表达来源于 *E. coli* K12 的异分支酸合酶基因 *entC*。同时敲除竞争途径中的异分支酸酶编码基因 *dhbB*，获得重组菌株 BS3。摇瓶发酵结果显示，BS3 菌株中 MK-7 的产量为 9.3 mg/L，细胞干重为 10.11 g/L。上述实验结果说明，消除 *men* 基因簇的调控方式，以及强化典型的甲萘醌合成途径，对 MK-7 的合成均没有起到明显的促进效果，表明 *men* 基因簇的调控方式不是影响 MK-7 合成的关键因素。

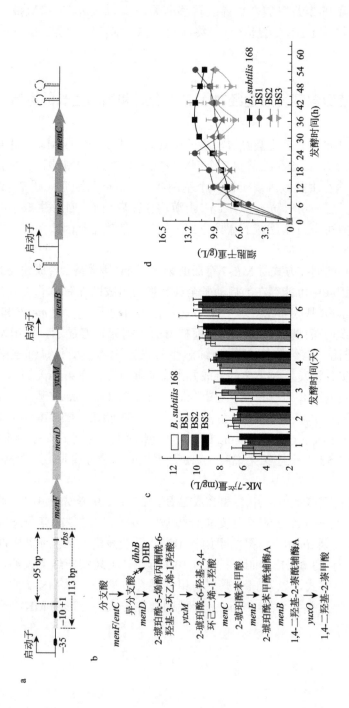

7.2.2　增强分支酸合成途径对 MK-7 合成和细胞生长的影响

从前期实验的结果得知，*men* 基因簇调控方式并不是限制 MK-7 合成的关键因素。考虑到 MK-7 骨架结构的前体物质分支酸是合成含苯环氨基酸的唯一前体，其合成受到严格的调控，因此推测限制 MK-7 高效合成的一个主要因素很可能是分支酸的供应不足。为了验证上述推断，本研究主要从两个方面来增强分支酸的合成：一是增强分支酸的前体 E-4-P 和 PEP 的供给；二是解除分支酸途径中的限速步骤（图 7-6a）。

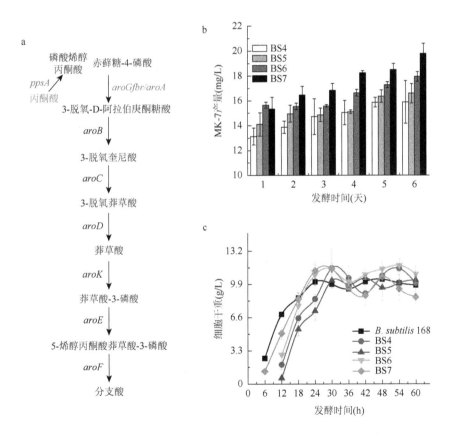

图 7-6　增强分支酸合成途径对 MK-7 合成和细胞生长的影响

（a）增强分支酸合成的策略；（b）强化不同基因之后，不同工程菌合成 MK-7 产量的变化；
（c）不同工程菌的细胞生长情况

为了增强 E-4-P 的合成，通过原位替换的方式，使用 P$_{hbs}$ 启动子在 BS3 菌株中过表达戊糖磷酸途径中的关键酶——转酮酶的编码基因 tkt，获得重组菌株 BS4。发酵 6 天后，菌株 BS4 中 MK-7 的产量达到 15.2 mg/L（图 7-6b），是 BS3 菌株的 1.6 倍，菌株的细胞干重为 12.355 g/L（图 7-6c）。为了提高 PEP 的合成量，通过基因组整合，在 BS4 菌株中使用 P_{43} 启动子表达来源于 $E.\ coli$ K12 的 PEP 合酶编码基因 $ppsA$，同时敲除 $ptsG$ 葡萄糖转运系统以减少 PEP 的消耗，获得重组菌株 BS5。经过 6 天的发酵，BS5 菌株中 MK-7 的产量为 16.7 mg/L（图 7-6b）。上述结果说明，增强分支酸前体 E-4-P 和 PEP 的供给，特别是 E-4-P 的供给，可以显著提高菌株合成 MK-7 的能力。

分支酸合成途径中的第一步反应是 3-脱氧-D-阿拉伯庚酮糖酸合酶（AroA）催化 E-4-P 和 PEP 生成 DAHP（3-脱氧-D-阿拉伯庚酮糖酸-7-磷酸）。在此过程中，AroA 的催化能力受到途径产物苯丙氨酸、酪氨酸及色氨酸的反馈抑制。为了缓解这种反馈抑制，使用 P_{hbs} 启动子原位替换 BS5 菌株中 $aroA$ 基因的天然启动子以增加 AroA 的表达量；之后以 $E.\ coli$ K12 为模板扩增 $aroG$ 基因，利用定点突变技术将第 150 位脯氨酸突变为亮氨酸，改变芳香族氨基酸的结合位点，实现抗反馈抑制的目的。进一步使用启动子 P_{hbs} 在上一步所得菌株中表达突变酶基因 $aroG^{fbr}$，最终获得重组菌株 BS6。与 BS5 菌株相比，BS6 的细胞生长没有发生明显变化；发酵 6 天之后，BS6 中 MK-7 的产量为 17.7 mg/L（图 7-6b）。已有报道指出，莽草酸激酶（AroK）是分支酸途径中的关键限速步骤[62, 63]。因此，本研究进一步使用强启动子 P_{43} 过表达莽草酸激酶编码基因 $aroK$，获得重组菌株 BS7。将重组菌株 BS7 进行摇瓶发酵，结果显示，细胞的生长状况与野生型类似，发酵 6 天后的 MK-7 产量达到 20.4 mg/L（图 7-6b），约是出发菌株 $B.\ subtilis$ 168 的 2.1 倍。上述结果说明，分支酸确实是限制 MK-7 高效合成的一个重要因素。

7.2.3　增强 MEP 途径对 MK-7 合成和细胞生长的影响

本节还探究了 MK-7 侧链结构——七异戊二烯基焦磷酸（HDP）的供给对 MK-7 合成的影响。HDP 是由 7 个异戊二烯基焦磷酸（IPP）聚合而成的（图 7-7a），为了增加 HDP 的供应，使用启动子 P_{hbs} 表达香叶基转移酶编码基因 $ispA$，促使 IPP 尽可能多地流入 HDP 合成途径，获得重组菌株 BS8。摇瓶发酵结果显示，发酵 6 天后，菌株 BS8 中 MK-7 的产量为 20.7 mg/L（图 7-7b），细胞干重为 13.23 g/L（图 7-7c）。与 BS7 相比，BS8 中 MK-7 的产量并未提高。进一步使用启动子 P_{43} 过表达庚二烯基焦磷酸合酶编码基因 $hepS/T$，用于强化法尼基焦磷酸（FPP）到 HDP 的合成途径，获得重组菌株 BS9。经过上述改造，BS9 中 IPP 到 HDP 的合成途径中所有酶的表达均由组成型启动子调控。对 BS9 菌株进行发酵实验发现，该菌株的细胞干重与野生型细胞类似，但细胞生长至最大干重时所需的时间延长，由原有的 24 h 增加至 35 h；发酵 6 天之后，BS9 菌株的 MK-7 产量提高至 24.7 mg/L（图 7-7b）。

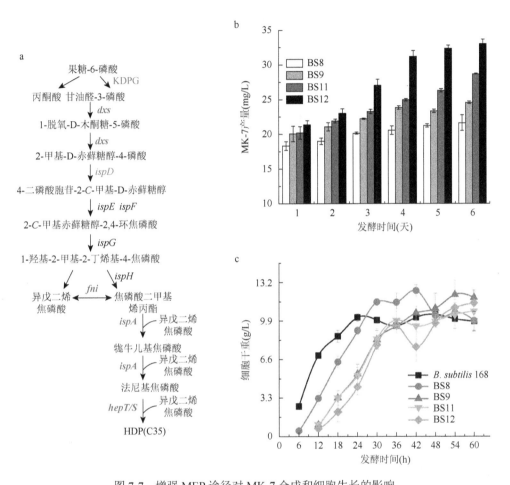

图 7-7　增强 MEP 途径对 MK-7 合成和细胞生长的影响

（a）增强 HDP 合成的策略；（b）强化不同基因之后，不同工程菌合成 MK-7 产量的变化；
（c）不同工程菌的细胞生长情况

在 *B. subtilis* 168 中，IPP 经甲基-4-磷酸赤藓糖醇（MEP）途径合成。首先，三磷酸甘油醛（GAP）和丙酮酸（PYR）在 1-脱氧木酮糖-5-磷酸合酶（DXs）的催化作用下完成第一步缩合反应生成 1-脱氧木酮糖-5-磷酸，之后其经过 1-脱氧-D-木酮糖-5-磷酸还原异构酶（DXr）、2-*C*-甲基-D-赤藓糖醇-4-磷酸胞苷转移酶（IspD）、4-二磷胞苷-2-*C*-甲基-D-赤藓糖醇激酶（IspE）、2-*C*-甲基-D-赤藓糖醇-2,4-环焦磷酸合酶（IspF）和（*E*）-4-羟基-3-甲基-2-丁烯基二磷酸还原酶（IspH）等的催化作用生成 IPP。另外，IPP 和二甲基烯丙基焦磷酸（DMAPP）在异戊二烯焦磷酸异构酶（Fni）的作用下可以相互转化。基于上述内容，本研究使用启动子 P_{hbs} 表达来源于运动假单胞菌（*Zymomonas mobilis*）的 2-酮-3-脱氧葡萄糖酸-6-磷酸（ED）合酶编码基因 *kdpG*，从而在 *B. subtilis* 中构建 ED 途径以增加 MEP 途径底物三磷酸甘油醛和丙酮酸的供应，获得重组菌株 BS10。结果显示，发酵 6 天后，与 BS9 相比，菌株 BS10 的 MK-7 产量并没有明显提高，说明了 GAP 和 PYR 的供应是充足的。已有报道指出，MEP 途径中的关键步骤是 DXs、DXr 和 Fni 催化的反应[61]。因此，接下来在 BS10 中使用强启动子 P_{43} 对 *dxs*、*dxr* 的原始启动子进行了原位替换，获得重组菌株 BS11。摇瓶发酵结果显示，发酵 6 天之后，菌株 MK-7 的产量为 27.4 mg/L（图 7-7b）。此外，还发现与 BS10 相比，BS11 菌株在培养的前 30 h 内，细胞的生长受到明显的抑制，但是当培养时间超过 36 h，细胞干重与野生型类似（图 7-7c）。考虑到 HDP 的形成是在 DMAPP 上增加多个 IPP，而 IPP 与 DMAPP 又互为同分异构体，因而本研究使用启动子 P_{43} 对 BS11 菌株中 *fni* 的原始启动子进行了原位替换，以促进碳通量流向 HDP 的合成，进而获得了重组工程菌株 BS12。与菌株 BS11 类似，在发酵前期，BS12 菌株的细胞生长较慢，但在发酵后期，细胞的生长情况与野生型类似（图 7-7c）。对 MK-7 产量检测发现，发酵 6 天后，BS12 中 MK-7 的产量明显提高，约为 33.1 mg/L（图 7-7c）。上述结果显示，增强分支酸和 IPP 的供应，能够有效地提高 MK-7 的合成，说明前体的供应是合成 MK-7 的关键因素。

7.2.4 关键基因 *menA* 对 MK-7 合成的影响

侧链结构 HDP 与骨架结构 DHNA 经 1,4-二羟基-2-萘甲酸辛二烯酯转移酶 MenA 的催化作用，整合生成 MK-7 的前体 DMK-7，因而推测 MenA 的催化效率很可能是影响 MK-7 高效合成的另一个重要因素。为了验证上述推测，本节通过原位替换使用强组成型启动子 P_{43} 调控 BS12 中 *menA* 的表达，然而发酵结果显示，菌株中几乎检测不到 MK-7。造成该现象的原因很可能是 P_{43} 启动子影响了 *menA* 的转录。为了避免上述问题，选择基因 *menA* 上游的 500 bp 作为其天然启动子（标记为 P_{native}），将 P_{native}-*menA* 作为一个整体，通过同源重组的方式先后插入枯草芽孢杆菌 BS12 基因组的 *lacA*、*thrC*、*dacA* 位点（图 7-8a），获得的重组菌株依次命名为 BS13、BS14、BS15。摇瓶发酵显示，随着 *menA* 拷贝数的增加，菌株中发酵 6 天后的 MK-7 产量逐步提高，BS13、BS14、BS15 分别是 36.5 mg/L、59.6 mg/L、75.3 mg/L（图 7-8b），且 *menA* 拷贝数的增加有利于缓解发酵前期重组菌株生长受抑制的现象（图 7-8c）。进一步分析发现，发酵液上清中的 MK-7 含量在细胞沉淀中的比值一直维持在 1 : 2 左右（图 7-8b）。

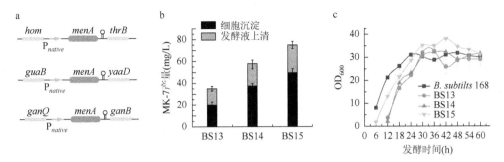

图 7-8　增加 *menA* 拷贝数对 MK-7 合成和细胞生长的影响

（a）在基因组上添加 *menA* 拷贝的位点；（b）增加不同拷贝数基因之后，不同工程菌合成 MK-7 产量的变化；
（c）不同工程菌的细胞生长情况

为了进一步了解强化不同途径对菌种代谢产生的影响，接下来检测了不同工程菌对碳源消耗能力的差异，分别对发酵液中的葡萄糖和甘油利用水平进行了分析。原始菌株 *B. subtilis* 168 在 24 h 时消耗完葡萄糖，并开始利用甘油，而重组菌株对葡萄糖的消耗能力减弱，如在发酵 72 h 之后，BS12 菌株的发酵液中依然存在 16 g/L 的葡萄糖（图 7-9a）。随着 *menA* 拷贝数的增加，菌株消耗葡萄糖的能力有所恢复，BS15 菌株在发酵 72 h 之后，发酵液中的葡萄糖含量减少至 6 g/L，且该菌株消耗甘油的时间也明显提前（图 7-9b）。

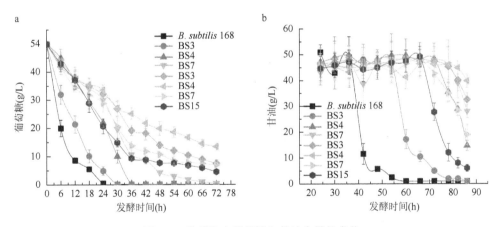

图 7-9　发酵液中葡萄糖和甘油含量的变化

（a）不同工程菌消耗葡萄糖的情况；（b）不同工程菌消耗甘油的情况

MK-7 作为脂溶性物质，主要存贮于细胞质膜中。在 *B. subtilis* 168 中，脂溶性物质如何从胞质进入质膜一直是研究者较为关注的问题。根据 *B. subtilis* 和 MK-7 的特性，推测 MK-7 的进膜很可能依赖于其合成途径中某个关键酶的质膜定位。因此，本节对 MK-7 合成途径中的 MenA 进行了初步的分析。首先，通过跨膜结构域预测（http://www.cbs.dtu.dk/services/TMHMM/）发现，MenA 蛋白含有 8 个跨膜结构域（图 7-10a），暗示了 MenA 很可能是个典型的膜蛋白。为了进一步确定 MenA 的亚细胞定位，选择质膜蛋白转座酶 YqjG 作为细胞质膜标记蛋白，获取质粒 pHT01-*menA*-*gfp*-*yqjG*-mCherry，并将该重组质粒转化至 *B. subtilis* 168 感受态细胞，获得重组菌株 BS168 + menA。激光扫描共聚焦显微镜观察发现，EGFP 的荧光信号主要位于细胞质膜上，即与上述推测一致，MenA 是一个典型的膜蛋白（图 7-10b）。

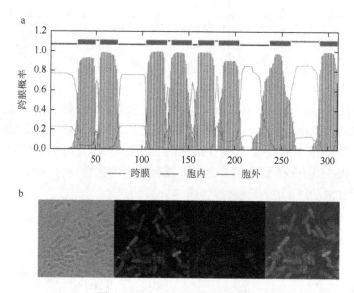

图 7-10　MenA 在细胞中的分布

（a）预测 MenA 的跨膜结构域；（b）荧光蛋白显示的 MenA 在细胞中分布

7.3　动态调控 MK-7 合成途径及发酵放大

MK-7 的合成网络涉及多个代谢途径，包括糖酵解-磷酸戊糖途径、莽草酸途径、异戊二烯途径和 MK-7 合成途径。糖酵解途径产生的大部分磷酸烯醇丙酮酸（PEP）是合成分支酸的重要前体，然而大部分 PEP 经丙酮酸激酶（Pyk）催化后进入三羧酸循环，最终导致 MK-7 无法高效合成。前期通过预实验证实敲除 *pyk* 可以迫使碳通量流向 MK-7 的合成途径，从而增加单位细胞的得率，但是 *pyk* 的敲除明显抑制了细胞的生长。此外，敲除十一碳烯基焦磷酸合成酶（UppS）会使细胞壁的合成受到限制，同样不利于细胞的生长。再者，MK-7 侧链合成途径中的代谢物 2-*C*-甲基赤藓糖醇-2,4-环焦磷酸（MECPP）和法尼基焦磷酸（FPP）具有细胞毒性，过早积累亦会明显抑制细胞的生长，而滞后合成则会导致与 DHNA 的合成速率不协调，只有 DHNA 与侧链的含量达到平衡时，才能有效避免其对细胞的毒害作用。因此，使用合适的代谢工程策略来实现 MK-7 的最大合成是一项重大挑战。

芽孢代谢通路在细胞生长中后期被激活，且具有相对独立性，不受其他途径代谢物的影响，与 MK-7 的合成积累时间基本一致。因此，如何利用重构的 Phr60-Rap60-Spo0A 双组分群体感应系统代谢通路，平衡细胞生长和 MK-7 高效合成是本节需要解决的关键科学问题。根据前期的实验结果，提高前体分支酸和 IPP 的供应是高效合成 MK-7 的关键因素，然而这两条代谢途径与中心代谢存在竞争关系，若使用传统的代谢工程方法很难平衡细胞生长和产物合成。而动态调控系统则能够有效地平衡产物合成代谢网络中的多条代谢途径，平衡细胞生长与产物高效合成。因此，本节将利用细胞自身的群体感应系统动态调控 MK-7 的代谢网络，实现 MK-7 的高效合成。

根据前期的实验结果，选用激活型启动子动态调控有毒代谢物合成关键基因的表达，当细胞达到一定浓度时，有毒代谢物合成相关基因开始转录，如 *ispH*，为了使有毒代谢物能够尽快合成 HDP，使用激活型启动子表达 *hepS/T*；当细胞的浓度积累到一定的程度时，通过阻遏型启动子抑制细胞生长相关基因，使碳通量流向目的产物的合成途径，最终成功地利用 Phr60-Rap60-Spo0A 系统对 MK-7 的合成网络进行全局和动态重构；当细胞的浓度超过阈值时，激活有毒代谢物下游途径基因的表达，以减少 HMBPP（1-羟基-2-甲基-2-丁烯基-4-焦磷酸）的积累，并阻遏细胞生长相关基因的表达，使碳通量流向 MK-7 的合成途径，从而实现了 MK-7 的高效合成（图 7-11）。

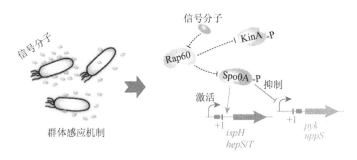

图 7-11　动态调控 MK-7 合成途径中的关键基因

7.3.1　群体感应系统调控 MK-7 的合成

为了使 MK-7 合成途径的碳通量最大化，同时避免有毒代谢物 MECPP 和 HMBPP 的积累，首先使用启动子 $P_{abrb\ (cs-1)}$ 替换了 BS18 菌株中基因 *pyk* 和 *uppS*

的天然启动子，获得菌株 BS19。与 BS18 相比，发酵第 6 天，BS19 菌株中 MK-7
的产量增加了约 110%，达到 169 mg/L（图 7-12a）。对细胞生长情况进行分析，
发现重组细胞 BS19 在生长后期受到明显的抑制，可能是由于丙酮酸合成受限不
利于细胞的生长（图 7-12b）。由于 MEP 途径是 *B. subtilis* 合成 IPP 的唯一途径，
且中间代谢物 HMBPP 和 MECPP 对细胞均有毒性，因此在 BS19 菌株的基础上，
利用启动子 $P_{spoiia\ (cs-1,\ 3)}$ 调控基因 *ispH* 和 *hepS/T* 的表达，获得重组菌株 BS20。
发酵 6 天后，该菌株在摇瓶中的 MK-7 产量高达 360 mg/L（图 7-12a），产率为
51.5 mg/(L·g DCW)，生产强度为 2.5 mg/(L·h)。然而，与 BS19 相比，BS20 的细
胞生长明显变弱，细胞干重仅为 *B. subtilis*168 的 60%（图 7-12b）。进一步分析发
现，菌株 BS20 在发酵后期出现严重的细胞裂解现象，可能是因为 MK-7 在电子传
输链中起着至关重要的作用，因而推测造成该现象的原因可能是高浓度的 MK-7
改变了细胞的生理代谢，从而导致细胞裂解。利用细胞自身存在的 Spo0A-P 调控
系统，在 *B. subtilis* 168 中实现了 MK-7 的高效合成，相比较出发菌株 BS18，BS20
中 MK-7 的产量提高了大约 5 倍。

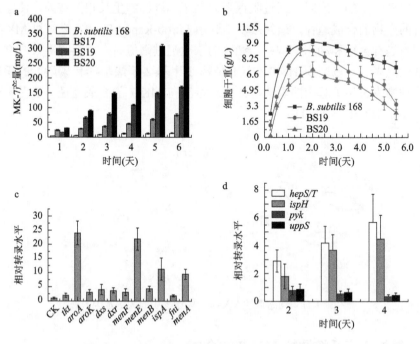

图 7-12　群体感应系统动态调控 MK-7 的合成途径

（a）菌株 BS17、BS19 和 BS20 的 MK-7 产量；（b）BS19 和 BS20 的细胞干重；（c）过表达基因的相对转录水平；
（d）与对照菌株 BS18 相比，基因 *pyk*、*uppS*、*hepS/T*、*ispH* 的相对转录水平，分别将 BS18 菌株中
基因 *pyk*、*uppS*、*hepS/T*、*ispH* 的转录水平指定为 1

为了明确群体感应系统在 MK-7 高效合成的过程中是否发挥了动态调控功能，接下来对相关基因的表达进行了检测。由于 MK-7 的产量在发酵的第 3～4 天明显增加，因而选择收集发酵第 3 天的细胞进行 RNA 提取。荧光定量 PCR 检测结果显示，与出发菌株 *B. subtilis* 168 相比，BS20 菌株中 MK-7 合成相关基因的转录水平均明显提高，其中，*ispA* 和 *menA* 的表达量提高了 5 倍以上，*aroA* 和 *menE* 的表达量甚至提高了 20 倍以上（图 7-12c）。进一步对发酵第 2、3 和 4 天的样品进行分析发现，随着发酵时间的延长，*hepS/T* 和 *ispH* 在 mRNA 水平的表达量逐渐增加，两者在第 4 天的表达量分别是第 2 天的 1.9 倍和 2.5 倍（图 7-12c）；而 *pyk* 和 *uppS* 则是随着发酵时间的延长，表达量逐渐降低，二者在第 4 天的表达水平不足第 2 天的 50%。上述结果表明，Phr60-Rap60-Spo0A 群体感应系统被成功地应用于 MK-7 的高效生产中。

7.3.2　在 5 L 生物反应器中发酵合成 MK-7

在 5 L 生物反应器中使用分批补料的方式进行发酵实验，发酵过程中葡萄糖的含量控制在 5 g/L 左右。发酵罐培养的细胞生长情况要优于摇瓶培养，罐中细胞干重达到 16.5 g/L，发酵后期细胞生长较为平稳，细胞干重约 10 g/L（图 7-13a）；此外，发酵 92 h 后，BS20 菌株中 MK-7 的产量便达到了最大值，约为 190 mg/L（图 7-13b）。当分别萃取发酵液上清和细胞沉淀时，菌株 MK-7 的产量为 200 mg/L，高于直接萃取发酵液所得的 MK-7 产量（图 7-13a）。总的来说，虽然 5 L 生物反应器中 MK-7 的产量要低于摇瓶发酵，但是 5 L 生物反应器中的发酵周期明显缩短。为了保持发酵液的 pH 处于中性，控制葡萄糖的流加（图 7-13c），以免碳源过多产生溢流副产物，如有机酸积累过多能够降低发酵液的 pH，从而抑制细胞的生长。在发酵前期 pH 有一个先下降后上升的过程，在发酵过程中 pH 处于中性，但在发酵后期由于细胞的老化，产生大量有机酸使 pH 下降（图 7-13d）。

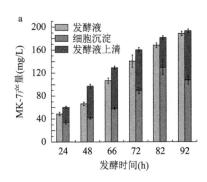
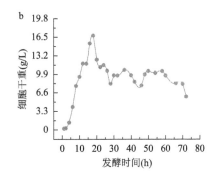

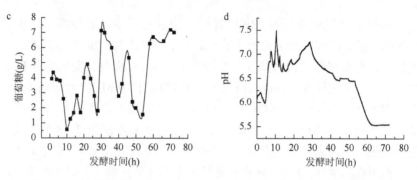

图 7-13　菌株 BS20 在 5 L 生物反应器中补料分批发酵时各参数的变化

（a）细胞合成 MK-7 产量的变化，包括发酵液上清、细胞沉淀和发酵液；（b）发酵过程中细胞干重的变化；
（c）发酵过程中葡萄糖残留量的变化曲线；（d）发酵过程中 pH 的变化曲线

7.3.3　在 15 L 生物反应器中发酵合成 MK-7

在 15 L 生物反应器中对 MK-7 的合成进行了进一步的优化与验证。由于在工业发酵过程中甘油残留会使发酵液变得黏稠，从而不利于后期产物的回收与纯化，因而本部分实验使用的培养基不再含有甘油，而是使用蔗糖作为葡萄糖以外的另一个碳源。发酵 3 天时，发酵液整体萃取所得的菌株 MK-7 产量为 200 mg/L，将发酵液上清和细胞沉淀分别萃取所得的 MK-7 的总产量为 220 mg/L（图 7-14a）；在发酵的第 1 天，发酵液上清中未检测到 MK-7；发酵第 2 天之后，发酵液上清和细胞沉淀中的 MK-7 的产量几乎相同（图 7-14a）。对细胞生长分析显示，发酵 17 h 时，细胞的 OD_{600} 值达到最大，细胞干重约为 10 g/L（图 7-14b）；发酵 50 h 后细胞密度开始下降，最终细胞干重维持在 6.6 g/L 左右（图 7-14b）。在分批补料培养过程中，葡萄糖的残留量控制在 3～6 g/L（图 7-14c），发酵期间共添加 1000 mL 补料溶液。对 pH 分析发现，15 L 生物反应器中发酵液的 pH 同样存在在早期有先下降后上升的现象（图 7-14d）。

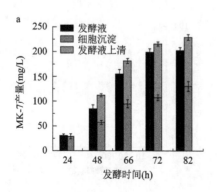

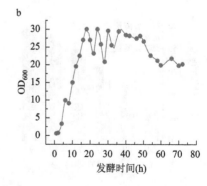

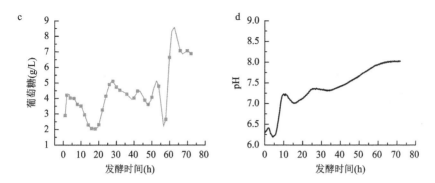

图 7-14 菌株 BS20 在 15 L 生物反应器中补料分批发酵时各参数的变化

（a）细胞合成 MK-7 产量的变化，包括发酵液上清、细胞沉淀和发酵液；（b）发酵过程中细胞生长的变化；
（c）发酵过程中葡萄糖残留量的变化曲线；（d）发酵过程中 pH 的变化曲线

7.3.4 在 3 t 生物反应器中发酵合成 MK-7

在 3 T 生物反应器中对 MK-7 发酵进行了中试水平的验证，分析结果显示，发酵 88 h 后，菌株的 MK-7 产量达到了 270 mg/L（图 7-15a），该产量明显高于在

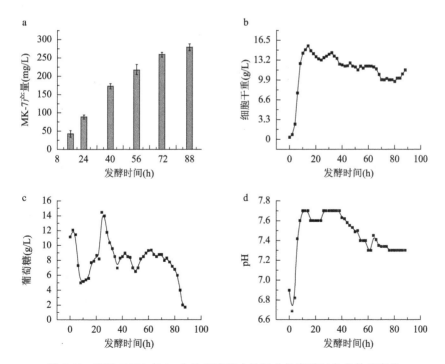

图 7-15 菌株 BS20 在 3 t 生物反应器中补料分批发酵时各参数的变化

（a）细胞合成 MK-7 产量的变化，包括发酵液上清、细胞沉淀和发酵液；（b）发酵过程中细胞生长的变化；
（c）发酵过程中葡萄糖残留量的变化曲线；（d）发酵过程中 pH 的变化曲线

15 L 和 5 L 生物反应器发酵所得的产量。然而 3 t 生物反应器中细胞的生长情况并没有得到明显改善，细胞干重为 14.85 g/L，发酵 60 h 后的细胞干重仅有 9.9 g/L（图 7-15b）。反应器中葡萄糖的残留量控制在 8 g/L 左右（图 7-15c）。对 pH 分析发现，与 15 L 和 5 L 生物反应器类似，3 t 生物反应器中同样存在在早期发酵液的 pH 有先下降后上升的情况（图 7-15d）。

7.4　比较转录组分析限制 MK-7 合成的因素

　　前文表明，通过增强前体分支酸和异戊二烯焦磷酸的供应，以及利用群体感应系统对 MK-7 的代谢网络进行动态调控，能够使 MK-7 的摇瓶产量提升至 360 mg/L，发酵罐产量达到 270 mg/L。然而，相对于菌株的理化性质改造，在过去的几十年中，大部分研究主要集中于如何通过发酵条件优化来提高 MK-7 的产量。例如，Berenjian 等通过优化培养基组分，使 MK-7 的产量提高到 62.32 mg/L。进一步通过采用分批补料的培养模式将 MK-7 的产量提高 38.8%，达到 86.48 mg/L[49]。此外，有研究表明，相对于振荡培养，静置培养可能更加有益于 MK-7 的合成，而这可能归因于静置培养中生物膜的形成。生物膜是微生物在静置培养过程中形成的一种特殊菌群形态。在自然环境下，菌群中的各个细胞会相互聚集，形成紧密结合的集合体，并分泌细胞外基质将整个群落包裹起来，从而为菌群的可持续生存创造有利条件[65]。目前，生物膜的形成已被很多研究证实有利于次级代谢物的合成。Mahdinia 等通过使用带有 4 种不同类型塑料复合载体的生物膜反应器生产 MK-7，成功将 MK-7 的产量提高 2.3 倍，达到 28.7 mg/L[55]。然而，尚未有研究从遗传水平上揭示生物膜在 MK-7 合成中的特定作用和机制，这限制了进一步增加 MK-7 产量的可能性。

　　为阐明生物膜形成与 MK-7 合成之间的内在联系，本节以 *B. subtilis* 168 为研究对象，通过比较其在振荡培养（不产生生物膜）和静置培养（产生生物膜）时转录水平的差异，分析限制 MK-7 合成的关键因素。首先，敲除生物膜形成基因 *epsA-C*、*tasA*、*sinI*、*yuaB* 和 *ftsH*，抑制生物膜的形成。然后，通过静置培养验证抑制生物膜的形成是否影响 MK-7 的合成。随后，利用比较转录组技术分析振荡培养和静置培养之间基因表达水平的差异，初步探讨生物膜形成与 MK-7 合成之间潜在的调控机制。结果表明，与细胞膜成分有关的基因表达量显著上调，如信号转导蛋白（BSU02000、BSU02630）和跨膜转运蛋白（BSU34265、BSU29340、BSU03070），而大部分 NADH 脱氢酶相关基因的表达水平则显著下调。通过 SDS-PAGE 与蛋白质表面增强激光吸附/电离飞行时间质谱确认静置培养时草酸脱羧酶 OxdC 的表达量非常丰富，OxdC 能够催化草酸转化为甲酸和 CO_2，然后甲酸可以被甲酰水合酶（FdhD 和 YrhE）氧化为 CO_2 和电子，从而补充了 NADH 脱氢酶表达下调时的电子供应。最后，通过细胞膜蛋白基因 *tatAD-CD* 和甲基萘酚细胞色素 c 还原酶基因 *qcrA-C* 的组合过表达，在 15 L 生物反应器中 MK-7 的产量得到了显著提高，从 200 mg/L 增加到 310 mg/L。上述结果表明，可以通过调节细胞膜成分和电子传递过程来促进 *B. subtilis* 中 MK-7 的合成。

7.4.1　生物膜的形成对 MK-7 合成的影响

生物膜是由至少三种类型的细胞组成的动态群落，包括基质细胞、运动细胞和芽孢。这些细胞被基质包裹，基质中包含胞外多糖（EPS）、分泌蛋白形成的原纤维（TasA）和胞外 DNA（图 7-16）。在 *B. subtilis* 168 中，*epsA-C* 操纵子和 *tasA* 操纵子分别编码 EPS 和 TasA 合成相关基因。在静置培养中，敲除 *epsA-C* 和 *tasA* 操纵子抑制了 *B. subtilis* 168 生物膜的形成（图 7-17a），导致 MK-7 的产量从 1.6 μg/mg DCW 分别降低至 1.2 μg/mg DCW 和 0.65 μg/mg DCW。然而，与 *B. subtilis* 168 相比，敲除 *epsA~C* 和 *tasA* 操纵子的细胞干重分别增加了 44% 和 35%（图 7-17b）。由于 *tasA* 操纵子的表达受阻遏蛋白 SinR 和抗阻遏蛋白 SinI 的控制，因此，敲除 *sinI* 基因能够抑制 *yqxM-tasA* 操纵子的表达。结果表明，敲除 *sinI* 基因，会导致 MK-7 的产量从 1.60 μg/mg DCW 降低到 0.46 μg/mg DCW，细胞干重从 14.3 g/L 增加到 17.5 g/L（图 7-17a 和 b）。此外，YuaB 是生物膜基质的主要蛋白组成成分，其通过自组装在生物膜中形成疏水表面层[66]。因此，敲除基因 *yuaB* 也能够抑制

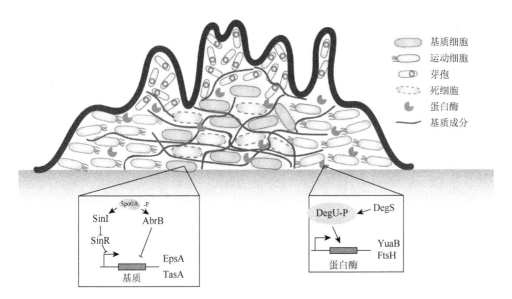

图 7-16　生物膜的结构与调控方式

生物膜的形成，并且将会导致单位细胞的 MK-7 产量降低 37.5%，至 1 μg/mg DCW（图 7-17a）。与此同时，膜结合蛋白酶 FtsH 对生物膜形成也很重要[67]，*ftsH* 基因的缺失同样会抑制生物膜的形成，并使 MK-7 的单位产量从 1.60 μg/mg DCW 降至 0.69 μg/mg DCW（图 7-17a）。

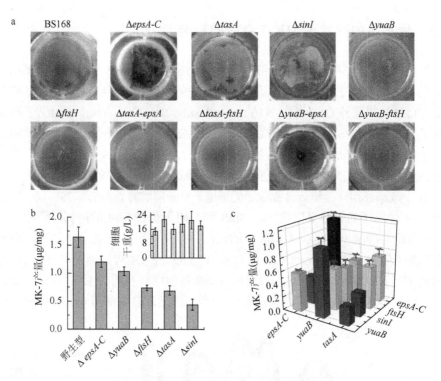

图 7-17　生物膜形成与 MK-7 产量的关系

（a）单敲除或组合敲除生物膜形成关键基因对生物膜形成的影响；（b）单敲除生物膜形成基因对单位细胞 MK-7
产量和细胞干重的影响；（c）双敲除生物膜形成基因对单位细胞 MK-7 产量的影响

　　此外，这些基因的组合缺失进一步抑制了生物膜的形成和降低了 MK-7 的合成（图 7-17c）。特别是，同时敲除 *tasA* 操纵子和 *yuaB* 时，胞外多糖和蛋白的合成被阻断，几乎完全抑制了生物膜的形成，同时单位细胞的 MK-7 产量降低至 0.25 μg/mg DCW（图 7-17c）。以上结果表明，生物膜的形成与 MK-7 的合成有关，抑制生物膜的形成可以极大地降低 MK-7 的合成。

7.4.2　比较转录组学分析基因表达差异

　　为揭示静置培养和振荡培养影响 MK-7 合成的分子机制，通过比较转录组技术检测基因表达水平的变化,以期在转录水平解释 MK-7 合成的限制因素。转录组数据已保存在 NCBI 序列读取档案(SRA)中(登录号:PRJNA599448)。表 7-1 显示了转录组测序数据的统计摘要,用 *B. subtilis* 168 中所有差异表达基因的数据进行系统聚类分析,以了解静置和振动培养转录组之间的差异。

表 7-1　转录组测序数据汇总

数据	振荡培养	静置培养
读取总数(Mb)	17.96	17.96
总共清晰数据(Mb)	16.01	14.91
清晰率(%)	89.15	82.95
清晰读取 Q20	99.00	99.14
清晰读取 Q30	96.90	97.51
FPKM≤1 基因数	30	70
FPKM=1～10 基因数	516	689
FPKM≥10 基因数	3047	3180

注:FPKM≤1 表示表达水平最低的基因;FPKM=1～10 表示表达水平较低的基因;FPKM≥10 表示表达水平中等的基因

首先分析 MK-7 合成相关基因的表达水平变化。转录组学数据表明,静置培养菌株中糖酵解途径、戊糖磷酸途径和分支酸途径中大多数基因的表达上调,而2-*C*-甲基-D-赤藓糖醇-4-磷酸(MEP)途径和典型甲萘醌合成途径中基因的表达水平却发生下降(图 7-18a)。这些结果表明,静置培养可以上调中心代谢途径相关基因的表达,并增强分支酸的合成。此外,除了基因 *glpD*、*yumB* 和 *ahpF*,大多数 NADH 脱氢酶编码基因在静置培养时的表达水平均显著降低(图 7-18b)。同时,对菌株其他种类 NADH 脱氢酶编码基因的表达水平变化进行分析,结果显示将近一半脱氢酶编码基因的转录水平发生下降(图 7-18c)。此外,多种氨基酸脱氢酶

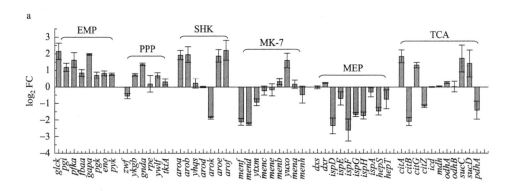

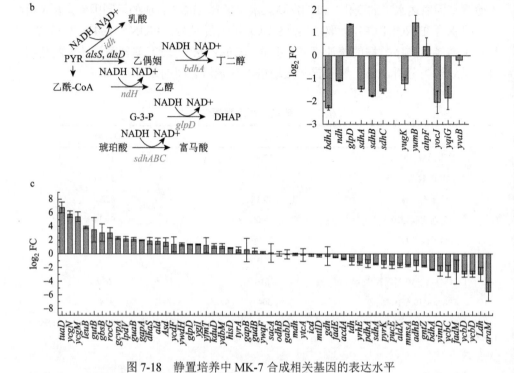

图 7-18　静置培养中 MK-7 合成相关基因的表达水平

（a）MK-7 合成相关基因的表达水平，包括糖酵解途径（EMP）、戊糖磷酸途径（PPP）、分支酸（SHK）途径、MK-7 合成途径、2-C-甲基-D-赤藓糖醇-4-磷酸（MEP）途径和三羧酸（TCA）循环；（b）细胞中 NADH 还原酶的催化反应及其基因在静置培养中的转录水平：正数表示上调，负数表示下调；（c）在静置培养中大多数细胞 DADH 脱氢酶基因的表达水平

的编码基因，如 *ycgM*、*gcvpA*、*dhaS*、*bcd*、*ald*、*asd*、*hisD*、*tyrA* 和 *gudB* 的表达水平明显增加。这些结果表明，静置培养加强了菌株的中心代谢和氨基酸代谢。

　　为了系统分析差异基因对 MK-7 合成的影响，分别使用火山图和 Veen 图显示差异基因的分布（图 7-19a 和 b）。与振荡培养相比，静置培养中 1281 个基因的表达水平上调，812 个基因的表达水平下调。根据 GO 功能注释和 KEGG 通路对差异基因进行筛选分析，结果表明 GO 功能注释将差异基因分为三类：分子功能、细胞组分和生理过程（图 7-19c），而 KEGG 通路分析将差异基因分为 6 个类别，其中代谢类别的基因表达水平差异最大（图 7-19d）。为了确定静置培养中的基因功能类别，专门针对所有 2093 个差异表达基因进行同源注释。结果显示涉及生理过程、分子功能和细胞成分的基因表达均存在显著差异（图 7-19c）。特别是膜部分（GO：0006810、GO：0017000、GO：00008125、GO：0031224 和 GO：0051234）相关基因的表达水平变化明显，表明静置培养时细胞膜相关基因的表达发生明显变化，从而影响 MK-7 的合成。另外，根据分析数据可知与转运蛋白有关的基因发生功能富集（GO：0071944、GO：0051234 和 GO：0006139），这可能是由于其对外部刺激产生应答并将信号传递到细胞中以调节基因表达。此外，GO 富集分析表明，差异基因主要与信号转导和膜成分有关（图 7-19c），表明静置培养中产生的未知信号转导可能导致膜成分发生变化，从而调节 MK-7 的合成。

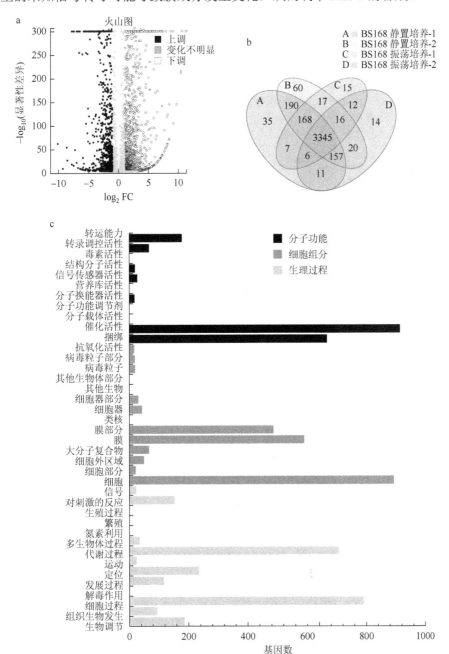

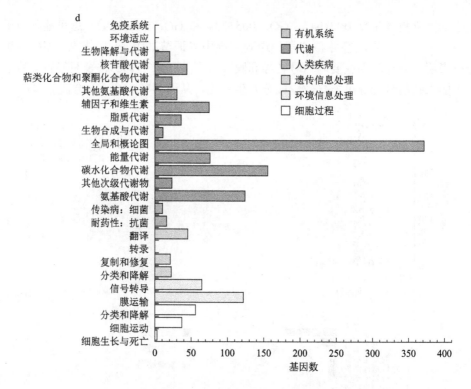

图 7-19　振荡培养和静置培养之间转录组的差异分析

（a）火山图显示了各组之间差异表达的基因；红点表示基因上调，蓝点表示基因下调；（b）Venn 图显示每个样品之间差异表达的基因；（c）差异基因的 GO 功能分析，根据基因功能，可以分为三类：分子功能、细胞组分和生理过程；（d）差异基因功能的 KEGG 途径分析

　　将这组 2093 个差异表达的基因定位到 *B. subtilis* 168 中的 KEGG 途径，数据显示这些差异基因参与了氨基酸、辅因子和维生素代谢及跨膜转运。静置培养时菌株的氨基酸代谢与振荡培养时显著不同。除色氨酸和苏氨酸脱氢酶外，氨基酸代谢途径涉及的合成酶的转录水平均上调，表明氨基酸代谢可能会影响 MK-7 的合成。在静置培养中，还发现"双组分系统"（ko02020）和"ABC 转运蛋白"（ko02010）这两个重要途径相关基因的表达水平发生了明显变化。与磷酸基团转移相关的碱性磷酸酶 D（PhoD）、碱性磷酸酶合成传感器蛋白（PhoR）和磷酸盐转运系统底物结合蛋白（PstS）的表达水平在静置培养时均上调。此外，*ydfI*（转录调节因子）、*phoAB*（碱性磷酸酶）、*cheY*（趋化蛋白）、*ssuA*（磺酸盐转运系统底物结合蛋白）、*mntB*（锰/锌/铁转运系统 ATP 结合蛋白）、*cysC*（腺苷酸硫酸激酶）和 *ytrB*（乙醛利用转运系统 ATP 结合蛋白）的表达水平在静置培养中也上调。所有这些基因都参与菌株对外界环境的应激响应，如磷酸盐限制和金属离子胁迫[68]。同时，大量次级代谢物（ko01110）合成相关基因的转录水平也存在显

著差异，包括辅酶和维生素，如生物素（ko00780）、硫胺素（ko00730）和叶酸（ko00790）。综上所述，与振荡培养相比，静置培养对信号转导、氨基酸代谢和次级代谢物合成均具有显著影响。

7.4.3　在 *B. subtilis* 168 中过表达差异基因验证其对 MK-7 合成的影响

根据以上分析结果，研究了在 *B. subtilis* 168 中过表达差异基因对 MK-7 合成的影响。表 7-2 显示了选择的差异基因，其涉及信号转导、跨膜转运和氧化磷酸化。根据差异基因过表达对生物膜形成的影响，可以将这些基因分为两组，促进/抑制生物膜形成。

表 7-2　表达差异明显的基因

基因号	基因名称	功能	位置	$\log_2$（BS168 静置/振荡相对表达水平）
BSU01910	*skfA*	响应刺激	胞外	8.76
BSU30760	*mntB*	结合小分子	质膜	7.36
BSU02010	*ybdK*	信号受体和转导	胞内	5.68
BSU05410	*ydfH*	信号受体	胞内质膜	5.42
BSU29340	*tcyN*	跨膜转运	质膜	7.32
BSU08840	*ssuA*	跨膜转运蛋白	质膜	11.32
BSU02000	*ybdJ*	胞内信号转导	细胞质	8.20
BSU03070	*mdr*	跨膜转运蛋白	质膜	4.58
BSU13610	*mtnB*	阳离子结合	胞内	7.72
BSU36660	*ureA*	阳离子结合	细胞质	4.43
BSU02630	*tatAD*	肽转运蛋白活性	质膜	6.20
BSU03200	*putB*	辅因子结合；氧化还原酶活性	胞内	5.37
BSU34265	*epsK*	多糖代谢	质膜	8.17
BSU24640	*tapA*	组装蛋白	细胞膜	7.92

促进生物膜形成的基因主要包括：BSU30760、BSU29340、BSU34265、BSU03070、BSU02010 和 BSU02630。当这些基因被组成型强启动子 P$_{43}$ 过表达时，与 *B. subtilis* 168 相比，细胞聚集在培养基表面，形成大量生物膜（图 7-20a）。其中，当 BSU02630 和 BSU30760 分别在 *B. subtilis* 168 中过表达时，单位细胞的 MK-7 产量分别提高了 45% 和 160%。特别是当过表达 BSU03070 时，MK-7 产量增加到 6.0 μg/mg DCW，是 *B. subtilis* 168（BS168）的 3.64 倍（图 7-20b）。此外，在过表达 BSU30760、BSU29340、BSU34265、BSU03070、BSU02010 和 BSU02630

基因之后，生物膜形态发生明显变化。过表达基因 BSU30760 或 BSU03070 的菌株生物膜表面光滑，没有褶皱，而其他基因的过表达则会使生物膜产生大量褶皱。此外，过表达基因 BSU34265 的菌株生物膜不如其他生物膜光滑，并且在表面出现了大量颗粒。相反的，过表达基因 BSU08840、BSU02000、BSU01910、BSU24640、BSU03200 和 BSU05410 之后，重组细胞发生沉降，不再形成生物膜（图 7-20a），并且 MK-7 的产量从 1.6 μg/mg DCW 降至 0.5～1.45 μg/mg DCW。此外，除基因 BSU24640 和 BSU02000 外，其他基因的过表达显著降低了细胞的细胞干重（图 7-20b）。使用组成型强启动子 P_{43} 组合过表达可促进生物膜形成的基因，发现 MK-7 的产量并没有进一步提高（图 7-20c）。

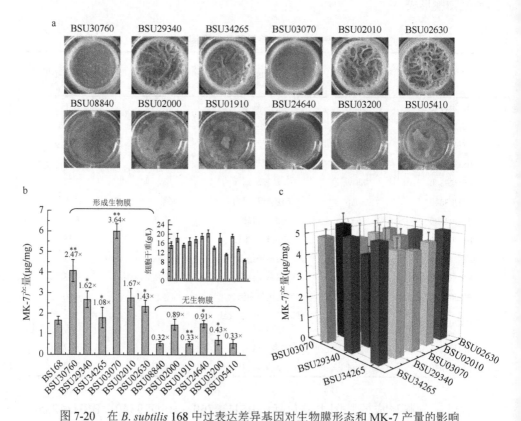

图 7-20 在 B. subtilis 168 中过表达差异基因对生物膜形态和 MK-7 产量的影响

（a）B. subtilis 168 中过表达差异基因对生物膜形态的影响；（b）过表达差异基因对 B. subtilis 168 中 MK-7 产量和细胞干重的影响；（c）差异基因的组合过表达对 B. subtilis 168 中 MK-7 产量的影响

7.4.4 在 BS20 中过表达差异基因验证其对 MK-7 合成的影响

在本节的工作中，进一步在前文构建的 MK-7 高产菌株 BS20 中过表达差异

基因，以验证其对 MK-7 合成的影响。然而发现与 *B. subtilis* 168 不同，在 BS20
中过表达差异基因 BSU13610、BSU08840、BSU29430、BSU02000、BSU34265、
BSU36660、BSU03070、BSU02010、BSU02630、BSU03200 和 BSU05410 可以促
进生物膜的形成，而且生物膜更易起皱（图 7-21a）。此外，与 BS20 相比，过表达
上述基因之后获得的菌株，MK-7 的产量显著提高，增幅在 30%～410%（图 7-21b）。
其中，过表达基因 BSU02000 的效果最为显著，MK-7 的产量从 9.02 μg/mg DCW
增加至 42.5 μg/mg DCW。另外，与过表达单个基因相比，差异基因的组合过表达
能够进一步提高 MK-7 的产量，使其提高 30%～50%。其中，在组合共表达基因
BSU34265 和 BSU02630 及 BSU29340 和 BSU03070 的菌株中，MK-7 的产量分别
从 9.02 增加到 65 μg/mg DCW 和 58 μg/mg DCW（图 7-21c）。结果显示，在菌株
BS20 中过表达信号转导（BSU02000、BSU02630）和跨膜转运（BSU34265、
BSU29340、BSU03070）基因对 MK-7 的合成具有显著影响。

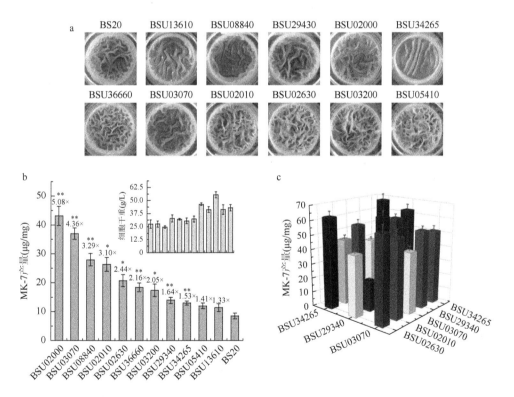

图 7-21　在重组菌株 BS20 中过表达差异基因对生物膜形态和 MK-7 产量的影响

（a）在 BS20 中过表达差异基因对生物膜形态的影响；（b）过表达差异基因对 BS20 中 MK-7 产量和细胞干重的
影响；（c）差异基因的组合过表达对 *B. subtilis* 168 中 MK-7 产量的影响

7.4.5　电子传递链对 MK-7 合成的影响

MK-7 在电子传递、氧化磷酸化及孢子形成过程中都起着重要作用。在一个完整的电子传递链中，NADH 脱氢酶为电子传递链提供电子，电子通过 MK-7 和细胞色素 c 传输，最后氧充当电子受体接受电子形成水（图 7-22a），同时有一分子的 ATP 生成。此外，*B. subtilis* 168 中甲基萘酚-细胞色素 c 还原酶的编码基因主要包括 *ctaC~G* 和 *qcrA~C*。分析转录组数据显示，与振动培养相比，在静置培养时 *catC~G* 和 *qcrA~C* 的表达水平均上调（图 7-22b）。推测可能是由于静置培养时电子传递速率增加，需要更多的电子传递载体。

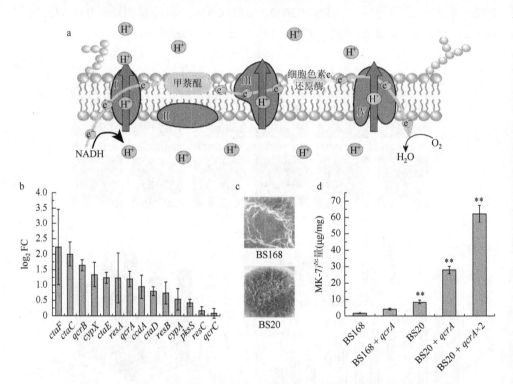

图 7-22　静置培养中细胞色素相关基因的表达水平及其对 MK-7 产量的影响

（a）*B. subtilis* 168 中电子传递链示意图；（b）静置培养中甲基萘酚-细胞色素 c 还原酶的表达水平；（c）*B. subtilis* 168 和 BS20 中过表达甲基萘酚-细胞色素 c 还原酶对生物膜形态的影响；（d）在静置培养中，*B. subtilis* 168 和 BS20 过表达甲基萘酚-细胞色素 c 还原酶基因 *qcrA* 对 MK-7 产量的影响

此外，为了进一步验证甲基萘酚-细胞色素 c 还原酶对 MK-7 合成的影响，分别在 *B. subtilis* 168 和重组菌株 BS20 中，使用组成型启动子 P_{43} 表达甲基萘酚-细胞色素 c 还原酶 QcrA-C 编码基因 *qcrA-C*。过表达 *qcrA-C* 之后，*B. subtilis* 168 和

BS20 两种菌株在生物膜形态上发生差异（图 7-22c）。在 *B. subtilis* 168 中增加 *qcrA-C* 表达量，生物膜看起来光滑且有一些皱纹，MK-7 的产量从 1.6 μg/mg DCW 增加到 4.0 μg/mg DCW，而在 BS20 中 *qcrA-C* 的过表达使生物膜产成明显的皱纹（图 7-22c），但 MK-7 的产量从 9.02 μg/mg DCW 增至 28.0 μg/mg DCW（图 7-22d）。另外，在 BS20 中进一步增加 *qcrA-C* 的拷贝数，可以进一步将 MK-7 的产量提高到 62.3 μg/mg DCW，是单拷贝的 2.23 倍（图 7-22d）。这些结果表明，甲基萘酚-细胞色素 c 还原酶表达的增加可以显著促进 MK-7 的合成，从而更好地协调电子传递的过程。

　　在电子传递的过程中，NADH 在 NADH 脱氢酶的作用下提供电子，并将电子转移到电子传递系统（electron transport system，ETM），同时通过质子泵将质子泵出细胞。但是，根据上文转录组数据的分析结果，大多数 NADH 脱氢酶的表达都是下调的，这势必会减少电子的供给。因此，我们推测在静置培养时，除了 NADH 脱氢酶以外，可能还存在其他的电子供给途径。为了证实上述假设，收集第 3 天的生物膜重悬到发酵液中，使用 SDS-PAGE 分析细胞内蛋白组成的变化，结果显示在 46 kDa 处发现了非常明显的条带（图 7-23a），其表达量明显高于其他蛋白。通过蛋白质表面增强激光吸附/电离飞行时间质谱，确定该蛋白为草酸脱羧酶（OxdC）（图 7-23b）。草酸脱羧酶在以 Mn^{2+} 和 O_2 作为辅因子的时候，能够催化草酸转化为甲酸和 CO_2[69]，然后甲酸在还原酶（FdhD 和 YrhE）的作用下生成 CO_2 和电子，此过程能够为电子传递链提供电子。为进一步检测草酸脱羧酶在细胞中的变化，分别收集发酵第 1、第 2 和第 3 天的生物膜，然后取等质量的菌体进行

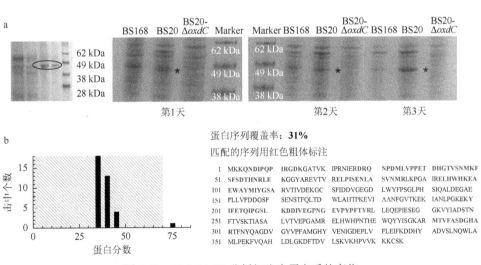

图 7-23　SDS-PAGE 分析细胞内蛋白质的变化

（a）通过 SDS-PAGE 分析 *B. subtilis* 168 和 BS20 在静置培养时胞内蛋白含量的变化；（b）使用蛋白质表面增强激光吸附/电离飞行时间质谱分析未知蛋白质的组成

SDS-PAGE 检测，OxdC 的表达量随发酵时间的延长而增加（图 7-23a）。上述结果说明，在静置培养时草酸脱羧酶代替了 NADH 脱氢酶，为电子传递链提供大量的电子。

为了进一步研究 OxdC 对 MK-7 合成的影响，敲除 *oxdC* 基因以阻止电子的产生，检测在静置培养时生物膜形态的变化及其对 MK-7 合成的影响。在 BS20 中敲除 *oxdC* 会使生物膜形态发生明显变化（图 7-24a），*oxdC* 缺失菌株 BS20-Δ*oxdC* 形成的生物膜皱纹要少于 BS20，但是 BS20-Δ*oxdC* 的细胞干重从 27.3 g/L 增加至 31.0 g/L（图 7-24b），说明敲除 *oxdC* 对能够促进细胞的生长。进一步发现，BS20-Δ*oxdC* 合成 MK-7 的产量也随着发酵时间的延长而增加，并且菌株 BS20-Δ*oxdC* 单位 MK-7 产量在第 4 天达到 17.5 μg/mg DCW，是 BS20 的 1.45 倍（图 7-24c）。

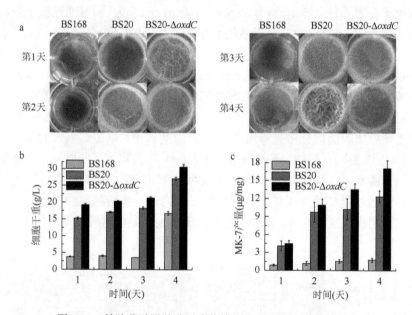

图 7-24　敲除草酸脱羧酶对生物膜形态和 MK-7 产量的影响

（a）在 BS20 中敲除 *oxdC* 对生物膜形态的影响；（b）在 BS20 中敲除 *oxdC* 对细胞干重的影响；（c）在 BS20 中敲除 *oxdC* 对 MK-7 产量的影响

结果显示，静置培养时草酸脱羧酶的过量表达不仅为呼吸链提供了电子，还使 MK-7 的产量得到提高。然而，敲除 *oxdC* 之后，虽然生物膜的形态发生了改变，但是 MK-7 的产量并没有减少。因此，推测 *oxdC* 的缺失使细胞发生了其他变化，弥补了 *oxdC* 的缺失。在敲除 *oxdC* 后，我们又检测了 NADH 脱氢酶基因 *ldH*、*bdhA*、*ndH* 和 *sdhA~C* 的表达水平，发现上述 NADH 脱氢酶的表达均发生了上调（图 7-25a）。这说明在敲除 *oxdC* 后，NADH 脱氢酶会弥补电子供应的不足。这些结果表明，电子转移链稳定可以增加 MK-7 的合成。此外，NADH/NAD$^+$值变小可以表征细胞内催化 NADH 的能力增强，BS20 中的 NADH 水平高于 BS20-

$\Delta oxdC$（图 7-25b），而 BS20 中的 NAD⁺ 水平要低于 BS20-$\Delta oxdC$（图 7-25c）。以上结果表明，不论是草酸脱羧酶还是 NADH 脱氢酶，都能够稳定提供电子，增强电子传递链，有利于 MK-7 的合成。

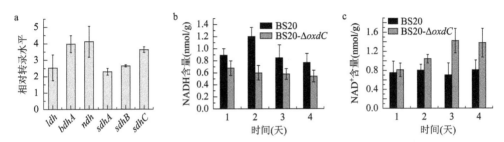

图 7-25　敲除 $oxdC$ 后 NADH 脱氢酶的表达水平和 NADH、NAD⁺ 含量的变化

（a）敲除 $oxdC$ 后 BS20 胞内 NADH 脱氢酶转录水平的变化；（b）BS20 中敲除 $oxdC$ 之后胞内 NADH 含量的变化；
（c）BS20 中敲除 $oxdC$ 后胞内 NAD⁺ 含量的变化

7.4.6　摇瓶验证信号转导与电子转移对 MK-7 合成的影响

考虑到信号转导蛋白 TatAD-CD（BSU02630）和甲基萘酚-细胞色素 c 还原酶 QcrA-C 可以显著促进 MK-7 的合成，我们在工程菌株 BS20 中使用 P₄₃ 启动子分别过表达 $tatAD$-CD 和 $qcrA$-C，目的在于研究摇瓶培养中信号转导和电子转移对菌株合成 MK-7 的影响。菌株 BS20-T（$tatAD$-CD 过表达）和 BS20-Q（$qcrA$-C 过表达）的 MK-7 产量分别从 360 mg/L 增加至 370 mg/L 和 375 mg/L（图 7-26a），且 BS20-T 的细胞干重增加到 9.8 g/L（图 7-26b）。为了检测底物转化率，我们分别检测了静置培养和振荡培养时葡萄糖的消耗能力。结果表明，振荡培养时的葡萄糖消耗量（图 7-26c）要显著高于静置培养时的葡萄糖消耗量（图 7-26d）。发酵 2.5 天后，细胞在静置培养时几乎不消耗葡萄糖（图 7-26d），而在振荡培养时则会持续消耗葡萄糖。此外，在 BS20 中使用 P₄₃ 启动子对 $tatAD$-CD 和 $qcrA$-C 两个基因进行共表达，获得工程菌株 BS20-QT。在摇瓶中进行振荡培养，结果显示，BS20-QT 的 MK-7 产量从 360 mg/L 增加到 410 mg/L（图 7-26a），细胞干重为 9.12 g/L（图 7-26b），MK-7 的产率为 44.95 mg/(L·g DCW)，生产强度为 2.84 mg/(L·h)。

7.4.7　15 L 发酵罐验证信号转导与电子传递对 MK-7 合成的影响

基于以上结果，将工程菌株 BS20-QT 在 15 L 生物反应器中进行补料分批培养，以考察信号转导与电子转移对菌株合成 MK-7 的影响。在培养期间共向生物反应器中添加了 800 mL 补料溶液，以将葡萄糖浓度控制在 8～16 g/L。与 BS20 菌株相比，在低溶解氧水平（30%）的条件下，BS20-QT 的 MK-7 产量从 200 mg/L

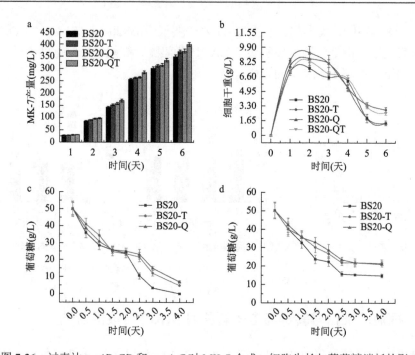

图 7-26　过表达 *tatAD-CD* 和 *qcrA-C* 对 MK-7 合成、细胞生长与葡萄糖消耗的影响

（a）在 BS20 中过表达 *tatAD-CD* 和 *qcrA-C* 对 MK-7 产量的影响；（b）在 BS20 中过表达 *tatAD-CD* 和 *qcrA-C* 对细胞干重的影响；（c）振荡培养时不同菌株葡萄糖消耗能力的变化；（d）静置培养时不同菌株葡萄糖消耗能力的变化

增加至 245 mg/L（图 7-27a），细胞干重为 12.95 g/L（图 7-27b），MK-7 的得率为 18.91 mg/(L·g DCW)，生产强度为 2.55 mg/(L·h)。在高溶解氧水平（55%）的条件下，BS20-QT 的 MK-7 产量增加至 310 mg/L，细胞干重为 14.1 g/L（图 7-27b），MK-7 的得率为 22.14 mg/(L·g DCW)，生产强度为 3.22 mg/(L·h)。在发酵的早期，特别是在细胞指数生长时期，发酵液中的溶解氧水平仅为 5%～8%（图 7-27c），随着发酵时间的延长，细胞的生理状况发生变化，消耗的氧气会逐渐减少。上述结果表明，高溶解氧水平的补料分批培养有利于 MK-7 的生产，这为大规模生产 MK-7 提供了参考。

　　B. subtilis 168 在静置培养时易形成生物膜，而生物膜的形成会增加发酵液的黏稠度，降低发酵效率。但是，一些研究人员发现生物膜的形成可以增强 MK-7 的合成。Berenjian 等报道称，纳豆芽孢杆菌的静态发酵会引发生物膜的形成，而温度和养分对生物膜的形成与 MK-7 的合成有重要影响[53]。

　　为了系统地分析振荡培养和静置培养时 MK-7 合成过程中相关基因表达水平的变化，使用比较转录组技术分析两者之间基因转录水平的变化，发现糖酵解途径、戊糖磷酸途径和分支酸途径相关基因的转录水平发生上调，而 MEP 途径和 MK-7 合成途径相关的大多数基因转录水平下调。因此，增强前体分支酸的供应可能是进一步促进 MK-7 合成的关键步骤。

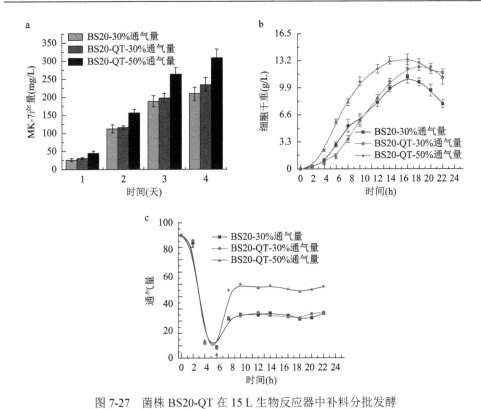

图 7-27　菌株 BS20-QT 在 15 L 生物反应器中补料分批发酵

（a）不同通气量对工程菌株 BS20-QT 中 MK-7 产量的影响；（b）不同通气量对工程菌株 BS20-QT 细胞干重的
影响；（c）培养过程中通气量的变化

此外，本节发现在不同的培养条件下，细胞膜相关蛋白表达存在的差异最为明显。在 *B. subtilis* 168 和工程菌株 BS20 中过表达膜蛋白基因（GO：0006810、GO：0017000、GO：0008125、GO：0031224、GO：0051234），均可促进 MK-7 的合成，这证明细胞膜在 MK-7 的合成中发挥了重要作用。Wang 等通过检测 MK-7 浓度与细胞膜表面张力值之间的关系，发现保持膜结构的状态或组成可能有助于促进 MK-7 的合成[19]。Ranmadugala 等发现氧化铁纳米颗粒可以改变 *B. subtilis* 168 中生物膜的状态或组成，促进 MK-7 在发酵培养基中的分泌，并发现牢固的生物膜形成需要大量的三价铁[70]。*B. subtilis* 中的三价铁促进了电子传递链中含铁酶的产生并建立起强大的膜电位，被认为是生物膜基质产生的关键。

在静置培养时蛋白 OxdC 的含量明显提高，OxdC 可以催化草酸盐转化为甲酸和 CO_2，然后从甲酸氧化中提取质子，因此 OxdC 表达的增强有利于质子的生成，并对 MK-7 的合成产生了一定的促进作用。但是 *oxdC* 的敲除并没有减少 MK-7 的产生，这可能是因为 NADH 脱氢酶表达水平的提高也可以维持质子浓度，从而稳定质子转移的效率。先前的研究表明，MK-7 浓度与 *B. subtilis* 168 中 NADH/

NAD$^+$值成反比[19]。据报道，通过增加球形红球菌中的 NADH/NAD$^+$值，可以促进辅酶 Q（如 MK-7 等用于运输质子）的合成[71]。原因可能是，*B. subtilis* 168 作为革兰氏阳性需氧菌，只能使用 MK-7 作为运输质子的载体，而大肠杆菌和球形芽孢杆菌则是兼性厌氧菌，可以利用泛醌（CoQ-8）在有氧条件下运输质子，厌氧生长时使用 MK-7。据报道，增加氧气供应可以有效地改善 MK-7 的合成。在本研究中，通过过表达基因 *qcrA-C* 来提高电子向氧气的转运效率，同时在 15 L 生物反应器中增加氧气的供应量，可以显著促进 MK-7 的合成。这些结果说明，增强电子传递链的强度可以增加 MK-7 的产量，而电子传递发生在细胞膜上，电子传递链的稳定性取决于细胞膜的状态或组成，因此，生物膜的形成可能通过膜蛋白增强了电子传递链的强度，从而提高了 MK-7 的产量。

总之，我们通过振荡培养和静置培养菌株的比较转录组学分析证明了生物膜对 MK-7 的合成具有重要影响。此外，我们证明了电子传递对 MK-7 的合成也具有显著影响。通过在 BS20 中共表达细胞膜成分信号转导蛋白基因 *tatAD-CD*（BSU02630）和甲基萘酚-细胞色素 c 还原酶基因 *qcrA-C*，其在 15 L 生物反应器中的 MK-7 产量增加了 55%，达到 310 mg/L。

参 考 文 献

[1]　Shikano K, Kaneko K, Kawazoe M, et al. Efficacy of vitamin K2 for glucocorticoid-induced osteoporosis in patients with systemic autoimmune diseases[J]. Intern Med, 2016, 55 (15): 1997-2003.

[2]　Iwamoto J. Vitamin K2 therapy for postmenopausal osteoporosis[J]. Nutrients, 2014, 6 (5): 1971-1980.

[3]　Beulens J W, Booth S L, Stoecklin E, et al. The role of menaquinones (vitamin K2) in human health[J]. Br J Nutr, 2013, 110 (8): 1357-1368.

[4]　Dalmeijer G W, van der Schouw Y T, Magdeleyns E, et al. The effect of menaquinone-7 supplementation on circulating species of matrix Gla protein[J]. Atherosclerosis, 2016, 225 (2): 397-402.

[5]　Shearer M J, Newman P. Recent trends in the metabolism and cell biology of vitamin K with special reference to vitamin K cycling and MK-4 biosynthesis[J]. J Lipid Res, 2014, 55 (3): 345-362.

[6]　Hirota Y, Tsugawa N, Nakagawa K, et al. Menadione (vitamin K3) is a catabolic product of oral phylloquinone (vitamin K1) in the intestine and a circulating precursor of tissue menaquinone-4 (vitamin K2) in rats[J]. J Biol Chem, 2013, 288 (46): 33071-33080.

[7]　Grober U, Reichrath J, Holick M F, et al. Vitamin K: an old vitamin in a new perspective[J]. Dermato-Endocrinol, 2014, 6 (1): e968490.

[8]　Sato T, Schurgers L, Uenishi K. Comparison of menaquinone-4 and menaquinone-7 bioavailability in healthy women[J]. Nutr J, 2012, 11: 93.

[9]　Mahdinia E, Demirci A, Berenjian A. Production and application of menaquinone-7 (vitamin K2), a new perspective[J]. World J Microbiol Biotechnol, 2017, 33 (1): 2.

[10]　Berenjian A, Mahanama R, Talbot A, et al. Designing of an intensification process for biosynthesis and recovery of menaquinone-7[J]. Appl Biochem Biotechnol, 2014, 172: 1347-1357.

[11] Vermeer C, Raes J, van Hoofd C, et al. Menaquinone content of cheese[J]. Nutrients, 2018, 10 (4): 446.

[12] Brudzynski K, Maldonado-Alvarez L. Identification of ubiquinones in honey: a new view on their potential contribution to honey's antioxidant state[J]. Molecules, 2018, 23 (12): 3067.

[13] Walther B, Karl J P, Booth S L, et al. Menaquinones, bacteria, and the food supply: the relevance of dairy and fermented food products to vitamin K requirements[J]. Adv Nutr, 2013, 4 (4): 463-473.

[14] Isler O, Doebel K. Synthesen in der vitamin-K-reihe I. Über total synthetisches vitamin K_1[J]. HCA, 1954, 37 (1): 225-233.

[15] Shimada K, Tadano K, Satoh T, et al. Synthesis of all trans[3′-14C]menaquinone-4[J]. J Label Compd Radiopharm, 1989, 27 (11): 1293-1298.

[16] Baj A, Wałejko P, Kutner A, et al. Convergent synthesis of menaquinone-7 (MK-7)[J]. Org Process Res Dev, 2016, 20 (6): 1026-1033.

[17] Tani Y. Microbial production of vitamin K2 (menaquinone) and vitamin K1 (phylloquinone)[M]. *In*: Vandamme E J, et al. Biotechnology of Vitamins, Pigments and Growth Factors. Ghent Dordrecht Springer, 1989: 123-134.

[18] Fang Z, Wang L, Zhao G, et al. A simple and efficient preparative procedure for menaquinone-7 from *Bacillus subtilis* (natto) using two-stage extraction followed by microporous resins[J]. Process Biochem, 2019, 83: 183-188.

[19] Wang H, Liu H, Wang L, et al. Improvement of menaquinone-7 production by *Bacillus subtilis* natto in a novel residue-free medium by increasing the redox potential[J]. Appl Microbiol Biotechnol, 2019, 103 (18): 7519-7535.

[20] Liu Y, van Bennekom E O, Zhang Y, et al. Long-chain vitamin K2 production in *Lactococcus lactis* is influenced by temperature, carbon source, aeration and mode of energy metabolism[J]. Microb Cell Fact, 2019, 18 (1): 129.

[21] Painter K L, Hall A, Ha K P, et al. The electron transport chain sensitizes *Staphylococcus aureus* and *Enterococcus faecalis* to the oxidative burst[J]. Infect Immu, 2017, 85 (12): e00659-17.

[22] Takashi M, Natsuko T, Takashi M, et al. Production of menaquinones by lactic acid bacteria[J]. J Dairy Sci, 1999, 82 (9): 1897-1903.

[23] Campbell I, Robins D, Kelsey M. Biosynthesis of bacterial menaquinones (vitamins K_2)[J]. Biochemistry, 1971, 10 (16): 3069-3078.

[24] Meganathan R. Biosynthesis of menaquinone (vitamin K2) and ubiquinone (coenzyme Q): a perspective on enzymatic mechanisms[J]. Vitam Horm, 2001, 61: 173-218.

[25] Hirota Y, Nakagawa K, Sawada N, et al. Functional characterization of the vitamin K2 biosynthetic enzyme UBIAD1[J]. PLoS ONE, 2015, 10 (4): e0125737.

[26] Liu Y, Yang Z M, Xue Z L, et al. Influence of site-directed mutagenesis of UbiA, overexpression of dxr, menA and ubiE, and supplementation with precursors on menaquinone production in *Elizabethkingia meningoseptica*[J]. Process Biochem, 2018, 68: 64-72.

[27] Dairi T. Menaquinone biosynthesis in microorganisms[J]. Methods in Enzymol, 2012, 515: 107-122.

[28] Yang S, Cao Y, Sun L, et al. Modular pathway engineering of *Bacillus subtilis* to promote de novo biosynthesis of menaquinone-7[J]. ACS Synth Biol, 2018, 8 (1): 70-81.

[29] Johnston J M, Bulloch E M. Advances in menaquinone biosynthesis: sublocalisation and allosteric regulation[J]. Current Opinion in Structural Biology, 2020, 65: 33-41.

[30] Qin X, Taber H W. Transcriptional regulation of the *Bacillus subtilis* menp1 promoter[J]. J Bacteriol, 1996, 178 (3): 705-713.

[31] Driscoll J R, Taber H W. Sequence organization and regulation of the *Bacillus subtilis* menBE operon[J]. J Bacteriol, 1992, 174 (15): 5063-5071.

[32]　Hill K F, Mueller J, Taber H. The *Bacillus subtilis* menCD promoter is responsive to extracellular pH[J]. Arch Microbiol, 1990, 153 (4): 355-359.

[33]　Miller P, Rabinowitz A, Taber H. Molecular cloning and preliminary genetic analysis of the men gene cluster of *Bacillus subtilis*[J]. J Bacteriol, 1988, 170 (6): 2735-2741.

[34]　Nakagawa K, Hirota Y, Sawada N, et al. Identification of UBIAD1 as a novel human menaquinone-4 biosynthetic enzyme[J]. Nature, 2010, 468 (7320): 117-121.

[35]　Suvarna K, Stevenson D, Meganathan R. Menaquinone (vitamin K2) biosynthesis: localization and characterization of the menA gene from *Escherichia coli*[J]. J Bacteriol, 1998, 180: 2782-2787.

[36]　Dairi T. An alternative menaquinone biosynthetic pathway operating in microorganisms. an attractive target for drug discovery to pathogenic *Helicobacter* and *Chlamydia* strains[J]. J Antibiot, 2009, 62: 347-352.

[37]　Hiratsuka T, Furihata K, Ishikawa J, et al. An alternative menaquinone biosynthetic pathway operating in microorganisms[J]. Science, 2008, 321 (5896): 1670-1673.

[38]　Seto H, Jinnai Y, Hiratsuka T, et al. Studies on a new biosynthetic pathway for menaquinone[J]. J Am Chem Soc, 2008, 130 (17): 5614-5615.

[39]　Joshi S, Fedoseyenko D, Mahanta N, et al. Novel enzymology in futalosine-dependent menaquinone biosynthesis[J]. Curr Opin Chem Biol, 2018, 47: 134-141.

[40]　Bentley S D, Chater K F, Cerdeño Tárrage A M, et al. Complete genome sequence of the model actinomycete *Streptomyces coelicolor* A3 (2)[J]. Nature, 2002, 417: 141-147.

[41]　Mahanama R, Berenjian A, Kavanagh J M. Enhanced production of menaquinone 7 via solid substrate fermentation from *Bacillus subtilis*[J]. J Food Eng, 2011, 7: 2314.

[42]　Mahdinia E, Demirci A, Berenjian A. Optimization of *Bacillus subtilis* natto growth parameters in glycerol-based medium for vitamin K (menaquinone-7) production in biofilm reactors[J]. Bioprocess Biosyst Eng, 2018, 41 (2): 195-204.

[43]　Mahdinia E, Demirci A, Berenjian A. Biofilm reactors as a promising method for vitamin K (menaquinone-7) production[J]. Appl Microbiol Biotechnol, 2019, 103 (14): 5583-5592.

[44]　Uyar F, Baysal Z. Production and optimization of process parameters for alkaline protease production by a newly isolated *Bacillus* sp. under solid state fermentation[J]. Process Biochem, 2004, 39 (12): 1893-1898.

[45]　Lessa O A, Reis N D S, Leite S G F, et al. Effect of the solid state fermentation of cocoa shell on the secondary metabolites, antioxidant activity, and fatty acids[J]. Food Sci Biotechnol, 2018, 27: 107-113.

[46]　Singh R, Puri A, Panda B P. Development of menaquinone-7 enriched nutraceutical: inside into medium engineering and process modeling[J]. J Food Sci Technol, 2015, 52 (8): 5212-5219.

[47]　Sharma K M, Kumar R, Panwar S, et al. Microbial alkaline proteases: optimization of production parameters and their properties[J]. J Genet Eng Biotechnol, 2017, 15 (1): 115-126.

[48]　Berenjian A, Mahanama R, Kavanagh J, et al. Vitamin K series: current status and future prospects[J]. Crit Rev Biotechnol, 2015, 35 (2): 199-208.

[49]　Berenjian A, Mahanama R, Talbot A, et al. Efficient media for high menaquinone-7 production. Response surface methodology approach[J]. N Biotechnol, 2011, 28 (6): 665-672.

[50]　Natto B S, Mahanama R, Talbot A, et al. Advances in menaquinone-7 production by *Bacillus subtilis* natto. Fed-batch glycerol addition[J]. Am J Biochem Biotechnol, 2012, 8 (2): 105-110.

[51]　Mahdinia E, Demirci A, Berenjian A. Implementation of fed-batch strategies for vitamin K (menaquinone-7) production by *Bacillus subtilis* natto in biofilm reactors[J]. Appl Microbiol Biotechnol, 2018, 102 (21): 9147-9157.

[52] Fang K, Park O J, Hong S H. Controlling biofilms using synthetic biology approaches[J]. Biotechnol Adv, 2020, 40: 107518.

[53] Berenjian A, Chan N L C, Mahanama R, et al. Effect of biofilm formation by *Bacillus subtilis* natto on menaquinone-7 biosynthesis[J]. Mol Biotechnol, 2013, 54 (2): 371-378.

[54] Mahdinia E, Demirci A, Berenjian A. Strain and plastic composite support (PCS) selection for vitamin K (menaquinone-7) production in biofilm reactors[J]. Bioprocess Biosyst Eng, 2017, 40 (10): 1507-1517.

[55] Mahdinia E, Demirci A, Berenjian A. Enhanced vitamin K (menaquinone-7) production by *Bacillus subtilis* natto in biofilm reactors by optimization of glucose-based medium[J]. Curr Pharm Biotechnol, 2018, 19 (11): 917-924.

[56] Tsukamoto Y, Kasai M, Kakuda H. Construction of a *Bacillus subtilis* (natto) with high productivity of vitamin K2 (menaquinone-7) by analog resistance[J]. Biosci Biotechnol Biochem, 2001, 65 (9): 2007-2015.

[57] Sato T, Yamada Y, Ohtani Y, et al. Efficient production of menaquinone (vitamin K2) by a menadione-resistant mutant of *Bacillus subtilis*[J]. J Ind Microbiol Biotechnol, 2001, 26 (3): 115-120.

[58] Tani Y, Asahi S, Yamada H. Production of menaquinone (vitamin K2)-5 by a hydroxynaphthoate-resistant mutant derived from *Flavohacterium meningosepticum*, a menaquinone-6 producer[J]. Agric Biol Chem, 1985, 49 (1): 111-115.

[59] Kong M K, Lee P C. Metabolic engineering of menaquinone-8 pathway of *Escherichia coli* as a microbial platform for vitamin K production[J]. Biotechnol Bioeng, 2011, 108 (8): 1997-2002.

[60] Liu Y, Ding X M, Xue Z L, et al. Site-directed mutagenesis of UbiA to promote menaquinone biosynthesis in *Elizabethkingia meningoseptic*a[J]. Process Biochem, 2017, 58: 186-192.

[61] Ma Y, McClure D D, Somerville M V, et al. Metabolic engineering of the MEP pathway in *Bacillus subtilis* for increased biosynthesis of menaquinone-7[J]. ACS Synth Biol, 2019, 8 (7): 1620-1630.

[62] Xu Y, Li Y, Zhang L, et al. Unraveling the specific regulation of the shikimate pathway for tyrosine accumulation in *Bacillus licheniformis*[J]. J Ind Microbiol Biotechnol, 2019, 46 (8): 1047-1059.

[63] Noda S, Shirai T, Oyama S, et al. Metabolic design of a platform *Escherichia coli* strain producing various chorismate derivatives[J]. Metab Eng, 2016, 33: 119-129.

[64] Liu D F, Ai G M, Zheng Q X, et al. Metabolic flux responses to genetic modification for shikimic acid production by *Bacillus subtilis* strains[J]. Micro Cell Fact, 2014, 13: 40.

[65] Asally M, Kittisopikul M, Rué P, et al. Localized cell death focuses mechanical forces during 3D patterning in a biofilm[J]. Pans, 2012, 109 (46): 18891-18896.

[66] Kobayashi K. Gradual activation of the response regulator DegU controls serial expression of genes for flagellum formation and biofilm formation in *Bacillus subtilis*[J]. Mol Microbiol, 2007, 66 (2): 395-409.

[67] Yepes A, Schneider J, Mielich B, et al. The biofilm formation defect of a *Bacillus subtilis* flotillin-defective mutant involves the protease FtsH[J]. Mol Microbiol, 2012, 86 (2): 457-471.

[68] Guedon E, Moore C M, Que Q, et al. The global transcriptional response of *Bacillus subtilis* to manganese involves the MntR, Fur, TnrA and σB regulons[J]. Mol Microbiol, 2003, 49 (6): 1477-1491.

[69] Conter C, Oppici E, Dindo M, et al. Biochemical properties and oxalate-degrading activity of oxalate decarboxylase from *Bacillus subtilis* at neutral pH[J]. IUBMB Life, 2019, 71 (7): 917-927.

[70] Ranmadugala D, Ebrahiminezhad A, Manley-Harris M, et al. Impact of 3-aminopropyltriethoxysilane-coated iron oxide nanoparticles on menaquinone-7 production using *B. subtilis*[J]. Nanomaterials (Basel), 2017, 7 (11): 350.

[71] Zhu Y, Ye L, Chen Z, et al. Synergic regulation of redox potential and oxygen uptake to enhance production of coenzyme Q10 in *Rhodobacter sphaeroides*[J]. Enzyme Microb Technol, 2017, 101: 36-43.

第8章　枯草芽孢杆菌细胞工厂合成 *N*-乙酰神经氨酸

作为革兰氏阳性菌，枯草芽孢杆菌（*Bacillus subtilis*）是公认的食品安全菌，具有无内毒素、不易受噬菌体污染、生理特性和遗传背景清楚、拥有成熟的基因操作工具、无明显的密码子偏好性优点，使其成为重要的工业菌株[1]。

N-乙酰神经氨酸（NeuAc）的合成前体之一 *N*-乙酰氨基葡萄糖（GlcNAc）已经在枯草芽孢杆菌中实现了高效合成，这使得枯草芽孢杆菌成为 NeuAc 生产的理想宿主[2]。

先前研究中选用工程菌株 *B. subtilis* 168 作为宿主高产 GlcNAc，把该途径分为三个合成模块进行研究，分别是乙酰氨基葡萄糖合成模块、肽聚糖合成模块和糖酵解模块[3]。

在乙酰氨基葡萄糖合成模块中，通过敲除磷酸转移酶系统（PTS）GlcNAc 特异性转运蛋白编码基因 *nagP*，阻断胞外 GlcNAc 转运到胞内，得到工程菌株 BSGN1，并验证了 *nagP* 基因是将胞外 GlcNAc 转运至胞内的关键转运蛋白的编码基因；在 BSGN1 的基础上，进一步通过同源重组敲除 *gamA* 基因（GlcN-6-P 脱氨基酶）得到 BSGN2；在 BSGN2 基础上敲除 *nagA*（GlcN-6-P 脱乙酰酶）和 *nagB*（GlcN-6-P 脱氨基酶），得到 BSGN3，GlcNAc 分解途径被完全阻断。在糖酵解模块中，为阻断副产物乳酸生成，在 BSGN3 基础上敲除乳酸脱氢酶编码基因 *ldh*，得到重组菌 BSGN5；在 BSGN3 基础上进一步敲除磷酸转乙酰酶编码基因 *pta*，阻断乙酸生成，得到重组菌株 BSGN6[3]。因此，为得到高产的 NeuAc，选用此重组菌株 BSGN6 作为最初宿主，并恢复 *nagP* 基因的表达。

N-乙酰甘露糖胺（ManNAc）是 NeuAc 合成的关键前体物质，生物体内存在三条途径可以合成这一物质，分别是 AGE（GlcNAc 异构酶）途径、NeuC（UDP-GlcNAc 异构酶）途径和 NanE（GlcNAc-6-P 异构酶）途径。AGE 途径中前体物质 GlcNAc 在 AGE 的催化下异构生成 ManNAc，由于枯草芽孢杆菌已经可以高效合成 GlcNAc，因此 AGE 途径成为首选。然而在枯草芽孢杆菌中并不清楚向胞外转运 GlcNAc 的蛋白，容易造成 GlcNAc 外泄。NeuC 途径仅需引入一个异源酶 NeuC 即可合成 ManNAc，减少了蛋白合成压力。NanE 途径相较于 NeuC 途径更短，且相较于 AGE 途径不存在前体物质泄漏的情况（图 8-1）。

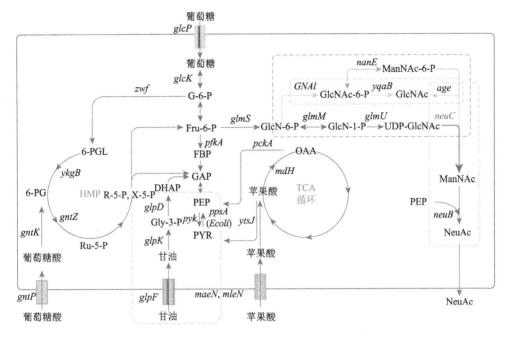

图 8-1　NeuAc 合成代谢网络

NeuAc 合成的另一个关键前体物质是磷酸烯醇丙酮酸（PEP），其在枯草芽孢杆菌中浓度极低，作为中心代谢的关键物质代谢速率极快，因此易成为高效合成 NeuAc 的限制因素。为了提高胞内 PEP 浓度，一般采用的策略是下调丙酮酸激酶基因 *pyk* 的表达、敲除 PTS 系统葡萄糖转运蛋白基因 *ptsG*。这些策略可以显著提高胞内 PEP 浓度，但仍不足能满足高效合成 NeuAc 的需求。通过葡萄糖酸、苹果酸和甘油等分支代谢途径的代谢工程，可以构建双碳源共利用的 PEP 专一补给系统，用于提高 NeuAc 的合成效率（图 8-1）。

8.1　*N*-乙酰神经氨酸合成途径的构建和模块化优化

8.1.1　NeuAc 合成途径的构建

以菌株 BSGN6（*B. subtilis* 168 衍生菌株，已敲除 *nagP*、*gamP*、*gamA*、*nagA*、*nagB*、*ldh*、*pta*）为最初宿主[4]，并选择具有高效催化能力和高底物亲和力的酶。

AGE（GlcNAc 异构酶，来源于 *Anabaena* sp. CH1）催化 NeuAc 合成途径的第一个反应（GlcNAc 差向异构生成 ManNAc），该酶对激活剂 ATP（20 μmol/L）的需求非常低，且拥有更高的催化活性。

由 ManNAc 生成 NeuAc 有两种途径：①NanA（NeuAc 裂解酶）途径，但该反应是缩合可逆的；②NeuB（NeuAc 合酶）途径。通过比较 NeuB 和 NanA 的吉布斯自由能（分别为−56.4 kJ/mol±2.1 kJ/mol 和 32.1 kJ/mol±1.7 kJ/mol，在 pH 7.0 和 0.1 mol/L 的离子强度下计算；细胞内 PEP、丙酮酸和 ManNAc 浓度为 0.01 mmol/L、0.01 mmol/L 和 11 mmol/L，http://equilibrator.weizmann.ac.il/）表明 NeuB 比 NanA 更适合用于 NeuAc 从头合成。

为构建 NeuB 合成途径，根据文献结果比较 NeuB 的酶动力学性能，表明来源于 *E. coli* K12 的 NeuB（ManNAc 和 PEP 的 K_m 分别为 5.6 mmol/L 和 0.04 mmol/L，低于其他来源）底物亲和力更高[5, 6]。由于枯草芽孢杆菌中 PEP 胞内浓度较低，因此 NeuB 对 PEP 的亲和力对于 NeuAc 的合成效率至关重要。

在组成型启动子 P_{43} 的控制下表达 AGE 和 NeuB，并整合表达 GNA1（GlcN-6-P 乙酰化酶，来源于 *S. cerevisiae* S288C），构建从头合成 NeuAc 的生物合成途径，分别获得菌株 BCAN-NeuB-1 和 BCAN-NeuB-2。在摇瓶发酵中，BCAN-NeuB-2 的 NeuAc 产量仅为 0.05 g/L，而 BCAN-NeuB-1 的 NeuAc 产量达到 0.33 g/L，表明质粒中较高的 AGE 和 NeuB 表达水平更有利于 NeuAc 合成（图 8-2a 和 b）。同时，两株菌 OD_{600} 大致相同，表明细胞生长未受到显著影响（图 8-2c）。

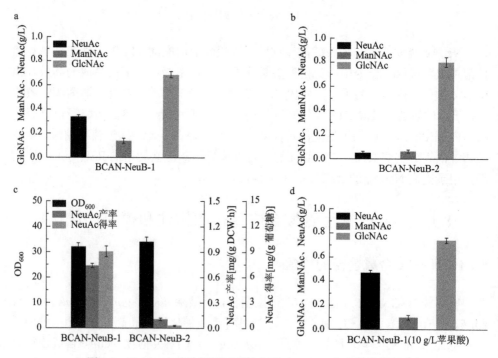

图 8-2　NeuAc 合成途径不同表达水平对 NeuAc 合成效率的影响

（a）BCAN-NeuB-1 菌株 GlcNAc、ManNAc 和 NeuAc 产量；（b）BCAN-NeuB-2 菌株 GlcNAc、ManNAc 和 NeuAc 产量；（c）BCAN-NeuB-1 和 BCAN-NeuB-2 菌株的 OD_{600}、NeuAc 产率和得率；（d）BCAN-NeuB-1 菌株添加苹果酸发酵验证

如图 8-2d 所示,细胞外 GlcNAc(0.67 g/L)和 ManNAc(0.13 g/L)出现积累,表明 GlcNAc 和 PEP 供给不平衡,导致 NeuAc 合成效率较低[0.74 mg/(g DCW·h)]和得率较低(9.04 mg/g 葡萄糖)。为了验证 GlcNAc 和 PEP 的供应比例是否是影响 NeuAc 合成的关键因素,通过添加苹果酸增加 PEP 的供应,因为基于代谢通量分析,通过苹果酸-草酰乙酸-PEP 代谢途径可以改善 PEP 的供给。结果表明,添加苹果酸增加了 PEP 的供应,在细胞 OD_{600} 未有显著变化的情况下,NeuAc 的产量提高了 1.42 倍。苹果酸添加验证实验进一步证实,调控 GlcNAc 和 PEP 的供给可以显著提高 NeuAc 的合成效率(图 8-2d)。因此,推断出强化和平衡 GlcNAc 与 PEP 供给会提高 NeuAc 的产量。

8.1.2　GlcNAc 和 PEP 模块化途径工程的设计与构建

模块化途径工程将代谢途径按特定需求分为多个模块,并组装具有不同表达水平的各个模块以生成菌株文库。通过模块化途径工程进行一轮菌株库构建和筛选,便可以实现全局性优化整体代谢途径平衡,从而避免单一验证实验的烦琐性[7]。因此,模块化途径工程可以有效平衡 NeuAc 合成中的 GlcNAc 和 PEP 供给。此外,枯草芽孢杆菌可以天然共利用葡萄糖和苹果酸作为双碳源,这提供了通过苹果酸-草酰乙酸-PEP 途径供给 PEP 的策略[8]。因此,将 NeuAc 的生物合成途径分为 GlcNAc 和 PEP 供给模块,以平衡其供给用于提高 NeuAc 的合成效率。

通过组合 glmS 基因(GlcN-6-P 合成酶)转录、yqaB 基因(GlcNAc-6-P 去磷酸化酶)表达和通过 nagP 基因表达来恢复胞外 GlcNAc 的吸收,以此构建 GlcNAc 供给模块的 4 个不同强度水平。具体而言,分别为低强度的 GlcNAc 供给模块——以 P_{43} 启动子表达 GNA1 基因;中强度的 GlcNAc 供给模块——表达 yqaB 基因;中上强度的 GlcNAc 供给模块——以 P_{43} 启动子表达 glmS 基因并进一步表达 yqaB 基因[9];高强度 GlcNAc 供给模块——共表达 glmS 基因和 yqaB 基因,并表达 nagP 基因。

通过敲除 PTS 系统来减少 PEP 的消耗,添加苹果酸来增强苹果酸-草酰乙酸-PEP 途径中的 PEP 供应,以及强化 PEP 羧激酶基因 pckA 的表达来改善该途径中的 PEP 供给,构建三种不同强度水平的 PEP 供给模块:低强度 PEP 供给模块——敲除编码 PTS 系统基因 ptsG,中强度的 PEP 供给模块——敲除 ptsG 基因并添加苹果酸,高强度 PEP 供给模块——添加苹果酸和敲除 ptsG 基因,并进一步增强 pckA 基因的表达。

进一步组合不同供给强度的 GlcNAc 模块和 PEP 模块产生 1~10 号菌株,如图 8-3a 所示。

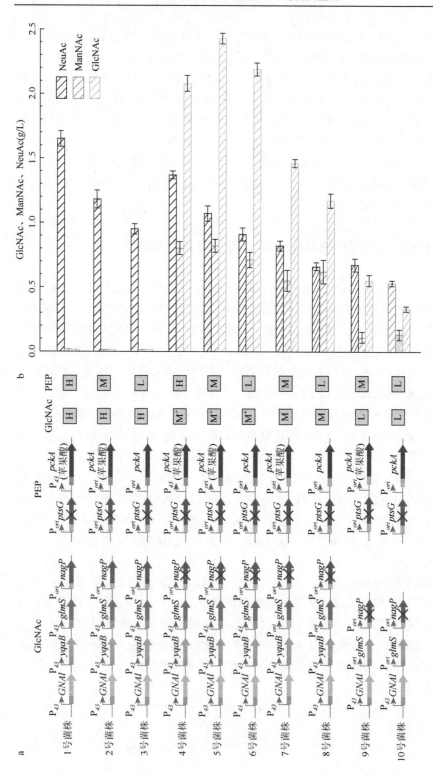

图 8-3　GlcNAc 和 PEP 供给模块中的关键基因表达

（a）模块化途径工程设计；（b）模块化工程菌株 GlcNAc、ManNAc 和 NeuAc 产量；H. 高强度，M. 中强度，M⁺. 中上强度，L. 低强度

8.1.3　GlcNAc 和 PEP 模块化途径工程对 NeuAc 合成的影响

为了实现 GlcNAc 和 PEP 的供给平衡，比较了不同菌株和培养条件下摇瓶发酵中 GlcNAc 和 PEP 供应模块的各种组合（图 8-3b）。当 PEP 模块保持在低强度时，GlcNAc 模块从低到中及中上强度时，NeuAc 产量分别增加 24.5% 和 71.7%（10 号、8 号和 6 号菌株），但当 GlcNAc 模块提高到更高强度时，NeuAc 产量仅增加 4.4%（0.95 g/L）。5 号菌株的胞外 GlcNAc 产量从 0.33 g/L 增加到 2.43 g/L，表明当 PEP 模块保持在低强度而 GlcNAc 模块在中及以上强度时，GlcNAc 的供给强度过高。与高强度 GlcNAc 模块组合中低强度 PEP 模块（2 号和 3 号菌株）、中上强度 GlcNAc 模块组合中低强度 PEP 模块（6 号菌株）相比，当 PEP 模块提高至高强度并且 GlcNAc 模块保持中强度时，NeuAc 产量均大幅提高（5 号菌株为 1.07 g/L，4 号菌株为 1.37 g/L）。有趣的是，ManNAc 可能也可以通过 NagP 进入细胞，因为无法检测到胞外 ManNAc（图 8-3b 的 1～3 号菌株）。

为了探究 GlcNAc 和 PEP 模块化途径工程对工程菌株的影响，特别是对高水平（1 号菌株）、中等水平（7 号菌株）和低水平（10 号菌株）的 NeuAc 合成工程菌株的影响，进一步研究了细胞生长、葡萄糖消耗速率和 NeuAc 合成效率。与低水平 GlcNAc 和 PEP 模块（10 号菌株）相比，高水平 GlcNAc 和 PEP 模块（1 号菌株）的 NeuAc 产量提高 3.1 倍（图 8-4）。然而，7 号菌株（中水平 GlcNAc 和 PEP 模块）葡萄糖消耗速率增加了 14.1%，1 号菌株（高水平 GlcNAc 和 PEP 模块）葡萄糖消耗速率增加了 20.0%。虽然 7 号和 1 号菌株的葡萄糖消耗速率没有差异，但 1 号菌株的 NeuAc 产率[3.57 mg/(g DCW·h)]和得率（47.41 mg/g 葡萄糖）均有所提高（图 8-4）。

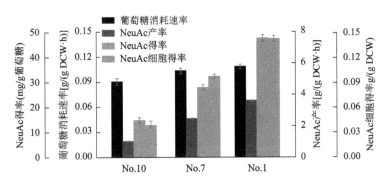

图 8-4　模块化途径工程 1 号、7 号和 10 号菌株 NeuAc 合成效率、细胞生长和葡萄糖消耗速率比较

总之，通过同时高水平供给 GlcNAc 和 PEP（1 号菌株），可以显著提高 NeuAc

的产量。尽管 NeuAc 产量明显改善，但 NeuAc 的细胞得率仅为 0.14 g/g DCW，
这表明碳底物主要用于细胞生长，而不是 NeuAc 的生物合成。因此，为了提高
NeuAc 细胞得率，需要在平衡 NeuAc 生物合成和细胞生长的过程中，进一步优化
葡萄糖和苹果酸的代谢通量。

8.1.4　中心代谢途径改造提高葡萄糖向 NeuAc 的转化率

　　当以葡萄糖为底物时，碳通量进入枯草芽孢杆菌 EMP 途径和 TCA 循环，以
产生能量和各种前体物质，从而促进细胞生长和代谢。因此，过高的葡萄糖代谢
通量用于细胞生长，导致了较低的 NeuAc 细胞得率。为了限制 EMP 途径的碳通
量并增加 NeuAc 合成的底物供应，敲除 *pyk* 基因（丙酮酸激酶），并进一步表达
葡萄糖酸-6-磷酸脱水酶基因 *edd* 和 2-脱氢-3-脱氧磷酸葡萄糖酸醛缩酶基因 *eda*，
以引入 ED 途径来重构从葡萄糖到丙酮酸的途径。在重构的途径中，葡萄糖可降
解为甘油醛-3-磷酸和丙酮酸，并进一步将甘油醛-3-磷酸转化为 PEP 供给 NeuAc
合成，而丙酮酸进入 TCA 循环以产生能量和细胞生长所需的前体。将已敲除 *pyk*
基因的 1 号菌命名为 BGP 菌株。

　　为了构建高效的 ED 途径，基于其对 NeuAc 合成的影响，验证了不同来源的
edd 和 *eda* 基因。将 *edd* 基因（*E. coli* 来源）和 *ZMedd* 基因（*Zymomonas mobilis*
来源）插入 BGP 菌株，分别获得 BGP-edd 和 BGP-ZMedd 菌株。同样，将 *eda* 基
因和 *kdgA* 基因插入菌株 BGP-ZMedd，分别获得 BGP-ZMedd-eda（*E. coli* 来源）
和 BGP-ZMedd-kdgA（*B. subtilis* 来源）菌株。将菌株 BGP-ZMedd-kdgA 的名称缩
写为 BGPD。

　　与 BGP-edd 相比，BGP-ZMedd 的最高 NeuAc 产量提高了 1.44 倍，从 0.78 g/L
提高到 1.12 g/L（图 8-5a-1 和 a-2），而葡萄糖消耗速率和 OD_{600} 没有明显差异，表
明 ZMedd 更适合用于 NeuAc 合成。与 BGP-ZMedd-eda 相比，BGP-ZMedd-kdgA
的最大 OD_{600} 降低 20.4%。通过在 BGP-ZMedd 菌株中表达 *kdgA* 基因和 *eda* 基因，
NeuAc 产量分别提高了 46.9% 和 25.1%，分别达到 1.65 g/L 和 1.40 g/L（图 8-5b-1
和 b-2），表明 *kdgA* 基因的表达更有利于 NeuAc 的合成。当将葡萄糖和苹果酸
作双碳源时，BGP-ZMedd-kdgA 的 NeuAc 产量为 1.87 g/L，比 BGP-ZMedd-eda 高
17.6%，并且添加苹果酸可增加葡萄糖的消耗速率，可能原因是苹果酸进入 TCA 循
环促进了细胞生长和葡萄糖消耗（图 8-5c-1 和 c-2）。

8.1.5　优化 *ytsJ* 基因表达水平提高苹果酸向 NeuAc 的转化率

　　在苹果酸利用途径中，苹果酸不仅可以通过 PckA 转化为 PEP，还可以通过

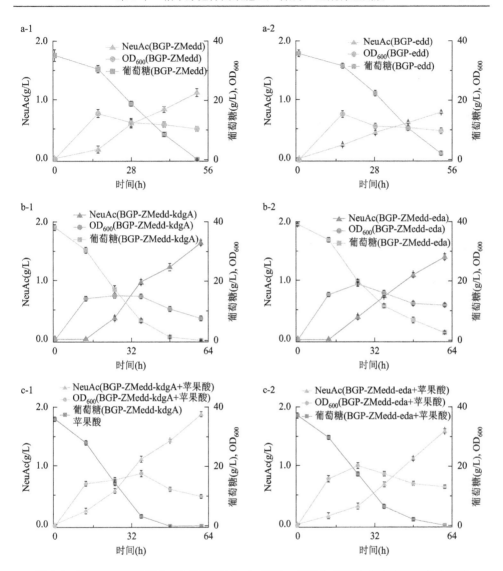

图 8-5　阻断糖酵解和引入 ED 途径对 NeuAc 产量、细胞生长和葡萄糖消耗速率的影响

（a-1）BGP-ZMedd 菌株发酵；（a-2）BGP-edd 菌株发酵；（b-1）BGP-ZMedd-kdgA 菌株发酵；（b-2）BGP-ZMedd-eda 菌株发酵；（c-1）BGP-ZMedd-kdgA 菌株添加苹果酸发酵；（c-2）BGP-ZMedd-eda 菌株添加苹果酸发酵

苹果酸酶 YtsJ 转化为丙酮酸[10]。与菌株 BCAN-NeuB-1 相比，1 号菌株和 BGPD 的胞内丙酮酸浓度分别降低了 23.8%（0.93 mg/g）和 46.7%（0.65 mg/g）（图 8-6a）。然而，丙酮酸是乙酰辅酶 A 的前体，而乙酰辅酶 A 又是 GlcNAc 合成的关键前体，进而推测 NeuAc 合成效率可能受到丙酮酸供给的限制。为了获得苹果酸代谢中 YtsJ 和 PckA 反应之间的最佳碳代谢通量分配，选择了 4 个具有不同翻译起始强度的 RBS 序列来微调苹果酸酶 YtsJ 的表达。在菌株 BGPD 中，*ytsJ* 基因在 P_{43} 启

动子和 4 个 RBS 序列（RBS 序列分别为 ATTTTAAGAGGAGGCTTTAA、ATTAT
AGTGTATCAGGAGGTATATCTGCA、ATTTACTAGTAGAGAGAAGCACATTATT
和 AAATTTTCACAAGAG）的控制下过表达，获得了重组菌株 BGPD-YtsJ-1 至
BGPD-YtsJ-4（菌株 BGPD-YtsJ-1、BGPD-YtsJ-2、BGPD-YtsJ-3 和 BGPD-YtsJ-4
中 YtsJ 的预测翻译初始速率分别为 23 449 a.u.、10 921 a.u.、6749 a.u.和 2258 a.u.，
Design RBS 预测：https://www.denovodna.com/software/）。与菌株 BGPD 相比，当
ytsJ 基因的表达增强时，菌株 BGPD-YtsJ-1 至 BGPD-YtsJ-4 的 NeuAc 产量均增加。
BGP-YtsJ-2 的 NeuAc 产量在这 4 个重组菌株中最高，发酵 56 h 时增加了 21.1%达
到 2.18 g/L（图 8-6b）。此外，BGPD-YtsJ-2 的丙酮酸浓度恢复到 0.95 mg/g DCW，
说明 NeuAc 合成受到丙酮酸供给的影响。增强 *ytsJ* 基因的表达时葡萄糖消耗均
降低，导致菌株 BGPD-YtsJ-2 的 OD_{600} 与菌株 BGPD 相比降低了 17.6%，但菌株
BGPD-YtsJ-2 在 56 h 时的最终 OD_{600} 超过了 BGPD 菌株（图 8-6c 和 d）。最终 OD_{600}
的增加可能是因为菌株利用了增加的丙酮酸，以通过 TCA 循环为细胞生长提供
ATP。综上所述，在苹果酸利用途径的基础上进一步进行 *ytsJ* 基因的过表达可平
衡 NeuAc 生物合成和细胞生长。

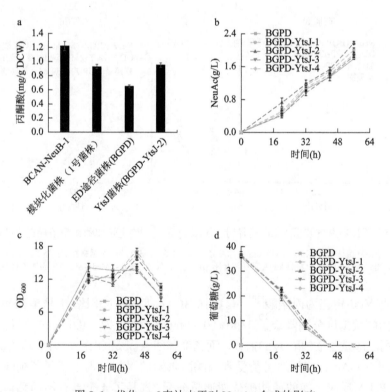

图 8-6　优化 *ytsJ* 表达水平对 NeuAc 合成的影响

为了系统地总结使用各种策略的效果，选择并比较了 4 个代表性菌株，包括原始菌株 BCAN-NeuB-1、模块化菌株（1 号菌株）、引入 ED 途径并阻断糖酵解的 BGPD 菌株，以及微调 YtsJ 表达的 BGPD-YtsJ-2 菌株。1 号菌株、BGPD 和 BGPD-YtsJ-2 的葡萄糖消耗速率大致相似，分别为 0.13 g/(g DCW·h)、0.15 g/(g DCW·h) 和 0.14 g/(g DCW·h)（图 8-7）。通过 GlcNAc 和 PEP 供给的模块化途径工程，以及引入 ED 途径和微调 YtsJ 的表达，与 BCAN-NeuB-1 相比，各改造菌株 NeuAc 产率、NeuAc 细胞得率、NeuAc 得率均得到提高。

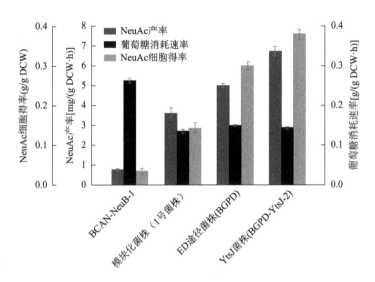

图 8-7　模块化途径工程、ED 途径引入和糖酵解途径重构、YtsJ 表达优化菌株的发酵对比

8.1.6　小结

首先，在 *B. subtilis* 168 中通过引入外源基因 *GNA1*、*age* 和 *neuB* 构建 NeuAc 合成途径。其次，为了验证关键酶 AGE 和 NeuB 的表达水平对 NeuAc 合成的影响，在质粒上和基因组上分别对其进行表达验证，发酵结果表明，在摇瓶培养中，BCAN-NeuB-2 的 NeuAc 产量为 0.05 g/L，而 BCAN-NeuB-1 的 NeuAc 产量达到 0.33 g/L，表明质粒上 AGE 和 NeuB 的表达水平较高对于促进 NeuAc 生产更为有效。

为了平衡 NeuAc 合成关键前体物质 GlcNAc 和 PEP 的供给，我们将 GlcANc 模块分为 4 个不同水平，将 PEP 模块分为 3 个不同水平，进行模块化途径工程改造。最终，高水平的 GlcNAc 和 PEP 模块（1 号菌株）可以显著提高 NeuAc 的产量，达到 1.65 g/L NeuAc，NeuAc 的生产效率达到 3.57 mg/(g DCW·h)，分别提高了 5 倍和 3.8 倍。

为了进一步平衡 NeuAc 合成和细胞生长，提高细胞的 NeuAc 产量，敲除 *pyk*
基因和引入 ED 途径阻断糖酵解途径，使得 NeuAc 产量达到 1.87 g/L，比出发菌
株产量提高了 1.32 倍。

苹果酸作为枯草芽孢杆菌的第二碳源，减少苹果酸进入 TCA 循环的代谢通量
可以提高 NeuAc 合成效率。通过优化 *ytsJ* 基因表达水平，可以实现苹果酸代谢在
NeuAc 合成和细胞生长方面的平衡，在摇瓶发酵中，NeuAc 产量达到 2.18 g/L，
并且 NeuAc 细胞得率达到 0.38 g/g DCW，分别提高了 16.6%和 26.7%。

8.2　*N*-乙酰神经氨酸合成途径热力学瓶颈和限速步骤的解除

8.2.1　NeuAc 合成途径热力学瓶颈分析

目前，代谢工程的研究领域主要集中于代谢过程动力学和化学计量学这两个
方面，其中代谢过程动力学的调控主要是通过酶工程、启动子工程和代谢调控元
件等策略来进行代谢途径优化，以提高目的产物的合成效率；化学计量学的调控
主要是通过代谢途径的重排与重构来提升目的产物的得率。以上研究领域可以显
著提高目的产物的合成效率，但是当代谢途径中存在热力学上不可行的反应时（即
代谢反应的吉布斯自由能 $\Delta\gamma G'>0$），关键酶的催化作用并不能推动热力学上不可
行的反应变得可行[11]。

代谢过程的产物和底物特性、代谢反应条件（pH 和离子强度等），以及代谢
物浓度决定了代谢反应的热力学特征和反应的方向性。当代谢反应的 $\Delta\gamma G'<0$ 时，
反应才可能进行，且绝对值越大，代谢反应的热力学推动力越大。各个代谢反应
的热力学特征决定了生物合成过程的热力学特征与目的产物合成方向的热力学推
动力（图 8-8a）。随着中心代谢途径中代谢反应热力学调控机制的解析，其在代谢

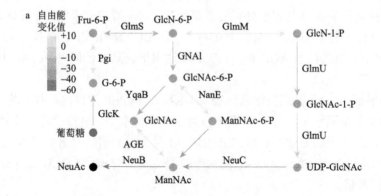

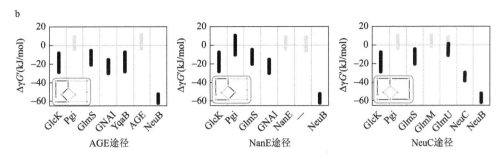

图 8-8　理论推测 NeuAc 各合成途径吉布斯自由能

（a）理论推测 NeuAc 合成途径吉布斯自由能热图；（b）理论推测三条途径中吉布斯自由能大于 0 的反应过程；在 pH 7.0 和 0.1 mol/L 的离子强度下计算 $\Delta_\gamma G'$，关键中间产物设定浓度：G-6-P 为 8 mmol/L，Fru-6-P 为 10 mmol/L，GlcN-6-P 为 15 mmol/L，GlcNAc-6-P 为 20 mmol/L，ManNAc-6-P 为 20 mmol/L，GlcNAc 为 23 mmol/L，ManNAc 为 11 mmol/L，PEP 为 0.2 mmol/L，NeuAc 为 10 mmol/L，GlcN-1-P 为 15 mmol/L，GlcNAc-1-P 为 10 mmol/L，UDP-GlcNAc 为 10 mmol/L

工程中的应用价值被逐渐挖掘，因此，代谢反应热力学对于微生物代谢调控与目标代谢物合成的重要性已引起越来越多的关注[12-14]。

AGE 催化底物 GlcNAc 合成 ManNAc 的过程中，吉布斯自由能（$\Delta_\gamma G'$）为 0.3 kJ/mol±4.1 kJ/mol（在 pH 7.0 和 0.1 mol/L 的离子强度下计算；细胞内 GlcNAc 和 ManNAc 的浓度分别为 160 mmol/L 和 40 mmol/L；http://equilibrator.weizmann.ac.il/），$\Delta_\gamma G'>0$，成为 NeuAc 合成途径的热力学瓶颈，对合成过程中的正向反应推动力产生不利影响（图 8-8b）。

目前，有两种策略被用于热力学瓶颈的解除。第一种策略是通过选取不含热力学瓶颈的途径替换存在热力学瓶颈的代谢途径，已经发现了 NanE（GlcNAc-6-P 异构酶）和 NeuC（UDP-GlcNAc 异构酶）两条替代途径。虽然三种途径均存在热力学瓶颈 [AGE、NanE 和 NeuC 途径的 $\Delta_\gamma G'$ 分别为 0.3 kJ/mol±4.1 kJ/mol、（−5.3～9.6）kJ/mol±5.8 kJ/mol 和（−4.7～10.2）kJ/mol±3.3 kJ/mol]，但是 NeuC 途径作为枯草芽孢杆菌内源途径，能以较高通量供给肽聚糖以合成细胞壁，推测该反应过程已经通过自然进化解除了热力学瓶颈，从而提高了其催化效率。因此，通过 NeuC 途径替代常规的 AGE 途径，在热力学推动力方面有利于 NeuAc 合成。

第二种策略是当产物合成缺少热力学优势途径进行替换时，基于关键酶自组装构建底物通道，理论上可以缓解热力学限制，通过蛋白-蛋白相互作用（如 GBD、SH3 和 PDZ）实现限速酶和上游或者下游拥有热力学优势的途径酶的自组装，以形成底物通道效应，缓解关键途径酶的热力学瓶颈[15-17]。

8.2.2　通过关键酶自组装和途径替换解除 NeuAc 合成热力学瓶颈

为了实现酶蛋白自组装策略，实验选取了 GBD、PDZ 和 SH3 三个结构域及配体元件。当酶蛋白的 C 端和 N 端连接蛋白结构时，可能配体结构会对酶结构产生影响，降低酶的催化效率。因此，首先选取 GBD 分别连接关键酶 NeuB、AGE、YqaB 和 GNA1 的 C 端与 N 端，验证结构域对酶结构稳定性的影响。如图 8-9a 所示，NeuB 连接 GBD 后对活性影响较大，当在 N 端连接时，不再拥有催化能力，当在 C 端连接时，仅保留初始 35% 的催化能力；AGE 在 C 端连接 GBD 明显优于在 N 端连接，仍能保留约 100% 的初始活性（图 8-9b）；而 YqaB 在 N 端和 C 端连接 GBD 时，催化能力反而提高，尤其是在 C 端连接时，提高约 32%（图 8-9c）；GNA1 在 N 端连接 GBD 时，催化活性大幅降低，相较于 N 端，在 C 端连接 GBD 时，催化活性仅降低约 22%（图 8-9d）。因此，自组装时，NeuB、AGE、YqaB 和 GNA1 都选择在 C 端连接结构域与配体。

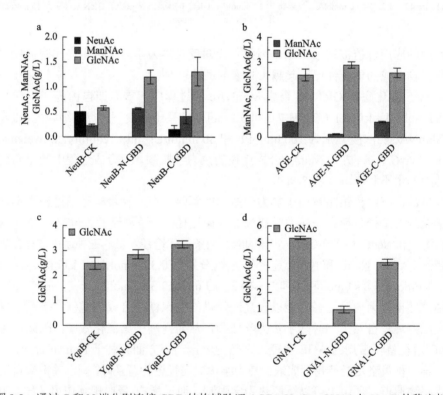

图 8-9　通过 C 和 N 端分别连接 GBD 结构域验证 AGE、YqaB、GNA1 与 NeuB 的稳定性

（a）通过连接 GBD 结构域来验证 NeuB 的 C 和 N 端稳定性；（b）通过连接 GBD 结构域来验证 AGE 的 C 和 N 端稳定性；（c）通过连接 GBD 结构域来验证 YqaB 的 C 和 N 端稳定性；（d）通过连接 GBD 结构域来验证 GNA1 的 C 和 N 端稳定性

GBD、PDZ 和 SH3 自组装时，结构域和配体的数量会影响酶的组装配比，导致自组装酶的空间聚集状态不同，可能会形成不同的催化性能，因此选取结构域

和配体 1 : 1 和 1 : 3 两种比例来优化自组装策略。实验结果表明，GNA1 和 NanE 按 1 : 1 比例组装时效果较为显著，而 AGE 和 YqaB 按 1 : 3 比例组装时有显著效果（图 8-10a）。AGE 和 NeuB 自组装并没有取得正向结果，一方面是由于 NeuB 的 C 和 N 端均较为敏感，易受其他结构影响而活性降低；另一方面可能由于 AGE 催化可逆反应，当 AGE 和 NeuB 自组装时，局部的高浓度 ManNAc 可能不利于提高 AGE 催化反应的正向推动力，从而影响 NeuAc 的合成效率（图 8-10b）。以质粒 pHT-GNA1-NanE-CK-GNA1-GBD-结构域作为对照组，pHT-GNA1-NanE-GBD-结构域-1 : 1 作为实验组，结果表明 GlcNAc 和 ManNAc 产量均大幅提高，

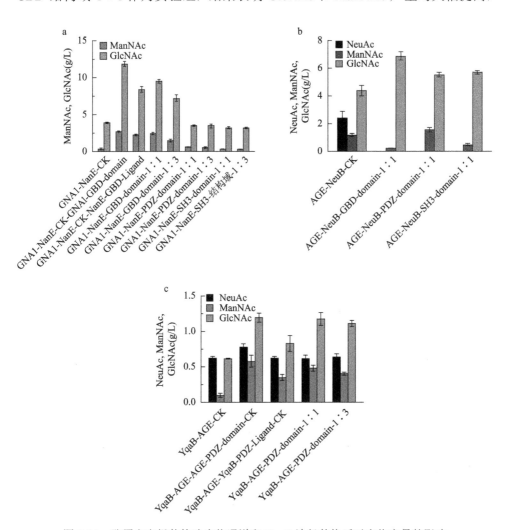

图 8-10　酶蛋白自组装构建底物通道和 NeuC 途径替换后对产物产量的影响

（a）GNA1 和 NanE 自组装；（b）AGE 和 NeuB 自组装；（c）AGE 和 YqaB 自组装

推测可能是由于质粒进一步加入 NanE 后影响了 GNA1 的表达，以及对照质粒与验证 C、N 端稳定性的结构不一致而导致出现差异。GNA1 和 NanE 自组装并未产生正向结果，只是对酶表达量产生影响。同样的现象也体现在 AGE 和 YqaB 自组装实验中，AGE 连接 PDZ 结构域的菌株，GlcNAc、ManNAc 和 NeuAc 产量均超过了原始菌株和自组装菌株。再次证实了自组装后产量提升的更多原因是结构域对酶表达量和酶活性产生影响（图 8-10c）。

构建底物通道以缓解热力学瓶颈的实验结果表明，该策略在理论上拥有可行性，但在实验中成功构建极为困难，特别是改变配体序列和数量导致质粒产生变动时会影响酶的表达量，进一步提高了构建难度。为了解除 AGE 途径的热力学瓶颈，采用途径替换的策略将 NeuC 途径替换为常用的 AGE 途径。

8.2.3　不同表达水平 NeuAc 合成途径关键酶验证解析限速步骤

合成途径酶蛋白的动力学性能直接关系途径的合成效率和产量，是代谢工程改造的重点之一。通过构建基于酶动力学和代谢组学的模型，可以精确分析途径动力学瓶颈。但是这种动力学模型需要诸多精确数据，巨大的工作量限制了其应用范围。另外，通过优化关键酶的来源和表达水平以提高酶在细胞内的催化能力这种策略可以简便地提高目的产物的合成效率，同时可以分析合成途径的限速步骤。

因此，将 NeuAc 的生物合成途径分为三个部分，以关键中间体 GlcN-6-P（通用初始前体）、ManNAc（通用中间体）和 NeuAc（目的产物）作为界限（图 8-11）。在 GlcN-6-P 到 ManNAc 的反应过程中，分成了以 NeuC、AGE 和 NanE 为特征的 3 种 ManNAc 合成途径。在 NeuC 途径中，对 NeuC 的表达水平进行优化。当 NeuC 相对表达水平为 7000 a.u.时，NeuC 达到最佳催化能力，ManNAc 产量为 6.53 g/L。当 AGE 相对表达水平为 15 000 a.u.时，其最高可以催化生成 3.78 g/L 的 ManNAc。对于 NanE 途径，来源于大肠杆菌的 NanE 相对表达水平达到 15 000 a.u.时，仅能合成 0.97 g/L 的 ManNAc。以上数据表明，在 ManNAc 的 3 种合成途径中，NeuC 途径比 AGE 和 NanE 途径可以更高效地合成 ManNAc。

虽然 AGE 催化 GlcNAc 生成 ManNAc 是可逆过程，但其最高催化活性可以使得约 50%的 GlcANc 生成 ManNAc。另外，NeuC 拥有较 AGE 更高的催化活性，可以保证充足的前体物质 ManNAc 供给。然而，NeuB 达到最高催化活性时，仅能合成 2 g/L 左右的 NeuAc，成为 NeuAc 合成途径的限速步骤。因此，进一步通过酶定向进化和高效酶来源筛选来获得高活性 NeuB、提高 NeuAc 合成效率成为关键。

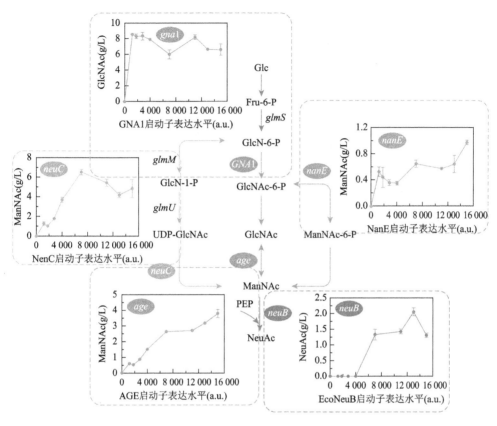

图 8-11　枯草芽孢杆菌 NeuAc 合成途径关键酶表达水平优化分析

8.2.4　基于 NeuAc 响应元件的 NeuB 定向进化系统的构建

目前，一般通过理性蛋白设计和定向进化来提高酶的催化性能。相比于基于非理性的定向进化策略，基于蛋白结构分析和优化的理性蛋白设计，需要晶体结构数据，并且存在较高的设计失败率，因此较高的难度和较低的成功率限制了其应用。基于目的产物响应元件和流式细胞仪相结合的定向进化策略，其极高的通量往往易于取得正向结果，因而在代谢工程领域被广泛应用[18-20]。

为了定向进化 NeuB，已在枯草芽孢杆菌中构建并优化了来源于大肠杆菌的基于转录调控蛋白 NanR 调控的 NeuAc 响应元件，存在 NeuAc 的情况下，通过释放结合在识别序列处的阻遏蛋白 NanR，从而激活下游基因的表达（图 8-12）。在先前的研究中，NanR 的结合序列已经得到解析：ttnannTGGTATAACAGGTATAnAGnTAnnnnnTnn，其中大写碱基为固定识别序列，小写碱基为可变序列，"n"为任意序列[18, 21-23]。

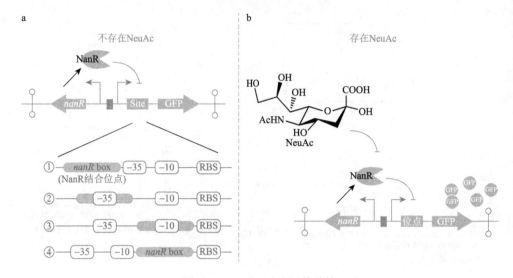

图 8-12　NeuAc 响应元件结构

（a）不存在 NeuAc 时组成型表达的 NanR 与结合序列（位点）结合以抑制 GFP 表达；（b）存在 NeuAc 时
NeuAc 与 NanR 结合以激活 GFP 表达

　　为了高效、便捷地构建和优化 NeuAc 响应元件，设计了基于三轮启动子文库的 NeuAc 响应元件构建策略。首先，选择了 12 个最大强度差异为 25 倍的启动子，它们分别是 P_{hbs}、P_{odhA}、P_{asd}、P_{srfAA}、P_{gltX}、P_{veg}、P_{citZ}、P_{yceC}、P_{phrE}、P_{csbA}、P_{sigH} 和 P_{yvyD} 启动子，以此来表达 GFP 用于构建 NeuAc 响应元件的第一启动子文库[24]。然后，将 NanR 结合序列插入 12 个启动子的不同位置（−35 区、−10 区和核糖体结合位点附近），以此构建响应元件的第二启动子文库。第二启动子文库是构建响应元件的重要内容，因为人工诱导启动子的构建通常基于启动子元件模块化组合的半理性设计，旨在优化 NanR 结合序列的可变和任意碱基序列，并将 NanR 结合序列插入所选启动子的最佳位置，同时确保启动子的核心序列没有改变，尽量减少插入序列对启动子功能的影响（−35 区和−10 区序列）。最后，从第二启动子文库中选择插入 NanR 结合序列后仍具有适当表达 GFP 能力的启动子，进一步整合 5 种不同表达水平的阻遏蛋白 NanR，以此构建 NeuAc 响应元件第三启动子文库。

　　当在启动子中插入 NanR 结合序列后，大多数启动子失去了活性，仅 16 个启动子，即 P_{veg104}、P_{veg105}、$P_{odhA352}$、P_{hbs103}、$P_{gltX351}$、$P_{gltX105}$、$P_{gltX106}$、$P_{srfAA105}$、$P_{citZ351}$、$P_{citZ352}$、$P_{citZ104}$、$P_{citZ105}$、$P_{yvyD104}$、$P_{csbA101}$、$P_{csbA102}$ 和 $P_{yceC102}$ 可以维持其原始表达水平（图 8-13）。特别是在−10 区插入 NanR 结合序列后，P_{veg} 系列和 P_{citZ} 系列启动子显示出更高的启动活性，表明这两个启动子系列在该区域更具包容性。P_{veg104} 和 P_{veg105} 启动子在第二启动子文库中具有最高的启动活性（相对荧光强度分别约为

24 000 a.u.和 20 000 a.u.），相比于原始 P$_{veg}$ 启动子启动活性降低仅 20%。在插入 NanR 结合序列后，P$_{hbs103}$ 启动子的相对荧光强度从 11 000 a.u.增加到 24 000 a.u.，这表明插入的 NanR 结合序列对启动子结构具有正向突变作用，从而增加了启动子 P$_{hbs}$ 的转录水平。

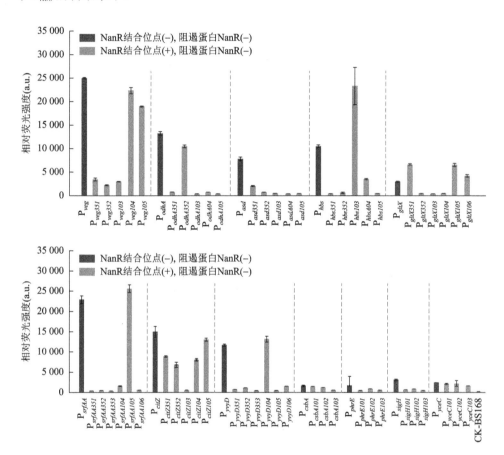

图 8-13　插入 NanR 结合序列对启动子相对荧光强度的影响

阻遏蛋白表达水平的优化是响应元件构建和优化过程中最重要的过程之一。如果阻遏蛋白表达水平过低，难以实现调节作用，而表达水平过高，则可能使细胞产生蛋白合成压力，从而影响细胞自身代谢过程。在第二启动子文库的基础上，从 16 个整合启动子中选择 6 个具有优异特性的启动子，即 P$_{veg105}$、P$_{srfAA105}$、P$_{citZ351}$、P$_{odhA352}$、P$_{citZ104}$ 和 P$_{hbs104}$，分别通过不同启动子插入 5 个不同表达水平的阻遏蛋白 NanR，以此构建第三启动子文库（P$_{gerBC}$：1800 a.u.，P$_{ydjO}$：6000 a.u.，P$_{lytE}$：8000 a.u.，P$_{veg}$：12 000 a.u.）。实验表明 NanR 表达水平不同，对 6 种启动子的影响并不相同（图 8-14）。当 NanR 的表达水平大于 6000 a.u.时，基于 P$_{veg105}$ 和 P$_{srfAA105}$ 的响应元件表达水平显著降低，而基于 $P_{citZ351}$、$P_{odhA352}$ 和 $P_{citZ104}$ 的则表现出梯度降低变化。为了降低 NanR 表达对细胞产生的代谢负荷，在实现调节功能的基础上，NanR 的表达水平应尽可能降低。因此，P_{veg105}-*nanR*-6k 和 $P_{srfAA105}$-*nanR*-8k 是第三启动子文库中性能较优的两个响应元件。

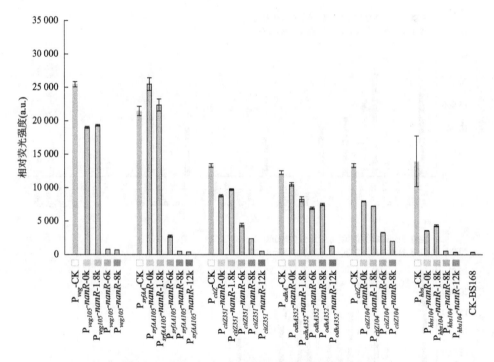

图 8-14　不同 NanR 表达水平对不同启动子的影响

8.2.5　通过 NeuB 定向进化和不同来源高催化活性酶替换缓解 NeuAc 合成途径限速步骤的影响

基于 NeuAc 响应元件和流式细胞仪相结合的 NeuB 定向进化策略，可以实现高通量的突变体筛选（图 8-15a）。在 pHT-P_{veg105}-*nanR*-6k 响应元件质粒的基础上，进一步构建了由 P_5 启动子控制的 NeuB 表达元件，以此构建了定向进化工具质粒 pHT-bio-EcoNeuB。在该质粒基础上，通过易错 PCR 构建了 NeuB 突变文库。进一步将突变文库质粒转化到产 ManNAc 枯草芽孢杆菌工程菌株 3BSGA 中，构建菌株文库。通过 24 深孔板进行发酵验证，并通过显色法和酶标仪检测 NeuAc 产量，实验结果表明，仅有 14 号突变体 NeuAc 产量高于对照，达到 1.64 g/L，提高约 13.1%（图 8-15b 部分数据）。

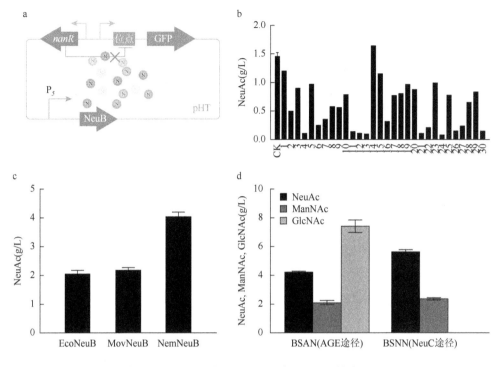

图 8-15　NeuB 定向进化和不同来源 NeuB 筛选验证

（a）流式细胞仪筛选 NeuB 定向进化质粒；（b）24 深孔板筛选验证突变文库（横坐标为突变体编号）；（c）不同来
源 NeuB 筛选验证；（d）NemNeuB 催化的 AGE 和 NeuC 途径合成效率对比

　　由于通过定向进化策略并未获得催化活性极高的目的 NeuB 突变体。为此，
筛选了目前已报道的所有 NeuB，并对其动力学参数进行了筛选。实验表明，
NemNeuB（来源于 *Neisseria meningitidis*）拥有更优的催化性能，在 P_1 启动子控
制表达的情况下，NeuAc 产量最高可达约 4.04 g/L，较对照提高 92.7%，远高于通
过定向进化所获得的突变体 NeuB（图 8-15c），因此可以缓解 NeuAc 合成途径
中的动力学瓶颈。进一步将拥有热力学优势的 NeuC 途径和拥有动力学优势的
NemNeuB 构建到 BSGNS（BSGN6 衍生菌株，以启动子 P_{xylA} 表达 *comK* 基因，强
启动子 P_9 过表达 *glmS* 基因）菌株中获得 BSNN 菌株，实验表明，BSNN 菌株明
显优于 BSAN 菌株（AGE 途径），NeuAc 产量达到 5.67 g/L（图 8-15d）。

8.2.6　小结

　　我们分析了 NeuAc 合成途径热力学瓶颈，并尝试通过酶蛋白自组装解除 AGE
和 NanE 途径热力学瓶颈，然而发现并不能通过蛋白自组装构建底物通道来解除热力学瓶颈。而后通过不含热力学瓶颈的 NeuC 途径替换原始 AGE 途径，解除了热力学瓶颈，使得 NeuAc 产量从 2.49 g/L 提高到 3.36 g/L。

通过采用不同强度启动子优化 NeuAc 合成途径关键基因的表达水平，提高了 NeuAc 合成效率。进一步解析 NeuB 是 NeuAc 合成途径的关键限速步骤。

为了构建 NeuB 定向进化系统，构建并优化了 NeuAc 响应元件，获得了激活强度为 61 倍、泄漏仅 1.6% 的高性能响应元件。进一步通过结合流式细胞仪和 NeuAc 响应元件激活表达 GFP，对 NeuB 进行高通量易错 PCR 建库和筛选，然而仅获得 NeuAc 产量较对照提高约 13.1% 的突变体。为进一步提高 NeuB 的催化效率，筛选了不同来源的具有较优动力学性能的 NeuB 进行胞内验证，发现来源于 *Neisseria meningitidis* 的 NeuB 在较低表达水平时，拥有更优异的催化性能，使得 NeuAc 产量提高到 4.04 g/L。进一步构建具有由 NeuC 途径和 NemNeuB 组成的不含热力学瓶颈与限速步骤的 NeuAc 合成工程菌株，NeuAc 产量提高到 5.67 g/L。

8.3　*N*-乙酰神经氨酸合成途径所产生细胞代谢压力的解析和解除

8.3.1　强化 NeuC 途径对细胞生长和 NeuAc 合成的影响

已经发现 NeuC 途径在热力学推动力上优于 AGE 途径，实验表明含有 NeuC 途径的 BSNN 菌株的 NeuAc 产量达到 5.67 g/L，远高于含有 AGE 途径的 BSAN 菌株的 4.04 g/L。通常情况下，通过进一步强化 NeuC 途径可以实现提高 NeuAc 合成的目的。

以 BSNN 为出发菌株，通过 P_1、P_4、P_6 和 P_8 四个不同强度启动子优化 NeuC 途径关键基因 *glmM* 和 *glmU* 的表达水平，以强化 NeuC 途径代谢强度。实验结果表明，通过 P_8 强启动子过表达 *glmM*，NeuAc 产量较对照菌株 BSNN 提高 9.4%（图 8-16a）。而对于 *glmU*，4 个不同强度启动子均导致 NeuAc 产量大幅下降（图 8-16b）。

值得注意的是，虽然 NeuC 途径相比于 AGE 途径显著提高了 NeuAc 的合成效率，但是异源酶蛋白 NeuC 途径的引入，对细胞状态和细胞生长产生了显著的影响。当以不同强度过表达 NeuC 时，菌株 OD_{600} 随着 NeuC 表达强度增强呈现显著的逐渐下降趋势（图 8-16c）。

因仅通过 NeuC 途径的强化和优化无法实现更高效、稳定地合成 NeuAc 的目的，故设计了一种多途径复合的策略来规避单一强化 NeuC 途径导致的代谢压力过载和产量无法进一步提高的问题[25]：一方面通过适量降低 NeuC 途径强度来缓

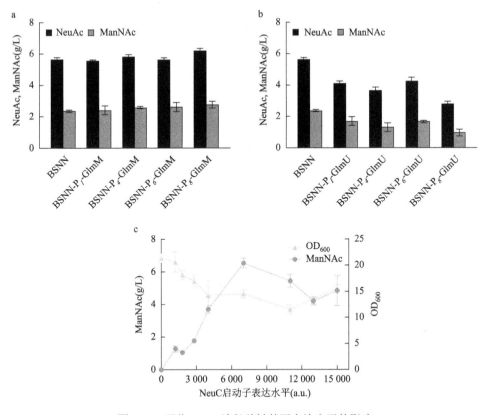

图 8-16　强化 NeuC 途径关键基因表达水平的影响

（a）通过 P_1、P_4、P_6 和 P_8 启动子强化 *glmM* 基因表达水平；（b）通过 P_1、P_4、P_6 和 P_8 启动子强化 *glmU* 基因表达水平；（c）强化 NeuC 表达时的 ManNAc 产量和 OD_{600} 曲线

解细胞压力，另一方面通过复合适当表达强度的 AGE 和 NanE 途径来提高 NeuAc 整体的合成效率。

8.3.2　不同表达水平 NeuAc 合成途径关键酶对细胞生长和 NeuAc 合成的影响

NeuAc 合成途径可以分为由特异性酶 NeuC、AGE 和 NanE 所催化的三条不同途径[26]。GlcN-6-P 是三条途径相同的初始前体，而 ManNAc 是三种 NeuAc 合成途径中相同的中间前体。GlcNAc-6-P 是 NanE 和 AGE 途径的相同前体。UDP-GlcNAc、GlcNAc 和 ManNAc-6-P 是分别是 NeuC、AGE 和 NanE 三条途径各自拥有的特征中间体。为了实现三条途径复合，分析了 NeuC、AGE 和 NanE 三条合成途径的理论得率（图 8-17）。在不考虑生长消耗葡萄糖的情况下，三条不同合成途径的 NeuAc 理论得率是相同的，且 NeuAc 合成途径是释放能量（5.5～7.5 个

ATP）的过程。但是，当进一步考虑由葡萄糖代谢产生的过量 ATP 时，AGE 和 NanE 途径的理论得率更高，均为 0.97 g NeuAc/g 葡萄糖。这是由于 NeuC 途径需要辅因子 UTP 的参与，导致多消耗了一个 ATP。在考虑生长消耗葡萄糖的情况下，AGE 途径和 NanE 途径的 NeuAc 理论得率均为 0.52 g/g 葡萄糖，NeuC 途径的理论得率为 0.75 g/g 葡萄糖。由于 NeuAc 合成途径是释放能量的过程，因此 NeuC 途径额外消耗的 ATP 较少。通过化学计量分析可以看出，NeuAc 生物合成是理论得率较高的合成途径，并且在辅因子和能量代谢方面不存在失衡问题。因此在化学计量学层面，三条合成途径均拥有高产 NeuAc 的潜能，适用于多途径复合的策略。

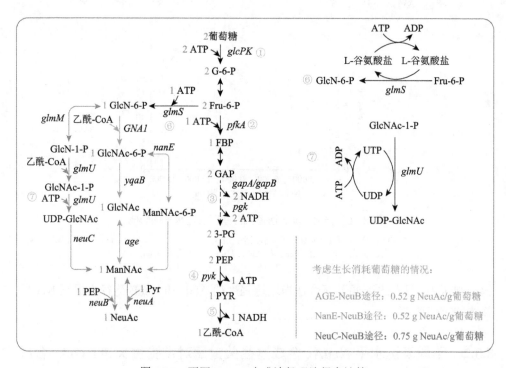

图 8-17　不同 NeuAc 合成途径理论得率计算

为了验证不同强度表达异源蛋白对细胞生长的影响，在枯草芽孢杆菌基因组上，通过 P_1～P_8 不同强度启动子过表达 GFP，验证蛋白合成量对细胞的影响。在发酵前期（12 h），高表达水平的 GFP 会显著影响细胞 OD_{600}，但是随后这种蛋白合成压力对细胞的影响逐渐降低，特别是在发酵中后期（60 h），不同 GFP 表达水平下 OD_{600} 没有显著变化，这表明细胞对数生长期，异源蛋白的大量合成可能占用细胞生长所需的蛋白合成能力而影响细胞生长状态。同理，分别以 P_1～P_8 不同强度启动子过表达 NeuAc 合成途径的关键酶 GNA1、AGE、NeuC、NanE 和

NemNeuB，以解析其表达水平不同对细胞生长的影响。GNA1、AGE 和 NanE 三个酶蛋白的过表达对细胞生长影响较小，NeuC 和 NemNeuB 酶蛋白的过表达则会严重限制细胞生长。

进一步测定了 NeuAc 合成途径关键酶表达水平不同对葡萄糖消耗速率（24 h）和产物合成（产量）的影响。结果表明，随着表达 GFP 的启动子强度不断增加，葡萄糖消耗速率虽然逐渐降低，但是整体影响较小（图 8-18a）。GNA1 处于中等表达水平时葡萄糖消耗速率出现特异性的差别，但是在 GlcNAc 产量较高的三个低表达水平下，葡萄糖消耗速率几乎一致（图 8-18b）。AGE 催化能力随着其表达水平的不断提高而提高，但是葡萄糖消耗速率出现两段式差别，在低于 3000 a.u. 的相对表达水平下，葡萄糖消耗速率较快，高于该水平时葡萄糖消耗速率出现一致性的降低（图 8-18c）。NeuC 的最低葡萄糖消耗速率和最强催化活性出现在相对表达水平 7000 a.u.时，随后其催化活性大幅度降低，呈现出典型的钟形曲线（图 8-18d）。虽然 NanE 的葡萄糖消耗速率未出现波动，但是其催化活性随着启动子强度的提高而显著提高，在最高表达水平时获得最强催化能力（图 8-18e）。最为特殊的仍是 NemNeuB，其在最低表达水平时拥有最大葡萄糖消耗速率和最高催化性能，随后任意提高其表达水平，葡萄糖消耗速率和产物产量几乎出现显著的断崖式降低，并在 3000～15 000 a.u.呈现出稳定状态（图 8-18f）。

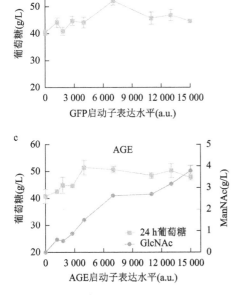

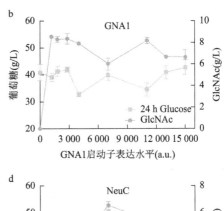

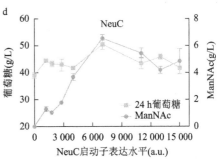

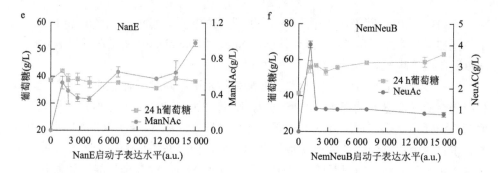

图 8-18　三条不同合成途径关键酶表达水平与葡萄糖消耗速率及产物产量的关系

8.3.3　不同强度三条 NeuAc 合成途径复合对 NeuAc 合成效率的影响

代谢工程学的许多设计灵感来自自然界中遗传进化多样性的启发，如酶的定向进化策略和代谢工程的动态调节策略等。另外，自然界中存在同一产物的多种合成途径共存的现象，可能更有利于生物对环境的适应，特别是当外部环境发生剧烈变化时。另外，多种途径共存可能更有利于提高目标产物的合成效率，从而确保生物体在种群进化中具有优势。

研究人员设计了异源蛋白表达水平和生长压力指导的多途径构建策略。该策略将 NeuAc 合成途径分为 AGE、NeuC 和 NanE 三部分。每一部分分为高合成水平和低合成水平两个层次。其中，高合成水平为产量达到最高时各个途径酶的表达强度；低合成水平代表各个途径酶的表达强度比最高产量时各个途径酶的表达强度低一个水平的强度。具体而言，对于 AGE 途径各关键酶，高合成水平分别为 P_6 启动子表达 GNA1 和 P_8 启动子表达 AGE；低合成水平分别为 P_1 启动子表达 GNA1 和 P_5 启动子表达 AGE。对于 NeuC 途径，高合成水平为 P_5 启动子表达 NeuC；低合成水平为 P_4 启动子表达 NeuC。对于 NanE 途径，高合成水平为 P_6 启动子表达 GNA1 和 P_8 启动子表达 NanE；低合成水平为 P_1 启动子表达 GNA1 和 P_5 启动子表达 NanE。而 NeuB 始终以 P_1 表达。将三部分途径的两个层次进行模块化组装优化，最终形成 8 个由不同强度三部分途径复合成的工程菌株（图 8-19）。由于 AGE 途径和 NanE 途径共用 GNA1，因此除去各部分均为低表达模块的情况，其余情况 GNA1 均为高表达水平。

当三部分途径以不同水平进行组装优化后，NeuAc 产量呈现显著差异。总体而言，当三部分途径均趋于低水平时，NeuAc 产量较高。当 AGE 途径处于低水平，NeuC 途径处于低水平，以及 NanE 途径处于高水平时，NeuAc 产量最高（图 8-20a）。

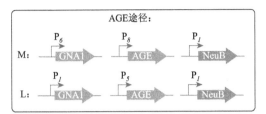
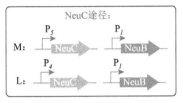
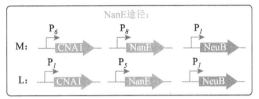

图 8-19　三条合成途径不同强度优化组合示意图

M：高水平，L：低水平

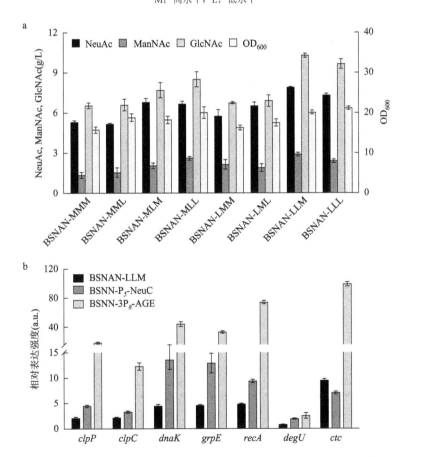

图 8-20　三条合成途径不同强度复合和通过 RT-qPCR 表征代谢压力

（a）三条合成途径不同强度复合验证；（b）RT-qPCR 分析验证代谢压力和关键基因转录水平的关系

为了进一步验证途径复合菌株与单强化 NeuC 途径菌株的代谢压力关系，在 BSNN 菌株基础上，通过叠加 3 个拷贝的由强启动子 P_8 表达的 AGE，构建过表达异源蛋白的 BSNN-3P_8-AGE 菌株，作为代谢压力模式菌株，用于筛选代谢压力关键基因。以 BS168 野生型菌株为对照，通过 BSNN-3P_8-AGE 菌株筛选发现，蛋白相关调控基因 *clpP* 和 *clpC*[27]、基因复制相关基因 *dnaK* 和 *recA*、条件响应基因 *grpE* 和 *ctc*[28]的转录水平显著提高，*ctc* 转录水平提高 98 倍左右，但转录调节蛋白基因 *degU* 仅比对照组提高 2.5 倍左右。进一步分析了多途径复合菌株 BSNAN-LLM 和单强化 NeuC 途径菌株 BSNN-P_5-NeuC，结果表明，相较于单强化 NeuC 途径菌株，多途径复合菌株 50S 核糖体蛋白基因 *ctc* 转录水平没有显著变化，二者均较野生型菌株提高 8 倍左右，其余 *clpP*、*clpC*、*dnaK*、*grpE* 和 *recA* 等基因转录水平均下降 50%左右（图 8-20b）。综上表明，多途径复合在一定程度上缓解了 NeuAc 合成途径对细胞产生的代谢压力。

虽然 NeuAc 产量显著提高，但是胞内 GlcNAc 同样大幅提高，达到 10.2 g/L，远高于目的产物的合成量，这表明随着多途径复合优化后，ManNAc 的合成效率提高，胞内 PEP 供给不足，可能严重限制了 NeuAc 的合成效率。

8.3.4　小结

我们首先验证了单强化 NeuC 途径会导致细胞生长受抑制，限制了继续强化 NeuC 途径以获得高产 NeuAc 菌株的可能性。进一步分析推测可能由异源蛋白过表达造成的蛋白合成压力所导致，并提出在适当弱化三条 NeuAc 合成途径的基础上进行途径复合以缓解强化单一途径导致的代谢压力和提高 NeuAc 产量的策略。

为了进行多途径复合，我们首先分析了三条合成途径的化学计量学数据，结果表明在不考虑生长消耗葡萄糖的情况下，三条合成途径均达到 0.85 g NeuAc/g 葡萄糖的高理论得率，在考虑生长消耗葡萄糖的情况下，NeuC 途径的理论得率最高，为 0.75 g NeuAc/g 葡萄糖，三条途径均会释放 5.5～7.5 个 ATP。虽然 NeuC 途径需要辅因子 UTP，但是其可以通过消耗 ATP 循环利用 UTP，因此 NeuAc 合成途径不存在辅因子失衡问题。

通过用不同强度启动子表达 NeuAc 合成途径关键酶 GNA1、AGE、NeuC、NanE 和 NemNeuB，发现 GNA1、AGE 和 NanE 三个酶蛋白的过表达对细胞生长影响较小，NeuC 和 NemNeuB 酶蛋白的过表达会严重限制细胞生长状态。NeuC 表达强度不同时，各个时间阶段均出现随着表达强度增加 OD_{600} 降低的趋势，特别是在 60 h 时，细胞 OD_{600} 从最高值 21.5 降低至 11.5 左右。发酵后期当 NemNeuB 相对表达水平高于 3000 a.u.时，会导致细胞 OD_{600} 低于 10。

将 NeuAc 合成途径分为 AGE、NanE 和 NeuC 三部分，以及高合成水平和低合成水平两个层次，通过模块化组装优化，结果表明当 AGE 途径处于低水平，NeuC 途径处于低水平，以及 NanE 途径处于高水平时，NeuAc 产量最高，达到 7.87 g/L，较单一途径的 5.67 g/L 提高 38.8%。同时，显著提高的 GlcANc 产量表明，胞内 NeuAc 合成的另一关键前体物质 PEP 可能不足，限制了 NeuAc 产量的进一步提高。

8.4　磷酸烯醇丙酮酸高效供给系统的构建和优化

8.4.1　苹果酸供给 PEP 系统的构建与优化

过表达来源于大肠杆菌的 *ppsA* 基因，可以实现由丙酮酸合成 PEP。然而在枯草芽孢杆菌中，并没有确定具有类似功能的催化酶，仅有 pps 可能拥有类似催化功能。为此，选取了来源于 *B. subtilis* 的 *pps* 基因和来源于 *E. coli* 的 *ppsA* 基因，验证其过表达对 PEP 供给的影响。实验表明，通过 P_1、P_3、P_4、P_6 和 P_8 启动子过表达 *pps* 基因，当启动子为 P_3 时，菌株 BSNAN-P_3-bsu-pps 的 NeuAc 产量最高，可以达到 8.59 g/L，仅比对照菌株 BSNAN（BSGNS 衍生菌株，启动子 P_1 表达 GNA1、P_5 表达 AGE 和 P_1 表达 NeuB、P_4 表达 NeuC、P_8 表达 NanE）的 NeuAc 产量提高了 8.6%（图 8-21a）。而通过 P_1、P_3、P_4、P_6 和 P_8 启动子过表达 *ppsA* 基因，当启动子为 P_8 时，BSNAN-P_8-eco-ppsA 的 NeuAc 产量最高，可以达到 9.08 g/L，比对照菌株 BSNAN 的 7.87 g/L 提高了 15.4%（图 8-21b）。由此说明来源于大肠杆菌的 *ppsA* 基因编码产物可以实现在枯草芽孢杆菌中催化丙酮酸生成 PEP。但是，

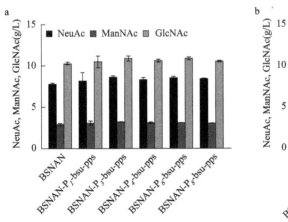
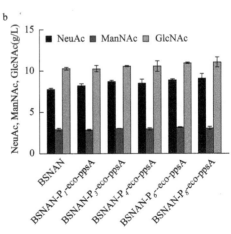

图 8-21　BSNAN 菌株过表达来源于枯草芽孢杆菌的 *pps* 和大肠杆菌的 *ppsA* 基因的比较

（a）不同启动子优化表达枯草芽孢杆菌 *pps* 基因；（b）不同启动子优化表达大肠杆菌 *ppsA* 基因

基于催化丙酮酸生成 PEP 的策略来提高 PEP 的合成效率仍然受限，不足以实现高效合成 NeuAc 的目的。

为了优化苹果酸和葡萄糖双碳源共利用系统，通过添加 1 g/L、2 g/L、3 g/L、4 g/L 和 5 g/L 的苹果酸优化最佳底物浓度，实验表明，当添加 3 g/L 的苹果酸时，NeuAc 产量从 7.87 g/L 提高到 10.37 g/L（图 8-22a）。

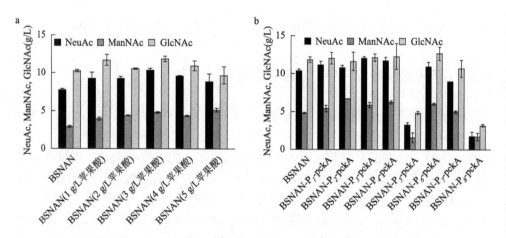

图 8-22　BSNAN 菌株的葡萄糖和苹果酸双碳源共利用优化

（a）优化苹果酸添加量；（b）优化 *pckA* 基因表达水平

在此基础上，进一步通过 $P_1 \sim P_8$ 共 8 个启动子对苹果酸代谢关键基因 *pckA* 表达水平进行优化，实验表明，当启动子为 P_3 时，菌株 BSNAN-P_3-pckA 的 NeuAc 产量提高到 12.05 g/L（图 8-22b）。通过苹果酸和葡萄糖双碳源共利用系统，显著提高了 NeuAc 产量，但是苹果酸作为 TCA 循环中间体，其代谢速率极快，且苹果酸代谢对 TCA 循环的影响未知，导致其在发酵罐实验中的发酵条件不易优化和控制。另外，苹果酸价格较高，限制了其作为碳源供给 PEP 策略的应用。

8.4.2　葡萄酸供给 PEP 系统的构建与优化

为了解决苹果酸的成本高和不易调控问题，选取葡萄糖酸与葡萄糖构建双碳源共利用系统。

在枯草芽孢杆菌中，葡萄糖酸操纵子转录阻遏物 GntR 蛋白结合到操纵子启动子−10 区附近的识别序列，从而阻遏下游葡萄糖酸激酶和葡萄糖酸通透酶及葡萄糖酸-6-磷酸脱氢酶基因的表达。当存在葡萄糖酸时，葡萄糖酸会解除 GntR 对启动子的阻遏效应，从而激活下游代谢基因的表达（图 8-23a）；另外，葡萄糖酸操纵子启动子−35 区附近和 *gntR* 基因前端存在葡萄糖分解代谢阻遏蛋白识别位点 cre，从而限制了葡萄糖酸与葡萄糖作为双碳源共利用。为了建立葡萄糖酸和葡萄糖双碳源共利用系统，通过启动子 P_{43} 替换原始启动子和 gntR 基因启动子，以实现下游基因 gntKPZ 的组成型表达，实现葡萄糖和葡萄糖酸双碳源共利用。

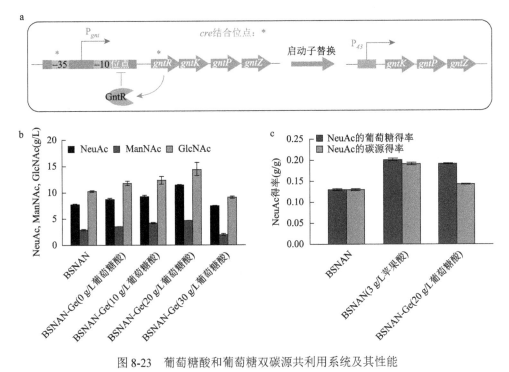

图 8-23   葡萄糖酸和葡萄糖双碳源共利用系统及其性能

(a) 葡萄糖酸调控系统及改造策略；(b) 不同葡萄糖酸添加量优化；(c) NeuAc 得率

通过添加不同浓度的葡萄糖酸来优化底物浓度，当葡萄糖酸的浓度为 20 g/L 时，NeuAc 产量最高，较对照菌株 BSNAN 提高 44.9%（图 8-23b）。当通过 P_{43} 启动子连续表达 gntKPZ 基因时，在不添加葡萄糖酸的情况下，NeuAc 产量也有所提高。推测是由于强化了 gntZ 基因表达，改善了 HMP 途径，进而提高 PEP 供给，导致 NeuAc 产量提高。虽然添加葡萄糖酸可以提高 NeuAc 合成效率，并且不存在苹果酸不易调控和成本高的问题，但是葡萄糖酸和葡萄糖双碳源共利用系统底物到 NeuAc 的转化率较低，远低于苹果酸和葡萄糖双碳源共利用系统（图 8-23c）。另外，葡萄糖酸代谢需要经过 HMP 途径才可以进入 EMP 途径供给 PEP，代谢途径复杂，限制了 PEP 供给效率，这可能是葡萄糖酸和葡萄糖双碳源共利用系统比苹果酸和葡萄糖双碳源共利用系统 NeuAc 合成效率低的原因。

8.4.3 葡萄糖酸响应元件的构建与优化

通过响应元件适时激活目的途径或下调分支途径代谢强度，是优化平衡细胞生长和产物合成的有效策略。葡萄糖酸作为廉价碳源，拥有十分严谨的操纵子系统，可以实现动态响应，基于此选取葡萄糖酸响应元件来实现代谢过程调控（图 8-24a）。

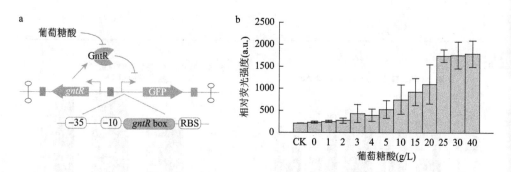

图 8-24　葡萄糖酸响应元件示意图及性能验证

（a）葡萄糖酸响应元件设计；（b）原始葡萄糖酸响应元件性能验证

采用实验验证了原始葡萄糖酸响应元件的激活性能。为了实现葡萄糖酸和葡萄糖共利用，通过 P_{43} 启动子过表达 gntKPZ 基因。在发酵培养基存在 60 g/L 葡萄糖的情况下，原始葡萄糖酸响应元件可以成功被诱导表达。虽然原始葡萄糖酸响应元件拥有极低的泄漏水平，但其相对荧光强度仅有约 1700 a.u.（图 8-24b）。另外，葡萄糖酸在枯草芽孢杆菌内代谢速率较快，24 h 内消耗 20~25 g/L 葡萄糖酸，达到约 1 g/(L·h)，且响应速度较快，当底物中的葡萄糖酸耗尽时，可以实现快速关闭下游基因表达。

与构建 NeuAc 响应元件的策略相同，仍采用构建三轮启动子文库的策略来构建和优化葡萄糖酸响应元件。首先，选取了 P_{yvyD}、P_{veg}、P_{43}、P_{thrS}、P_{srfAA}、P_{odhA}、P_{phrK}、P_{hbs}、P_{ytxG}、P_{yrxA}、P_{csbA}、P_{phrG}、P_{phrF}、P_{minC}、P_{yceC}、P_{phrC}、P_{lytR} 和 P_{ydaD} 共 18 个不同强度的启动子，下游关联 gfp 报告基因构建葡萄糖酸第一启动子文库。然后，分别在 18 个启动子的-10 区之后整合 GntR 识别序列（ATACTTGTATACAAGTATACT），以组成型启动子表达阻遏蛋白 GntR，构建第二启动子文库（图 8-25）。实验结果表明，48 h 时，基于 P_{srfAA} 启动子的响应元件，拥有最高的激活性能和较低的泄漏水平，相对荧光强度达到约 30 000 a.u.，并且获得了含有 10 个相对荧光强度为 2000~30 000 a.u. 的葡萄糖酸响应元件的启动子库（图 8-25）。

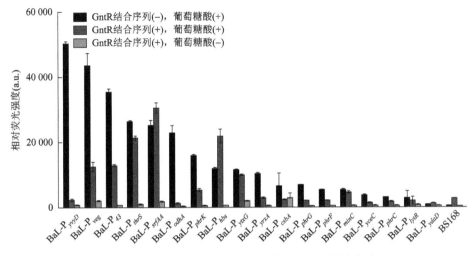

图 8-25　不同启动子的-10 区下游插入 GntR 结合位点

在第二启动子文库的基础上，进一步选取 800～12 000 a.u.相对荧光强度的不同启动子（P_{yitG}: 800 a.u.，P_{yraD}: 3500 a.u.，P_{thrS}: 4000 a.u.，P_{ydjO}: 6000 a.u.，P_{lytE}: 8000 a.u.，P_{veg}: 12 000 a.u.）过表达阻遏蛋白 GntR，以构建葡萄糖酸响应元件第三启动子文库。实验结果表明，当 GntR 相对荧光强度为 4000 a.u.以上时，达到显著的抑制效果（泄漏水平低于 5%），特别是当 GntR 相对表达强度为 12 000 a.u.时，泄漏水平趋近于 0（与空白培养基吸光值相近），但葡萄糖酸响应元件相对荧光强度显著降低 50%以上。

选取性能较优的 BaL-P_{srfAA}-gntR-1-4000 和 BaL-P_{srfAA}-gntR-1-8000 两个葡萄糖酸响应元件，测定添加不同浓度葡萄糖酸时其在 48 h 内的激活曲线。实验表明，当发酵初始分别添加 0～30 g/L 不同浓度葡萄糖酸时，其瞬时相对荧光强度几乎相近，随着葡萄糖酸浓度的提高，葡萄糖酸响应元件相对荧光强度不断增加（图 8-26）。

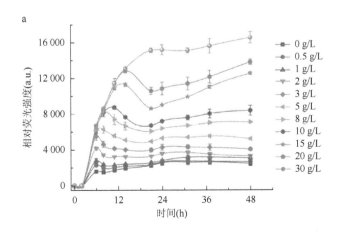

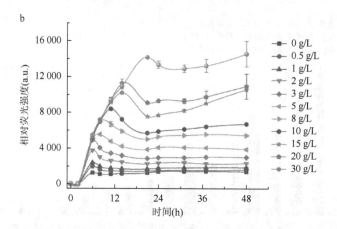

图 8-26　初始不同葡萄糖酸添加量的响应元件激活曲线

（a）BaL-P$_{srfAA}$-*gntR*-1-4000 激活曲线；（b）BaL-P$_{srfAA}$-*gntR*-1-8000 激活曲线

8.4.4　基于葡萄糖酸诱导的 CRISPRi 系统平衡 NeuAc 合成和细胞生长

　　基于 CRISPRi 系统的代谢下调技术，可以快捷、简便地实现目的基因的下调[29, 30]，特别是以葡萄糖酸诱导激活的 CRISPRi 系统，葡萄糖酸不存在 IPTG 可能导致的毒性问题，同时作为诱导剂，其成本远低于木糖等食品级诱导剂。分支酸途径关键基因 *aroA* 会分流 PEP 代谢能量，降低 NeuAc 合成关键前体的供给；HMP 途径关键基因 *zwf* 会分流葡萄糖代谢通量；而 UDP-GlcNAc 分支途径关键基因 *galE* 和 *murB* 会分流 NeuAc 合成关键前体物质 ManNAc 代谢通量。因此，通过葡萄糖酸激活的 sgRNA 下调 *aroA*、*zwf*、*galE* 和 *murB*，可以弱化分支途径代谢强度，提高 NeuAc 合成效率（图 8-27）。

　　由于目的基因的 sgRNA 位置不同对下调效果影响较大，且目前研究尚未发现可循规律，因此构建多个 sgRNA 是较为简便的筛选策略。为了优化基于 CRISPRi 的下调强度，分别针对 4 个关键基因 *aroA*、*zwf*、*galE* 和 *murB*，设计了 3 个不同的 sgRNA 识别位点，以筛选最优下调效率。实验表明，BSNANK-awf-sgRNA-1 菌株的 *zwf* 基因下调强度最佳，（图 8-28a）；BSNANK-aroA-sgRNA-1 菌株的 *aroA* 基因下调强度最佳（图 8-28b）；BSNANK-*galE*-sgRNA-1 菌株的 *galE* 基因下调强度最佳（图 8-28c）；BSNANK-*murB*-sgRNA-1 菌株的 *murB* 基因下调强度最佳（图 8-28d）。进一步选取 4 个关键基因 *aroA*、*zwf*、*galE* 和 *murB*，以最优的 sgRNA 下调强度，对其进行组合下调验证，结果表明，BSNANK-4-sgRNA 菌株各物质产量显著提升（图 8-28e）。为了验证 4 个关键基因的下调强度，通过 RT-qPCR 进行单基因下调分析，实验结果表明，4 个关键基因的表达水平均被下调至原始强度的 30% 以下（图 8-28f）。

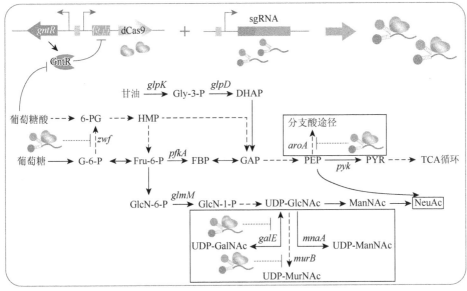

图 8-27　基于葡萄糖酸激活调控的 CRISPRi 弱化分支途径代谢

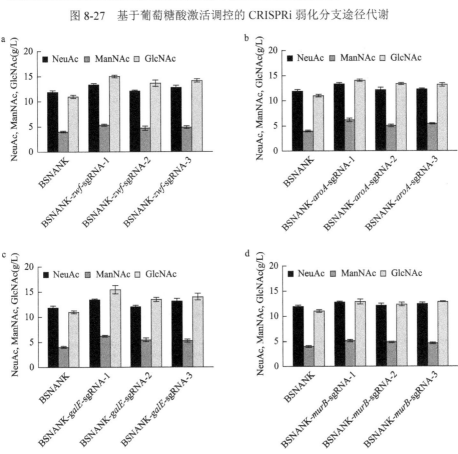

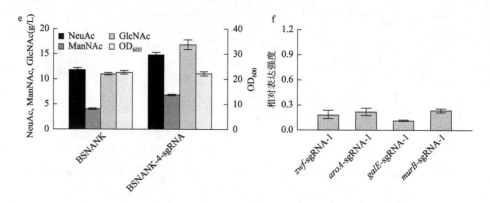

图 8-28　葡萄糖酸激活 CRISPRi 下调 6 个关键基因系统的优化

（a）*zwf* 基因下调验证；（b）*aroA* 基因下调验证；（c）*galE* 基因下调验证；（d）*murB* 基因下调验证；
（e）4 个关键基因同时下调验证；（f）4 个关键基因下调强度验证

在 3 L 发酵罐中对 BSNANK-4-sgRNA 进行发酵验证，通过补充 5 g/L 葡萄糖酸诱导激活 CRISPRi，并以 0.2 g/(L·h) 恒定补料速率补充甘油（甘油限制补料策略），控制葡萄糖浓度为 10～30 g/L。结果表明，发酵 128 h，NeuAc 产量最高，达到 22.14 g/L（图 8-29）。特别值得注意的是，发酵罐 OD_{600} 远远高于 24 孔板，最高值达到 97.1，这导致细胞生长和 NeuAc 产物合成未能实现 24 孔板水平的平衡，导致 GlcNAc 产量大幅提高，达到 32.90 g/L。因此，NeuAc 合成效率在发酵罐中仍然存在较大的提升空间。

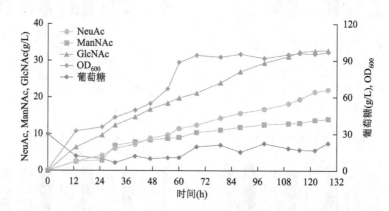

图 8-29　BSNANK-4-sgRNA 在 3 L 发酵罐中的发酵过程曲线

8.4.5　小结

通过优化苹果酸供给 PEP 系统关键基因 *pckA* 的表达水平和苹果酸的添加浓

度，发现当以 P₄ 启动子表达 *pckA* 时，NeuAc 拥有最高产量，达到 12.05 g/L，显著高于以葡萄糖作为单独碳源的 7.87 g/L。但是，苹果酸存在消耗极快、不易控制的问题，另外其较高的价格也限制其作为发酵碳源应用。

为了规避苹果酸的不利因素，选取葡萄糖酸构建双碳源共利用系统，首先通过选取启动子 P₄₃ 替换原始启动子和转录调控蛋白 GntR 基因启动子，以实现下游基因 *gntKPZ* 组成型表达，用于实现双碳源共利用。其次通过优化葡萄糖酸底物浓度，NeuAc 产量达到 11.46 g/L。虽然葡萄糖酸碳源解除了苹果酸碳源的限制因素，但是其 NeuAc 产量和碳源得率较低，不足以实现构建高效合成 NeuAc 系统的目的。

在葡萄糖酸和葡萄糖双碳源共利用系统的基础上，为了进一步提高 NeuAc 合成效率，首先构建了高相对荧光强度的葡萄糖酸响应元件 BaL-*srfAA*-*gntR*-1-4000，进一步选取了代谢途径 4 个关键基因 *aroA*、*zwf*、*galE* 和 *murB* 构建基于葡萄糖酸激活的 CRISPRi 调控策略。通过优化 CRISPRi 下调强度，以及组合 4 个关键基因最优下调强度，使得 BSNANK-4-sgRNA 菌株 NeuAc 产量显著提升至 14.99 g/L，较对照菌株提高 25.6%。同时在 3 L 发酵罐中，NeuAc 产量最高达到 22.14 g/L。

参 考 文 献

[1] Liu Y, Long L, Li J, et al. Synthetic biology toolbox and chassis development in *Bacillus subtilis*[J]. Trends in Biotechnology, 2018, 37 (5): 548-562.

[2] Zhang X, Liu Y, Liu L, et al. Microbial production of sialic acid and sialylated human milk oligosaccharides: advances and perspectives[J]. Biotechnology Advances, 2019, 37 (5): 787-800.

[3] 刘延峰. 代谢工程改造枯草芽孢杆菌高效合成 *N*-乙酰氨基葡萄糖[D]. 无锡: 江南大学博士学位论文, 2015.

[4] Liu Y, Zhu Y, Li J, et al. Modular pathway engineering of *Bacillus subtilis* for improved *N*-acetylglucosamine production[J]. Metabolic Engineering, 2014, 23: 42-52.

[5] Berg T O, Man K G, Altermark B, et al. Characterization of the *N*-acetylneuraminic acid synthase (NeuB) from the psychrophilic fish pathogen *Moritella viscosa*[J]. Carbohydrate Research, 2015, 402: 133-145.

[6] García M I, Lau K, von Itzstein M, et al. Molecular characterization of a new *N*-acetylneuraminate synthase (NeuB1) from *Idiomarina loihiensis*[J]. Glycobiology Oxford, 2015, 25 (1): 115-123.

[7] Jiang W, Qiao J B, Bentley G J, et al. Modular pathway engineering for the microbial production of branched-chain fatty alcohols[J]. Biotechnology for Biofuels, 2017, 10 (1): 244.

[8] Chubukov V, Uhr M, Chat L L, et al. Transcriptional regulation is insufficient to explain substrate-induced flux changes in *Bacillus subtilis*[J]. Molecular Systems Biology, 2013, 9: 709.

[9] Lee S W, Oh M K. A synthetic suicide riboswitch for the high-throughput screening of metabolite production in *Saccharomyces cerevisiae*[J]. Metabolic Engineering, 2015, 28: 143-150.

[10] Kogure T, Kubota T, Suda M, et al. Metabolic engineering of *Corynebacterium glutamicum* for shikimate overproduction by growth-arrested cell reaction[J]. Metabolic Engineering, 2016, 38: 204-216.

[11] Lee J W, Na D, Park J M, et al. Systems metabolic engineering of microorganisms for natural and non-natural chemicals[J]. Nature Chemical Biology, 2012, 8 (6): 536-546.

[12] Long M R, Ong W K, Reed J L. Computational methods in metabolic engineering for strain design[J]. Curr Opin Biotechnol, 2015, 34: 135-141.

[13] Saa B, Aca B, Kcsa B, et al. Identification of metabolic engineering targets for the enhancement of 1,4-butanediol production in recombinant *E. coli* using large-scale kinetic models[J]. Metabolic Engineering, 2016, 35: 148-159.

[14] Nagai H, Masuda A, Toya Y, et al. Metabolic engineering of mevalonate-producing *Escherichia coli* strains based on thermodynamic analysis[J]. Metabolic Engineering, 2018.

[15] Marlene P, Rainer D, Boccaccini A R, et al. Engineering of metabolic pathways by artificial enzyme channels[J]. Frontiers in Bioengineering and Biotechnology, 2015, 3: 168.

[16] Bulutoglu B, Garcia K E, Fei W, et al. Direct evidence for metabolon formation and substrate channeling in recombinant TCA cycle enzymes[J]. Acs Chemical Biology, 2016, 11 (10): 2847-2853.

[17] Zhang G, Quin M, Schmidt-Dannert C. A self-assembling protein scaffold system for easy *in vitro* co-immobilization of biocatalytic cascade enzymes[J]. ACS Catalysis, 2018, 8 (6): 5611-5620.

[18] Yang S, Du G, Jian C, et al. Characterization and application of endogenous phase-dependent promoters in *Bacillus subtilis*[J]. Applied Microbiology and Biotechnology, 2017, 101 (10): 4151-4161.

[19] Zhang X, Cao Y, Liu Y, et al. Development and optimization of *N*-acetylneuraminic acid biosensors in *Bacillus subtilis*[J]. Biotechnology and Applied Biochemistry, 2020, 67 (4): 693-705.

[20] Pang Q, Han H, Liu X, et al. *In vivo* evolutionary engineering of riboswitch with high-threshold for *N*-acetylneuraminic acid production[J]. Metabolic Engineering, 2020, 59: 36-43.

[21] Lu Z, Yang S, Yuan X, et al. CRISPR-assisted multi-dimensional regulation for fine-tuning gene expression in *Bacillus subtilis*[J]. Nuclc Acids Research, 2019, (7): e40.

[22] Sauer C, Syvertsson S, Bohorquez L, et al. Effect of genome position on heterologous gene expression in *Bacillus subtilis*: an unbiased analysis[J]. Acs Synthetic Biology, 2016, 5 (9): 942-947.

[23] Guiziou S, Sauveplane V, Chang H J, et al. A part toolbox to tune genetic expression in *Bacillus subtilis*[J]. Nucleic Acids Research, 2016, 44 (15): 7495-7508.

[24] Chen W, Yao J, Meng J, et al. Promiscuous enzymatic activity-aided multiple-pathway network design for metabolic flux rearrangement in hydroxytyrosol biosynthesis[J]. Nature Communications, 2019, 10 (1): 960.

[25] Trees E, Strockbine N, Changayil S, et al. Genome sequences of 228 shiga Toxin-producing *Escherichia coli* isolate and 12 isolate representing other diarrheagenic *E.coli* pathotypes[J]. Genome Announc, 2013, 2 (4): e00718-14.

[26] Elsholz A, Hempel K, Michalik S, et al. Activity control of the ClpC adaptor McsB in *Bacillus subtilis*[J]. Journal of Bacteriology, 2011, 193 (15): 3887-3893.

[27] Million-Weaver S, Samadpour A N, Merrikh H. Replication restart after replication-transcription conficts requires RecA in *Bacillus subtilis*[J]. Journal of Bacteriology, 2015, 197 (14): 2374-2382.

[28] Verhamme D T, Kiley T B, Stanley-Wall N R. DegU co-ordinates multicellular behaviour exhibited by *Bacillus subtilis*[J]. Molecular Microbiology, 2010, 65 (2): 554-568.

[29] Evers B, Jastrzebski K, Heijmans J, et al. CRISPR knockout screening outperforms shRNA and CRISPRi in identifying essential genes[J]. Nature Biotechnology, 2016, 34: 631-633.

[30] Gilbert L A, Horlbeck M A, Adamson B, et al. Genome-scale CRISPR-mediated control of gene repression and activation[J]. Cell, 2014, 159 (3): 647-661.

第9章 枯草芽孢杆菌细胞工厂合成磷脂酶D 和几丁二糖脱乙酰酶

9.1 磷脂酶D的重组优化表达及其生物转化

9.1.1 磷脂酶D概述

磷脂酶D（phospholipase D，PLD；EC 3.1.4.4）是磷脂酶家族的一种，特异性作用于磷脂分子中磷酸与取代基团 X（如胆碱）间的酯键，释放出取代基团（图9-1）。PLD 主要存在于植物中，在动物的脑组织和一些微生物中也有发现。到目前为止，已有 4000 多种 PLD 被收录到 NCBI 数据库中，PLD 在诸如细胞信号传递、物质跨膜运输等重要的生物学过程和生理功能中发挥着重要的作用[1, 2]。

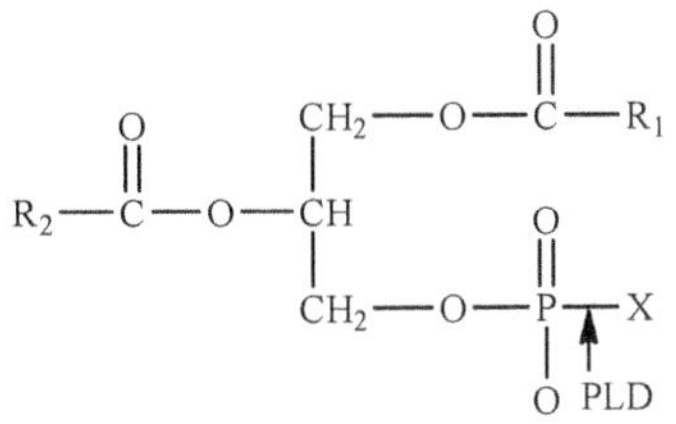

图 9-1　PLD 在磷脂分子中的作用位点

1. PLD 的结构与性质

（1）PLD 的结构

通过对不同来源的 PLD 进行序列比对及分析，发现其存在保守基序（Ⅰ～Ⅳ）[3]。其中保守基序Ⅱ和Ⅳ中存在重复的催化序列 HxkxxxxDx6G（G/S）xN（HKD）（图 9-2），研究证明了 HKD 序列中的组氨酸残基（His）是引发磷酸二酯酶活性的亲核残基。基序Ⅲ由高度保守的未知功能序列 "IYIENQFF" 组成。在 HKD 序列和基序Ⅲ的 N 端，有一个假定的碱性磷脂酰肌醇-4,5-二磷酸［PI（4,5）P₂］结合域，已在高等真核生物中被发现。基序Ⅰ的甘氨酸-甘氨酸（GG）模块和基序Ⅳ的甘氨酸-丝氨酸（GS）模块在 PLD 超家族中也是保守存在的，它们（GG/GS 基序）位于每个 HKD 基序下游的 7 个残基中。

Ponting 和 Kerr 认为具有Ⅰ、Ⅱ、Ⅲ和Ⅳ这 4 个保守基序的酶就是 PLD 超家族成员[3]。在这个超家族中，基于序列同源性对成员作了进一步的分类（表 9-1）。第Ⅰ类包括来自真菌和高等真核生物的 PLD。这些酶中有一些具有不同的 N 端序

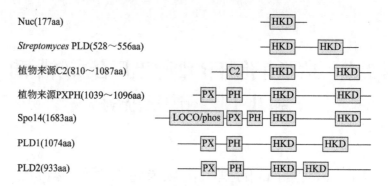

图 9-2　PLD 家族的基本结构图

列，其中包括脂质或钙结合调控域，根据信号级联调控 PLD 活性。第Ⅱ类是细菌的 PLD，如链霉菌 PLD。第Ⅲ类和第Ⅳ分别包括参与脂质合成的酶、细菌心磷脂合成酶和磷脂酰丝氨酸合成酶。其余的分类则包含了其他功能明显不同的酶，如第Ⅴ类酶包括病毒 p37 和 K4。第Ⅶ类和第Ⅷ类分别包括核酸内切酶 Nuc 和 BfiI。在这些超家族成员中，有一些酶的蛋白晶体结构已得到解析，如细菌酶（Nuc[4]、BfiI、链霉菌 PMF 的 PLD[5]）。从现有的结构可以明显看出，PLD 超家族成员的催化结构域存在保守折叠。

表 9-1　PLD 的分类与来源

分类	来源	酶	定位	参考文献
动物	哺乳动物	PLD1，PLD2，PLD3	胞质、膜	[6]
		mitoPLD	线粒体	[6]
植物	*Arabidopsis thaliana*，卷心菜，蓖麻籽，葡萄，*Jatropha curcas*，芥菜，花生，白杨，罂粟，草莓，水稻，向日葵	C2-PLD（PLDα，PLDβ，PLDγ，PLDδ，PLDε），PXPH-PLD（PLDξ1，PLDξ2）	胞质、膜	[6，7]
酵母和真菌	*Saccharomyces cerevisiae*	PLD1，PLD2	胞质	[6，8]
	Candida albicans，*Schizosaccharomyces pombe*	Spo-like		[6]
细菌	*Acinetobacter baumanii*	Act bau PLD	胞质、周质	[6]
	Escherichia coli	BfiI	胞质、周质	[6]
	Neisseria gonorrhoeae	NgPLD	胞质、周质	[6]
	Yersinia pestis	YMT	胞质、周质	[6]
	Chlamydia trachomatis	pz PLD	胞质、周质	[6]
	Pseudomonas aeruginosa	PLDa	胞质、周质	[6]
	Streptomyces PMF	PMF PLD	胞质、周质	[6]

在 2000 年，Leiros 等解析出了链霉菌 PMF 的 PLD 三维结构[9]（图 9-3），该酶是第一个解析出晶体结构的 PLD，包括两个结构域单体，由 35 个二级结构组成，呈 α-β-α-β 排列。每个 β 链包括 8～9 个 β 折叠，两侧含有 18 个 α 螺旋。酶整体呈双叶型，具有伪两倍对称轴，HKD 残基沿着该轴彼此相邻，在界面上形成一个 30 Å 孔径的活性位点，可容许底物进入。

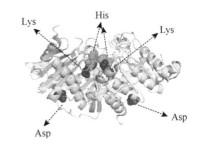

图 9-3　链霉菌 PMF 的 PLD 三维结构

两个柔性环延伸到活性位点的入口上方，被认为可以调节界面脂质相互作用[10, 11]。存在于 β 折叠上的重复组氨酸、赖氨酸残基位于活性位点处，并在底物进入时直接与其发生相互作用。天冬氨酸残基并不直接与底物发生相互作用，但在反应过程中为组氨酸残基提供质子。GG/GS 残基位于 PLD 催化口袋的底部，并在转磷脂酰化过程中容纳较大的头部基团[12]。

尽管所有 PLD 超家族成员的 C 端不同源，但其对于催化作用来说不可或缺，因为酶活会随着这个区域的突变或截短而降低。

来源于鼠伤寒沙门氏菌核酸内切酶 Nuc，其蛋白晶体结构为具有两倍对称轴的同二聚体[4]。HKD 保守序列位于二聚体界面的 β 链上，并彼此相邻形成活性位点。在每个单体中，β 链包含了 8 个 β 折叠，中间夹有 5 个 α 螺旋。

（2）PLD 的性质

PLD 对特定种类的磷脂［如磷脂酰胆碱（phosphatidylcholine，PC）］表现出磷酸二酯酶活性，可催化水解和转酯两种类型的反应（图 9-4）。当 PC 被水解时，

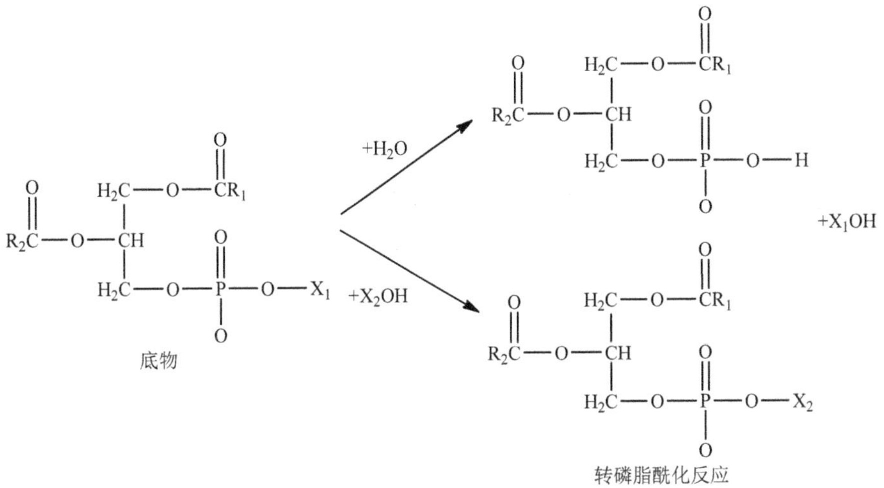

图 9-4　PLD 的催化机制

会生成胆碱和磷脂酸（phosphatidic acid，PA）；当 PC 与作为亲核供体的受体醇发生转酯反应时，则会生成磷脂酰甘油（phosphatidylglycerol，PG）、磷脂酰乙醇胺（phosphatidylethanolamine，PE）、磷脂酰肌醇（phosphatidylinositol，PI）和磷脂酰丝氨酸（phosphatidylserine，PS）等稀有磷脂[13-15]。

在催化过程中，首先由 N 端 HKD 中位于 His 残基上的咪唑氮对底物磷原子进行亲核攻击，同时 C 端 HKD 中 His 残基为磷脂的头部基团提供一个氢原子，形成一个五配位磷酸中间体，然后释放氢原子；His 残基获得了一个质子，从而使附近的水或其他醇分子脱质子[16-18]。同样，可通过五配位磷酸中间体产生磷脂或者 PA。

在转酯反应中，受体醇与水分子互为竞争关系。因此，不同来源 PLD 的转酯能力取决于两个 HKD 模块的化学和空间环境。近期对卷心菜和罂粟重组 PLD 同工酶的研究表明，氨基酸的少量变化可以导致 PLD 的水解和酯交换活性显著变化[15]。

转磷脂酰化反应是高效合成 PS[19]、PG[3]、PE 等天然磷脂的重要途径，可用于制药、食品等领域[15, 20, 21]。由于转磷脂酰化反应通常会产生大量的水解副产物 PA，因此副产物产量、底物利用率是衡量磷脂合成过程经济性的重要指标。

尽管 PLD 的同源性较高，但不同来源的 PLD 在转酯活性（7.1～90 U/mg）、转酯与水解活性之比（5.9～12.9）方面各不相同[12, 22-25]。此外，水解副产物 PA 的构成也显著不同[26]。其中，链霉菌来源的 PLD 与其他来源的 PLD 相比，因呈现出最紧密的空间结构，且转酯与水解活性之比相对较高而受到广泛研究。目前的研究多集中在 PLD 的底物识别[27, 28]、底物特征[29-34]及催化反应机制[15]等方面。

2. PLD 的生产

目前已有不少研究对 PLD 进行异源表达，较常使用的宿主是大肠杆菌，其次是链霉菌、酵母及枯草芽孢杆菌。

（1）磷脂酶 D 在大肠杆菌中表达

为了确定 PLD 中影响酶热稳定性的关键氨基酸残基，Hatanaka 等将 *Streptomyces* 来源的 PLD 基因转入大肠杆菌中异源表达，并对原始株与突变株的热稳定性进行了比较[30]。Matsumoto 等将来源于 *Thermocrispum* 的 PLD 基因转入大肠杆菌中异源表达，并对其酶学性质进行研究[31]。Ogino 等在研究 *Streptoverticillium cinnamoneum* 来源 PLD 基因的 GG/GS 模块对酶活的影响时，发现以 *E. coli* TB1 作为宿主表达 PLD 时其大部分以不溶形式存在[12]。张莹在 *E. coli* 中表达 PLD 时，发现 PLD 对宿主的生长有抑制作用，且酶活仅为 15 mU/mL[35]。

（2）磷脂酶 D 在枯草芽孢杆菌中表达

枯草芽孢杆菌具有较强的蛋白表达及分泌能力，经过大量的研究目前已发展出了成熟的遗传操作系统，且被认为是食品安全级菌株。Zhang 等将 *E. coli* K12 来源的 PLD 基因导入 *B. sutilis* DB104 中进行了异源表达，但检测到胞外酶活仅为 1.5 U/mL[36]。

（3）磷脂酶 D 在链霉菌中表达

张莹构建了两个组成型穿梭质粒，在 *Streptomyces lividans* TK24 中实现了 PLD 的高效表达，发酵 3 天后，酶活最高达到 58 U/mL[35]。Ogino 等将 *Streptoverticillium cinnamoneum* 来源的 PLD 基因在 *S. lividans* 中进行异源表达[37]，当使用穿梭载体 pUC702 作为表达载体发酵 60 h 后，PLD 分泌量最高达到了 55 U/mL，是原始菌中的 50 倍。

（4）磷脂酶 D 在酵母中表达

张莹将链霉菌来源的 PLD 基因分别在毕赤酵母和解脂耶氏酵母中进行表达[35]，构建了携带目的基因自身信号肽的 pIC9K 表达载体，转入毕赤酵母中发酵 3 天后，其酶活为 1 U/mL，在以解脂耶氏酵母为宿主进行表达时，发酵 3 天后的最高酶活仅为 0.2 U/mL。

3. PLD 的应用

PLD 是一种非常有用的酶，其具有转磷脂酰活性，使得合成各种磷脂（phospholipid，PL）类物质成为可能，因此 PLD 在合成制药、食品、化妆品及其他行业都有着广泛的应用前景。Juneja 等利用 PLD 和 PC 合成了一些天然存在的 PL[38]，如 PG[39, 40]、PE[41]和 PS[42, 43]，在优化条件后产物收率接近 100%。心磷脂（cardiolipin）是另一种类型的天然 PL，通过甘油基团与两个磷脂基连接而成，可通过两个 PG 分子通过转磷脂酰化反应得到。环磷脂酸（cyclic phosphatidic acid，cPA）在甘油主链的 sn-1 处有一个酰基，在 sn-2 和 sn-3 处有一个环磷酸基。近年来，cPA 因其生物活性而备受关注[44]，可由 *Actinomadura* sp. 362 的 PLD（AcPLD）以 lysoPC（LPC）为底物高效催化获得。

由 PLD 介导的合成反应可推广到非天然 PL 产物的合成中。到目前为止，已有大量通过酶法合成的人工 PL 被报道。

9.1.2　磷脂酰丝氨酸概述

磷脂酰丝氨酸（PS）是一种存在于真核和原核生物体内的磷脂，是细胞膜磷脂的重要组成成分。PS 在维持和修复神经细胞、调节其他细胞代谢的过程中发挥着重要作用[45]，在大脑细胞中更是不可或缺。因为 PS 具有较强的亲脂性，所以被吸收后可以快速通过血-脑屏障进入大脑中，增加脑部供血，帮助大脑高效运转。

在动物中，PS 主要存在于牛的肝脏和大脑细胞中。在植物中，磷脂类物质中含量较多的是磷脂酰胆碱，PS 的含量则较少[46]。

1. PS 的结构与性质

Folch 于 1942 年首次从牛脑中提取出 PS 并对其定性[47]。Baer 和 Maurukas 于 1952 年对 PS 的结构进行了论证[48]，其结构如图 9-5 所示。PS 一端带负电荷，因而具有水溶性；两个烃链具有亲脂性，该结构使得 PS 兼具亲脂性和亲水性。

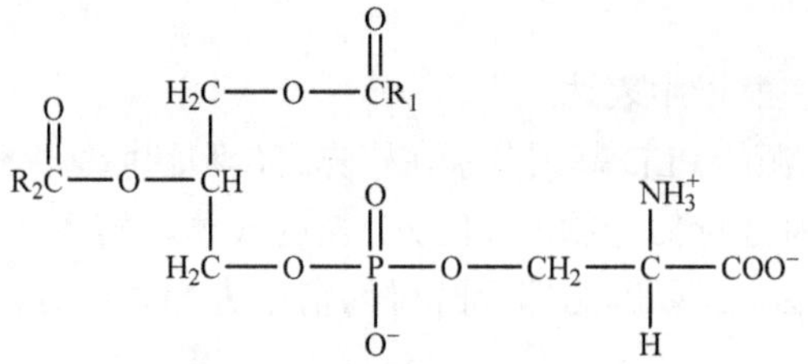

图 9-5　PS 结构图

由于原料来源不同，从中提取得到的 PS 的侧链 R 基也有所不同，因此其组分并不单一。PS 纯品外观呈白色，可溶于多数非极性溶剂，易氧化分解，其颜色会根据氧化程度变化。

2. PS 的功能与应用

PS 为细胞膜磷脂的重要成分之一，加之其显著的生理保健功能，使得它在营养、保健品方面的应用越来越广泛。经研究证实 PS 的功能主要可概括为以下几点。

1）改善阿尔茨海默病症状，提高大脑机能[49, 50]。Delwaide 等在 1986 年报道 PS 可以帮助提高患者的认知能力[51]。相关临床研究也表明，PS 可能是治疗阿尔茨海默病的一种有效药物[52, 53]。

2）改善大脑疲劳，帮助大脑读取和储存记忆[54]。

3）减缓压力，防止运动过度引起的生理恶化。Starks 等研究了健康男性在进行中等强度运动的前、中、后期补充适量 PS（600 mg/d）对血浆皮质醇、乳酸盐、生长激素和睾酮浓度的影响。结果表明，PS 是一种有效的抗运动性应激补充剂，可通过降低皮质醇水平来提高运动员所需的激素水平[55]，防止运动过度引起的生理恶化。

在 2010 年 10 月 21 日，国家卫生和计划生育委员会将 PS 添加到新资源食品目录中，允许在奶粉和医药中添加。目前 PS 的全球市场规模超过 300 t，年增长速度为 10%；国内产量可达 50～80 t，其中约 90%用于出口。

3. PS 的生产

作为重要的营养物质，国内外关于 PS 的制备及分离纯化技术已有较为系统的研究，目前 PS 获取方法主要可分为提取法和生物转化法。

提取法是指从动物的脑、肝脏及植物细胞中获取 PS。目前市面上出售的 PS 多是从牛脑或大豆中提取的，提取工艺复杂且成分不单一。

生物转化法是指以 PC 和 L-丝氨酸作为底物，在 PLD 的催化下合成 PS。该方法具有条件温和、产物单一、生产成本低、低碳环保等优点。目前的研究多集中于 PLD 的改造及反应体系的优化上。其中反应体系可分为两相反应体系、单相反应体系、离子液反应体系。

（1）两相反应体系

两相反应体系是指 PLD 的催化反应需在有机相和水相中进行，因为底物 PC 和产物 PS 溶于非极性有机相，而 L-丝氨酸和 PLD 则溶于水相。Chen 等用正己烷（极性为 0.06，下同）、氯仿（2.9）、二氯甲烷（3.4）、乙酸丁酯（4.0）、乙酸乙酯（4.2）、四氢呋喃（4.3）、乙醚（4.4）这 7 种对 PC 表现出不同极性（0.06～4.4）的试剂作为有机相，比较了 PLD 的转酯效率，发现 PLD 在乙醚中表现出最高的转酯效率，可达到 80%，但转酯速率与极性并不完全呈正相关。与其他有机试剂相比，PLD 在乙酸丁酯、二氯甲烷、乙醚中均表现出较高的转酯速率（71%～76%，mol/mol），而它们均是具有低沸点的物质[56]。为了研究有机试剂对 PS 合成的影响，Choojit 等分别用二乙醚、正己烷和 t-丁基甲醚代替氯仿溶解 PC。研究发现 PS 生成率和对照（86%）相比均有所下降，在 t-丁基甲醚、乙醚、己烷和无溶剂体系中，PS 得率分别为 75.5%、71%、54% 和 25%[14]。

在食品和医药中使用的 PS 在生产过程中应避免使用有毒的有机溶剂。鉴于此，生物友好型的无毒有机溶剂被引入 PLD 的转酯反应中。Duan 等以绿色有机试剂 γ-戊内酯作为有机相时，PS 得率达到 95%[57]。随后，Duan 等以 2-甲基四氢呋喃为有机相，PS 得率达到约 90%[58]。

（2）单相反应体系

单相反应体系与双相反应体系相比，减少了有机相，即催化反应在水相中进行。但是该催化体系存在明显的劣势：大量水的存在导致水解副产物 PA 大量生成。因此，通常采用搅拌或添加表面活性剂的方法，使 PC 在水中处于悬浮状态，以便反应顺利进行[50]。

Iwasaki 等在纯水相中利用 PLD 进行转酯反应时，仅生成 20% 的 PS。当在纯水相中悬浮 1 g 硫酸钙粉末，反应 24 h 后，PS 得率超过 80%[59]。Li 等将 PC 提前吸附到吸附剂上，构造"人工界面"，使反应在界面上进行。在单相反应体系中，反应过程中避免了有毒的有机溶剂，且游离酶可以通过简单的离心分离后重复利用。结果表明，PS 得率最高达 99.5%[60]。Pinsolle 等采用牛胆盐混合胶团生产 PS，混合胶团由食品级乳化剂脱氧胆酸钠或胆酸钠组成。虽然 PS 得率只有 57%左右，还有 10%的副产物 PA 产生，但该研究使用了食品级乳化剂，为生产符合营养要求的 PS 提供了新的思路[61]。

（3）离子液反应体系

离子液是指在室温或接近室温下呈现液态的熔融盐，通常由特定的有机阳离子和无机阴离子（或有机阴离子）构成。有研究者尝试在离子液中进行 PLD 转酯反应。例如，Bi 等在以胆碱为阳离子、氨基酸为阴离子的生物基离子液中进行催化反应，PS 的最高得率可达 86.5%，反应 10 批后酶活仍有 75%；此外还发现随着离子液黏性的增加，PS 的合成速率逐渐降低[62]。但由于离子液价格昂贵，工业成本较高，因此该方法难以得到大规模应用。

与传统提取法相比，通过生物转化法制备 PS 具有产物单一、可大规模生产等优点。因此，高效获得高转酯酶活的 PLD，对于促进 PLD 的工业化进程具有十分重大的意义。

9.1.3　枯草芽孢杆菌表达磷脂酶 D

近年来，随着基因工程手段的日益成熟，一些研究者已在大肠杆菌、酵母、链霉菌系统中实现了 PLD 的表达。但是在这些宿主中表达 PLD 时仍存在一些问题，如在大肠杆菌中表达时多形成包涵体，以酵母或链霉菌为宿主时，发酵周期长、成熟的遗传操作系统较少，不利于后期改造。

B. subtilis 与其他宿主表达系统相比，有如下优势：①模式菌株，遗传背景清晰[63]；②较强的胞外蛋白分泌能力；③为食品安全级表达系统[64]；④较短的培养周期，可进行高密度发酵[65]。本部分以 *B. subtilis* WB600 作为出发菌株，通过较为全面的研究，成功实现了 PLD 的高效分泌表达。

1. 磷脂酶 D 在枯草芽孢杆菌中的异源分泌表达

目前研究表明，链霉菌 *Streptomyces racemochromogenes* 来源的 PLD 与其他来源的 PLD 相比，具有最紧密的三维结构，且转酯与水解活性之比相对较高，因此具有更优越的应用潜能。首先按照 *B. subtilis* 密码子偏好性合成来源于 *S. racemochromogenes* 的 *pld* 基因（Genbank：AB573232），对 *pld* 基因的 GC 含量及密码子进行优化，使用枯草芽孢杆菌的高偏好性密码子替换低偏好性密码子后，在翻译水平增加了 PLD 的表达量。优化前后序列比对见附录，优化后的 GC 含量从 71%降至 50%，密码子适应性指数（CAI）从 0.69 增至 0.91，优化前后 PLD 序列相似性为 73.2%。然后通过在目标蛋白 N 端添加信号肽，成功实现了 PLD 的异源分泌表达。

为了研究信号肽对 PLD 分泌的影响，根据信号肽末端正电区的电荷数（n 端）、中间疏水区的疏水性（h 端）及分泌途径选择了 7 条信号肽（amyE、aprE、nprE、wapA、wprA、lipA 和 ywbN）作为研究对象，各信号肽的序列和特征如表 9-2 所示。以诱导型质粒 pSTOP1622 作为表达载体，构建了相应的重组质粒 pSTOP-PLD-amyE、pSTOP-PLD-aprE、pSTOP-PLD-nprE、pSTOP-PLD-wapA、pSTOP-PLD-wprA、pSTOP-PLD-lipA、pSTOP-PLD-ywbN 及相应的重组菌株 SP-1、SP-2、SP-3、SP-4、SP-5、SP-6、SP-7；此外，构建对照菌株 SP-0（含 pSTOP 空载质粒）、SP-Ori（使用 PLD 内源信号肽）、NSP（不融合信号肽）。

表 9-2　筛选信号肽特征说明

名称	氨基酸序列	n 端电荷数	h 端疏水性	D 值
amyE	MFAKRFKTSLLPLFAGFLLLFHLVLAGPAAASA	3	78.79	0.904
aprE	MRSKKLWISLLFALTLIFTMAFSNMSVQA	3	74.19	0.349
nprE	MGLGKKLSVAVAASFMSLSISLPGVQA	2	66.70	0.450
wapA	MKKRKRRNFKRFIAAFLVLALMISLVPADVLA	8	65.63	0.918
wprA	MKRRKFSSVVAAVLIFALIFSLFSPGTKAAA	4	67.74	0.450
lipA	MKFVKRRIIALVTILMLSVTSLFALQPSAKA	4	64.52	0.874
ywbN	MSDEQKKPEQIHRRDILKWGAMAGAAVAIGASG LGGLAPLVQTAAKP	0	62.79	0.735

注：D 值代表预测短肽的分泌能力

各菌株胞内和胞外的酶活如图 9-6 所示，SP-0 菌株为没有携带 PLD 基因的重组菌株，未表现出任何胞内或胞外酶活，而在 7 条信号肽的牵引下，均能在重组 *B. subtilis* WB600 的胞内外检测到 PLD 酶活。其中，SP-1 菌株在信号肽 amyE 介导下，胞外酶活达到最高，为 11.3 U/mL；在信号肽 ywbN 介导下，SP-7 菌株的胞外 PLD 酶活最低（3.2 U/mL）；信号肽 aprE、nprE、wapA、wprA 和 lipA 介导下的胞外 PLD 酶活依次为 6.2 U/mL、10.3 U/mL、7.6 U/mL、5.9 U/mL、5.7 U/mL；SP-Ori、NSP 菌株的胞外 PLD 酶活均较低，约为 1.8 U/mL。此外，信号肽介导与否的 PLD 重组菌株均表现出较低的胞内 PLD 酶活（≤1 U/mL）。

对图 9-6 中胞外酶活相对较高的 4 株重组菌株 SP-1、SP-3、SP-4 和 SP-5 的发酵液上清进行 SDS-PAGE 分析（图 9-7），并没有清楚地观察到与 PLD 大小（53 kDa）相对应的条带，表明各重组菌株中的蛋白表达量相对较低，后期还有较大改进空间。

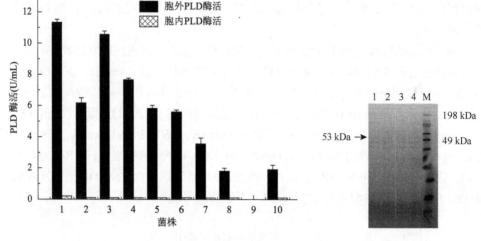

图 9-6　不同信号肽介导下的 PLD 酶活　　　　图 9-7　不同信号肽胞外蛋白胶图

1～10 分别代表 SP-1、SP-2、SP-3、SP-4、SP-5、SP-6、SP-7、SP-Ori、　　M：Marker，1～4 分别代表 SP-1、SP-3、
SP-0 和 NSP 菌株　　　　　　　　　　　　　　　　　　　SP-4 和 SP-5 菌株

　　采用合适的信号肽筛选已被证明是提高枯草芽孢杆菌胞外蛋白产量的有效方法[66]。信号肽对不同蛋白具有特异性，且不同蛋白在枯草芽孢杆菌中的分泌途径也有所不同[67, 68]。研究表明，信号肽 N 端的电荷数和 H 端的疏水性显著影响蛋白的分泌效果[69, 70]。本实验在前人研究的基础上，选择了 7 条信号肽分别插入 pld 基因上游，它们在所带正电荷数、疏水性及分泌途径方面有所不同。实验结果表明，在疏水性最强且 n 端电荷数较低的信号肽 amyE 介导下，重组菌株胞外 PLD 蛋白的分泌量最大，比内源信号肽介导下高 5.27 倍。根据以往研究，推测原因是信号肽的 H 区疏水性对于维持 α 螺旋构象有着重要作用，这种构象允许蛋白插入细胞质膜，高疏水性的信号肽能更有效地通过细胞质膜将蛋白转运出去[71, 72]。

2. 磷脂酶 D 表达元件的优化

　　为进一步提高 PLD 的表达量，研究人员依次对表达载体、RBS 及 spacer 区域序列进行优化。

（1）表达载体的优化

　　根据上文结果，以 pSTOP1622 为表达载体，此外还选择了两个常用质粒：pPMA0911 和 pP$_{43}$NMK，使用 amyE 信号肽引导 PLD 的分泌，并在 PLD 蛋白 C 端加上 His 标签用于蛋白纯化，构建质粒 pSTOP-PLD-amyE-His、pPMA0911-PLD-amyE-His、pP$_{43}$NMK-PLD-amyE-His 和相应菌株 ST-PAH、MA-PAH、MK-PAH。在 250 mL 摇瓶中进行发酵，分别测定 ST-PAH、MA-PAH 和 MK-PAH 菌株的

生长曲线与不同时间点的胞外 PLD 分泌情况，并对发酵液上清进行 Western Blot 分析。

如图 9-8a 所示，3 株重组菌株 ST-PAH、MA-PAH 和 MK-PAH 在培养 36 h 后胞外 PLD 酶活均达到最高。此外，虽然菌株 ST-PAH 的生长情况要明显优于另外两株菌，但菌株 MA-PAH 和 MK-PAH 的胞外酶活均高于菌株 ST-PAH（与菌株 ST-PA 相比，ST-PAH 的 PLD 蛋白 C 端融合了 His 标签；实验结果表明，ST-PAH 和 ST-PA 菌株的酶活没有差异，即融合 His 标签对 PLD 酶活无影响）（图 9-8b）。其中，MA-PAH 菌株胞外酶活最高达到 19.1 U/mL，比菌株 ST-PAH 高出 69.03%。

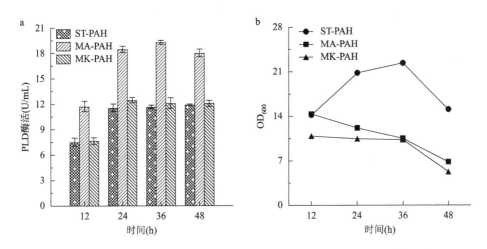

图 9-8 不同载体对胞外 PLD 酶活及宿主菌生长（用 OD_{600} 表示）的影响

通过 Western Blot 分析这三株菌株的发酵液上清，可明显观察到 3 条大小约 53 kDa 的条带（图 9-9）。此外，蛋白胶图也表明 MA-PAH 菌株所对应的蛋白条带明显比另外两株菌的粗，这与图 9-8 中表现出的酶活趋势一致。虽然 MK-PAH 菌株使用的 P_{43} 启动子与其他两株菌的启动子相比有更高的转录强度，但该菌株的 PLD 酶活不是最高。可能是启动子过强使得 pld 的转录和翻译速度过快，导致蛋白无法正确折叠，从而阻碍了 PLD 的分泌。

在测定重组菌株生长情况时发现了一个反常现象：在发酵 12 h 后，随着时间的

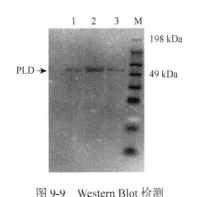

图 9-9 Western Blot 检测

1：ST-PAH（含有质粒 pSTOP-PLD-amyE-His）发酵上清液；2：MA-PAH（含有质粒 pMA0911-PLD-amyE-His）发酵上清液；3：MK-PAH（含有质粒 pP_{43}-PLD-amyE-His）发酵上清液；M：Marker

延长，ST-PAH 菌株的 OD_{600} 明显高于 MA-PAH 和 MK-PAH 菌株。分析原因可能是 ST-PAH 菌株中使用诱导型启动子 P_{xylA} 表达 PLD，需在发酵前期加入木糖作为诱导剂。相比之下，MA-PAH 和 MK-PAH 菌株中的质粒使用的是组成型启动子，不需额外添加诱导剂。在前 12 h，培养基中的碳源是充足的，因此这三株重组菌株的生长速度相似，但随着培养时间的延长，MA-PAH 和 MK-PAH 菌株培养基中的碳源（甘油）逐渐耗尽，而 ST-PAH 菌株可利用木糖作为额外的碳源，因此，它的生长要优于另外两株重组菌株。该结果一方面说明所用培养基中的碳源相对匮乏，不能很好地满足菌株的生长需要，后期可以通过优化培养基初始碳量或流加碳源的方法来满足菌株生长需求。另一方面虽然 ST-PAH 菌株的 OD_{600} 最高，但 36 h 后其酶活并不是最高，这表明菌株的生长情况与 PLD 的表达量并不呈正相关。

（2）RBS 及 spacer 区域的序列优化

为了确定 RBS 及 spacer 区域对 pld 基因转录翻译速率的影响，并通过优化 RBS 及 spacer 区域进一步提高其转录翻译效率，本研究借助在线工具 "RBS Calculator" 计算 pld 基因原始的转录翻译速率，并以该速率为基准，设计了 4 组具有不同转录翻译速率的 RBS 及 spacer 区域序列组合（表 9-3）。

表 9-3　不同转录翻译速率的 RBS 及 spacer 区域序列

编号	菌株	倍数	转录翻译速率（a.u.）	RBS 及 spacer 区域序列
1	ST2	1	2661.39	AAAGGAGGAAGGATCA
2	RS1	3	7959.34	CTAAAGGAGGTTATTAT
3	RS2	6	16 885.61	CTCCGAAGGAGGTTATTAT
4	RS3	9	23 013.77	CTCCGAAGGAGGTTATTT
5	RS4	12	31 535.83	GACCGAAGGAGGAAATTT

注：将最初 RBS 及 spacer 区域的转录翻译速率定义为 1

将上述 5 株重组菌株在 250 mL 摇瓶中培养 36 h，收集发酵液上清检测酶活。如图 9-10 所示，菌株 RS1、RS2、RS3 的 PLD 酶活均高于出发菌株 MA-PAH（19.1 U/mL）。其中，RS1 菌株酶活最高，达到 24.2 U/mL，较出发菌株提高了 26.7%，而采用具有预测最高转录翻译速率的 RBS 和 spacer 区域组合的 RS4 菌株，其酶活比出发菌株低了 11.8%。

结果表明，随着转录翻译速率的增加，PLD 酶活呈现先增加后降低的趋势。这可能意味着 PLD 分泌所需的转录翻译速率应保持适度，而非越高越好。这与前人的研究结果一致，即最优的 RBS 转录翻译速率可以平衡靶基因转录和翻译[73]。除了分析 RBS 转录翻译速率的影响，我们还通过 RBS Calculator 软件对 RBS 序列

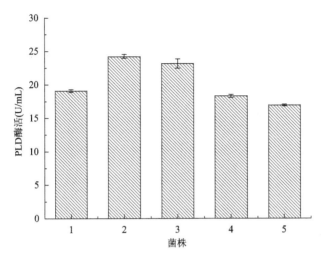

图 9-10　具不同转录翻译速率 RBS 及 spacer 区域序列的重组菌株 PLD 酶活

1～5 分别为重组菌株 ST2、RS1、RS2、RS3、RS4

附近基因的作用进行了探究。当 RBS 上游邻近的某些碱基，如启动子 $P_{Hpa\,II}$ 的 + 1 位碱基发生改变时，预测的转录翻译起始速率出现显著变化，这部分内容有待后续研究。

通过对信号肽、表达载体、RBS 和 spacer 区域的优化，成功实现了链霉菌来源的 PLD 在食品安全级宿主 *B. subtilis* WB600 中的异源胞外表达，得到了一株最高产 PLD 的菌株 RS1，最高产酶量达到 24.2 U/mL。虽与目前已报道的最高产酶水平还有差距（58 U/mL），但将发酵周期由 3 天缩短到了 36 h，比在 *B. subtilis* DB104 中表达的 PLD（来源于 *E. coli* K12）酶活高约 14 倍[36]。

在接下来的研究中，为进一步提高重组 PLD 的表达水平，研究人员选择了 4 条融合标签 Flag、Myc、HA、StrepII，分别将它们插入 *pld* 基因的 N 端，以促进 PLD 的胞外分泌表达。对重组菌株的胞外酶活进行测定，并将发酵液上清纯化以研究重组 PLD 的酶学性质。实验结果表明，N 端融合标签并未对酶活产生正向结果（数据未列出），其中，HA 标签对 PLD 酶活的影响最严重，使其降低了 46.2%，具体原因有待进一步分析。通过对上述 4 种融合蛋白的酶学性质分析，发现 N 端融合标签对 PLD 的热稳定性并未产生明显影响。

3. 重组枯草芽孢杆菌采用 15 L 发酵罐生产磷脂酶 D

（1）重组菌株遗传稳定性测试

在 PLD 工业化生产过程中，抗生素的使用会增加成本，且由于 PLD 主要用于食品和药品行业，生产过程中应避免使用抗生素。然而，游离表达目的蛋白的重组菌株在没有筛选压力的情况下可能会出现质粒大量丢失的现象，导致产量显著下降。因此，通过实验对重组菌株 RS1 的遗传稳定性进行测试，以重组质粒的持有率来衡量重组菌株的遗传稳定性。

由表 9-4 可知，重组菌株 RS1 传代 5 次后质粒的持有率仍为 100%，说明重组菌株具有较好的遗传稳定性。图 9-11 分别为传代 5 次时重组菌株 RS1 在无抗和抗性平板上的生长情况。菌株传代 3 次相当于扩大培养 10^6 倍，在工业生产中，从 250 mL 摇瓶经二级种子培养到 100 t 发酵罐中，发酵液体积扩大倍数一般在 $10^5 \sim 10^6$ 倍[74]。所以，重组菌株 RS1 的遗传稳定性基本能满足工业发酵需要，在生产过程中可以不添加抗生素。

表 9-4　重组菌传代稳定性实验（%）

传代次数	1	2	3	4	5
无抗平板	100	100	100	100	100
卡那抗性平板	100	100	100	100	100

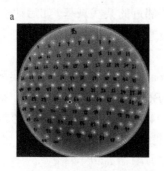 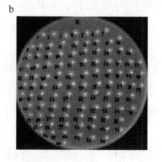

图 9-11　重组质粒遗传稳定性实验

（a）无抗平板；（b）卡那抗性平板

（2）重组枯草芽孢杆菌 RS1 产 PLD 发酵过程的放大

在 15 L 发酵罐中对重组菌株 RS1 进行发酵小试，以进一步分析重组菌株中 PLD 的酶活，共发酵 3 批。对 RS1 的生长（图 9-12）与 PLD 酶活（图 9-13）进行测定分析。

结果表明，RS1 菌株在发酵 12 h 时进入对数生长期，发酵 24 h 时达到生长稳定期，此时细胞中 PLD 酶活也达到最高，为 116.2 U/mL，约为摇瓶水平的 5 倍。但是，RS1 菌株在罐中发酵与在摇瓶中发酵时的生长趋势有所不同，在 250 mL 摇瓶中，RS1 重组菌株需经过 36 h 左右才能达到生长稳定期。考虑到采用发酵罐时溶氧、发酵液黏性的控制，以及发酵液的后处理，因此选用葡萄糖作为碳源，而摇瓶中的碳源为甘油。一方面，在罐中发酵时，通过流加葡萄糖可以合理控制发

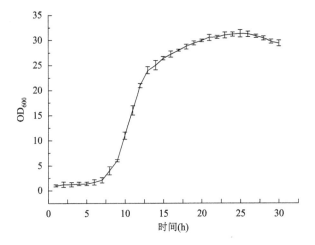

图 9-12　重组 *B. subtilis* WB600 在 15 L 发酵罐中发酵的生长情况

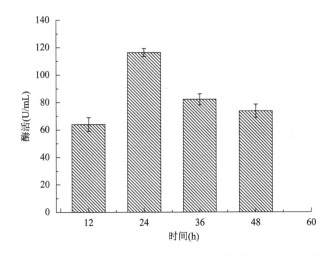

图 9-13　重组 *B. subtilis* WB600 在 15 L 发酵罐中发酵的 PLD 酶活

酵液中的碳源浓度，使菌株更好地生长繁殖，提前达到生长稳定期；另一方面，在发酵罐中可以精准控制溶氧浓度，从而获得更高的菌体浓度。后期可以对罐中发酵培养基、搅拌转速、补料培养基等进行优化，为进一步放大罐上实验提供借鉴。

9.1.4　磷脂酶 D 在生物催化合成 PS 中的应用

1. 磷脂酶 D 的酶学性质研究

（1）磷脂酶 D 的同源建模

同源建模是以与目标蛋白同源性较高的蛋白序列为模板，对目标蛋白的空间结构进行预测的方法。在 SWISS-MODEL 在线软件（https://www.swissmodel.expasy.org/）中，以链霉菌 PMF 来源 PLD 的 3D 结构（PDB：1f0i，1.40 Å）为模板，对重组 PLD 的 3D 结构进行模拟构建，以获得结构模型。

图 9-14 为两个蛋白序列的 BLAST 比对结果，重组 PLD 与模板蛋白的相似性为 75%。由图 9-15 可以看出，重组 PLD 的三维结构（图 9-15a）与已解析出晶体结构的链霉菌 PMF 的 PLD（图 9-15b）三维结构较为相似，都含有两个相似拓扑结构域的单体，呈三明治状排列成 α-β-α-β-α 状。此外，一些区域呈循环扩展，活性位点区域位于两个结构域之间，活性位点分别为 167 His、169 Lys、174 Asp、437 His、439 Lys 和 444 Asp。活性位点入口处呈圆锥状，宽度大约 30 Å，两个相反的 HKD 序列形成活性墙。

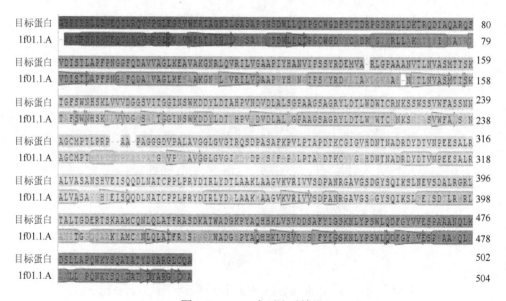

图 9-14　PLD 序列比对结果

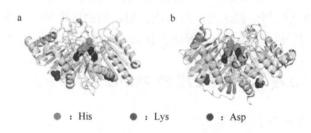

● : His　　● : Lys　　● : Asp

图 9-15　PLD 建模结果

（a）重组 PLD 通过同源建模所得的三维结构；（b）链霉菌 PMF 的 PLD 三维结构

（2）磷脂酶 D 的纯化

对重组菌株 MA-PAH 发酵液上清中的 PLD 蛋白进行纯化，并通过 SDS-PAGE 对处理后的 PLD 酶液进行纯化程度的比较和分析。结果如图 9-16 所示，经过 3 步纯化后可得到单一的 PLD 蛋白条带。经测定得出纯化后 PLD 的酶活为 371 U/mg，用于对 PLD 酶学性质进行研究。

（3）磷脂酶 D 的酶活测定方法

在 PLD 酶学性质的研究中，通过测定转酯反应生成 PS 的能力来表征 PLD 的酶活。方

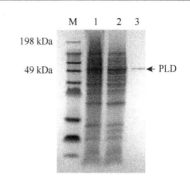

图 9-16　PLD 蛋白的 SDS-PAGE 结果

M：Marker；1：发酵液上清；
2：超滤；3：Ni 柱纯化

法如下：向 100 mL 烧杯中加入 50 mL 浓度为 40 mmol/L 的乙酸-乙酸钠缓冲液（pH 6.0），再加入底物 PC60 和 L-丝氨酸，质量比为 1∶8，PC60 初始量为 10 g。升温到 37℃，待底物完全溶解后加入 5 mL 纯酶液（100 U/mL），在转速 300 r/min 条件下反应 6 h，反应结束后检测 PS 含量。转酯酶活定义为：37℃条件下，每 1 h 生成 1 μmol 的 PS 所需的 PLD 酶量为一个酶活单位。

（4）磷脂酶 D 的最适反应温度及温度稳定性

不同温度下 PLD 的转酯活性如图 9-17a 所示，在 30～40℃，PLD 转酯活性随着温度升高而逐渐增加。在 50～80℃，随着温度升高，PLD 转酯活性逐渐降低。即 PLD 的最适反应温度是 40℃。

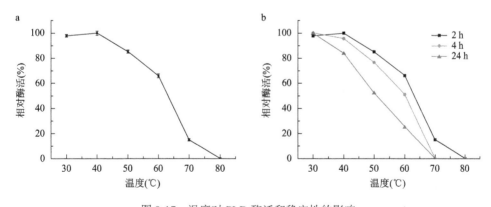

图 9-17　温度对 PLD 酶活和稳定性的影响

（a）温度对 PLD 活性的影响；（b）温度对 PLD 稳定性的影响

PLD 的温度稳定性如图 9-17b 所示，将纯酶液在不同温度下分别孵育 2 h、4 h、24 h，测定残余酶活。当温度低于 40℃时，PLD 稳定性相对较高，保温 24 h

后酶活基本不变。PLD 在 50℃条件下保温 24 h 后的残留酶活约为初始酶活的
50%。当温度高于 60℃时，随着处理时间的延长，PLD 酶活迅速降低。在 70℃下
处理 4 h，PLD 已完全丧失活性。

（5）磷脂酶 D 的最适 pH 及 pH 稳定性

将 PLD 纯酶液置于不同 pH 的缓冲液中反应并测定酶活。如图 9-18a 所示，
在 pH 2.0～5.5，随着 pH 的升高，PLD 酶活逐渐升高。在 pH 5.0～9.0，随着 pH
的升高，PLD 酶活逐渐降低。当 pH 为 2.0 和 9.0 时，PLD 已完全失活。综上，PLD
的最适反应 pH 为 5.0。

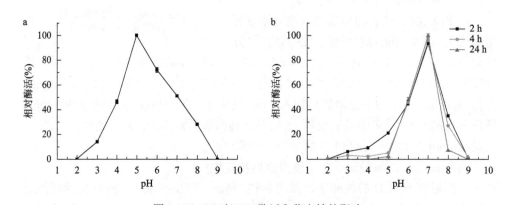

图 9-18　pH 对 PLD 酶活和稳定性的影响

（a）pH 对 PLD 酶活的影响；（b）pH 对 PLD 稳定性的影响

PLD 在不同 pH 下的稳定性如图 9-18b 所示。在 pH 为 7.0 的条件下，PLD 的
稳定性最高，在该 pH 下处理 24 h 后，PLD 酶活基本不发生变化。当 pH 低于 5.0
或高于 8.0 时，处理 2 h 后酶活就已损失过半。

（6）金属离子对磷脂酶 D 酶活的影响

在一些酶促反应中，金属离子作为辅因子参与反应。因此，在这类反应中可
通过添加相应的金属离子来提高酶促反应速率。本实验选择了 10 种金属离子，研
究其对 PLD 酶活的影响。由图 9-19 可以看出，1 mmol/L 的 Ca^{2+} 对 PLD 酶活有较
明显的促进作用，相对酶活为 118.3%；1 mmol/L 的 Mn^{2+}、Cu^{2+}、Ba^{2+} 则对酶活有
较明显的抑制作用，在 1 mmol/L Mn^{2+} 存在下，PLD 仅表现出 37.3% 的相对酶活。
其他 6 种金属离子未对酶活产生较明显作用。

（7）有机试剂对磷脂酶 D 酶活的影响

将 PLD 在含 20% 有机溶剂的 40 mmol/L Tris-HCl（pH 7.4）中孵育，37℃下
放置 30 min 后测定 PLD 酶活。图 9-20 中 1～6 号分别代表有机试剂 r-戊内酯、2-

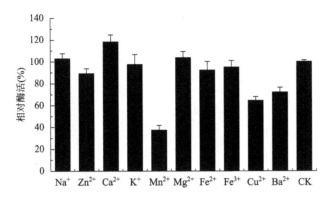

图 9-19　金属离子对 PLD 酶活的影响

甲基四氢呋喃、乳酸乙酯、柠檬烯、伞花烯、丁酸乙酯，可以看出，r-戊内酯、
2-甲基四氢呋喃、乳酸乙酯、柠檬烯、丁酸乙酯这 5 种有机试剂对 PLD 稳定性影
响较小，经 5 号有机试剂伞花烯处理后，PLD 仅有 74%的相对酶活。

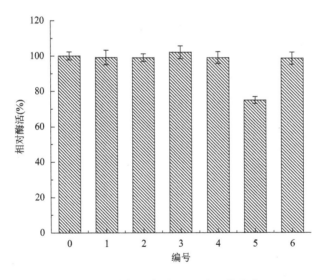

图 9-20　有机试剂对 PLD 酶活的影响

（8）磷脂酶 D 的保藏稳定性

由图 9-21 可知，在实验条件下进行酶保藏时，酶活随保藏时间的变化较小。
将 PLD 在 4℃下放置 30 天后，酶活基本不变，为初始酶活的 95.2%。所以实验中
所产的 PLD 在 4℃下可长期保藏。

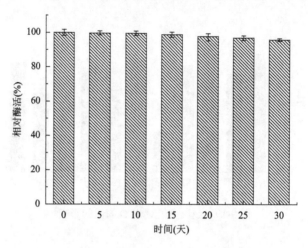

图 9-21　保藏时间对 PLD 酶活的影响

2. 磷脂酶 D 催化合成 PS 的研究

（1）底物质量比的优化

反应体系中底物 L-丝氨酸的浓度对于 PS 生成较为关键，当其处于一个合适浓度时能有效降低副产物 PA 的产生。为确定 PLD 的最优底物质量比，对不同底物质量比时产物 PS 及副产物 PA 生成情况进行研究。

如图 9-22 所示，PS 的生成率随 PC 与 L-丝氨酸质量比的减小而增大，且副产物 PA 的生成率逐渐降低。当 PC 与 L-丝氨酸的质量比为 1：10 时，PS 的生成率达到最高，为 31.2%，PA 的生成率为 2.2%，再继续增加 L-丝氨酸的添加量时，

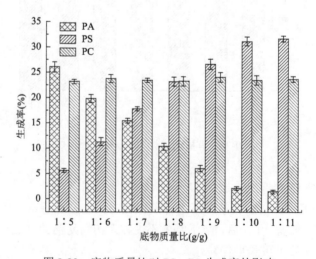

图 9-22　底物质量比对 PS、PA 生成率的影响

PS 生成率趋于平缓，副产物 PA 的生成率也基本不再降低；而当底物质量比低于 1∶10 时，随着 PC 与 L-丝氨酸质量比的减小，副产物 PA 的生成率会增加，这说明增大 PC 与 L-丝氨酸的质量比能有效抑制副产物 PA 的生成。综合考虑成本问题，以及 L-丝氨酸添加量过多时反应体系黏度也会明显增加，故选择 PC60 与 L-丝氨酸的最适反应质量比为 1∶10。

（2）缓冲液 pH 的优化

缓冲液 pH 对酶的催化活性和酶的稳定性有重要影响，过低或过高的 pH 均会对酶促反应产生不利影响。为确定 PLD 酶活的最适 pH，将缓冲液 pH 分别调至 3.0、4.0、4.5、5.0、5.5、6.0、7.0 进行测定。从图 9-23 中可以看出，PS 的生成率在 pH 5.5 时达到最高（33.1%），此时副产物 PA 的生成率也较低，约为 2%，但此时仍有 21.8% 的底物 PC 未被转化。当 pH 低于 5.5 时，不利于酶促反应的进行，底物剩余较多；当 pH 大于 6 时，反应呈现出从转酯向水解转变的趋势，副产物 PA 的生成率明显升高，达到 9.8%，PS 的生成率降低。这说明，偏酸性环境更有利于 PS 的生成，偏碱性环境更有利于 PA 的生成。因此，PS 生成的最适反应 pH 为 5.5。

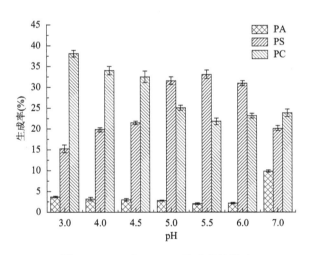

图 9-23　pH 对 PS、PA 生成率的影响

（3）反应温度的优化

酶促反应都有其最适的温度，同时反应温度会影响底物溶解度。为了确定最适反应温度，在前期酶学性质研究基础上，对 30℃、35℃、40℃、45℃、50℃下 PLD 催化生成 PS 的情况进行了测试。由图 9-24 可以看出，反应在 45℃进行时，PS 生成率最高，达到 37.4%，PA 生成率为 2.1%。当反应温度低于 45℃时，随着反应温度的升高，PS 生成率呈现增加趋势；而当温度高于 45℃时，PS 生成率下

降，PC 累积。出现这个现象的原因可能是当温度偏高时，PLD 的结构与构象发生变化，从而使酶的催化速率降低。故 PS 生成的最适反应温度为 45℃。

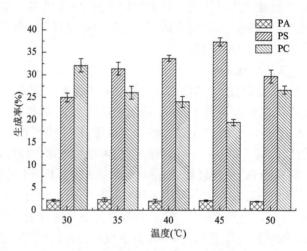

图 9-24　温度对 PS、PA 生成率的影响

纯酶液的酶活为 100 U/mL

（4）反应时间的优化

为了确定最优反应时间，提高底物转化率，分别在催化反应进行到 3 h、6 h、9 h、12 h 时取样检测。由图 9-25 可以看出，反应 6 h 时，PS 生成率达到最大值，约 38%，此后延长反应时间 PC 基本不再消耗，且 PS 有降解趋势。因此，PS 生成的最佳反应时间为 6 h。

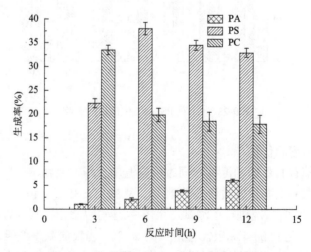

图 9-25　反应时间对 PS、PA 生成率的影响

（5）酶添加量的优化

在反应体系中适当增加酶量，可增加酶与底物碰撞的概率，从而提高酶促反应速率。由于反应体系中底物浓度固定，当酶量达到饱和时，再增加酶量也不会提高反应速率，且会增加生产成本。实验测试了添加不同酶量时 PS 的生成率，从而确定反应所需的最优酶量。由图 9-26 可以看出，PLD 添加量由 100 U 增加到 500 U 时，PS 生成率随 PLD 量增加而增大。当酶量为 500 U 时，PS 生成率达到最大值，为 38.2%，PA 生成率始终维持在较低水平（≤2%），此时酶量达到饱和。当酶添加量超过 500 U 时，PS 生成率基本不变。故 PLD 最佳添加量为 500 U。

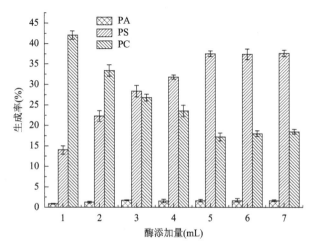

图 9-26　酶用量对 PS、PA 生成率的影响

纯酶液的酶活为 100 U/mL

（6）盐离子种类的优化

为了探究不同盐离子对 PS 生成率的影响，实验选择了浓度为 5% 的 5 种金属离子添加到反应体系中。由图 9-27 可以看出，Mg^{2+}、Ca^{2+} 和 Zn^{2+} 能明显加快 PC 消耗，PC 分别剩余 9.5%、5.6% 和 8.2%。从 PS 的生成率也可以看出，体系中添加 Ca^{2+} 能明显提高 PS 生成率，反应 6 h 后，PS 生成率从 38.2% 提高到 50.8%，此时 PA 的生成率仅为 0.5%；添加 Zn^{2+} 和 Mg^{2+} 也能在一定程度上提高 PS 的生成率，分别为 47.4% 和 46.7%。一价盐离子 Na^+ 和 K^+ 对 PS 生成率则无明显提高作用，PS 生成率分别为 39.2% 和 39%。

分析可能原因，当 PC 浓度较高时，通常在水中以囊泡形式存在，Ca^{2+} 等部分二价金属离子可以与 PC 产生相互作用，改变胶团的聚集状态，使其由囊泡结构（直径 200 nm 左右）转向胶束结构（直径 5 nm 左右）。俞科兵通过透射电镜、浊

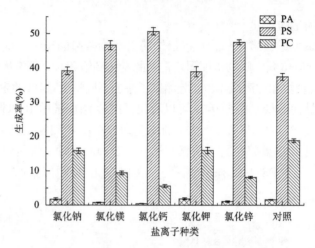

图9-27　盐离子种类对 PS、PA 生成率的影响

度分析等方法研究了金属离子对 PC 聚集状态的影响，发现体系中加入适量二价金属离子时，体系浊度急剧增大，不同的二价金属离子由于各自的电子结构不同，在电性和配位性能上存在差异，因此对 PC 聚集状态的作用能力也存在差异[75]；而体系中加入 Na^+ 时未出现浊度峰值，即 PC 聚集状态未发生改变。

（7）氯化钙浓度的优化

由前面分析可知，体系中加入 Ca^{2+} 能明显提高 PS 的生成率，因此对 Ca^{2+} 的添加量进行优化。由图9-28 可以看出，当 Ca^{2+} 浓度由 4%升高到 10%时，随着 Ca^{2+} 浓度的升高，PS 生成率也随之提高，达到最大值 58.1%。此时，PA 生成率为 0.2%，PC 仅剩余 2.3%；当 Ca^{2+} 浓度超过 10%时，继续增加 Ca^{2+} 浓度时，PS 的生成率基

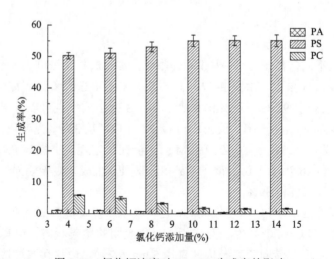

图9-28　氯化钙浓度对 PS、PA 生成率的影响

本不再变化。因此氯化钙的最优添加量为 10%。此时 PC 向 PS 实现高效转化，PS 转化率达到 96.7%。

9.2　几丁二糖脱乙酰酶的克隆表达及其生物转化

氨基葡萄糖是一种天然小分子单糖，大量存在于软骨组织中，是关节滑液与软骨的重要组成成分[76]。氨基葡萄糖应用前景广阔，可广泛应用于医药、保健、农业及化妆品等领域，如表 9-5 所示。

表 9-5　氨基葡萄糖的主要应用[77-94]

领域	用途
医药	修复和保护软骨组织，刺激软骨细胞生长，促进软骨形成；对多种关节疾病有良好疗效，包括对膝关节退行性关节炎、骨质增生、半月板损伤、髌骨软化症、腰椎间盘突出症、肩周炎及滑膜炎都有根本性治疗作用
保健	作为补充剂减缓大量运动给关节及软骨带来的损害；提高绝经后女性骨密度及肌肉力量；消炎护肝；对败血病的癌细胞有抑制作用
化妆品	作为透明质酸的重要前体物质，被应用于透明质酸的生产过程；与阿魏酸结合，制备新型化妆品材料，具有美白补水的功效；作为化妆品添加剂，具有祛痘功效
农业	作为农作物排毒剂的主要成分，排出植物体内的重金属及农药污染物等有害物质；作为生物农药的重要组成成分，可增强农药及肥料的功效；作为天然的饲料添加剂，能促进鱼类骨骼的修复及生长

虽然作为一种功能性产品，氨基葡萄糖早已实现了工业化生产，但是截至目前工业上生产氨基葡萄糖的方法主要仍为化学水解法。以虾蟹壳中的甲壳素为底物，利用浓盐酸在高温条件下进行水解，经过浓盐酸的水解作用，甲壳素中的糖苷键断裂，酰胺键水解，反应过程中需加入活性炭进行脱色，经多次加热溶解与减压蒸馏、结晶与重结晶、粉碎、烘干等步骤，制成成品氨基葡萄糖盐酸盐。在此基础上，利用硫酸钠制备氨基葡萄糖复盐[95, 96]。2000 年，陶锦清等利用甲壳素水解制备氨基葡萄糖，底物为 50 g 甲壳素，分批加入 200 mL 工业盐酸，108℃水解 5 h，经下游脱色结晶与重结晶工艺，获得氨基葡萄糖，得率为 79%，纯度为 98.5%[97]。2013 年，游庆红和尹秀莲以甲壳素及工业盐酸为原料制备 D-氨基葡萄糖盐酸盐，经 108℃水解 5 h，得率为 57.1%[96]。2018 年，孙丽利用虾头制备盐酸氨基葡萄糖，优化后的反应条件为盐酸浓度 31%，投料比 3∶1，90℃水解 5 h，以 50 g 虾头为原料生产出 34.4 g 盐酸氨基葡萄糖结晶，得率为 68.8%，纯度提高到 99.1%[98]。但利用化学水解法生产氨基葡萄糖需使用大量强酸，易造成环境污染，反应需在高温条件下进行，反应条件苛刻，生产过程中步骤复杂，技术要求高，生产效率

低。同时该方法的材料来源是虾蟹壳类物质，原料来源受限，用该方法生产出的氨基葡萄糖不适合海鲜过敏人群，因此使用范围受限制。

9.2.1　国内外研究现状及发展趋势

绿色生产氨基葡萄糖的方法主要包括两种：微生物发酵法和生物转化法。

1. 微生物发酵法

近年来，已经开发出利用经代谢工程改造过的大肠杆菌[99]、枯草芽孢杆菌[100]及真菌[101, 102]进行氨基葡萄糖生产的策略。通过菌种的构建改良，发酵过程的优化与严格控制，温度、溶氧、pH、补料等关键问题的优化，实现氨基葡萄糖的高效生产。微生物发酵法与化学水解法相比，多以葡萄糖及磷酸盐为原料，利用工程菌进行发酵生产，需要优良的生产菌株与优良的发酵工艺相结合来大量生产氨基葡萄糖。氨基葡萄糖是组成真菌细胞壁中甲壳素和壳聚糖的单体，*Rhizopus oligosporus*、*Monascus pilosus* 和 *Aspergillus* sp.三种野生型真菌均可用于生产氨基葡萄糖，其中 *Aspergillus* sp. BCRC31742 产量最高，达到 14.37 g/L。2005 年，Deng 等利用大肠杆菌发酵生产氨基葡萄糖，通过对大肠杆菌进行代谢工程改造，严格调控氨基葡萄糖的合成途径，使得氨基葡萄糖的产量达到 17 g/L，但高浓度的氨基葡萄糖在发酵液中会对细胞生长造成影响，且发酵液中的氨基葡萄糖浓度很难进一步提升，远低于工业化生产要求，最后利用代谢工程延伸氨基葡萄糖至 N-乙酰氨基葡萄糖，N-乙酰氨基葡萄糖产量达到 110 g/L[103]。2012 年，Chen 等通过对重组大肠杆菌发酵过程中的溶氧进行控制与优化，使得氨基葡萄糖产量最高达到 37.8 g/L，N-乙酰氨基葡萄糖产量达到 35.1 g/L[99]。同样，通过对枯草芽孢杆菌进行代谢工程改造，控制代谢通路中关键酶的表达，阻断细胞自身消耗途径，结合优化与控制发酵过程来生产 N-乙酰氨基葡萄糖，2018 年 N-乙酰氨基葡萄糖产量最高可达到 103.1 g/L[104]。通常情况下，利用微生物发酵法生产氨基葡萄糖的前体物质 N-乙酰氨基葡萄糖，再结合酸水解生成氨基葡萄糖[100]。目前，微生物发酵法与化学水解法相比过程简单，为可再生的生产方法，且条件温和，原料来源丰富不受限制，但是发酵周期长，发酵过程控制严苛，终产物氨基葡萄糖浓度低，需结合酸解法转化生产，仍然存在生产效率较低与污染环境的问题。

2. 生物转化法

生物转化法也称为生物催化法，指利用生物代谢过程中产生的酶催化特定的底物，从而高效地获得高纯度的目的产物[105]，近年来其由于生产成本低、产物纯度高、制备步骤简单等特点被广泛研究。生物转化法包括全细胞催化及酶法催化，全细胞催化是利用完整的生物体作为催化剂催化反应，其本质是利用生物体在生命代谢过程中表达的酶进行催化。利用全细胞催化，无须细胞破碎及酶提纯等工艺步骤，制备方式简单，生产成本低廉。酶法催化是利用提取的纯酶作为催化剂，可利用单一酶作用或多酶共同作用完成催化。利用酶法催化，可控制各种酶的添加比例，酶的添加量易于控制和优化，且以纯酶进行生产，可减少副产物的生成，提高生产效率。目前，利用生物转化法生产氨基葡萄糖已经开始被研究和关注。2014 年，彭楠等以壳聚糖为底物（底物需与乙酸混合，并在特定的 pH 下形成胶体状态），利用壳聚糖内切酶及壳聚糖外切酶共同作用催化生产氨基葡萄糖，50℃ 反应 5 h 左右，单糖得率约为 75%[106]。2016 年，刘子铎和王倩以 N-乙酰氨基葡萄糖为底物，利用来源于天然菌株阪崎肠杆菌（*Cronobacter sakazakii*）0360 的 *CsnagA* 基因编码的 N-乙酰氨基葡萄糖脱乙酰酶催化生产氨基葡萄糖[107]。生物转化法由于催化效率高、原料来源广泛、作用条件温和被广泛关注，其生产过程可避免强酸强碱的使用，安全无毒，绿色环保，是一种环境友好型的生产方法。

目前市场上存在的脱乙酰酶，多是针对乙酰氨基葡萄的寡聚体或多聚体形式进行作用，而针对单体形式的脱乙酰酶鲜有报道。因此，工业上为了实现氨基葡萄糖的高效生产，依然通过微生物发酵生产氨基葡萄糖的前体物质 N-乙酰氨基葡萄糖，再结合酸水解生成氨基葡萄糖。建立一种高效、环境友好的生产氨基葡萄糖的方法将会是未来的发展趋势，而几丁二糖脱乙酰酶对 N-乙酰氨基葡萄糖单体具有催化活性，可以将 N-乙酰氨基葡萄糖水解为氨基葡萄糖。

9.2.2　脱乙酰酶概述

目前，在利用酶法进行脱乙酰化反应的研究中，应用较为广泛的是甲壳素脱乙酰酶，产生这些脱乙酰酶的细菌种类不尽相同，其中对脱乙酰酶的多样性、生产条件、理化性质、作用类型及分子生物学等进行了较为详尽的研究[108, 109]。其中，甲壳素脱乙酰酶具有较好的热稳定性和严格的专一性，只对水溶性的 N-乙酰氨基葡萄糖聚合物有催化功能，酶与底物形成复合物，催化模式为多点进攻[110]。来源于鲁氏毛霉及植物病原体的甲壳素脱乙酰酶的作用机制较为相近，该酶与底物结合后从甲壳糖的非还原端开始水解乙酰基，可以催化甲壳低聚糖（聚合度为 3~7）进行脱乙酰化反应，聚合度对该酶的作用形式影响很大，性能研究表明，要求所催化的底物甲壳寡糖的聚合单体数超过 2，对聚合度小于 3 的甲壳低聚物是没有催化功能的，即对 N-乙酰氨基葡萄糖单体是没有催化功能的[111]。目前，市场上以 N-乙酰氨基葡萄糖作为催化底物用于生产氨基葡萄糖的脱乙酰酶鲜有报道。

2003 年，来自日本的 Tanaka 等通过对嗜热古菌 *Thermococcus kodakararaensis*

的 KODI 进行研究，发现并鉴定了一种与几丁质代谢途径相关的几丁二糖脱乙酰酶（diacetylchitobiose deacetylase，Dac）[112]。将该酶的代谢途径与该古细菌中的几丁质酶研究结果相结合，提出了该古细菌中存在一种新的几丁质降解途径，并且发现古细菌中普遍存在这一途径[113]。在这条新型代谢途径中，几丁二糖脱乙酰酶对 N-乙酰氨基葡萄糖二聚体及 N-乙酰氨基葡萄糖单体均具有催化活性。2006 年，在刘波等的研究中，来源于极端嗜热古菌 Pyrococcus horikoshii 的几丁二糖脱乙酰酶同样对 N-乙酰氨基葡萄糖二聚体及 N-乙酰氨基葡萄糖单体均具有脱乙酰基活性，可将 N-乙酰氨基葡萄糖催化水解为氨基葡萄糖[114]。

1. 几丁二糖脱乙酰酶催化的脱乙酰化反应

几丁二糖脱乙酰酶在新型几丁质的代谢途径中至关重要，其在代谢途径中首先作用的底物为 N-乙酰氨基葡萄糖二聚体，从 N-乙酰氨基葡萄糖二聚体还原端水解下乙酰基，生成具有非还原性末端的部分乙酰化的 N-乙酰氨基葡萄糖和氨基葡萄糖聚合物，在外切氨基葡萄糖苷酶（exo-β-D-glucosaminidase）的水解作用下，N-乙酰氨基葡萄糖和氨基葡萄糖聚合物水解成 N-乙酰氨基葡萄糖和氨基葡萄糖，此后几丁二糖脱乙酰酶再作用于生成的 N-乙酰氨基葡萄糖单体，将其水解成氨基葡萄糖[76]，具体催化流程如图 9-29 所示。

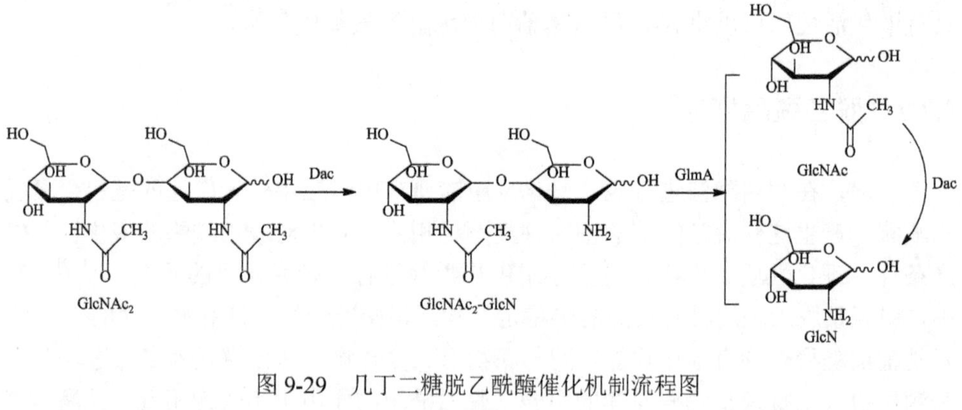

图 9-29　几丁二糖脱乙酰酶催化机制流程图

2. 几丁二糖脱乙酰酶的来源与种类

来源于热球菌属的几丁二糖脱乙酰酶属于糖类酯酶，以 N-乙酰氨基葡萄糖为底物进行催化反应，将其水解为氨基葡萄糖。Mine 等根据在 T. kodakararaensis 中新发现的几丁质代谢途径，推断在热球菌属中均存在相类似的代谢途径[115]。因此，几丁二糖脱乙酰酶在各类热球菌属中存在同源蛋白，研究发现在热球菌属中，Pyrococcus furiosus、P. horikoshii 和 Pyrococcus abyssi 等菌株均存在几丁二糖脱乙酰酶的同源基因。对几丁二糖脱乙酰酶的核酸序列及氨基酸序列进行相似性分析，根据 *P. horikoshii* OT3 基因组中保守的可读框（ORF）序列，以在 NCBI 上预测的几丁二糖脱乙酰酶基因（PH_RS02325）序列做 PSI-BLAST，发现这些细菌中的几丁二糖脱乙酰酶基因序列相似性如下：*P. furiosus* 相似性为 88%；*Thermococcus chitonophagus* 相似性为 80%；*P. abyssi* 相似性为 79%。2003 年，来自日本的 Tanaka 等对来源于嗜热古菌 *T. kodakararaensis* KODl 的几丁二糖脱乙酰酶进行研究，酶学性质分析结果表明几丁二糖脱乙酰酶的最适 pH 为 8.5，最适温度为 75℃[112]。2006 年，刘波等对来源于极端嗜热古菌 *P. horikoshii* 的几丁二糖脱乙酰酶进行表达鉴定及酶学性质分析，研究结果表明几丁二糖脱乙酰酶的最适 pH 为 7.0～8.0，最适温度为 80～90℃[114, 116]。2012 年，Mine 等将来源于 *P. horikoshii* 的几丁二糖脱乙酰酶在大肠杆菌中异源表达并进行蛋白复性及纯化，次年将来源于 *P. furiosus* 和 *P. horikoshii* 的几丁二糖脱乙酰酶在大肠杆菌中进行异源表达并进行酶学性质和晶体结构分析，以来源于 *P. horikoshii* 的几丁二糖脱乙酰酶蛋白为基本模型分析了其晶体结构及催化中心并鉴定了其关键催化位点为 44 His、47 Asp、155 His 和 264 His[115, 117]。综上，根据前人研究结论，结合氨基葡萄糖自身性质，其稳定性随 pH 的升高而降低，因此，选择来源于 *P. horikoshii* 的几丁二糖脱乙酰酶催化生成氨基葡萄糖。

9.2.3　几丁二糖脱乙酰酶生产菌株的获得

1. 异源表达系统的选择

大肠杆菌（*Escherichia coli*）是最先应用为异源蛋白表达宿主的微生物，具有诸多优势，在基因工程领域普遍应用，在构建基因工程菌方面的转化效率远远高于其他表达系统[118]。但是大肠杆菌作为异源蛋白表达宿主依然存在不足之处，如过表达的目的蛋白经常无法正确折叠形成可溶性蛋白而以包涵体形式表达，给后期蛋白的纯化带来困难，一般情况下需在低温的条件下进行诱导表达，可在一定程度上避免包涵体的形成。由于大肠杆菌属于原核生物，缺乏翻译后修饰功能，对于来源于真核细胞的基因无法完成糖基化修饰等任务，因此表达产物生物活性偏低。

枯草芽孢杆菌（*Bacillus subtilis*）细胞结构简单、生长繁殖迅速、培养成本低廉且不易受噬菌体污染。目前枯草芽孢杆菌已经被广泛应用于发酵工业，用于生产酶制剂及化合物等[119]。枯草芽孢杆菌具有较强的蛋白分泌能力，在分泌表达异源蛋白方面具有较强优势，其仅具有一层细胞膜，蛋白的分泌无须转移至周质空间，可直接从细胞质转移到胞外[120]。同时相比于应用广泛的大肠杆菌，枯草芽孢杆菌因无致病性而被视为食品安全级菌株，应用其所生产的产品被认为属于食品安全级，这使得其在大规模的工业生产中具有独特的应用优势[121, 122]。因此，在表达分泌性蛋白时多以枯草芽孢杆菌作为宿主。

2. 影响基因异源表达的因素

异源基因的表达是一个复杂的过程，表达系统受多种因素共同调控，其中，启动子、信号肽、核糖体结合位点（RBS）、5′非翻译区（5′UTR）、终止子等是调控基因表达的重要元件，被人们广泛研究并用来调控基因的表达强度。对于不同的基因，它们在稳定性、结构和翻译效率上有很大差异。对于外源基因的表达，启动子是十分重要的调控元件之一，常用的启动子包括组成型启动子及诱导型启动子，且不同的启动子强度也有明显差异，一个外源基因的启动子对其成功表达及表达强度有很大影响，因此，选择一个合适的启动子来进行目的基因的表达至关重要[123]。对于分泌表达外源基因，大多数情况下以信号肽引导，经过 Sec 途径转运系统分泌到胞外，枯草芽孢杆菌自身信号肽具有较强的分泌功能且可高效引导外源基因分泌表达，在目的基因前加上合适的信号肽可将胞内蛋白成功分泌到胞外[124, 125]。因此，选择一个合适的信号肽引导所表达的外源基因是成功实现分泌表达的关键所在。5′UTR 是从转录起始位点到起始密码子前的一段区域，包含了众多调控基因表达的元件，5′UTR 对基因表达的影响一直备受关注并被深入研究。研究发现，该区域的蛋白结合位点可能会影响 RNA 的稳定性，可促进或抑制翻译的起始，从而影响翻译效率[126-128]；5′UTR 的变化可能会导致基因表达变化，这都是由该区域包含的调控元件决定的[129-131]。利用枯草芽孢杆菌及大肠杆菌实现外源基因的表达，需要选择并优化多种因素，多种必需因素构成了一个极为灵活而有效的表达系统，使各种目的蛋白得以最优化表达。

3. 几丁二糖脱乙酰酶的异源克隆表达

构建重组菌株 E.coli BL21（DE3）（pET-28a-Dac）和重组菌株 B. subtilis WB600（pP₄₃NMK-Dac），在大肠杆菌及枯草芽孢杆菌中实现 Dac 的胞内可溶性表达。在大肠杆菌表达系统中，利用 IPTG 诱导表达。在枯草芽孢杆菌表达系统中，通过组成型启动子表达。编码几丁二糖脱乙酰酶的基因 dac 的大小为 819 bp，该酶由 272 个氨基酸组成，经过计算可知蛋白分子质量约为 31.6 kDa，通过 SDS-PAGE 分析证明实现成功表达。测定重组菌株发酵期间不同时间的 OD_{600}，并绘制其生长曲线，如图 9-30 所示。

4. 几丁二糖脱乙酰酶的高效分泌表达

信号肽是影响蛋白分泌表达的重要因素，本研究选择的信号肽均为研究报道

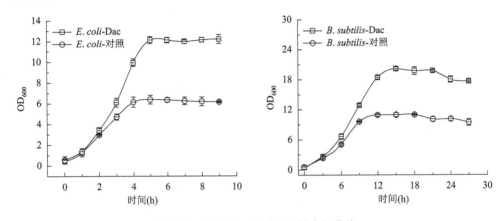

图 9-30　表达 Dac 的重组菌株生长曲线

E. coli-Dac：表达 pET-28a-Dac 质粒的重组大肠杆菌；*E. coli*-对照：表达 pET-28a（+）质粒的重组大肠杆菌；*B. subtilis*-Dac：表达 pP₄₃NMK-Dac 质粒的重组枯草芽孢杆菌；*B. subtilis*-对照：表达 pP₄₃NMK 质粒的重组枯草芽孢杆菌

的具有较强分泌能力的枯草芽孢杆菌内源信号肽。以含有不同信号肽的大肠杆菌-枯草芽孢杆菌穿梭质粒 pMA0911 系列作为表达载体，进行信号肽的筛选。将构建成功的含有不同信号肽的 pMA0911-Dac 系列质粒转入枯草芽孢杆菌 *B. subtilis* WB600 中，进行重组枯草芽孢杆菌的发酵表达。测定每株重组菌株的 Dac 胞内酶活及胞外酶活并进行比较，如图 9-31 所示。

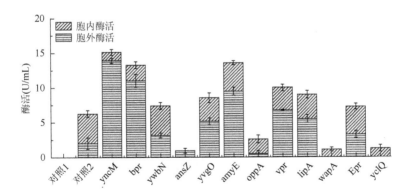

图 9-31　使用不同信号肽表达 Dac 的酶活对比图

对照 1：表达 pMA0911 质粒；对照 2：表达 pMA0911-Dac 质粒（无信号肽）

　　如图 9-31 所示，在所筛选的 12 条信号肽中，有 9 条信号肽（yncM、bpr、amyE、vpr、lipA、Epr、ywbN、yvgO 和 oppA）可以实现几丁二糖脱乙酰酶的分泌表达。由信号肽 yncM 分泌的几丁二糖脱乙酰酶胞外酶活最高，达到了 13.5 U/mL。

由信号肽 oppA 分泌的几丁二糖脱乙酰酶胞外酶活最低，为 3.7 U/mL。其他 3 个信号肽（ansZ、wapA、yclQ）未实现分泌表达，没有检测到胞外酶活。

除了信号肽工程，直接进行启动子的筛选也是一个方便且快捷的蛋白表达优化方案。枯草芽孢杆菌中可应用的启动子，依据其应用方式分类为组成型启动子和诱导型启动子，目前已经有许多不同强度的启动子被报道，本研究选择组成型启动子 P_{43}，将构建的测序正确的重组质粒 pP$_{43}$NMK-yncM-Dac 转入枯草芽孢杆菌 *B. subtilis* WB600 中，进行重组枯草芽孢杆菌的发酵表达，测定其发酵期间 Dac 胞外酶活（图 9-32）。转入重组质粒 pP$_{43}$NMK-yncM-Dac 的重组菌株（使用 P_{43} 启动子）较转入 pMA0911- yncM-Dac 的重组菌株（使用 $P_{Hpa\ II}$ 启动子）胞外酶活有明显提高，即使用 P_{43} 强启动子表达 Dac 可明显提高表达量。使用 P_{43} 启动子替换 $P_{Hpa\ II}$ 启动子可以提高重组菌株几丁二糖脱乙酰酶的胞外酶活，发酵液上清中的酶活从 13.5 U/mL 提高至 18.6 U/mL，提高了 37.8%。

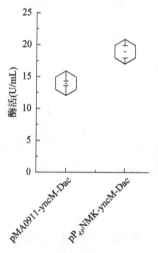

图 9-32 使用不同启动子表达 Dac 的酶活对比图

在上述重组质粒 pP$_{43}$NMK-yncM-Dac 的构建过程中，意外获得了 5′ 非翻译区（5′UTR）突变的质粒，经测序分析后，在启动子的 +1 转录起始位点与起始密码子 ATG 之间的 5′ 非翻译区有 73 bp 的碱基插入，将所获得的突变质粒命名为 pP$_{43}$NMKmut-yncM-Dac。所插入序列为长度 73 bp 的碱基序列，插入位点在启动子 +1 转录起始位点后的 8 个碱基之后，所插入的序列包含原质粒上的 RBS 序列、间隔序列和 *dac* 的一部分核苷酸序列。插入序列位于转录起始位点之后及起始密码子之前，即突变区域为 5′UTR。将获得的 5′UTR 突变的质粒 pP$_{43}$NMKmut-yncM-Dac 转入枯草芽孢杆菌 *B. subtilis* WB600 中，进行重组枯草芽孢杆菌的发酵表达，测定发酵期间不同时间的 OD$_{600}$，以及不同时间发酵上清液中的 Dac 酶活，并绘制其生长曲线及胞外酶活随发酵时间的变化曲线，如图 9-33 所示。

如图 9-33 所示，在发酵 12 h 后，细胞生长进入平衡阶段，发酵 14 h 时，菌体量达到最高，OD$_{600}$ = 23.2，在发酵 18 h 后，菌体量开始下降，进入衰退期。胞内酶活随时间变化的趋势与菌体量随时间变化的趋势基本一致，当菌体量达到最高时，胞内酶活也达到最高，为 480 U/mL。胞外酶活的变化趋势与菌体生长趋势不一致，细胞生长进入平衡期后才开始大量生产并积累胞外酶，胞外酶活随时间的延长而提高，发酵 48 h 后，胞外酶活基本稳定，上升趋势变缓，当发酵 60 h 时，胞外酶活达到最高，为 1548.7 U/mL，从突变前的 18.6 U/mL 提高了约 82 倍。同

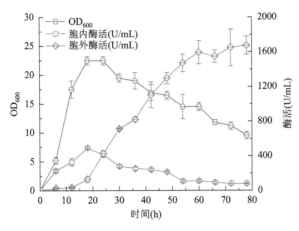

图 9-33　重组枯草芽孢杆菌不同发酵阶段的酶活曲线及菌体生长曲线

时胞内酶活随着时间的延长而逐渐降低。当发酵时间长于 60 h，胞内酶活逐渐趋于零。说明重组枯草芽孢杆菌合成的几丁二糖脱乙酰酶基本全部分泌到胞外。根据图 9-33 中菌体生长曲线及胞外酶活随时间变化曲线可知，几丁二糖脱乙酰酶属于滞后合成型酶，为非生长偶联型。

为了分析突变质粒 pP$_{43}$NMKmut-yncM-Dac 和重组质粒 pP$_{43}$NMK-yncM-Dac 在转录水平上的差异，对目的基因 dac 进行了荧光定量 PCR 分析，采用枯草芽孢杆菌 16S rRNA 作为内参。对转入了突变质粒 pP$_{43}$NMKmut-yncM-Dac 和重组质粒 pP$_{43}$NMK-yncM-Dac 的枯草芽孢杆菌进行发酵表达，分别收集发酵 7 h、12 h、24 h 和 36 h 时的菌体，对目的基因 dac 进行荧光定量 PCR 分析，如图 9-34 所示。5′UTR 突变后基因 dac 的转录水平较突变前有明显增加，在发酵 7 h、12 h、24 h 和 36 h 时，转录水平分别提高了 14.8 倍、22.6 倍、42.5 倍和 38.8 倍。

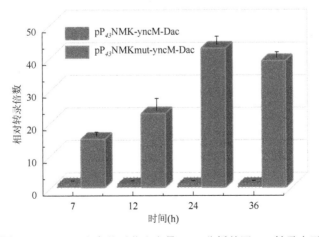

图 9-34　5′UTR 突变前后荧光定量 PCR 分析基因 dac 转录水平

5′UTR 是位于转录起始位点到起始密码子前一个核苷酸之间的序列,该区域是成熟的 mRNA,但该区域不参与蛋白的翻译,不会被翻译成蛋白。根据相关文献报道[127, 129],该区域含有众多可能的调控序列,包括核糖体结合位点(RBS)、5′茎环结构和间隔序列等。这些区域会在转录水平和翻译水平上共同影响异源蛋白的表达。mRNA 的 5′ UTR 在控制基因的表达中具有很重要的作用。5′UTR 突变后目的基因转录水平增加,随着发酵时间的延长,目的基因的转录水平一直远远高于突变前,一直到发酵 36 h,相对转录倍数仍然是突变前的 38.8 倍,因此可以推断 5′UTR 突变后对 mRNA 的稳定性有显著影响,可以提高目的基因在发酵期间的 mRNA 稳定性。

为了进一步分析 5′UTR 突变对基因 dac 表达的影响,通过软件 RBS Calculator v2.0 利用平衡态统计热力学模型对突变前后的 5′UTR 序列进行分析。该模型计算了重要的分子间作用力的自由能,预测了最终的翻译初始速率,分析结果如表 9-6 所示。

表 9-6　利用平衡态统计热力学模型对 5′UTR 突变前后自由能的计算

序列名称	T.I.R.(a.u.)	ΔG_{total} (kcal/mol)	$\Delta G_{mRNA\text{-}rRNA}$ (kcal/mol)	$\Delta G_{spacing}$ (kcal/mol)	$\Delta G_{standby}$ (kcal/mol)	ΔG_{start} (kcal/mol)	ΔG_{mRNA} (kcal/mol)
pP$_{43}$NMK-yncM-Dac	7 164	−3.91	−10.42	2.94	−3.51	−2.76	−9.8
pP$_{43}$NMKmut-yncM-Dac	31 774	−7.22	−22.15	0.92	−2.48	−2.76	−19.6

根据模型计算预测了翻译初始速率(T.I.R.),5′UTR 突变前的原始质粒 pP$_{43}$NMK-yncM-Dac 的翻译初始速率为 7164 a.u.,5′UTR 突变后的突变质粒 pP$_{43}$NMKmut-yncM-Dac 的 T.I.R.为 31 774 a.u.,是突变前的 4.4 倍。T.I.R.是决定蛋白表达量的重要因素,而 T.I.R.主要取决于多种分子间相互作用力的共同作用。吉布斯自由能(ΔG_{total})是描述 T.I.R.的一个关键参数,ΔG_{total} 取决于起始密码子周围的 mRNA 序列,其预测模型如下

$$\Delta G_{total} = \Delta G_{mRNA\text{-}rRNA} + \Delta G_{spacing} - \Delta G_{standby} + \Delta G_{start} - \Delta G_{mRNA} \qquad (9\text{-}1)$$

其中,$\Delta G_{mRNA\text{-}rRNA}$ 代表 16S rRNA 的最后 9 个核苷酸与 mRNA 序列杂交时释放的能量;$\Delta G_{spacing}$ 代表 16S rRNA 结合位点和起始密码子之间非最适物理距离造成的补偿自由能;$\Delta G_{standby}$ 代表解开 30S 的结合时隔绝备用位点任何二级结构所需的功;ΔG_{start} 代表起始密码子与 tRNA 的起始反密码子环(3′-UAC-5′)杂交时所释放的能量;ΔG_{mRNA} 代表解开 mRNA 处于最稳定时二级结构所需要的能量。

对比 5′UTR 突变前后序列的预测结果,各个参数之间存在差异。其中差异较大的是 $\Delta G_{mRNA\text{-}rRNA}$ 与 ΔG_{mRNA}。5′UTR 突变前后的 $\Delta G_{mRNA\text{-}rRNA}$ 值分别为

–10.42 kcal/mol 和–22.15 kcal/mol，因此我们可以合理地推断突变后的 5′UTR 序列 16S rRNA 结合位点的结合力更强。而另一个参数 ΔG_{mRNA} 也存在较大差异，5′UTR 突变前后的 ΔG_{mRNA} 值分别为–9.8 kcal/mol 和–19.6 kcal/mol。5′UTR 突变后的序列解开 mRNA 处于最稳定时二级结构所需的能量要远远大于突变前的，可以推断出 5′UTR 突变后的序列拥有更强更稳定的 mRNA 二级结构。这与上文所述结果一致：5′UTR 突变后序列拥有较稳定的 mRNA 二级结构。如图 9-34 所示，5′UTR 突变后基因 dac 的转录水平较突变前有明显增加，在发酵期间，转录水平提高了 14.8～42.5 倍。结合模型计算预测出的参数，可以合理推断 5′UTR 的突变提高了目的蛋白几丁二糖脱乙酰酶的表达量。

根据文献报道，N 端编码序列对基因的表达有调节作用，本研究选用 Chaves 等所构建的 N 端编码序列（NCS）库中对基因表达促进作用较强的几段 N 端编码序列，成功构建了融合 N1、N2、N3、N4 和 N5 这五段 NCS 的系列质粒。重组菌株发酵后上清的酶活如图 9-35 所示。

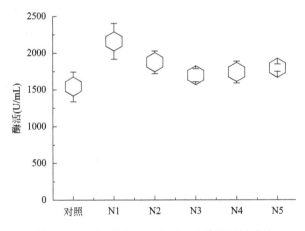

图 9-35　融合不同 NCS 序列对胞外酶活的影响

N1～N5 分别代表在 yncM 的 N 端分别融合编号为 N1、N2、N3、N4、N5 的 NCS 序列的重组菌株

根据图 9-35 可知，在 yncM 的 N 端融合所选择的 5 段 NCS 均可提高胞外酶活，其中，编号为 N1 的 NCS 提高效果最明显，胞外酶活从 1548.7 U/mL 提高到了 2105.3 U/mL，提高为原来的 1.36 倍。众多研究表明，NCS 对基因的表达有着重要的影响，可在翻译水平上调控基因的表达，可以在翻译起始阶段通过影响核糖体与 mRNA 的结合效率从而改变翻译效率。

5. 几丁二糖脱乙酰酶的定向进化

利用软件 Discovery Studio 进行分子对接，确定底物分子与蛋白分子的结合位点及影响蛋白催化效率的关键位点，以便选择进行定点饱和突变的位点。根据分子对接结果，可以推断蛋白分子几丁二糖脱乙酰酶的中心处为其活性口袋的入口。其中 156 位精氨酸（R156）和 157 位精氨酸（R157）位于蛋白分子三维结构中心位置的活性口袋中，与底物分子 N-乙酰氨基葡萄糖间存在相互作用力，可以推断这两个位点的氨基酸在催化过程中起着重要作用。有研究表明，152 位组氨酸（H152）及 120 位酪氨酸（Y120）是影响酶催化效率的关键位点。软件 Discovery Studio 模拟的氨基酸饱和突变结果显示，160 位苯丙氨酸（F160）是与底物分子相互作用的重要位点，并对底物分子与蛋白分子结合的稳定性有重要影响。因此，结合计算机模拟的氨基酸饱和突变及底物对接结果，选择 R156、R157、H152、Y120 和 F160 进行定点饱和突变实验。

通过高通量筛选，发现关键位点 R157 进行几种氨基酸替换可提高酶催化效率，即 R157W、R157H 和 R157T。对成功表达的突变体蛋白 R157W、R157H 和 R157T 进行纯化，获得纯酶，进行酶活的测定，结果如图 9-36 所示。

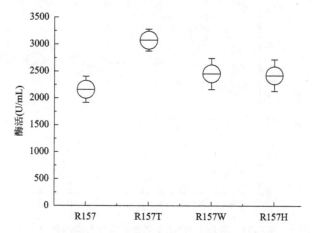

图 9-36　几丁二糖脱乙酰酶 157 位氨基酸突变体蛋白的酶活

R157：原始蛋白；R157T、R157W、R157H：蛋白突变体

如图 9-36 所示，突变体蛋白 R157W、R157H 和 R157T 酶活均高于原始几丁二糖脱乙酰酶。其中，突变体 R157T 酶活最高，为 3112.2 U/mg，而原始蛋白酶活为 2047.3 U/mg，突变体酶活提高为原来 1.52 倍。另外两个突变体蛋白 R157W、R157H 的酶活也高于原始几丁二糖脱乙酰酶，其酶活分别为 2476.8 U/mg 和 2420.6 U/mg。突变体蛋白的酶活较原始蛋白有明显提高，因此对突变体蛋白 R157W、R157H 和 R157T 进行动力学参数的测定及分析，测定 K_m 和 V_{max} 值。利用双倒数法作图，结果如图 9-37 所示。

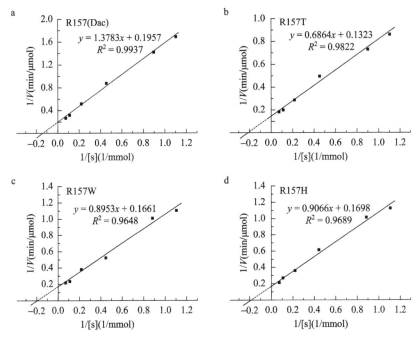

图 9-37 几丁二糖脱乙酰酶 157 位氨基酸突变体双倒数法测定动力学参数

动力学参数测定结果显示，将 157 位突变为苏氨酸、色氨酸和组氨酸均可提高脱乙酰酶的催化效率，其中，突变体 R157T 表现出最高的催化效率。根据表 9-7 中数据可知，突变体 R157T 的 K_m 值从原始 Dac 的 6.75 mmol/L 降低为 5.15 mmol/L，V_{max} 值由原来的 4.94 μmol/L 提高到了 7.56 μmol/L。k_{cat}/K_m 从原来的 0.378 提高到 0.753。将 157 位的精氨酸突变为苏氨酸后可以明显提高 Dac 以 GlcNAc 为催化底物时的催化效率。这一结论与计算机模拟分子对接的结果相符，157 位的氨基酸位于 Dac 活性中心口袋，是与底物分子 GlcNAc 结合的关键位点。精氨酸与苏氨酸均属于极性氨基酸。经过对底物分子和突变后 157 位苏氨酸之间的相互作用力进行分析，苏氨酸中的羟基基团可与底物分子形成氢键，形成的氢键可增大分子间相互作用力。因此，157 位的突变对于 Dac 催化效率的提高有很大影响。

表 9-7 Dac 及 Dac 突变体的动力学参数

蛋白名称	K_m（mM）	V_{max}（μM/s）	k_{cat}（s^{-1}）	k_{cat}/K_m（mM^{-1}·s^{-1}）
R157（Dac）	6.75±0.27	4.94±0.14	2.552	0.378
R157T	5.15±0.16	7.56±0.21	3.879	0.753
R157W	5.39±0.16	6.02±0.19	3.112	0.577
R157H	5.34±0.16	5.89±0.26	3.038	0.569

6. 几丁二糖脱乙酰酶全细胞催化体系

培养重组大肠杆菌及重组枯草芽孢杆菌并制备全细胞，作为生物催化生产氨基葡萄糖的催化剂。目的基因 *dac* 在重组大肠杆菌及重组枯草芽孢杆菌均成功实现可溶性表达。当底物与细胞充分混合后，反应体系的 pH 为 7.5 左右。对比重组枯草芽孢杆菌及重组大肠杆菌的催化活力，如图 9-38 所示。

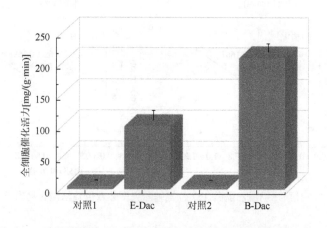

图 9-38　重组枯草芽孢杆菌与重组大肠杆菌全细胞催化活力的对比

对照 1，表达 pET-28a（＋）质粒的重组大肠杆菌；E-Dac，表达 pET-28a-Dac 质粒的重组大肠杆菌；对照 2：表达 pP$_{43}$NMK 质粒的重组枯草芽孢杆菌；B-Dac：表达 pP$_{43}$NMK-Dac 质粒的重组枯草芽孢杆菌

如图 9-38 所示，对照菌株基本未表现出脱乙酰基的催化能力，而重组大肠杆菌及重组枯草芽孢杆菌全细胞均具有脱乙酰基的催化能力。其中，重组枯草芽孢杆菌全细胞催化活力更高，即同样菌体量的重组枯草芽孢杆菌催化能力更强，为重组大肠杆菌的 2.2 倍左右。因此，选择重组枯草芽孢杆菌进行全细胞催化生成氨基葡萄糖。

经过细胞添加量和底物浓度的优化，确定在反应体系中，底物 *N*-乙酰氨基葡萄糖浓度为 50 g/L、细胞添加量为 18.6 g/L 时，酶的催化活性最高，如图 9-39 所示。

采用上述实验所得条件，在全细胞催化过程中，产物氨基葡萄糖浓度和反应体系中 pH 随时间的变化曲线如图 9-40 所示。

如图 9-40 所示，随着反应时间的延长，反应体系中氨基葡萄糖逐渐积累，在反应时间为 3 h 时氨基葡萄糖浓度达到最高，为 30.2 g/L，此时转化率为 74.7%，当反应时间延长后，氨基葡萄糖的浓度不再提高，反应时间长于 3 h，氨基葡萄糖浓度开始下降。反应体系的初始 pH 约为 7.5，随着反应时间的延长，反应体系的 pH 逐渐下降，在反应时间为 3 h 时下降至 6.4 左右，随后下降缓慢，反应 4 h 时 pH 为 6.3。

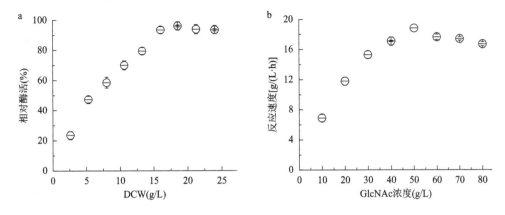

图 9-39　细胞添加量和底物浓度的优化

（a）不同细胞添加量对酶活的影响；（b）不同底物浓度对反应速度的影响

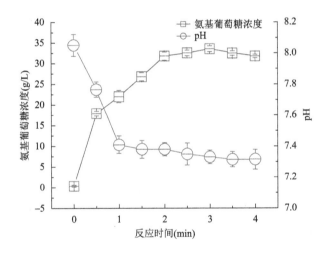

图 9-40　反应体系中氨基葡萄糖浓度及 pH 随时间变化的曲线

　　为更好地控制全细胞催化过程，利用 3 L 发酵罐进行全细胞催化生产氨基葡萄糖，如图 9-41 所示。

　　利用生物反应器可使反应体系充分混匀，能更好地控制发酵过程中各参数。如图 9-41 所示，在发酵罐中进行氨基葡萄糖的全细胞催化生产，氨基葡萄糖的浓度量从 30.2 g/L 提高到了 35.3 g/L，转化率由原来的 74.7% 提高到了 86.8%。

　　在以 N-乙酰氨基葡萄糖为底物进行全细胞催化生产氨基葡萄糖的过程中，底物经过脱乙酰化作用水解下来的乙酰基会形成乙酸存在于反应体系中，图 9-42 为全细胞催化反应体系中各物质的浓度。

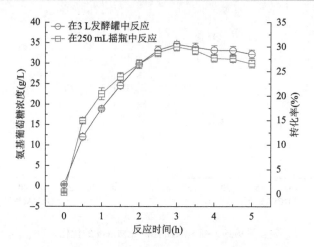

图 9-41 不同容器对催化生产过程中 GlcN 产量的影响

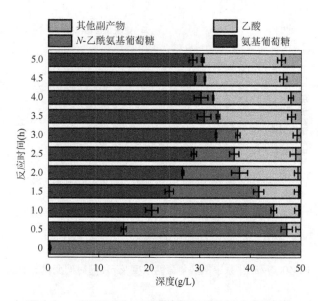

图 9-42 反应体系中不同物质浓度随时间变化的趋势

如图 9-42 所示,随着反应时间的延长,反应体系中各物质的浓度发生变化,体系中氨基葡萄糖逐渐积累,底物 N-乙酰氨基葡萄糖浓度逐渐降低,最后体系中 N-乙酰氨基葡萄糖浓度低于 3 g/L,副产物乙酸随着氨基葡萄糖的生成而积累。随着反应的进行,其他未知副产物逐渐增多,当反应时间超过 4 h 时,氨基葡萄糖的浓度降低,底物 N-乙酰氨基葡萄糖浓度几乎不变,而副产物增多,说明随着反应时间的延长,产物氨基葡萄糖不稳定,转化为其他副产物。因此,全细胞催化生产氨基葡萄糖的反应时间应控制在 3 h 左右,氨基葡萄糖的产量最高达 35.3 g/L,转化率为 86.8%。

7. 几丁二糖脱乙酰酶酶法催化生产氨基葡萄糖

对几丁二糖脱乙酰酶生产菌株进行发酵表达，离心并收集成功分泌表达几丁二糖脱乙酰酶的发酵液上清，对反应体系中底物浓度进行优化，结果如图 9-43 所示。

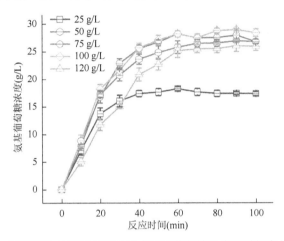

图 9-43　不同底物浓度下反应体系中氨基葡萄糖浓度随时间变化的曲线

当底物浓度为 25 g/L 时，底物可基本完全转化为产物氨基葡萄糖，氨基葡萄糖浓度约为 19.6 g/L，转化率约为 95%。当底物浓度升高时，体系中氨基葡萄糖的终浓度也随之提高，当底物浓度分别为 50 g/L、75 g/L、100 g/L 和 125 g/L 时，反应 80 min 左右基本达到平衡，此时体系中氨基葡萄糖的浓度分别为 31.2 g/L、31.8 gL、32.1 g/L 和 31.4 g/L，由曲线的变化趋势可知，在底物浓度在 50～125 g/L 时，体系中氨基葡萄糖的浓度随时间变化趋势基本一致，随着底物浓度的升高，体系中氨基葡萄糖的终浓度并没有明显提高。同时底物浓度为 50 g/L 时转化率最高，对 N-乙酰氨基葡萄糖的浪费最少，因此选择 50 g/L 及以下为催化反应体系的最佳底物浓度。

通过构建几丁二糖脱乙酰酶高效表达的生产菌株 B. subtilis WB600（P_{43}NMKmut-N1-yncM-Dac），并利用其发酵液上清进行酶法脱乙酰基，以 1 L 发酵罐为反应容器，底物 N-乙酰氨基葡萄糖的终浓度为 50 g/L，在温度 40℃ 的条件下反应 25 min 左右，氨基葡萄糖的产量达到 35.4 g/L，转化率为 87.4%，为实现工业化生产氨基葡萄糖奠定了基础。

参 考 文 献

[1]　Hammond S M, Altshuller Y M, Sung T C, et al. Human ADP-ribosylation factor-activated phosphatidylcholine-specific phospholipase D defines a new and highly conserved gene family[J]. Journal of Biological Chemistry, 1995, 270 (50): 29640-29643.

[2]　Lopez I, Arnold R S, Lambeth J D. Cloning and initial characterization of a human phospholipase D2 (hPLD2)[J].

Journal of Biological Chemistry, 1998, 273 (21): 12846-12852.

[3]　　Ponting C P, Kerr I D. A novel family of phospholipase D homologues that includes phospholipid synthases and putative endonucleases: identification of duplicated repeats and potential active site residues[J]. Protein Sci, 1996, 5 (5): 914-922.

[4]　　Stuckey J A, Dixon J E. Crystal structure of a phospholipase D family member[J]. Biol, 1999, 6: 278-284.

[5]　　Leiros I, Hough E, D'Arrigo P, et al. Crystallization and preliminary X-ray diffraction studies of phospholipase D from *Streptomyces* sp.[J]. Acta Crystallogr D Biol Crystallogr, 2000, 56: 466-468.

[6]　　Selvy P E, Lavieri R R, Lindsley C W, et al. Phospholipase D: enzymology, functionality, and chemical modulation[J]. Chem Rev, 2011, 111 (10): 6064-6119.

[7]　　Khatoon H, Mansfeld J, Schierhorn A, et al. Purification, sequencing and characterization of phospholipase D from Indian mustard seeds[J]. Phytochemistry, 2015, 117: 65-75.

[8]　　Waksman M, Tang X Q, Eli Y, et al. Identification of a novel Ca^{2+}-dependent, phosphatidylethanolamine-hydrolyzing phospholipase D in yeast bearing a disruption in PLD1[J]. J Biol Chem, 1997, 272 (1): 36-39.

[9]　　Leiros I, Secundo F, Zambonelli C, et al. The first crystal structure of a phospholipase D[J]. Structure, 2000, 8 (6): 655-667.

[10]　Uesugi Y, Arima J, Iwabuchi M, et al. C-terminal loop of *Streptomyces* phospholipase D has multiple functional roles[J]. Protein Sci, 2007, 16 (2): 197-207.

[11]　Uesugi Y, Arima J, Iwabuchi M, et al. Sensor of phospholipids in *Streptomyces* phospholipase D[J]. Febs J, 2007, 274 (10): 2672-2681.

[12]　Ogino C, Daido H, Ohmura Y, et al. Remarkable enhancement in PLD activity from *Streptoverticillium cinnamoneum* by substituting serine residue into the GG/GS motif[J]. Biochim Biophys Acta, 2007, 1774 (6): 671-678.

[13]　Nakazawa Y, Sagane Y, Sakurai S, et al. Large-scale production of phospholipase D from *Streptomyces racemochromogenes* and its application to soybean lecithin modification[J]. Appl Biochem Biotechnol, 2011, 165 (7-8): 1494-1506.

[14]　Choojit S, Bornscheuer U T, Upaichit A, et al. Efficient phosphatidylserine synthesis by a phospholipase D from *Streptomyces* sp. SC734 isolated from soil-contaminated palm oil[J]. Eur J Lipid Sci Technol, 2016, 118 (5): 803-813.

[15]　Ulbrich-Hofmann R, Lerchner A, Oblozinsky M, et al. Phospholipase D and its application in biocatalysis[J]. Biotechnol Lett, 2005, 27 (8): 535-544.

[16]　Mahankali M, Alter G, Gomez-Cambronero J. Mechanism of enzymatic reaction and protein-protein interactions of PLD from a 3D structural model[J]. Cell Signal, 2015, 27 (1): 69-81.

[17]　Hussain Z, Uyama T, Tsuboi K, et al. Mammalian enzymes responsible for the biosynthesis of *N*-acylethanolamines[J]. Biochim Biophys Acta, 2017, 1862 (12): 1546-1561.

[18]　Abdelkafi S, Abousalham A. Kinetic study of sunflower phospholipase Dα: interactions with micellar substrate, detergents and metals[J]. Plant Physiol Biochem, 2011, 49 (7): 752-757.

[19]　Zhou W B, Gong J S, Hou H J, et al. Mining of a phospholipase D and its application in enzymatic preparation of phosphatidylserine[J]. Bioengineered, 2018, 9 (1): 80-89.

[20]　Conde M A, Alza N P, Iglesias Gonzalez P A, et al. Phospholipase D1 downregulation by α-synuclein: implications for neurodegeneration in Parkinson's disease[J]. Biochim Biophys Acta, 2018, 1863 (6): 639-650.

[21]　Guo Z, Vikbjerg A F, Xu X B. Enzymatic modification of phospholipids for functional applications and human nutrition[J]. Biotechnol Adv, 2005, 23 (3): 203-259.

[22]　Ramrakhiani L, Chand S. Recent progress on phospholipases: different sources, assay methods, industrial potential and pathogenicity[J]. Appl Biochem Biotechnol, 2011, 164 (7): 991-1022.

[23]　Ogino C, Yasuda Y, Kondo A, et al. Improvement of transphosphatidylation reaction model of phospholipase D from *Streptoverticillium cinnamoneum*[J]. Biochem Eng J, 2002, 10 (2002): 115-121.

[24]　Nakazawa Y, Suzuki R, Uchino M, et al. Identification of actinomycetes producing phospholipase D with high transphosphatidylation activity[J]. Curr Microbiol, 2010, 60 (5): 365-372.

[25]　Takaoka R, Kurosaki H, Nakao H, et al. Formation of asymmetric vesicles via phospholipase D-mediated transphosphatidylation[J]. Biochim Biophys Acta, 2018, 1860 (2): 245-249.

[26]　Sato R, Itabashi Y, Hatanaka T, et al. Asymmetric *in vitro* synthesis of diastereomeric phosphatidylglycerols from phosphatidylcholine and glycerol by bacterial phospholipase D[J]. Lipids, 2004, 39 (10): 1013-1018.

[27]　Pappan K, Brown S A, Chapman K D, et al. Substrate selectivities and lipid modulation of plant phospholipase Dα, -β, and -γ[J]. Arch Biochem Biophys, 1998, 353 (1): 131-140.

[28]　Masayama A, Takahashi T, Tsukada K, et al. Streptomyces phospholipase D mutants with altered substrate specificity capable of phosphatidylinositol synthesis[J]. Chembiochem, 2008, 9 (6): 974-981.

[29]　Hatanaka T, Negishi T, Akizawa M K, et al. Study on thermostability of phospholipase D from *Streptomyces* sp.[J]. Biochim Biophys Acta, 2002, S0167-4838 (2): 156-164.

[30]　Hatanaka T, Negishi T, Mori K. A mutant phospholipase D with enhanced thermostability from *Streptomyces* sp.[J]. Biochim Biophys Acta, 2004, 1696 (2004): 75-82.

[31]　Matsumoto Y, Kashiwabara N, Oyama T, et al. Molecular cloning, heterologous expression, and enzymatic characterization of lysoplasmalogen-specific phospholipase D from *Thermocrispum* sp.[J]. FEBS Open Bio, 2016, 6 (11): 1113-1130.

[32]　Damnjanovic J, Takahashi R, Suzuki A, et al. Improving thermostability of phosphatidylinositol-synthesizing *Streptomyces* phospholipase D[J]. Protein Eng Des Sel, 2012, 25 (8): 415-424.

[33]　Negishi T, Mukaihara T, Mori K, et al. Identification of a key amino acid residue of *Streptomyces* phospholipase D for thermostability by *in vivo* DNA shuffling[J]. Biochim Biophys Acta, 2005, 1722 (3): 331-342.

[34]　Damnjanovic J, Nakano H, Iwaskaki Y. Deletion of a dynamic surface loop improves stability and changes kinetic behavior of phosphatidylinositol-synthesizing *Streptomyces* phospholipase D[J]. Biotechnol Bioeng, 2013, 111 (4): 674-682.

[35]　张莹. 在不同宿主中表达链霉菌磷脂酶 D 的研究[D]. 上海: 华东理工大学硕士学位论文, 2013.

[36]　Zhang Y N, Lu F P, Chen G Q, et al. Expression, purification, and characterization of phosphatidylserine synthase from *Escherichia coli* K12 in *Bacillus subtilis*[J]. J Agric Food Chem, 2009, 57: 122-126.

[37]　Ogino C, Kanemasu M, Hayashi Y, et al. Over-expression system for secretory phospholipase D by *Streptomyces lividans*[J]. Appl Microbiol Biotechnol, 2004, 64 (6): 823-828.

[38]　Damnjanović J, Iwasaki Y. Phospholipase D as a catalyst: application in phospholipid synthesis, molecular structure and protein engineering[J]. Journal of Bioscience and Bioengineering, 2013, 116 (3): 271-280.

[39]　Juneja L R, Hibi N, Inagaki N, et al. Comparative study on conversion of phosphatidylcholine to phosphatidylglycerol by cabbage phospholipase D in micelle and emulsion systems[J]. Enzyme Microb Technol, 1987, 9 (6): 350-354.

[40]　Juneja L R, Hibi N, Yamane T, et al. Repeated batch and continuous operations for phosphatidylglycerol synthesis from phosphatidylcholine with immobilized phospholipase D[J]. Appl Microbiol Biotechnol, 1987, 27: 146-151.

[41]　Juneja L R, Kazuoka T, Yamane T, et al. Kinetic evaluation of conversion of phosphatidylcholine to phosphatidyl-ethanolamine by phospholipase D from different sources[J]. Biochim Biophys Acta, 1988, 960 (3): 334-341.

[42]　Juneja L R, Kazuoka T, Goto N, et al. Conversion of phosphatidylcholine to phosphatidylserine by various phospholipases D in the presence of L-or D-serine[J]. Biochim Biophys Acta, 1989, 1003 (3): 277-283.

[43]　Juneja L R, Taniguchi E, Shimizu S, et al. Increasing productivity by removing choline in conversion of phosphatidylcholine to phosphatidylserine by phospholipase D[J]. Ferment Bioeng, 1992, 73 (5): 357-361.

[44]　Murakami-Murofushi K, Uchiyama A, Fujiwara Y, et al. Biological functions of a novel lipid mediator, cyclic phosphatidic acid[J]. Biochim Biophys Acta, 2002, 1582 (1-3): 1-7.

[45]　张业尼, 路福平, 李玉, 等. 磷脂酰丝氨酸合成酶基因的克隆及在枯草芽孢杆菌中的表达[J]. 中国生物工程杂志, 2008, (9): 56-60.

[46]　罗毅皓. 牦牛脑中磷脂含量的测定及定性分析[J]. 食品科技, 2009, 34 (2): 126-129.

[47]　Folch J. Brain cephalin, a mixture of phosphatides, separation from it of phosphatidylserine, phosphatidylethanolamine and a fraction containing an inositol phosphatide[J]. J Biol Chem, 1942, 146: 35-44.

[48]　Baer E, Maurukas J. Phosphatidyl serine[J]. J Biol Chem, 1955, 212: 25-38.

[49]　Vance J E, Tasseva G. Formation and function of phosphatidylserine and phosphatidylethanolamine in mammalian cells[J]. Biochim Biophys Acta, 2013, 1831 (3): 543-554.

[50]　韩海霞. 磷脂酶 D 的制备及其在磷脂酰丝氨酸合成中的应用[D]. 无锡: 江南大学硕士学位论文, 2014.

[51]　Delwaide P J, Gyselynck-Mambourg A M, Hurlet A, et al. Double-blind randomized controlled study of phosphatidylserine in senile demented patients[J]. Acta Neurol Scand, 1986, 73 (2): 136-140.

[52]　Kato-Kataoka A, Sakai M, Ebina R, et al. Soybean-derived phosphatidylserine improves memory function of the elderly Japanese subjects with memory complaints[J]. J Clin Biochem Nutr, 2010, 47 (3): 246-255.

[53]　Crook T H, Tinklenberg J, Yesavage J, et al. Effects of phosphatidylserine in age-associated memory impairment[J]. Neurology, 1991, 41 (5): 644-649.

[54]　Parris M K. Phosphatidylserine membrane nutrient for memory. A clinical and mechanistic assessment[J]. Alt Med Rev, 1996, 1: 70-84.

[55]　Starks M A, Starks S L, Kingsley M, et al. The effects of phosphatidylserine on endocrine response to moderate intensity exercise[J]. J Int Soc Sports Nutr, 2008, 5: 11.

[56]　Chen S, Xu L, Li Y, et al. Bioconversion of phosphatidylserine by phospholipase D from *Streptomyces racemochromogenes* in a microaqueous water-immiscible organic solvent[J]. Biosci Biotechnol Biochem, 2013, 77 (9): 1939-1941.

[57]　Duan Z Q, Hu F. Highly efficient synthesis of phosphatidylserine in the eco-friendly solvent γ-valerolactone[J]. Green Chemistry, 2012, 14 (6): 1581.

[58]　Duan Z Q, Hu F. Efficient synthesis of phosphatidylserine in 2 methyltetrahydrofuran[J]. J Biotechnol, 2013, 163 (1): 45-49.

[59]　Iwasaki Y, Mizumoto Y, Okada T. An aqueous suspension system for phospholipase D-mediated synthesis of PS without toxic organic solvent[J]. J Am Oil Chem Soc, 2003, 80 (7): 653-657.

[60]　Li B, Wang J, Zhang X, et al. Aqueous-solid system for highly efficient and environmentally friendly transphosphatidylation catalyzed by phospholipase D to produce phosphatidylserine[J]. J Agric Food Chem, 2016, 64 (40): 7555-7560.

[61]　Pinsolle A, Roy P, Bure C, et al. Enzymatic synthesis of phosphatidylserine using bile salt mixed micelles[J]. Colloids Surf B Biointerfaces, 2013, 106: 191-197.

[62]　Bi Y H, Duan Z Q, Li X Q, et al. Introducing biobased ionic liquids as the nonaqueous media for enzymatic synthesis of phosphatidylserine[J]. J Agric Food Chem, 2015, 63 (5): 1558-1561.

[63] Sonenshein A L, Hoch J A, Losick R. *Bacillus subtilis* and Its Closest Relatives[M]. Washington: ASM Press, 2002.

[64] Weijer W J, de Boer A J, van Tongeren S, et al. Characterization of the replication region of the *Bacillus subtilis* plasmid p LS20: a novel type of replicon[J]. Nucleic Acids Research, 1995, 23 (16): 3214-3223.

[65] Wolfgang S. Production of recombinant proteins in *Bacillus subtilis*[J]. Adv Appl Microbiol, 2007, 62: 137-189.

[66] Feng Y, Liu S, Jiao Y, et al. Enhanced extracellular production of L-asparaginase from *Bacillus subtilis* 168 by *B. subtilis* WB600 through a combined strategy[J]. Appl Microbiol Biotechnol, 2017, 101 (4): 1509-1520.

[67] Westers L, Westers H, Quax W J. *Bacillus subtilis* as cell factory for pharmaceutical proteins: a biotechnol-ogical approach to optimize the host organism[J]. Biochim Biophys Acta, 2004, 1694 (1-3): 299-310.

[68] Zalucki Y M, Jennings M P. Signal peptidase I processed secretory signal sequences: selection for and against specific amino acids at the second position of mature protein[J]. Biochem Biophys Res Commun, 2017, 483 (3): 972-977.

[69] Ismail N F, Hamdan S, Mahadi N M, et al. A mutant L-asparaginase II signal peptide improves the secretion of recombinant cyclodextrin glucanotransferase and the viability of *Escherichia coli*[J]. Biotechnol Lett, 2011, 33 (5): 999-1005.

[70] Gennity J, Goldstein J, Inouye M. Signal peptide mutants of *Escherichia coli*[J]. Journal of Bioenergetics and Biomembranes, 1990, 3 (22): 233-269.

[71] Chou M M, Kendall D A. Polymeric sequences reveal a functional interrelationship hydrophobicity and length of signal peptides[J]. J Biol Chem, 1990, 265 (5): 2873-2880.

[72] Chen H F, Kim J, Kendall D A. Competition between functional signal peptides demonstrates variation in affinity for the secretion pathway[J]. J Bacteriol, 1996, 178 (23): 6658-6664.

[73] Moser F, Broers N J, Hartmans S, et al. Genetic circuit performance under conditions relevant for industrial bioreactors[J]. ACS Synth Biol, 2012, 1 (11): 555-564.

[74] 范如意, 牛丹丹, 应喜娟, 等. 中温 α-淀粉酶在地衣芽孢杆菌中的异源表达[J]. 工业微生物, 2015, 45 (2): 47-54.

[75] 俞科兵, 杨展澜, 张莉, 等. 二价金属离子对磷脂聚集态的影响[J]. 物理化学学报, 2003, (8): 747-750.

[76] 姜竹. 几丁二糖脱乙酰酶的克隆表达与生物转化合成氨基葡萄糖的研究[D]. 无锡: 江南大学硕士学位论文, 2019.

[77] Vasiliadis H S, Tsikopoulos K. Glucosamine and chondroitin for the treatment of osteoarthritis[J]. World J Orthop, 2017, 8 (1): 1-11.

[78] Chen X, Liu L, Li J, et al. Improved glucosamine and *N*-acetylglucosamine production by an engineered *Escherichia coli* via step-wise regulation of dissolved oxygen level[J]. Bioresour Technol, 2012, 110: 534-538.

[79] 杨宝华. 氨基葡萄糖联合硫酸软骨素治疗膝骨关节炎的效果[J]. 临床医学研究与实践, 2018, 3 (35): 83-84.

[80] Hungerford D S, Jones L C. Glucosamine and chondroitin sulfate are effective in the management of osteoarthritis[J]. J Arthroplasty, 2003, 18 (3 Suppl 1): 5-9.

[81] Towheed T E. Current status of glucosamine therapy in osteoarthritis[J]. Arthritis Rheum, 2003, 49 (4): 601-604.

[82] Bruyere O, Altman R D, Reginster J Y. Efficacy and safety of glucosamine sulfate in the management of osteoarthritis: evidence from real-life setting trials and surveys[J]. Semin Arthritis Rheum, 2016, 45 (4 Suppl): S12-S17.

[83] Muniyappa R. Glucosamine and osteoarthritis: time to quit[J]? Diabetes Metab Res Rev, 2011, 27 (3): 233-234.

[84] 潘立群, 竺湘江, 舒建国, 等. 盐酸氨基葡萄糖联合透明质酸钠治疗膝关节骨性关节炎效果观察[J]. 中国乡村医药, 2018, 25 (22): 18-19.

[85] Anderson J W, Nicolosi R J, Borzelleca J F. Glucosamine effects in humans: a review of effects on glucose metabolism, side effects, safety considerations and efficacy[J]. Food Chem Toxicol, 2005, 43 (2): 187-201.

[86] Nakamura H. Application of glucosamine on human disease-Osteoarthritis[J]. Carbohydrate Polymers, 2011, 84 (2): 835-839.

[87] 刘峰, 黄小明, 凌斌. 氨基葡萄糖、硫酸软骨素联合骨健康操可提高绝经后女性骨密度和肌肉力量: 一项社区干预试验[J]. 中国组织工程研究, 2019, 23 (15): 2303-2307.

[88] Sachadyn P, Jedrzejczak R, Milewski S, et al. Purification to homogeneity of Candida albicans glucosamine-6-phosphate synthase overexpressed in *Escherichia coli*[J]. Protein Expr Purif, 2000, 19 (3): 343-349.

[89] 王升. 利用发酵法生产氨基葡萄糖的研究进展[J]. 生物技术通报, 2014, (1): 68-74.

[90] Liu Y, Liu L, Shin H D, et al. Pathway engineering of *Bacillus subtilis* for microbial production of *N*-acetylglucosamine[J]. Metab Eng, 2013, 19: 107-115.

[91] 陈志蓉, 常思思, 董银卯, 等. 氨基葡萄糖改性阿魏酸的溶解性和美白功效研究[J]. 中国药师, 2010, 13 (12): 1715-1718.

[92] 王露. 一种去痘印面膜[P]: 中国, 107823099A. 2017.

[93] 刘以凯. 一种适用于香樟树樟叶峰的生物农药及其制备方法[P]: 中国, 104824070A. 2015.

[94] 张文娟, 许璟瑾, 姚丽云, 等. 氨基葡萄糖盐酸盐及其衍生物对斑马鱼骨骼损伤修复的比较研究[J]. 中国比较医学杂志, 2018, 28 (12): 9-13.

[95] Novikov V Y, Ivanov A L. Synthesis of D (+)-glucosamine hydrochloride[J]. Russian Journal of Applied Chemistry, 1997, 70 (9): 1467-1470.

[96] 游庆红, 尹秀莲. 正交设计优化甲壳素制备 D-氨基葡萄糖盐酸盐工艺[J]. 广州化工, 2013, 41 (10): 71-72.

[97] 陶锦清. 甲壳素水解制备氨基葡萄糖新工艺研究[J]. 南通工学院学报, 2000, (4): 36-38.

[98] 孙丽. 虾头制备盐酸氨基葡萄糖的优化研究[J]. 福建分析测试, 2018, 27 (3): 15-19.

[99] Chen X, Liu L, Li J, et al. Improved glucosamine and *N*-acetylglucosamine production by an engineered *Escherichia coli* via step-wise regulation of dissolved oxygen level[J]. Bioresour Technol, 2012, 110: 534-538.

[100] Liu Y, Zhu Y, Li J, et al. Modular pathway engineering of *Bacillus subtilis* for improved *N*-acetylglucosamine production[J]. Metab Eng, 2014, 23: 42-52.

[101] Sitanggang A B, Wu H S, Wang S S, et al. Effect of pellet size and stimulating factor on the glucosamine production using *Aspergillus* sp. BCRC 31742[J]. Bioresour Technol, 2010, 101 (10): 3595-3601.

[102] Zhang J, Liu L, Li J, et al. Enhanced glucosamine production by *Aspergillus* sp. BCRC 31742 based on the time-variant kinetics analysis of dissolved oxygen level[J]. Bioresour Technol, 2012, 111: 507-511.

[103] Deng M D, Severson D K, Grund A D, et al. Metabolic engineering of *Escherichia coli* for industrial production of glucosamine and *N*-acetylglucosamine[J]. Metab Eng, 2005, 7 (3): 201-214.

[104] Wu Y, Chen T, Liu Y, et al. CRISPRi allows optimal temporal control of *N*-acetylglucosamine bioproduction by a dynamic coordination of glucose and xylose metabolism in *Bacillus subtilis*[J]. Metab Eng, 2018, 49: 232-241.

[105] 郭明, 胡昌华. 生物转化——从全细胞催化到代谢工程[J]. 中国生物工程杂志, 2010, 30 (4): 110-115.

[106] 彭楠, 梁运祥, 王林春. 一种酶法生产的氨基葡萄糖及其制备方法[P]: 中国, 103865969A. 2014.

[107] 刘子铎, 王倩. 一种高产氨基葡萄糖的脱乙酰酶及其编码基因[P]: 中国, 107022538A. 2016.

[108] Pan M, Li J, Lv X, et al. Molecular engineering of chitinase from *Bacillus* sp. DAU101 for enzymatic production of chitooligosaccharides[J]. Enzyme Microb Technol, 2019, 124: 54-62.

[109] Jaworska M M. Chitin deacetylase product inhibition[J]. Biotechnol J, 2011, 6 (2): 244-247.

[110] Tsigos I, Martinou A, Kafetzopoulos D, et al. Chitin deacetylases: new, versatile tools in biotechnology[J]. Trends in Biotechnology, 2000, 18 (7): 305-312.

[111] 彭益强, 方柏山. 甲壳素脱乙酰酶作用机理及基因表达的研究进展[J]. 中国医药工业杂志, 2005, 36 (11): 716-719.

[112] Tanaka T, Fukui T, Atomi H, et al. Characterization of an exo-D-glucosaminidase involved in a novel chitinolytic pathway from the hyperthermophilic archaeon *Thermococcus kodakaraensis* KOD1[J]. J Bacteriol, 2003, 185 (17): 5175-5181.

[113] Figueroa-Gonzalez I, Quijano G, Ramirez G, et al. Probiotics and prebiotics-perspectives and challenges[J]. J Sci Food Agric, 2011, 91 (8): 1341-1348.

[114] 刘波, 倪金凤, 申玉龙. 极端嗜热古菌 *Pyrococcus horikoshii* 几丁二糖脱乙酰酶的克隆、表达及性质研究[J]. 微生物学报, 2006, 46 (2): 255-258.

[115] Mine S, Niiyama M, Hashimoto W, et al. Expression from engineered *Escherichia coli* chromosome and crystallographic study of archaeal *N*, *N'*-diacetylchitobiose deacetylase[J]. FEBS J, 2014, 281 (11): 2584-2596.

[116] 刘波. 超嗜热古菌 *Pyrococcus horikoshii* OT3 几丁质代谢途径及相关嗜热酶系的研究[D]. 济南: 山东大学博士学位论文, 2007.

[117] Mine S, Ikegami T, Kawasaki K, et al. Expression, refolding, and purification of active diacetylchitobiose deacetylase from *Pyrococcus horikoshii*[J]. Protein Expr Purif, 2012, 84 (2): 265-269.

[118] Pennica D, Holmes W E, Kohr W J, et al. Cloning and expression of human tissue-type plasminogen activator cDNA in *E. coli*[J]. Nature, 1983, 301 (5897): 214-221.

[119] Nicolas P, Mader U, Dervyn E, et al. Condition-dependent transcriptome reveals high-level regulatory architecture in *Bacillus subtilis*[J]. Science, 2012, 335 (6072): 1103-1106.

[120] 余小霞, 田健, 刘晓青, 等. 枯草芽孢杆菌表达系统及其启动子研究进展[J]. 生物技术通报, 2015, (2): 35-44.

[121] Kang Z, Yang S, Du G, et al. Molecular engineering of secretory machinery components for high-level secretion of proteins in *Bacillus* species[J]. J Ind Microbiol Biotechnol, 2014, 41 (11): 1599-1607.

[122] Promchai R, Promdonkoy B, Tanapongpipat S, et al. A novel salt-inducible vector for efficient expression and secretion of heterologous proteins in *Bacillus subtilis*[J]. J Biotechnol, 2016, 222: 86-93.

[123] Feng Y, Liu S, Jiao Y, et al. Enhanced extracellular production of L-asparaginase from *Bacillus subtilis* 168 by *B. subtilis* WB600 through a combined strategy[J]. Appl Microbiol Biotechnol, 2017, 101 (4): 1509-1520.

[124] Doerks T, Copley R R, Schultz J, et al. Systematic identification of novel protein domain families associated with nuclear functions[J]. Genome Res, 2002, 12 (1): 47-56.

[125] Antelmann H, Tjalsma H, Voigt B, et al. A proteomic view on genome-based signal peptide predictions[J]. Genome Research, 2001, 11 (9): 1484-1502.

[126] Tian T, Salis H M. A predictive biophysical model of translational coupling to coordinate and control protein expression in bacterial operons[J]. Nucleic Acids Research, 2015, 43 (14): 7137-7151.

[127] Salis H M, Mirsky E A, Voigt C A. Automated design of synthetic ribosome binding sites to control protein expression[J]. Nat Biotechnol, 2009, 27 (10): 946-950.

[128] Emory S A, Bouvet P, Belasco J G. A 5'-terminal stem loop structure can stabilize messenger-rna in *Escherichia coli*[J]. Genes & Development, 1992, 6 (1): 135-148.

[129] Jiang Z, Lv X, Liu Y, et al. Biocatalytic production of glucosamine from *N*-acetylglucosamine by diacetylchitobiose deacetylase[J]. J Microbiol Biotechnol, 2018, 28 (11): 1850-1858.

[130] Phan T T, Nguyen H D, Schumann W. Construction of a 5'-controllable stabilizing element (CoSE) for over-production of heterologous proteins at high levels in *Bacillus subtilis*[J]. J Biotechnol, 2013, 168 (1): 32-39.

[131] Carrier T A, Keasling J D. Library of synthetic 5' secondary structures to manipulate mRNA stability in *Escherichia coli*[J]. Biotechnology Progress, 1999, 15 (1): 58-64.

附录：PLD 优化前后序列对比

W:1   ATG GCA CGC ACC GTC CGC ACG ACG GCC CTC TCG CTC ACC CTC TCC TTC
GCG CTG CTC CCC

O:1   ATG GCG AGA ACA GTT AGA ACA ACA GCG CTG AGC CTG ACA CTG TCA TTT
GCA CTT CTT CCG

W:61 GCC GCG CCG GCC TTC GCC GCC TCG CCG ACC CCG CAC CTG GAC TCG GTC
GAG CAG ACC CTG

O:61 GCA GCA CCA GCA TTT GCA GCA TCA CCT ACA CCT CAT CTG GAT AGC GTC
GAA CAA ACA CTG

W:121 CGC CAG GTC TCC CCC GGC CTC GAG GGC TCG GTC TGG GAG CGC ACC
GCC GGC AAC AGC CTC

O:121 AGA CAA GTG TCA CCG GGA CTT GAA GGA TCA GTT TGG GAA CGC ACA GCA
GGC AAT TCA CTT

W:181 GGC GCC TCG GCC CCC GGC GGC TCC GAC TGG CTG CTC CAG ACC CCC
GGA TGC TGG GGC GAC

O:181 GGA GCA TCA GCA CCA GGA GGA TCA GAT TGG CTT CTG CAA ACA CCA GGT
TGT TGG GGA GAT

W:241 CCG TCC TGC ACC GAC CGT CCG GGC TCG CGC CGG CTG CTG GAC AAG
ACC CGG CAG GAC ATC

O:241 CCT TCT TGC ACA GAT AGA CCG GGA TCA AGA CGT CTG CTG GAT AAA ACA
CGC CAG GAT ATC

W:301 GCC CAG GCC CGG CAG AGC GTG GAC ATA TCC ACC CTG GCC CCG TTC CCC
AAC GGC GGC TTC

O:301 GCA CAA GCG AGA CAA AGC GTC GAT ATT AGC ACA CTG GCA CCT TTT CCG
AAC GGA GGA TTT

W:361 CAG GAC GCG GTC GTG GCC GGC CTC AAG GAG GCC GTG GCG AAG GGC
AAC CGG CTC CAG GTC

O:361 CAG GAT GCA GTT GTT GCA GGC CTG AAA GAA GCA GTT GCG AAA GGC AAT
AGA CTG CAA GTC

W:421 CGC ATC CTG GTG GGC GCC GCG CCG ATC TAC CAC GCC AAC GTG ATC CCG
TCC TCG TAC CGC

O:421 AGA ATT TTA GTC GGA GCA GCG CCG ATT TAT CAT GCA AAC GTC ATT CCG
AGC TCA TAT CGC

W:481   GAC GAG ATG GTG GCC AGG CTC GGC CCG GCG GCC GCG AAC GTC ACC
CTC AAC GTG GCC TCG

O:481   GAT GAA ATG GTC GCA AGA TTA GGA CCG GCA GCA GCA AAC GTT ACA CTT
AAC GTC GCA AGC

W:541   ATG ACC ACC TCC AAG ACC GGC TTC TCC TGG AAC CAC TCC AAG CTC GTG
GTG GTG GAC GGC

O:541   ATG ACG ACA AGC AAA ACG GGC TTC TCT TGG AAT CAT AGC AAA CTG GTC
GTC GTT GAC GGC

W:601   GGT TCG GTG ATC ACC GGC GGC ATC AAC AGC TGG AAG GAC GAC TAC CTC
GAC ACC GCC CAC

O:601   GGA AGC GTC ATT ACA GGC GGC ATT AAT AGC TGG AAG GAC GAC TAT CTG
GAT ACA GCG CAT

W:661   CCG GTG AAC GAC GTC GAC CTC GCG CTG TCC GGT CCG GCG GCG GGC
TCG GCC GGC CGC TAC

O:661   CCG GTT AAC GAC GTC GAT CTT GCA CTT TCA GGA CCA GCA GCA GGA TCA
GCA GGA AGA TAT

W:721   CTC GAC ACC CTG TGG GAC TGG ACC TGC CGC AAC AAG TCC AGC TGG AGC
AGC GTC TGG TTC

O:721   CTG GAT ACG CTT TGG GAT TGG ACT TGC AGA AAC AAG AGC TCT TGG AGC
AGC GTT TGG TTC

W:781   GCC TCC TCG AAC AAC GCC GGC TGC ATG CCC ACC CTG CCC CGT CCG GCC
GCG CCG GCC GGC

O:781   GCA AGC TCA AAT AAC GCA GGT TGC ATG CCT ACA TTA CCT AGA CCA GCA
GCA CCA GCA GGA

W:841   GGC GGT GAC GTC CCC GCC CTC GCG GTC GGC GGC CTC GGC GTC GGC
ATC CGC CAG AGC GAC

O:841   GGA GGA GAC GTT CCA GCA TTA GCA GTT GGA GGA CTG GGA GTT GGC ATT
AGA CAA AGC GAT

W:901   CCG GCG TCG GCG TTC AAG CCG GTC CTG CCG ACG GCC CCC GAC ACC
AAG TGC GGC ATC GGC

O:901   CCG GCA TCA GCA TTT AAA CCG GTC TTA CCT ACA GCA CCG GAT ACT AAG
TGC GGC ATT GGA

W:961   GTG CAC GAC AAC ACC AAC GCC GAC CGG GAC TAC GAC ACG GTC AAC
CCG GAG GAG AGC GCC

O:961   GTT CAT GAT AAC ACG AAC GCG GAT CGC GAT TAC GAT ACA GTC AAT CCG
GAA GAA AGC GCG

W:1021   CTG CGT GCG CTG GTC GCC AGT GCG AAC AGC CAC GTC GAG ATC TCC CAG
CAG GAC CTG AAC

O:1021   CTT AGA GCA CTG GTT GCA TCA GCG AAT AGC CAC GTC GAA ATT AGC CAG
CAG GAT CTG AAC

W:1081 GCG ACC TGC CCG CCG CTG CCC CGC TAC GAC ATC CGG CTC TAC GAC ACG CTC GCC GCG AAG

O:1081 GCT ACA TGC CCT CCT TTA CCG AGA TAC GAT ATC CGC CTG TAC GAT ACA CTG GCA GCA AAA

W:1141 CTC GCG GCC GGC GTG AAG GTC CGC ATC GTG GTC AGC GAC CCG GCG AAC CGC GGC GCG GTC

O:1141 CTG GCA GCA GGC GTT AAA GTC AGA ATT GTC GTC TCA GAT CCG GCA AAT AGA GGA GCA GTT

W:1201 GGC AGC GAC GGC TAC TCG CAG ATC AAG TCC CTG AAC GAG GTG AGC GAC GCG CTG CGC GGC

O:1201 GGA TCA GAC GGC TAT AGC CAG ATC AAA AGC CTG AAT GAA GTC TCA GAC GCA CTG AGA GGA

W:1261 CGC CTC ACG GCC CTC ACC GGC GAC GAG CGC ACC TCG AAG GCC GCG ATG TGC CAG AAC CTC

O:1261 AGA CTT ACA GCA CTG ACA GGC GAC GAA AGA ACA AGC AAA GCA GCC ATG TGC CAG AAC CTT

W:1321 CAG CTG GCG ACC TTC CGC GCC TCG GAC AAG GCG ACG TGG GCG GAC GGG AAG CCG TAC GCC

O:1321 CAA CTG GCA ACG TTT CGC GCA AGC GAT AAA GCA ACT TGG GCA GAC GGA AAA CCT TAC GCA

W:1381 CAG CAC CAC AAG CTG GTC TCG GTG GAC GAC TCG GCC TTC TAC ATC GGC TCG AAG AAC CTG

O:1381 CAG CAT CAT AAA CTG GTC AGC GTC GAC GAT AGC GCA TTT TAC ATC GGC AGC AAG AAC CTG

W:1441 TAC CCG TCC TGG CTC CAG GAC TTC GGC TAC GTC GTC GAG AGC CCG GCC GCC GCG AAC CAG

O:1441 TAT CCG TCT TGG CTG CAG GAC TTT GGA TAC GTT GTG GAA TCA CCG GCA GCA GCA AAT CAA

W:1501 CTG AAG GAC TCC CTG CTG GCT CCG CAG TGG AAG TAC TCG CAG GCG ACC GCG ACG TAC GAC

O:1501 CTT AAA GAT AGC CTG CTT GCA CCT CAG TGG AAA TAT AGC CAG GCG ACA GCG ACA TAC GAC

W:1561 TAC GCG CGC GGC CTC TGC CAG GCC TGA

O:1561 TAT GCA AGA GGC CTT TGC CAG GCG TAA

注：W 代表优化前序列，O 代表优化后序列，红色碱基为优化后的碱基。